美丽济宁——

济宁市规划设计研究院优秀论文集

济宁市规划设计研究院　编著

中国建筑工业出版社

图书在版编目（CIP）数据

美丽济宁——济宁市规划设计研究院优秀论文集 / 济宁市规划设计研究院编著.
北京：中国建筑工业出版社，2015.2
ISBN 978-7-112-17767-7

Ⅰ.①美… Ⅱ.①济… Ⅲ.①城市规划－济宁市－文集 ②城市建设－济宁市－文集
Ⅳ.①TU984.252.3-53②F299.275.23-53

中国版本图书馆CIP数据核字(2015)第029411号

责任编辑：焦　扬
责任校对：张　颖　刘梦然
装帧设计：杨春柳

美丽济宁——济宁市规划设计研究院优秀论文集
济宁市规划设计研究院 编著

*

中国建筑工业出版社出版、发行(北京西郊百万庄)
各地新华书店、建筑书店经销
济宁联邦印务有限公司制版
山东新海彩印有限责任公司印刷

*

开本：797×1092毫米 1/16　印张：20 1/2　字数：533千字
2015年6月第一版　2015年6月第一次印刷
定价：136.00元
ISBN 978-7-112-17767-7
(27018)

前言

城乡规划是各级政府统筹安排城乡发展建设空间布局，保护生态和自然环境，合理利用自然资源，维护社会公正与公平的重要依据。对于维护社会公正和公平，保障公共利益和公众合法权益，推动和谐社会的构建具有重要意义。近年来，我院加强学术科研建设，注重内涵发展和品质提升，创造性地开展工作，形成了一系列有较高学术价值的科研成果。

本论文集共收录论文52篇，研究领域广泛，成果丰富，质量较高，既涉及济宁市城镇化建设、金乡“两区”同建等宏观战略研究，也包括产业结构调整、公共服务设施等规划实施研究，对生态建设、城市交通、新农村建设等众多专题也进行了探讨，提出了新思路。

这52篇研究成果是一份沉甸甸的果实，它凝结着我院广大员工常年累月、笔耕不辍的研究心血；是一份丰厚的礼物，它是深入研究规划建设工作的重大理论和实践问题，为规划事业作出的重大贡献；是一笔宝贵财富，它是紧紧围绕我市改革、发展的大局和规划事业的可持续发展，研究规划工作的智慧结晶。

当前，我市正处在城镇化加速发展的关键时期，有更多的问题需要我们去研究。希望这本论文集能推动更多的业内人士积极地参与理论研究工作，用更多高质量的研究成果为我市城乡规划事业的可持续发展服务。

由于时间和水平有限，错漏在所难免，诚请批评指正。

《美丽济宁——济宁市规划设计研究院优秀论文集》编委会

2015年4月26日

目 录

1、城镇化与区域规划研究篇

2、详细规划与城市设计篇

3、城市道路与交通规划篇

4、城市工程规划及公共设施规划篇

目　录

目 录

I

城镇化与区域规划研究篇

建设美丽济宁
——济宁市城镇化进程的思考

祝清荣　史衍智　李士国

[摘　要] “十二五”时期是解决农业人口转移的关键时期，如何增强城市发展活力和城市吸纳能力，提高城镇化水平，对济宁既是机遇也是挑战。让农村富余劳动力平稳转化，不仅是社会稳定的长久大计，也是有效推进城镇化进程，保持和谐社会的必由之路。

[关键词] 城镇化率；城镇化水平；发展现状；中心城市；思考

[作者简介]

祝清荣　济宁市城乡规划局局长、党组书记，教授级高级工程师

史衍智　济宁市规划设计研究院院长、党总支书记，教授级高级工程师

李士国　济宁市规划设计研究院研究室主任、高级工程师

[备　注] 获得2013年中共济宁市委宣传部、中共济宁市委党校和济宁市社会科学界联合会组织的“学习党的十八大精神理论研讨征文”一等奖

获得2012-2013年度山东省住房与城乡建设厅“全省住房城乡建设系统优秀调研成果”二等奖

改革开放以后，国家放开了对原有人口流动的控制，大量农民涌入城市，这成为我国特色城镇化进程的开端。经过三十几年的发展，数以亿计的农村人口进入城市，城镇化进程加快，城镇化初见规模。

1、我国城镇化发展现状

人口城镇化水平从1978年的17.92%上升到2011年的51.27%，年平均提高1个百分点以上，2011年，城镇人口达到6.91亿，这是我国社会结构的一个历史性变化，表明已经结束了以乡村型社会为主体的时代，开始进入到以城市型社会为主体的新的城市时代。

但在“十一五”时期，我国的城镇化遇到了“瓶颈”，城镇化规模扩张的制约与品质提升的压力逐渐凸显，城镇化所承载的，不仅是发展经济，还有城乡一体化、城乡共同富裕的目标。

1.1 城镇化存在的问题

由于城乡二元结构、二元体制的原因，我国城镇化过程中存在的不平衡、不协调问题相当突出，主要有以下几个方面。

1.1.1 城镇化区域布局不平衡

东部地区城镇化速度快、水平高，中西部地区相对滞后、水平差。东部地区城镇化水平约60%，有的达到80%，进入城镇化稳定发展阶段。但中西部省份城镇化率明显偏低，如贵州城镇化率不到40%，相差20%以上，仍处于乡村型社会阶段，江西也只有45.7%。在城镇化率排名中多数中西部省份在10位之后，东中西部城镇化水平差距是造成区域差距扩大的重要因素。

1.1.2 城镇化结构不平衡

一是大城市与中小城市发展不平衡、不协调。二是人口城镇化和土地城镇化的不平衡、不协调。土地的城镇化大大快于人口的城镇化，城镇建

成区人口密度偏低、土地利用比较粗放。三是人口结构的不平衡、不协调。进入城市的主要是农村的青壮年，留下的是老年人、妇女、儿童，带来了一系列社会问题。

1.1.3 城乡发展不平衡，城乡收入差距加大

主要是由于城乡二元体制障碍尚未根本消除，农民公平分享工业化、城镇化成果的制度机制缺失。

1.1.4 城镇化和农业现代化发展不协调

农业现代化的速度长期赶不上城镇化的速度，农产品供给出现大的问题，从而制约城镇化的发展。

1.2 城镇化面临难题和挑战

"十二五"以至于今后一段时间，城市经济将占支配性地位，城市发展趋向集群化，生态环境备受关注。而现有城市在经济结构、规划建设、管理体制、环境质量、公共服务、社会和谐和安全等方面还难以适应城市时代的新要求，城市发展面临严峻的挑战。

（1）城镇化质量没有与社会发展速度同步提升；

（2）建立在土地等自然资源过量消耗和环境污染日益恶化基础上的低成本城镇化模式是不可持续的；

（3）绝大多数进城农民工尚未真正成为新市民，他们的户籍和公共服务的均等化问题尚未得到根本解决，存在不完全城镇化或虚假城镇化现象；

（4）城乡差距仍然呈现加大趋势，统筹城乡发展面临诸多制度障碍；

（5）未来20年我国约有4亿农民将转变为市民，如何为他们提供足够的就业机会并让其能够平等地享受教育、医疗、社会保障等城市服务。

这些问题是艰难却又无法回避的现实课题，中共中央政治局常委、国务院总理李克强在国内外多个重要场合指出，城镇化是内需最大的潜力所在，是经济结构调整的重要依托。从未来角度来看，中国城镇化率的提升将对中国经济产生巨大影响。

2、山东省城镇化发展现状及存在问题

山东省城市经济加快发展，辐射带动作用日益增强，城乡统筹加快推进，一体化新格局正在形成。全省城镇化水平由1977年的13.3%提高到2011年的50.95%，提高了37.65个百分点，年均提高1.1个百分点。

山东省自2000年以后城镇化进入加速发展阶段，城镇化取得了显著成效。但制约城镇化水平和质量持续提升的矛盾、问题还不同程度地存在；与经济发展水平先进省份相比，还存在差距和问题；城镇化总体水平仍滞后于工业化；城乡差距和东西部地区差异还比较大，在一定程度上影响、制约着城镇化的健康发展。主要表现在下列五个方面。

2.1 城乡差距和区域差距大

城乡基础设施和公共服务设施水平差距明显，80%以上的基础设施集中在城市，小城镇25%的道路还没

有硬化，75%的道路没有排水管道，80%的小城镇没有污水处理设施，80%的垃圾没有进行无害化处理。小城镇商业服务、文化娱乐、医疗卫生设施普遍差。小城镇居民享受的公共服务远低于城市居民，城乡居民社会保障和公民待遇一体化还有很长的路要走。

东西部区域差距不容忽视。一是东中西部发展不平衡，区域城镇化水平差距较大；东部远远高于西部。二是从城镇化质量监测情况来看明显有差距。山东半岛城市群已处于工业化中高级阶段，而鲁南经济带刚刚步入工业化中级阶段。

2.2 城镇化水平与先进省份差距明显

2011年山东省经济总量已位居全国第三，但城镇化水平仅有50.95%，略低于全国平均水平，居全国第10位。比广东（66.50%）、辽宁（64.05%）、浙江（62.30%）、江苏（61.90%）分别低了15.5、13.1、11.35、10.95个百分点，与山东省经济大省的地位不相称。特别是山东省工业化率已达到52.9%，相差近2个百分点，城镇化滞后于工业化，两者也不相匹配。

2.3 城镇建设投融资能力不强，城市辐射带动功能弱

城建资金筹措难度加大，需求资金有增无减；城市基础设施和公共服务设施远不能满足城镇化快速发展的需要。城市数量虽然比较多，但是城市规模不大，功能不强，这是山东省城市的一个重要特点。但从城市数量上来看，目前山东省设市城市48个，城市拥有量居全国前列，但中小城市居多，功能不强。济南、青岛、淄博的规模优势较为突出，为现有的三个特大城市。但就对周边地区的辐射带动作用而言，只有济南、青岛相对较强，大城市中的东营也可以，但作为全省三个特大城市之一的淄博及省内其他大城市，尤其是济宁、菏泽、滨州、德州等作为区域性中心城市，其辐射带动作用很不明显。

2.4 城市聚集效益低

山东城市功能不强主要表现在经济的结构性矛盾突出，产业结构不协调，第三产业发展滞后，从而未能形成强有力的集聚效应。2011年山东省地区生产总值45429.2亿元，居全国第三位，但其三次产业的比重为8.8：52.9：38.3，同全国平均水平相比，第三产业比重低了4.8个百分点。同城镇化水平较高的经济发达省份相比，差距更为突出，但凡城镇化水平比山东高的省份，其第三产业基本都高于山东，山东第三产业的发展对全省经济增长的推动力较弱，形不成较强的集聚效应。

2.5 乡村城镇化缺乏规划，农村居民向城市迁移阻力大

随着工业化、城镇化发展，城市人口的大量增加成为社会发展的必然。但是户籍制度改革迟缓，客观上阻碍了城镇化进程。相当一部分已实际是城市人口的人无法入籍，一方面给人口统计和管理带来阻碍；另一方面这部分人口无法享受城市居民在就业、住房、子女入学、医疗和使用其他城镇基础设施等方面的待遇，阻滞了农村人口向城市的流动。一些已转移到城市的人仍在原籍保留承包田及住宅，难以离土又离乡，不利于形成土地流转机制，不利于农村产业化、规模化经营，不利于城镇规模的扩大等。

3、济宁市城镇化发展现状和思考

2011年年底，济宁市城镇化水平仅为44.01%，低于全国（51.27%）、全省（50.95%）的平均水平7个多百分点，与淄博（64.01%）、东营（60.97%）、威海（58.51%）、烟台（56.07%）相差更远，未来我市推进城镇化进程依然严峻。

2005～2011年全国、山东省、济宁市年城镇化率情况（%）

年份	全国	山东省	济宁市
2005	43.00	45.00	40.40
2006	43.90	46.10	41.32
2007	44.94	46.75	41.78
2008	45.70	47.60	42.50
2009	46.60	48.32	42.85
2010	49.68	49.71	42.97
2011	51.27	50.95	44.01

3.1 济宁市城镇化存在的问题

3.1.1 城镇化发展缓慢

济宁城镇化率一直低于全国、全省平均水平。2005～2011年我国城镇化率增加了8.27个百分点，年均增幅1.38个百分点；山东省城镇化率增加了5.95个百分点，年均增幅0.99个百分点；而我市城镇化率只增加了3.61个百分点，年均增幅仅为0.60个百分点。

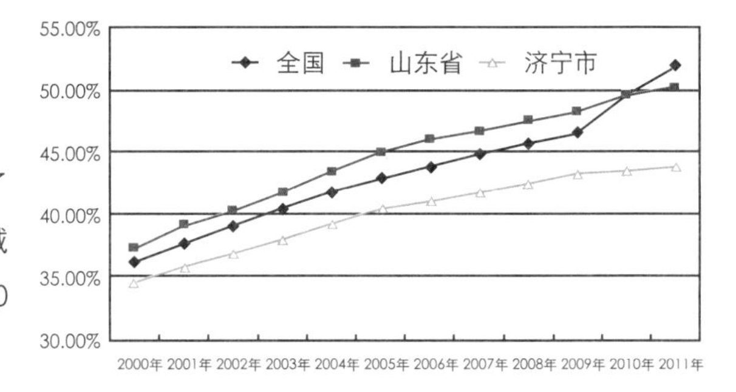

3.1.2 市域城镇化发展不平衡

和全国城镇化水平一样，我市城镇化水平同样呈现东强西弱的局面，东部三市两区高于西部六个欠发达县。2011年兖州市城镇化率为57.28%，比西部的嘉祥县（23.02%）高出了一倍还多；兖州市、邹城市、曲阜市外7个县大部分为农业县，城镇化水平远低于全市平均水平，极大地影响了全市城镇化的发展水平，城镇化发展水平不平衡问题十分凸显。

各县市区近两年城镇化率对比表

县市区	2010年（%）	2011年（%）
市中区	72.71	73.93
任城区	78.33	74.46
兖州市	62.82	57.28
曲阜市	47.28	48.02
泗水县	30.55	31.71
邹城市	45.98	46.97
微山县	38.52	39.08
鱼台县	26.85	27.60
金乡县	33.88	34.91
嘉祥县	21.49	23.02
汶上县	30.13	31.81
梁山县	28.47	30.05

3.1.3 城镇发展滞后于工业发展水平

城镇化水平是随着工业化水平的提高而提升的，但我市城镇化一直滞后于工业化发展水平，2011年我市工业化水平为48.18%，城镇化率为44.01%，城镇化与工业化水平之比为0.91，低于国际公认的1.4～1.5的合理水平，城镇化滞后于工业化。

3.1.4 中心城区不强

我市中心城市首位度虽然高，可建设规模和吸纳集聚力对全市域的带动性明显不足，严重限制了城镇化进程。在一定区域范围内，吸纳农村劳动力转移的任务主要是由区域中心城市来承担完成的，因此积极壮大中心城市的规模，对带动区域城镇化快速发展意义重大。

在省内17个地市中，2011年济宁市城镇化率全省排第13位，仅高于德州、滨州、聊城、菏泽等4地市，与GDP全省第6的位置极不相称。城镇化率较低的主要原因是中心城市规模长期偏低，集聚效应不明显。因此，未来要加快全市城镇化进程，就必须首先加快中心城市规模的壮大增强。

3.1.5 县域经济弱，民营经济不强，制约了城镇化的进程

全市除了兖州市的民营经济走在前列外，其余县市区民营经济一直不强。没有县域经济发展的坚实基础，就不可能出现人口、资金、产业等生产要素的集聚，也就不会出现较强辐射带动作用的中小城市。

3.2 济宁市城镇化的思考

十七大报告全篇提及城镇化仅为两次，十八大报告全篇提及城镇化多达七次，更重要的是其两次主要出现的位置：第一次出现在全面建设小康社会经济目标的相关章节中，工业化、信息化、城镇化和农业现代化成为全面建设小康社会的载体；第二次出现在经济结构调整和发展方式转变的相关章节中。从局限于“区域协调发展”一隅，到上升至全面建设小康社会载体，上升至实现经济发展方式转变的重点，可以看出城镇化在实现全面建设小康社会的实践中占据越来越重要的地位。

目前，济宁面临加快推进城镇化发展的良好机遇，2011年济宁市人均生产总值达到5533美元，城镇化率44.01%，正处在城镇化加速发展这一关键时期。据测算，每增加1个城镇人口，可带动10万元以上固定资产投资，带动3倍于农民的人均消费支出。济宁市第十二次党代会将城镇化作为全局性的重点工作，明确指出要强力突破城镇化建设，力争每年增长2个百分点，从我市城镇化的发展实际情况来看，完成每年增长2个百分点的任务还十分艰巨，应进一步加大工作力度，制订有效措施，完善工作责任，强化发展合力，实现城镇化追赶战略，尽早把济宁市建设成为生态宜居、环境优美、魅力独特、文明和谐的新型城市。

3.2.1 壮大中心城区的规模和影响力，拓展城市发展空间

历次规划和文件我们都把济宁作为鲁南中心城市看待，可事实和发展证明，济宁城市的历史地位和功能日趋衰落，这是不争的事实。最近，菏泽等地已被国家融入中原经济区发展规划的相关计划，提出发挥菏泽东向出海桥梁的作用，增强物流集疏功能，推进加工贸易转型升级，建设鲁西内陆开放试验区。济青高铁南线过临沂，将改变临沂交通区位的劣势；《沂蒙革命老区发展规划》进一步明确对革命老区的扶持力度，其地位越发凸显。济宁的区位优势逐步淡化，因此必须从内部挖掘潜力，壮大中心城区，提升区位影响力。

要做大做强中心城市，就必须拓展城市发展空间，扩大城市面积，增加城市人口，增强中心城市功能，激活人气，对现有行政区划进行科学合理调整，而不是简单拼凑。近年来，南京市、广州市、佛山市、苏州市、杭州市、厦门市、合肥市、苏州市、青岛市等城市先后对城市区划进行调整，实施撤县（市）设区或并区，扩大了城市面积，整合了城市资源，合理配置了生产要素，增强了中心城市的聚集、辐射和带动作用。

当前，我市中心城区的发展腹地相对有限，要做大中心城区规模，就需要从更大的区域尺度去寻求空

间、谋划发展。建议近期，一方面要尽快适度调整市中、任城、高新、北湖四区的空间发展腹地范围，使得四区能够彼此适度均衡发展的同时，又能保持相互良性的竞争格局；另一方面要积极考虑谋划市辖区腹地扩展的区划调整工作，以尽快实质性地解决中心城市规模扩展的腹地空间问题。例如，任城区和市中区合并，将邹城市、兖州市、曲阜市、嘉祥县、微山县撤市（县）改区。

3.2.2 建立健全都市区管理协调机构，加快都市区实质性融合发展

由于我市中心城区自身规模偏小，四周拓展又受煤炭开采限制，单纯依托中心城区自身较难承担起区域的辐射带动作用，因此需要充分发挥济兖邹曲嘉五城市“空间天然相近、职能彼此互补”的优势，加快一体化融合发展，以都市区的模式来解决长期制约我市城市发展的各种问题。

济宁都市区融合发展的最大瓶颈仍是体制问题，当务之急是加快推进行政管理体制一体化改革，理顺行政体制，明确责任主体，为加快一体化发展提供体制动力。建议抓紧成立都市区协调委员会，作为市政府直属机构。委员会按照市政府授权，统一协调都市区发展的各项工作。

3.2.3 以经济为基础，扩权强镇，精心培育城镇基因的成长

济宁和全省情况一样，有强县、强村，就是没有强镇。县域经济发展瓶颈在镇，城镇化水平提高的关键也在镇。因此，借助全省百强示范镇行动的东风，让城镇化建设如同一棵参天大树，需要本地区经济社会包括工业化一定程度的繁荣发展来作为自己汲取营养以茁壮成长的“沃土”。城镇化创造需求，工业化创造供给。必须走新型工业化道路，提升以二、三产业为主的结构层次，壮大城镇产业实力，实现经济增长、就业增加与城镇增容的良性互动、持续发展。

金乡县的“两区同建”提出了很好的发展之路，“园区社区同建”这既是金乡县县域经济布局的一大特色，也是优化体制机制的一大举措，促进了新型工业化和城镇化的互动融合、协调发展，大力推动了农民集中居住和现代农业发展，促进了农民生活方式和生产方式“两个转变”。也是及时落实十八大精神，同步推进工业化、城镇化和农业现代化的切入点和总抓手，是当地政府统筹城乡发展以纲带目的根本途径，是建设幸福金乡的应有之义，是扩大内需增加投资、加快建设社会主义新农村的重大举措。通过农村居住社区建设，完善农村社区配套，丰富公共服务内容，改善农民生活条件，提高农民生活质量，可以提升农民群众的幸福指数；通过产业园区建设，加快农业转方式、调结构步伐，推进农村经济集约发展、规模经营，促进农业增效、农民增收、农村繁荣，加快形成农民增收的长效机制，让农民不仅住上新房子，还要过上好日子，真正享受到富裕体面的新生活。

3.2.4 坚持工业化和城镇化互相促进，以县域经济为核心，带动区域城乡一体化发展

大力发展县域经济，抓住产业转移有利时机，促进特色产业、优势项目向县城和重点镇集聚，提高城镇综合承载能力，吸纳农村人口加快向小城镇集中。

兖州市以民营经济为抓手，实现土地集约、腾地兴业，推进城镇化和促农增收。立足于节约土地、整合资源、集约发展，以新兖镇、兴隆庄镇为试点，按照“统筹规划、分步实施、先易后难、点上突破”的原则

和“设施城镇化、管理社区化、建设特色化”的标准，推进镇村向规模发展、住宅向多层发展、环境向生态发展、管理向社区发展、设施配套向城市看齐，有效提高了土地利用效益。节约的土地反哺工业，两轮相互驱动，工业化、城镇化和现代化同步。

3.2.5 加大城镇基础设施建设力度

加快城镇基础设施建设，进一步改善城镇基础设施建设的投入方式，提倡多种基础设施的投资方式。城镇本身的基础设施和环境越好，对人口和产业的集中度就越高，对农村的辐射和带动作用就越强，城镇化进程也就越快。要改善通信、交通、给水排水等市政设施以及医疗、卫生、教育等社会文化设施。

3.2.6 充分整合社会资源，发展壮大第三产业

世界城镇化的历史表明，哪里的第三产业发展得好，有较完善的基础设施和良好的社会服务，那里的城市建设必然得到快速发展；同样，哪里的城市发展快，那里的第三产业对社会的贡献就大。因此，应进一步调动社会各方面兴办第三产业的积极性，引导社会资源合理流向第三产业，提高第三产业发展速度的同时，也提高第三产业的附加值和劳动的就业量。优先发展交通运输邮电业，积极发展信息咨询、技术服务等新兴产业，同时大力扶持农村第三产业，逐步建立门类齐全、结构合理的第三产业体系。

3.2.7 实行新型城镇化政策，解决过去要地不要人的城镇化问题

2011年，中国城镇化率51.27%，但这其中，城镇户籍人口占总人数的比例却只有35%。与中国同等发展水平的国家其城镇化率远高于中国，未来中国城镇化的理想比率应该在70%以上。2010年中国有举家迁徙的农民工3071万人，他们大多是跨区域落户，处于半市民化状态，未能享受城镇居民的公共产品服务，另外中国还有2.8亿流动人口，其中包括2.1亿农民工和7000万城镇流动人口。济宁面临同样的问题，未来的改革导向是先解决这批人的城镇化问题，通过居住条件的改善，把这些人的消费潜能释放，将对经济增长有不小的贡献。

总结城镇化进程中的经验，为济宁城镇化的未来找出一条与经济发展相匹配、与环境相协调的城市与乡村和谐发展新路子，是非常重要和非常必要的。十八大为城镇化指引了发展方向，中央经济工作会议提出“积极稳妥推进城镇化，着力提高城镇化质量”的具体要求，相信经过不懈努力，我市城镇化将进入一个快速发展的新阶段。

[参考文献]

[1] 周一星.中国特色的城镇化道路刍议[A]// 中国地理学会2006年学术年会论文摘要集,2006.
[2] 李铁.城镇化是全面深刻的社会变革[J].中国改革,2010(6).
[3] 李铁.行政管理改革 正确处理城镇化发展过程中的几个关系，2012-09-26.
[4] 吴先华.城镇化、市民化与城乡收入差距关系的实证研究——基于山东省时间序列数据及面板数据的实证分析[J].地理科学,2011,31(1).
[5] 姚士谋,冯长春,王成新.中国城镇化及其资源环境基础 [M].北京：科学出版社，2010.

期待济宁都市区
——“十二五”期间济宁都市区发展的思索

贾庆华　史衍智

[摘　要] 区域核心竞争力的提升，必须有强有力的中心城市。都市中心城区的发展对都市的整体发展的带动作用越来越明显，一个城市的综合发展要素配置越合理、区域经济一体化程度越高，区域综合竞争力也就越强。中心城区在区域经济发展中具有 “极化效应”与“扩散效应”，对区域发展具有很强的带动与辐射作用。

[关键词] 都市区；区域；中心城市

[作者简介]

贾庆华　济宁市城乡规划局副局长、副书记

史衍智　济宁市规划设计研究院院长、党总支书记，教授级高级工程师

当前，全国新一轮的城市群、都市圈、都市区正在走向快速发展之路。湖南省长株潭城市群、吉林省延龙图都市区、沈阳抚顺铁岭三市共用“024”区号、江苏省铜山县撤县改区、安徽省巢湖市“一分为三”等等，促进了区域经济、资源、要素的合理配置，促进了区域核心竞争力的提升，表明了全国范围内的城市地位的变迁与城市间的竞争正在加剧。

如何将古老的济宁大地的历史文化名城和新兴的工业城市融于一体，真正担当起鲁南经济带中发展崛起的龙头，进而在淮海经济区中心城市的竞争中脱颖而出，是济宁在“十二五”期间有序、快速发展以及今后永续发展的关键所在。

区域竞争的实质是区域中心城市的竞争。济宁都市区要取得新的生命力，就势必整合区域范围内的资源，培植强有力的中心城市。城市发展规律证明，综合发展要素配置越合理、区域经济一体化程度越高，区域综合竞争力就越强。因此，发展济宁都市区、壮大中心城区，济宁都市区内各县市区必须秉承合作共赢理念，既要充分认识自身优势、明确自身定位，又要统筹兼顾区域整体利益、加强区域内的协调沟通,实现分工协作、优势互补，从而形成区域发展的整体合力；发展济宁都市区、壮大中心城区，要打破目前行政区划束缚，从经济区域的层面审视城市的发展定位，适时适当地调整行政区划，防止中心城市与都市区、内部与外部发展的固有有机联系被割裂、隔断；发展济宁都市区、壮大中心城区，要进一步研究城市周边地区、外延地区、城乡结合部的村镇发展问题，掌握并理顺人口流动关系（农民进城务工、市民下乡休闲），重视城市外缘（外围）地区的发展与建设，尤其要切实做好城市外缘（外围）地区的基础设施与中心城区的协调；发展济宁都市区、壮大中心城区，要进一步深入研究产业规划布局，在区域和空间中研究产业的发展，精心研究产业的发展时序、产业的发展链条、产业的发展分工、产业的发展空间、产业的空间承载以及因优势发展、错位发展而形成的产业型的开发区、新市镇、新市区。因此，我市要加强应对研究，尽快编制具有前瞻性、实质性的《济宁都市区空间

发展规划》，以便在新的区域经济、社会和产业分工中占据最为有利的地位，推进都市区协调发展。

1、济宁城市发展面临的严峻形势

长期以来，济宁和徐州在淮海经济区竞相发展，呈现出较强的区域竞争态势；作为淮海经济区前两名的徐州和济宁，发展机遇和竞争态势越发凸显。打造济宁都市区就是为了抢占淮海经济区尤其是苏鲁豫皖四省交界地区的制高点，在区域经济发展中夺得先机。目前，徐州都市圈作为江苏城镇空间发展战略中的重要区域，已经“拉开了构建徐州都市圈、建设特大城市的序幕”；随着江苏省发展战略的调整和交通基础设施建设的快速推进，困扰徐州发展的制约性因素大都在很大程度上得到了化解，徐州迎来了新的发展机遇。尤其是铜山撤县设区后，徐州城区面积迅速扩大，且与微山湖连为一体，济宁和徐州两个中心城市分别占据了南四湖的南北两端，更加形成了隔湖相望、南北对峙的战略格局。

1.1 在淮海经济区中的态势比较

类别 / 城市	人均GDP（元）		全国城市综合实力排名		建成区面积（km²）	
	2005年	2010年	2005年	2010年	2005年	2010年
济宁	15748	30680	97	88	53	101.3
徐州	13697	33412	42	46	118	239

2004年济宁市GDP首超徐州，坐上淮海经济区头把交椅，一直到2009年三季度，经济总量一直是略高于徐州。然而，2009年徐州市GDP超出济宁110.97亿元，至今差距呈逐步放大之势。

在淮海经济区域中，徐州与济宁是最具竞争力的城市。从上表可以看出，2005年济宁和徐州经济发展实力相当，到2010年，无论从人均GDP还是从城市综合实力排名，济宁和徐州的差距正在逐步拉大，以徐州为中心的徐州都市圈正在兴起和稳步成长。

1.2 在鲁南经济带中的态势比较

鲁南经济带中，枣庄尽管总量竞争力较弱，但竞争力速度、结构竞争力具有较强的优势，第三产业发展态势增长明显；临沂市由于人口较多，人均水平竞争力较弱，但第三产业竞争力更为强劲。两市经济结构进一步优化，在区域中的发展水平、经济实力、发展潜力和竞争力方面越发具有优势。

第三产业的加速发展是经济快速发展和结构调整升级持续的后劲支持和保障，十一五期间，我市的第三产业仅提高了3个百分点，相对于临沂的5.4个百分点、菏泽的7.1个百分点、枣庄的4.6个百分点相差甚远，表明我市的服务业特别是现代服务业发展明显滞后，制约了我市经济的产业升级和城市的发展速度。

济宁原有的相对优势被逐步蚕食并多已被赶超，临沂在经济总量、工业、投资等方面与济宁的差距也正在逐步缩小，鲁南经济带区域竞争愈演愈烈，经济发展形势逼人，济宁在鲁南经济带中的领头作用任重而道远。

1.3 区域内经济发展失衡

由于发展条件和环境所限，济宁区域的发展也面临较大的制约，内耗发展和不平衡的状况仍未从根本上改变。突出表现在经济发展水平与市区相比呈逐步拉大之势。

类别 城市	2005年人均GDP（元）	2010年人均GDP（元）
兖州市	23696	74036
泗水县	6721	—
金乡县	—	16397

县区之间的不平衡发展在客观上不仅加剧了区域发展的失衡，而且还将进一步扩大这种地区差距。2005年经济最发达的兖州市和经济不发达的泗水县人均GDP比率达到3.52；到2010年经济最发达的兖州市和经济不发达的金乡县人均GDP比率高达4.51。加快区域经济均衡发展，是当地群众反响最强烈的呼声，也是我市全面建设小康社会的一个重大战略性课题。我们应该注重“新木桶理论”，克服或避免不利于区域内发展的弱势，共同发展，形成中心城市与周边城市联合互动的良性循环，才可进一步促进都市区做大做强。

2、壮大中心城区，增加中心城市的实力和凝聚力

大城市具有强大的凝聚力和带动力，是吸纳就业的主体。基于济宁目前所处的方位，中心城市必须做大做强，辐射带动周边城市和区域的经济发展，不大不强，就谈不上城乡统筹、以城带乡。

济宁市要想迅速建设成为有影响力的大城市，必须按照都市区一体化城市的要求，膨胀规模，壮大实力，内扩外联；突破中心城区，带动“济宁、兖州、邹城、曲阜、嘉祥”融合和扩张，按照科学发展观的要求和现代城市发展理念的要求，建设北湖新区，扩充济北新区、滨河新区，壮大开发区的东部科技新城，培育曲阜高铁生态新城，充实大城市的内涵和经济实力。对资本、人才、科技等生产要素具有强大的吸引力，同时大规模的生产要素组合又会产生指数裂变，大大促进生产力的发展和劳动效率的提高，大城市的优势得到充分发挥。

3、加强都市区实质性合作,促进融合发展

融合发展过程中政府是主导动力，市场是基本动力，政府应为区域融合发展创造条件。都市区各县市区

之间应把自身应有的利益同尊重和顾及对方直至所有各方的利益统一起来，促进共同发展、平等受益、互惠互利，实现整体利益的最大化。长时间以来，我市由于历史发展及煤炭压覆等种种原因，形成了中心城区规模偏小、中心集聚度不高、对周边县市区辐射带动不强、“城不强县不弱”的格局，这就决定了济宁未来城市发展必须走多中心分散式组群发展之路。

3.1 都市区发展优势

这方面我们至少存有四大优势：①空间优势。都市区内东西125km，南北75km，5000多平方公里内两区三市一县，400多万人口，近80个城镇，政治、经济、文化之集中，人口密度之高，在全省乃至全国都比较典型。加之区域交通、通信设施的不断提升完善，城际间时空距离越来越小。②文化优势。同属孔孟文化范畴，素以“孔孟之乡、运河之都”著称，诞生了轩辕黄帝和孔子、孟子、颜子、曾子、子思五大圣人，孕育了始祖文化、儒家文化、运河文化、佛教文化。受其影响，养成了济宁人忠厚、善良、正直、正义，道义感、责任感强，勤劳智慧，克己利他的性格特征，一旦达成共识，行动就会一呼百应。③行政优势。都市区各县市同在一个地级市域内，隶属济宁市委、市政府管理，为整合发展，加速融合提供了极强的体制保障。④基础优势。都市区面积占全市总面积的45.6%，人口占全市的50%。2010年，经济总量占全市的66.7%，财政收入占全市的64.1%。集中了全市五大支柱产业、四大千亿元级产业集群、两大全国百强县，金融科技王牌以及80%的规模以上企业。济兖邹曲嘉各有所长，但凭单元团块优势，都不具备中心城市功能，如果整合，无论是鲁南经济带还是淮海经济区都无以抗衡。

3.2 加快都市区城市间功能分工

协同发展的城市协作应该坚持“互补协作，错位发展”原则，按照比较优势求专求强。由于长期发展行政区经济，组群结构各城市的经济相对自成体系，城市间产业互补性较弱，均发展小而全的产业结构体系，产业同构、经济同质现象十分突出，相关产业、同类工厂重复建设，产业链及集群无法形成。如都市区一些城镇均提出将煤化工、光伏产业作为主导产业来发展，缺乏合理的布局分工，产业结构趋同现象严重。同时，受严格的行业管制，使得一些优势产业难以壮大，中央企业与地方企业整合重组困难，直接影响区域产业竞争力的提升。城市特色功能不突出，城市职能分工不尽合理。区域行政壁垒导致要素流动与进入成本偏高，致使区域资源要素不能顺畅流向优势区位，难以向其他城市提供服务和辐射作用，从而影响和制约了都市区一体化发展进程。

3.3 加快基础设施的同城化

都市区在基础设施建设上还缺乏统一规划和协调，交通网络布局有待优化，同城能力仍显不足，各种运输方式之间衔接协调不够，区域一体化基础设施网络尚未形成。都市区高度联系的交通网络是引导和支撑城市空间结构最重要的因素，交通一体化是都市区一体化发展的基础和先导，也是都市区发展水平的“试金石”。交通空间的整合必须打破交通分割的格局，建立层次分明、多种交通模式一体化协调发展的交通运输体系。另外，文化教育、公益性文化体育设施、科技人才等缺乏统筹布局建设和综合利用，资源难以共享。

3.4 尽快编制都市区一体化发展战略规划

一体化发展战略规划体系是科学推动都市区发展的首要任务，在城市规划引导和控制下，协调城市空间布局和建设是促进各都市区一体化健康发展的重要手段。

建议科学编制三个层次的规划：一是启动编制都市区战略规划，聘请国家级权威规划设计单位编制《济宁都市区一体化发展战略规划》，作为指导一体化建设的纲领性文件，重点明确发展基础与环境、总体要求和发展目标、空间发展布局、重点协调发展区域等内容，为推进一体化工作提供系统的路线图。二是抓好重点领域规划对接。以战略规划为指导，对功能分区、土地利用、产业布局、基础设施等方面作出总体设计安排，统筹编制都市区交通运输、能源保障、生态环保、产业发展、社会事业等各种专项规划，并认真细化目标任务，落实工作措施。三是搞好重点协调区域规划整合。以“先交界后纵深”为原则，加快编制都市区边界重点发展区域等的规划，如曲阜和邹城之间的规划，有效推动相邻市边界区域的一体化衔接。统筹规划城乡布局，促进城镇集约发展，将基础设施和基本公共服务体系由城市延伸到镇村。

总体规划层面，如延龙图编制实施了《延吉、龙井、图们城市空间发展规划纲要》（已得到吉林省政府批复）。良好的规划可以促进政府的协调，政府间的协调是一体化发展最重要的工作之一，不少地方在这方面都有积极的探索。延边州正式成立了省编办批准的延龙图一体化领导小组，州主要领导任组长，下设办公室、规划组、项目协调组、交通能源组、水利建设组和宣传组，具体负责延龙图一体化工作的实施，并于2008年组建了具有统筹协调职能的延龙图一体化党委。

4、借势发力，促进城市规划建设大发展

在城市竞争背景下的大型事件成为城市提升综合竞争力的手段，重大事件对城市发展的作用是显著的，山东省第二十三届省运会赛事对济宁城市发展的影响是首要的，除了盈利以外，最重要的是可以承办比赛为契机实现城市发展的飞跃。

4.1 壮大区域中心城市，提升城市综合竞争力

因此，第二十三届省运会是提升济宁城市综合竞争力的良好契机，济宁应把省运会上升到战略高度，围绕省运会制定发展战略。通过省运会期间的短期高投入形成长期高收益，最终强化济宁在鲁南济宁带、淮海经济区的区域地位。

4.2 完善交通体系，提高交通组织能力

济宁为了满足自身城市发展需要完善交通体系，同时需要满足省运会的交通要求。因此，济宁应以省运会为契机，规划整合一批交通基础设施，提高整个城市的交通基础设施水平。借省运会提高济宁的交通组织能力，为今后城市日常和大型事件时的交通组织提供经验。

4.3 优化城市空间结构，改善城市景观

省运会的场馆在各个县市区，正好可以促进区域组团式网络型城市结构的形成，同时将促进济宁城市景观的改造升级。

总之，济宁都市区的空间整合是实现济宁在区域中崛起的重大战略性问题，空间整合发展是济宁在新的战略时期的必经之路，寻找并抓住空间发展契机，实现新的跨越是济宁都市区在整合发展中的关键问题之一，要在“十二五”期间实现都市区一体化发展和建设“两型社会”，是济宁发展的重大历史使命，也是济宁发展的历史机遇。

[参考文献]

[1] 顾朝林.城市群研究进展与展望[J]. 地理研究，2011（5）.

[2] 姚士谋,李 青,武清华等.我国城市群总体发展趋势与方向初探[J]. 地理研究，2010（8）.

关于加快我市中心城区空间扩展的思考
——“十二五”期间济宁都市区发展的思索

史衍智

[摘 要] 中心城市是区域经济发展一个重要的、最具活力的经济增长点和集聚地，是城市现代化的主体和先锋力量。做大做强中心城区是推进产业集聚升级，致力于发展先进生产力，提高经济综合实力，推动区域经济快速发展的关键所在。应积极探索多种有效发展模式，逐步加大基础设施建设，以新的体制和经营理念壮大中心城区承载能力。

[关键词] 中心城区；城镇化；行政区划

[作者简介]

史衍智 济宁市规划设计研究院院长、党总支书记，教授级高级工程师

从区域经济角度看，中心城市是区域经济发展的一个重要的、最具活力的经济增长点和集聚地，是支撑区域经济地位的栋梁，是城市现代化的主体和先锋力量。特别是随着经济全球化进程的加快，区域之间的竞争在相当程度上已演化为中心城市的竞争，中心城市在区域经济发展中的重要作用日益显现。

新世纪以来，济宁中心城区进入了快速城镇化发展阶段。特别是随着新版城市总体规划确定的“济宁领跑、中心突破、圈层发展、轴线辐射”的市域空间战略及“东拓西跨南联北延”中心城区空间战略的大力实施，城市框架逐步拉开，中心地位逐渐显现，对周边区域的辐射带动力日趋增强。2012年2月，我市第十二次党代会提出了“以更大力度拉框架、扩规模、优布局、提功能，把中心城区做大做强做美，五年内建成区面积达到150平方公里、人口达到150万”的城市发展目标；加之近年城镇化追赶战略的推进以及城市建设管理年活动的持续开展，我市中心城区正迎来新的持续大发展。城市规划作为建设的龙头，起着引领城市发展、提升城市档次的重任，为更好地落实市委、市政府关于城市建设的目标，深入研究分析济宁市城市发展，就如何加快中心城区空间拓展作以下思考。

1、我市中心城区发展现状

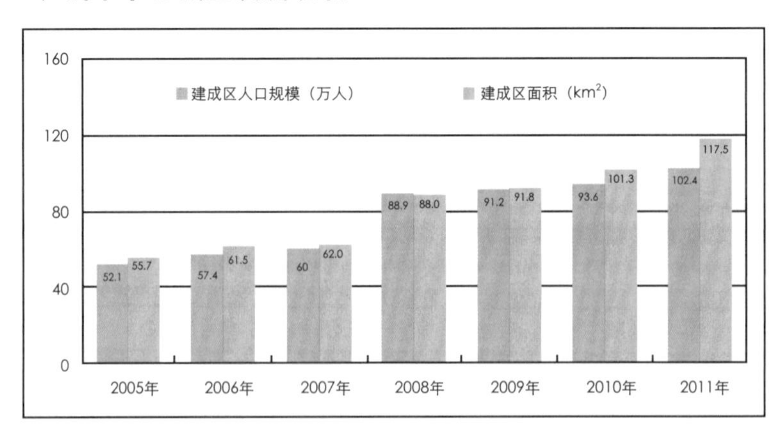

图1 济宁市历年建成区变化柱状图（2005～2011年）

近年来，我市城市规模扩展势头明显（图1）。2005～2011年，我市中心城区的规模由52.1km^{2}增长至117.5km^2，年均增长率14.52%，平均每年增长10.9km^2。城市人口由55.7万人增长到102.4万人，年均增长率10.68%，平均每年增加7.8万人。

回顾改革开放以来我市的城市发展，城市规模发展大致经历了三个阶段（图2）。

第一阶段，“小城”阶段。2000年以前，城市建成区面积一直徘徊在30km^{2}左右，人口规模30万左右。该阶段城市空间狭小，发展动力不足，城市空间发展限于两河（大运河、洸府河）之间的区域，发展速度较为缓慢。

第二阶段，“中城”阶段。2001～2007年，城市建成区规模为40～60km^{2}左右，人口规模为50万左右，城市逐步向东跨洸府河实现了一定扩展，城市空间规模得到提升。

第三阶段，“大城”阶段。2008年以来，随着城市行政区划管理的理顺以及新版城市总体规划的实施，城市建成区规模实现了较大突破，已呈现出“一城四区、竞相发展”的态势。城市向东依托国家级高新区重点产业项目拉动空间发展，向西依托大运河生态经济区拉动空间发展，向南依托北湖新区拉动空间发展，向北依托济北新城拉动空间发展，且增长势头较快。

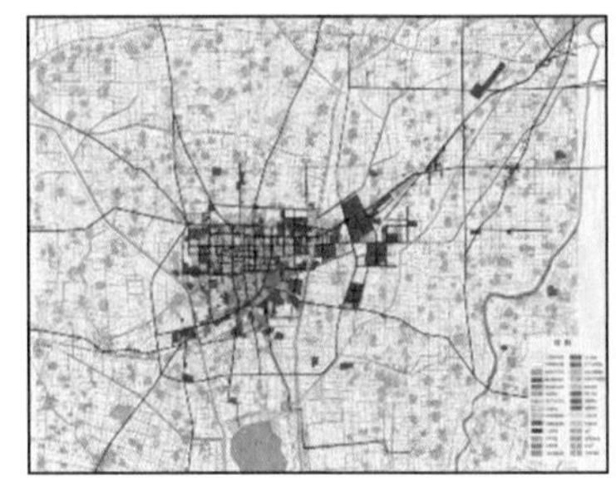

2004年城市建成区现状

2007年城市建成区现状

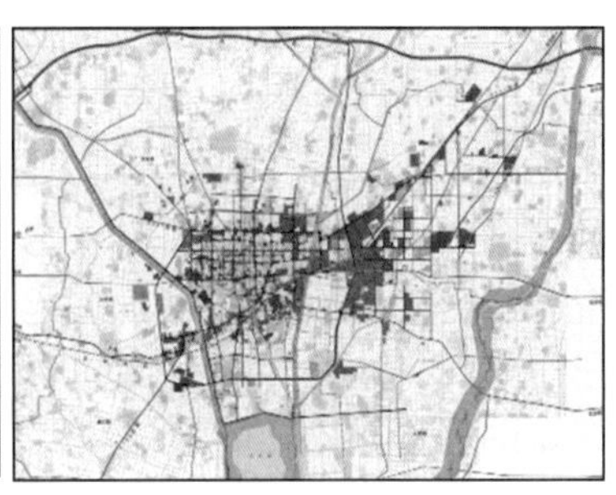

2010年城市建成区现状

图2 济宁市城市建成区分析对比图（2004、2007、2010年）

2、我市与周边城市的发展情况对比

从省域城市发展对比来看（表1），我市“大市小城”、“小马拉大车”的特征突出。例如，从人口方面对比来看，我市市域总人口位列省第4位，而中心城市的人口规模位列第9位，中心城市建成区面积位列第11位。相比可看出，我市中心城市的人口集聚度不高，城市综合竞争实力较弱，对区域的辐射带动力不强。

另外，从与淮海经济区的主要城市发展对比来看（表2），也存在同样的发展特征。例如，我市在市域的面积、人口、经济总量上与徐州、淮安、临沂大体相当，但是在市辖区和中心城区的各项发展指标上明显落后，表明我市中心城市空间发展腹地狭小，城市规模不突出，从而使得中心城市的区域辐射带动力长期偏弱。

山东省2010年地级市数据统计

表1

地区	市域人口		市域土地面积		建成区人口		建成区面积		建成区人口占市域人口比例		行政区数量	地区生产总值	地方财政收入
	万人	位次	km^2	位次	万人	位次	km^2	位次	%	位次	个	亿元	亿元
1. 济南市	604.08	7	7999	10	359.20	1	445.59	1	59.46	1	6	3910.80	266.13
2. 青岛市	763.64	5	11175	6	366.91	2	311.52	2	48.05	3	7	5666.19	452.61
3. 淄博市	422.36	11	5965	13	236.91	3	277.52	4	56.80	2	5	2866.75	162.40
4. 枣庄市	391.04	12	4563	16	128	6	159.09	6	32.73	7	5	1362.04	76.71
5. 东营市	184.87	16	7923	11	70.38	11	119.82	9	38.07	5	2	2359.94	104.88
6. 烟台市	651.14	6	13746	3	160.55	4	306.62	3	24.66	8	4	4358.46	237.80
7. 潍坊市	873.78	3	16005	2	122	7	141.20	7	13.96	13	4	3090.92	202.43
8. 济宁市	843.03	4	11194	5	93.60	9	101.30	11	11.10	15	2	2542.80	169.25
9. 泰安市	557.01	10	7762	12	93.4	10	106.80	10	16.77	11	2	2051.68	116.95
10. 威海市	253.61	15	5698	14	105	8	132	8	41.40	4	1	1944.70	118.27
11. 日照市	287.92	14	5348	15	64.9	14	89.80	12	22.54	9	2	1025.08	55.61
12. 莱芜市	126.69	17	2246	17	43	17	62	16	33.94	6	2	546.33	35.32
13. 临沂市	1072.59	1	17202	1	152	5	162.49	5	14.17	12	3	2398.98	115.48
14. 德州市	570.18	9	10356	7	66.28	13	86.40	13	11.62	14	1	1657.82	72.91
15. 聊城市	597.53	8	8715	9	59.89	16	60.17	17	10.02	16	1	1606.51	70.50
16. 滨州市	377.92	13	9033	8	69.46	12	82.91	14	18.38	10	1	1551.52	103.92
17. 菏泽市	958.80	2	12194	4	61.30	15	76.50	15	6.39	17	1	1151.58	84.69

资料来源：山东省统计年鉴。

济宁与淮海经济区主要城市的发展对比表（2010年） 表2

城市	市域面积	市辖区面积	中心城市建成区面积	市域总人口	市辖区总人口	中心城市人口	市域经济总量	市辖区经济总量	市辖区数量
徐州	11259	3038	239	972	312	220	2942	1220	6
淮安	10072	3171	120	538	278	120	1388	872	4
临沂	17184	2200	165	1072	246	182	2400	911	3
济宁	11194	1026	101	843	132	93.6	2542	560	2

单位：面积 - km^2；人口 - 万人；经济总量 - 亿元

3、加快我市中心城区空间拓展的必要性

3.1 做大中心城区空间拓展是强化中心集聚力，增强辐射带动力，加快全市城镇化进程的根本途径

在一定区域范围内，吸纳农村劳动力转移的任务主要是由区域中心城市来承担完成的，因此积极壮大中心城市的规模，对带动区域城镇化快速发展意义重大。当前，我市正处在城镇化快速发展期，农村人口基数大、城镇化率偏低、城市吸纳力不强等问题都制约着我市城镇化的发展。2000年以来，我市城镇化虽取得了较快发展，城镇化率由34.60%提高到2011年的44%左右，年平均增长0.85个百分点。但相比全国、全省仍较落后（图3）。如2011年我市城镇化率落后全国城镇化率（51.27%）7个百分点，落后山东省（50.95%）近8个百分点。在省内17个地市中，2011年济宁市城镇化率全省排第13位，仅高于德州、滨州、聊城、菏泽等4地市，与GDP全省第6的位置极不相称。造成我市城镇化率较低的主要原因是中心城市规模长期偏低，集聚效应不明显。因此，未来要加快全市城镇化进程，就必须首先加快中心城市规模的壮大增强。

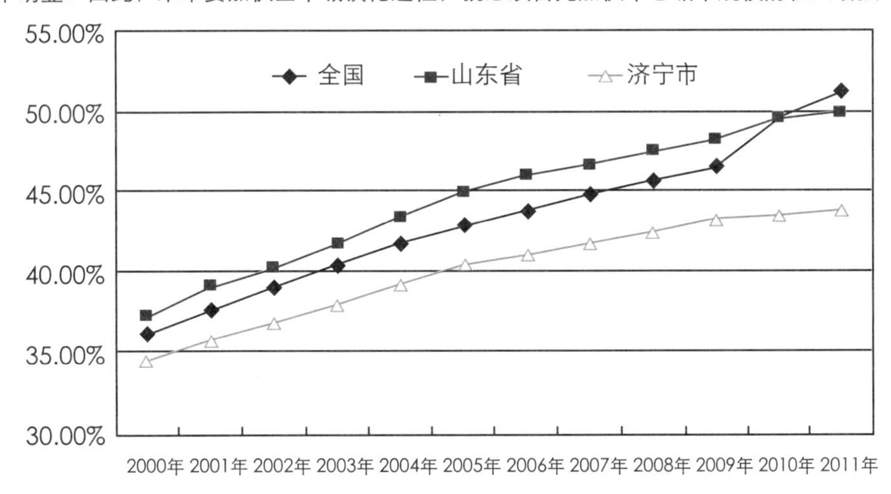

图3 全国、山东省、济宁市城镇化发展对比图（2000～2011年）

3.2 加快中心城区空间拓展是提升区域竞争力，抢占区域主动权的需要

作为区域中心城市，我市在淮海经济区、鲁南经济带中承担着重要的经济职能。但由于中心城市规模偏小，“小马拉大车”长期困扰着我市发展。1990年代初，济宁同省内的临沂、潍坊城市规模相当，但随着两市城市发展进程的加快，其发展规模已远超我市。同省外周边城市对比，很多过去规模较小的城市目前都已或正在赶超济宁（如淮安）。尽管我市强力推进实施了城市追赶战略，但仍与昔日规模相当的兄弟城市差距较大（如徐州），城市发展规模与其强劲的经济发展实力极不相称。在新的发展形势下，区域城市合作日益紧密，竞争日趋激烈，摆在每个城市面前的是“不进则退，不快则退”的机遇与挑战。在这场激烈竞争中，我市如何突破固有发展模式，探索新发展思路，成为亟需面临与解决的问题。而加快中心城区空间拓展正是我市抢抓机遇、谋求区域发展的战略选择。

3.3 加快中心城区拓展是适应市场经济体制，优化空间资源配置的客观发展要求

随着我市中心城区作为区域首位城市的辐射功能和带动作用的日渐显现，将会更好地释放出中心城市的全部能量，更好地进行资源、资本的高效配置，强化区域间的协作关系，并挖掘中心城区的潜在功能，施展其政治、经济、文化、商贸、交通的中心作用，整顿因行政区划而遭受阻隔的商品市场秩序，体现出自身日益壮大的规模效益，实施各种经济关系协调发展的空间战略，进而辐射带动周边县市向更高层次迈进。

4、加快我市中心城区空间拓展的对策建议

4.1 完善各种政策机制，进一步加快推动城镇化进程

城市规模壮大的根本是人口不断向城市集聚，而人口向城市集聚的动力是城市吸引力，这种城市吸引力正是政府制定的有关支持引导农村劳动力转移的多方面政策与措施。因此，要增加我市的中心城区的规模，就要不断健全激励机制，提高政策的吸引力。要把健全激励机制作为吸引农民进城的着力点，用最优惠的政策引导农民进城，让农民“想进来”。一是加强住房保障。抓住国家实施保障性安居工程的机遇，在农民安置新村配建经济适用房、廉租房，使符合政策的进城农民享受保障性住房待遇。二是加强就业保障。建立政府引导就业机制，将进城农民统一纳入城镇居民就业范畴，享受同等的就业和创业优惠政策。三是加强社会保障。对进城农民提供同等的城市社保、教育、卫生、文化等公共服务待遇，真正实现农民市民化。四是探索土地流转制度创新，加快农村土地向城市流转。按照产权明晰和利益共享的原则，引导农民向农业产业化龙头企业、农民专业合作社和种养大户有偿转让土地经营权，让农民参股加入土地流转经营，如重庆进行土地流转的“地票”制度。

4.2 积极稳妥地推进行政区划调整，拓展城市发展空间

要做大做强中心城市，就必须拓展城市发展空间，扩大城市面积，增加城市人口，增强中心城市功能，激活人气，对现有行政区划进行科学合理调整，而不是简单拼凑。近年来，南京市、广州市、佛山市、苏州市、杭州市、厦门市等城市先后对城市区划进行调整，实施撤县（市）设区或并区，扩大了城市面积，整合

了城市资源，合理配置了生产要素，增强了中心城市的聚集、辐射和带动作用。目前，我市中心城区的发展腹地相对有限，要做大中心城区规模，就需要从更大的区域尺度去寻求空间、谋划发展。因此，建议近期，一方面要尽快适度调整市中、任城、高新、北湖四区的空间发展腹地范围，使得四区能够彼此适度均衡发展的同时，又能保持相互良性的竞争格局；另一方面要积极考虑谋划市辖区腹地扩展的区划调整工作，以尽快实质性地解决中心城市规模扩展的腹地空间问题。

4.3 建立健全都市区管理协调机构，加快都市区融合发展

由于我市中心城区自身规模偏小，四周拓展又受煤炭开采限制，单纯依托中心城区自身较难承担起区域的辐射带动作用，因此需要充分发挥济兖邹曲嘉五城市“空间天然相近、职能彼此互补”的优势，加快一体化融合发展，以都市区的模式来解决长期制约我市城市发展的各种问题。当前济宁都市区融合发展的最大瓶颈仍是体制问题，当务之急是加快推进行政管理体制一体化改革，理顺行政体制，明确责任主体，为加快一体化发展提供体制动力。建议近期尽快成立都市区发展委员会，作为市政府直属机构。委员会下设办公室、规划建设部、产业发展部、综合协调部等部门，集中办公。委员会按照市政府授权，统一协调都市区发展的各项工作。主要职责：负责都市区重大项目、重点工程、重要规划的审查；协调都市区建设中的相关问题。

4.4 继续大力实施“东拓西跨南联北延”空间发展战略，做大做美中心城区

一是进一步加快北湖新城、济北新区、滨河新区的开发建设进度，提高城市新区人口和产业的聚集度。北湖新城要以省运会体育场馆建设及政府行政搬迁为契机，集中力量加快开发建设，提高人口和产业的聚集度，尽快建成行政办公、文体商务中心。济北新区要加快实施任城区政府行政办公机关的有序搬迁，尽快形成设施齐全、功能完善的城市新区，使任城区实现“有区、有城、有中心”，真正拥有自己的城区。滨河新区要积极借助大运河生态经济区的发展条件，结合城市“西跨”战略，重点发展物流产业，充分发挥港航、航空、铁路、公路等多种资源优势，将我市物流产业融入国内物流网络。二是进一步完善济宁高新区城市功能。大力发展以生产性服务业和房地产业为主的现代服务业，充分发挥现代服务业对高新区第二产业的引领和推动作用。重点开发蓼沟河中心商务区及黄屯居住片区，提高济宁高新区公共设施用地和居住用地的比重，积极引导高新区由产业新区向城市新区的转变。三是严格控制老城区的土地使用强度，以发展商贸饮食、文化教育、科技旅游为重点，完善基础设施，改善人居环境。四是强化城市特色，扩大城市的差异性竞争优势。按照“孔孟之乡、运河之都、水城风貌、生态宜居”的城市发展定位，加强传统文化的保护、传承和创新，塑造特色鲜明的城市风貌。

4.5 适时将紧邻中心城区的镇办建设用地纳入至城市建成区面积之中

要实现济宁市中心城区五年内建成区面积150km^2、人口150万的目标，不可能仅依靠完全在我市城市总体规划确定的160km^{2}城市建设用地范围内解决。以安居为例，该办事处位于我市规划区，目前的镇区建设基本和中心城区已成连片发展，基础设施基本实现了一定的共享。然而，在城市总体规划中仅将其中的一小部分纳入至中心城区确定的160km^{2}建设用地内。考虑到目前安居的建设实际并结合市西跨战略的推进情

况，建议安居整个镇区的规划用地应尽早纳入中心城区的建设用地之中，以更好地统筹协调发展，保障基础设施、公共服务设施的共享。类似情况，其他几个镇办也都存在，建议也尽快纳入至中心城区的建设范围之内。要按照城乡一体化发展和“东拓西跨南联北延”的中心城区发展的战略要求，积极完善位于济宁市总体规划规划区内特别是与总体规划建设用地相连或独立成片的周边镇（办）的总体规划或分区规划，并在此基础上有重点地加快市政基础设施和公共服务设施建设，使之尽快成为建成区，如安居、唐口、南张、李营、接庄等镇办。

4.6 拓宽规划区内用地渠道，盘活区域内土地存量

市区人多地少，城市化受到土地资源不足的严重制约。加大改革城市土地使用制度的力度，培育壮大“第二财政”，为中心城市建设聚集资金。在现有用地政策难以突破的情况下，积极探索实行土地整理、折抵建设用地，退宅(建)还田、置换用地，异地复垦、退二进三、盘活存量，集聚农居、节约用地、开发“三荒”等一系列创造性的配套措施，有效盘活土地资源，保证城市化对建设用地的需要。除法律规定可以实行划拨土地的对象外，其余建设生产用地全部实行有偿出让供地，特别是对房地产开发，一律实行招标拍卖方式供地，把土地推向市场。通过公开、公平、公正的竞争，来提高土地价值，实现土地升值，为加快城市建设提供大量资金，推动中心城市更快、更好地发展。

4.7 创新经营城市理念，运用市场机制，提高经营城市水平

按照市场经济的要求，对城市资源和功能载体进行集聚、重组和营运，把城市建设由简单的生产过程变成资本营运过程，在完善经济功能、创造发展环境的过程中发展城市经济，实现经济效益、环境效益和社会效益的结合与统一，增强城市建设积累能力。加快投融资体制改革，构筑城建项目融资平台，推进外资、民资和社会资金投入城市建设，扩大城建资金总量规模。

[参考文献]

[1] 王秉安.产业集群,促进中心城市崛起[N].福建日报,2004-09-06.

[2] 汤杰.山东省区域经济差距的实证研究[D].东北财经大学,2010.

[3] 冯健,周一星 杭州市人口的空间变动与郊区化研究[J].城市规划，2002（1）.

[4] 焦张义,孙久文.我国城市同城化发展的模式研究与制度设计[J].现代城市研究，2011（6）.

抢抓高铁机遇 优化城镇空间布局
——京沪高铁对济宁城镇格局的影响

史衍智

[摘 要] 中国高铁的发展会对政经一体化的城市发展模式产生强大冲击，京沪高铁将成为区域经济增长的“脊梁骨”，远离中心城市之外的更多的中小城市将会在市场中形成自己发展的特点，成为依托高铁交通的经济型城镇。济宁市将分享由此带来的溢出效应，对城镇交通的运力、效率和环境保护有更新更高的要求，将促进新城镇形成，拓展城镇发展空间，在新的城镇空间布局、城镇化进程方面产生强大的推动作用。

[关键词] 京沪高铁；城镇空间；中心城区

[作者简介]

史衍智 济宁市规划设计研究院院长、党总支书记，教授级高级工程师

“交通是经济之母，铁路是交通之母”，京沪高铁在中国两大经济区域——京津冀经济区和长三角经济区之间架起一座资本、人才、信息快速流动的大通道，将对沿线城市经济发展起到巨大的推动作用。据有关资料显示，自日本新干线建成通车后，设有站点的城市比同一个地区没有车站的城市在零售商业、工业、建筑和批发业上增长了16%～34%。专家预测，京沪高铁建成后所产生的经济推动力将超越当年日本新干线，能够使沿线地区GDP增长率提高19%～21%左右。同时，随着人流、物流、信息流的加速流动，必将带来思想观念的巨大变化，应借鉴长三角地区在市场化和国际化等方面的先进理念，强化以我市为中心，辐射济南、泰安、枣庄、徐州周边城市的“1小时交通圈”，增强与北京、上海等中心城市的联系，融入其“3小时经济圈”，带动人流、物流、资金流和信息流快速流动，并吸引其他生产要素不断向我市集聚，有效带动区域经济增长，推动经济社会战略转型和产业结构优化升级。

1、催生“沿高”经济带

京沪高铁开通将为曲阜高铁片区带来巨大的人流、物流和资金流，将带动该区域形成高密度的人口聚集地带，成为济宁新的经济和商业活跃地区，并对周边地区城市建设起到极大的刺激作用。京沪高铁开通有助于刺激济宁现有的产业布局，强化327国道产业带，实现资源的优化配置。通车后带来的交通条件大变化，会促使济宁区域内的产业结构变化。一是综合性的方向延伸，即327国道产业带的转型升级有了良好平台，通过快速交通连接，联动东西区域，形成济宁产业带的主载区。二是区域内的优势产业向最佳区位集中，以能源、现代机械装备制造业和现代物流业为发展重点，将出现“产业强区，功能强区”的发展格局。

1.1 区域联系的互动升级

京沪高铁开通不仅带来京津冀经济区和长三角经济区之间南北向联

系，而且实质性地推动了济宁与日照、临沂、菏泽的东西向经济交流和融合。327国道一直是济宁产业发展的重点轴线，东西向联系的加强，有利于加快沿线城市的城镇化进程，优化沿线各地的资源配置，带动沿线城市产业发展。

济宁东西向经济带在鲁南经济区域内的联系一直不温不火，借此机遇可以建立跨区域的城市圈，引导地区间产业转移和产业结构升级，推动区域和城乡协调发展。人流的聚集升级，同时消除观念障碍和物流障碍，使济宁、菏泽与日照、临沂的联系更为紧密，促进产业等向劳动力成本、土地价格较低的地区扩张，跨区域的经济合作会日益增多。站在鲁南城市带中，曲阜东高铁是日照、临沂、菏泽南上北下的首选客运站，济宁作为中心城市的辐射带动作用将进一步加强，都市区效应将日益明显，利于促进区域经济社会的一体化融合发展。

1.2 提升沿线城镇化的进程

济宁区域内的县市区都会不由自主地面向曲阜高铁站产生一条快速通道，同时也是未来的经济廊道，将带动沿线城镇旅游、餐饮、购物等相关服务业及住房需求的快速增长。将使沿线城市产业和人口承载能力不断提升，带来巨大的人口“聚集”效应，从而大大加快城镇化建设步伐。车站周边地区将迅速涌动开发的资本，一座35km^{2}的“生态新城”将在高铁站周围拔地而起。曲阜市高度重视发展高铁经济，围绕“综合交通枢纽、文化生态新城、区域发展高地”的发展定位，提出了“一年起步、三年成形、五年成城”的奋斗目标，设计构建高铁新城。不仅助推圣地古都乘上时代的高速列车，更为重要的是能够形成交通、经济、技术以及其他要素辐射的“高铁经济”，使得曲阜成为辐射济宁、日照、菏泽、临沂等地的区域性交通枢纽和带动鲁南经济带和济宁都市区大城市发展的重要战略支撑点。

2、加速我市在鲁南城市带中心城市地位的确立

山东省积极构筑“一群一圈一区一带”的城镇空间格局，推动全省区域经济加快发展。“一带”是以日照为对外开放平台，以临沂、济宁为中心，依托鲁南经济带尤其是鲁南临港产业带的开发建设，构筑的欧亚大陆桥东部新的经济增长极和城镇带。

2.1 巩固我市交通枢纽地位

原有的京沪铁路、兖石铁路、京台高速、日兰高速、104国道、327国道纵横交会的优势得以加强，未来高铁连接线和轨道交通的建成，会把济宁打造成重要的便捷高速交通枢纽，拥有得天独厚的区位优势。曲阜作为高铁站点，与既有兖州站形成两个客运站格局。高速站主要办理高速客运业务，既有兖州站主要办理普速客运业务，必然成为济宁、临沂、菏泽及附近地缘的客流中心，承载客运转乘、生活消费等服务功能，大大丰富居民出行选择的多样性，提高旅客运输的灵活性。高铁的“同城效应”将加快济宁各县市区形成城市间的横向经济网络，形成能够带动鲁西南区域发展的中心城市。

2.2 引导区域基础设施布局

交通、通信、商贸物流以及金融等基础设施，是联系城市生产力系统内部各子系统的纽带，是沟通整个城市经济有机体的物质脉络，有序地加快发展基础设施建设是发展“济宁都市区”的实现途径，而这往往在现实中会因种种原因遇到阻碍。曲阜和邹城两个地方政府由于行政的壁垒，在考虑城市发展和各自利益得失时，在相当一段时间里必然会各自为政，这就可能造成“同城化、一体化”仅仅是“挂在墙上”，与其发展目标不相协调。高铁开通可以缓解两城市之间的行政壁垒，促进经济一体化的进程。

3、城市中心城区布局的变化

高铁时代的门户节点承接城市和区域的双重功能，曲阜东高铁站在济宁区域中和济宁中心城市相距约60km，中心城区对高铁站的吸引力和约束力非常不明显，曲阜生态新城未来可能成为引领和服务区域发展的次中心。交通路网的建设、市政配套的逐步完善，使高铁地区日益突显其土地价值、发展价值与商业潜力，曲阜利用其独特的历史资源和文化资源，一个城市次中心正在成长和崛起。

[参考文献]

[1] 林坚,田刚,姜扬等.新形势下城乡规划应对空间发展问题的策略探析[J].城市发展规划，2011（9）.

[2] 周一星.城市地理学[M].北京:商务印书馆, 2007.

[3] 谢贤健,屈小斌,兰代萍,胡学华等.中小城市土地利用空间结构分析的尺度效应[J] .长江流域资源与环境,2011（7）.

东部欠发达县的城乡统筹路径模式研究——以山东省金乡县“两区同建”规划为例

史衍智　郭成利　李士国

[摘　要] 未来20年我国城镇仍将处于快速发展阶段，伴随城镇化的快速推进，城乡发展的空间问题、劳动力需求问题、生态保障问题等亟需要从城乡统筹、城乡一体中得以解决。城乡统筹作为国家战略，是科学发展观“五个统筹”的重要部分，是破解区域发展中的不平衡、实现区域协调发展的重要指导原则。尤其是作为欠发达地区，要避免走入全面开花和以农村为工作中心的误区，按照城乡统筹的原则科学确定辖区内生产力布局、城镇空间发展和资源环境开发利用等，并制定相应的措施与策略对策。本文以东部欠发达县山东省金乡县的《“两区同建”规划（2012—2030年）》为例，探讨推进城乡统筹的路径和空间发展模式，以期为其他地区发展提供借鉴参考。

[关键词] 城乡规划方法与理论；两区同建；城乡统筹；金乡县

[作者简介]

史衍智　济宁市规划设计研究院院长、党总支书记，教授级高级工程师

郭成利　济宁市规划设计研究院工程师

李士国　济宁市规划设计研究院研究室主任、高级工程师

[备　注] 第十五届中国科协年会学术论文

获得2012-2013年度山东省住房与城乡建设厅“全省住房城乡建设系统优秀调研成果”优秀奖

2011年，我国城镇化率达到51.27%，城镇人口首次超过农村人口，标志着我国正由农业大国向城镇大国转变，按目前的发展速度，未来20年我国城镇仍将处于快速发展阶段。经济学家斯蒂格利茨曾预言：中国的城市化与美国的高科技发展将是深刻影响21世纪人类发展的两大课题。[1]伴随城镇化的快速推进，城乡发展的空间问题、劳动力需求问题、生态保障问题等亟需要从城乡统筹、城乡一体中得以解决。由于我国地区差异的不同，城镇化的实现路径也呈多元化特征，如东部地区与中、西部地区不同，大城市周边与偏远地区不同等。当前，积极探索适合自身发展实际的城镇化道路，持续加快推动城镇化进程已成为我国从中央到地方亟需面临解决的重大战略问题。

1、项目背景

党的十八大报告提出，“要加大统筹城乡发展力度，增强农村发展活力，逐步缩小城乡差距，促进城乡共同繁荣”，“坚持走中国特色新型工业化、信息化、城镇化、农业现代化道路，推动信息化和工业化深度融合、工业化和城镇化良性互动、城镇化和农业现代化相互协调，促进工业化、信息化、城镇化、农业现代化同步发展”。可看出，城乡统筹作为国家战略，是科学发展观“五个统筹”的重要部分，是破解区域发展中的不平衡、实现区域协调发展的重要指导原则。尤其是作为欠发达地区，要避免走入全面开花和以农村为工作中心的误区，按照城乡统筹的原则科学确定辖区内生产力布局、城镇空间发展和资源环境开发利用方向、模式、目标、特色与重点，并制定相应的措施与策略对策。[2]本文以东部欠发达县山东省金乡县的《“两区同建”规划（2012—2030年）》为例，探讨推进城乡统筹的路径和空间发展模式，以期为其他地区发展提供借鉴参考。

2、项目由来及特点

“两区同建”是指农村社区和产业园区同步建设，大力推动农民集中

居住和农村经济集约发展，促进农民生活方式和生产方式“两个转变”，最终构建起城乡一体的基础设施体系、城乡对接的公共服务体系和城乡联动的产业体系，实现城乡统筹发展。“两区同建”作为我国新时期城乡发展模式的一种探索，对快速推进城镇化进程、提高城镇化质量、优化区域发展条件、高效配置空间资源、改善农民生产生活条件、破解城镇土地制约瓶颈、保障经济社会快速发展等方面具有很好的借鉴意义。目前，该模式已在一些地方得到推进，如山东省德州市。

从目前我国现行法定规划体系来看，总体规划、镇村体系规划等已对区域内的农村社区迁并、社区布局、产业布局等进行了较为详细的研究分析，对引导未来县域的发展、优化空间资源配置起到积极推动作用（金乡县均已编制完成了《总体规划》、《镇村体系规划》）。但由于以上规划均立足远期，属于自上而下式的目标导向，对当前县、镇所面临的社区建设、农民迁移的具体问题考虑不足，特别是对各镇级、村级层面的产业园区布局发展考虑较少（如农业型产业园区），缺少必要的近期“行动抓手”去实现所确定的目标。对村庄迁并，以上规划多侧重于渐进式村庄合并，建设步伐相对较慢，缺乏“主导快速推动型村庄合并”的近期行动保障，且以上规划重点集中在城市、镇区，而对农村的生产考虑相对不足。

基于以上考虑，结合金乡县政府提出的“两区同建”建设要求，特编制本次非法定规划，重点是对镇、村微观层面的社区建设、多类型产业园区建设进行细致研究与规划布局，以更有效地指导近期社区合并及园区建设。

3、研究区概况

金乡县隶属山东省济宁市，地处鲁苏豫皖四省交汇处，毗邻江苏、安徽和河南，为鲁西南重要的门户之一。县域总面积886km^2，2011年年底，金乡县域总人口64万人，地区生产总值121.21亿元。目前，金乡县经济实力较弱，GDP列济宁地区12个县区第10位，人均GDP为18903元，列全地区最后一位。全县工业化、城镇化水平不高，第二产业发展薄弱（城镇化率仅为34.9%，二产占比仅为32%）。

金乡县农业特色化突出，是我国著名的大蒜之乡，山东省农业产业化经营先进县、农民增收先进县。大蒜产业是金乡县支柱产业，是广大农民的主要收入来源，面积常年稳定在60万亩左右，大蒜及大蒜制品年出口量占全国同类产品出口总量的70%以上，产品出口到168个国家和地区，2010年出口创汇突破4亿美元。因而有了“世界大蒜看中国，中国大蒜看金乡”的说法。也正是由于此，金乡县整体经济实力虽然在济宁全市排倒数第一，但农民人均纯收入却位居全市第一位（达到9011元）。这种城乡经济特点也为实施“两区同建”提供了很好的条件基础。

4、金乡县两区同建规划情况

4.1 县域村镇发展特征分析

4.1.1 村镇数量多，规模小，集聚能力弱

县域建制镇密度为10.15个/千平方公里，高于山东省的7.97个/千平方公里，也高于济宁全市的8.80个

/千平方公里。城镇密度高、规模偏小，发展与农村非农化不相适应。各镇农业人口占绝大比重，镇区人口增长动力不足。县域六百多行政村中，有相当比重的农村规模较小，人口低于1000人的有477个，约占72.9%。

4.1.2 县域村镇职能较单一，发展动力不足

作为典型的农业大县，金乡各镇职能多雷同，除县城以外，其余镇基本以农业和农产品加工业为主，工业发展普遍不强。第一产业在全县经济中仍占有很大比重，二、三产业起步晚，发展慢。县域农村经济中非农产业比重较低，对农村经济发展带动拉力不足。

4.1.3 村庄面临问题较多，社区建设进展缓慢

县域村庄空间上呈现“多、小、散、乱”的分布特征，较多村庄内部出现“空心村”现象，造成村宅基地浪费、公共服务设施配置不完善、村庄环境质量差等问题。近年来，金乡县通过土地“增减挂钩”推进了部分农村社区建设，对改善农村居住环境、节约土地资源起到很大的促进作用，农民对此认可较高。但从社区建设进度看，由于土地流转奖励政策落实不到位、土地指标受约束、农民就业问题考虑不足等制约，造成了目前农村社区建设进程相对较慢。

4.2 “两区同建”可行性分析

4.2.1 政策的支持以及思想共识的统一

近几年，国家、省、市制定了实施引导农村住房建设与危房改造的相关政策，鼓励农民居住由分散向集中转变、平房向楼房转变、村庄向社区转变，促进人口向城镇集中、产业向园区集中、耕地向规模经营集中，这些优惠政策的出台为村庄迁并以及耕作方式的转变提供了支撑。另外，从金乡县、镇政府层面均对两区同建形成了统一的思想共识，且已陆续开展了一些针对性的推进工作，包括制度建立、机制完善、政策出台等，这些为两区同建的加快实施起到很大的推动作用。

4.2.2 城市发展以及重要项目的带动

金乡县正处于城乡关系转折的战略机遇期，城市经济的快速发展为城乡二元结构调整创造了条件，农村经济和村庄迁并应及时抓住机遇，完善城乡规划体系，促进城乡统筹，增加农民收入，引导村庄建设的健康发展。这一时期也将是城乡关系从过去长期的二元结构分割局面向城乡一体化转变的阶段，具备了“工业反哺农业，城市支持农村”的条件。而且，县委、县政府围绕县域发展，提出了“六大板块”、“九大产业”的总体构想，通过重大项目的带动，加速产业化进程，进一步提高县域城镇化水平。产业的发展需要大量劳动力，项目的建设落地更需要大量建设用地，这些也推动了县域村庄有序优化。

4.2.3 传统农业发展及农民高质量生活水平的要求

当前，全县农村产业格局已发生了很大变化，非农产业逐渐成为农村的重要产业，非农收入成为农民的

重要收入来源，农村从事非农产业的人口比重逐年上升，农村生活条件发生着巨大的变化，居住模式有集聚发展的可能，农民也对进一步改善居住环境具有较强烈的愿望与能力。

4.3“两区同建”规划思路

4.3.1 技术路线及核心问题

根据项目的特点，梳理已编制完成的相关规划，积极借鉴外地城乡统筹规划的成功经验，综合确定如下的技术路线（详见图1）。同时，根据项目的实际，明确了规划核心问题，即整合远期规划目标与近期建设实施；协调上位规划要求与基层发展诉求；明确各类大规模产业园区空间布局；统筹优化县域农村社区点建设布局；兼顾实施力度，制定相应配套政策。

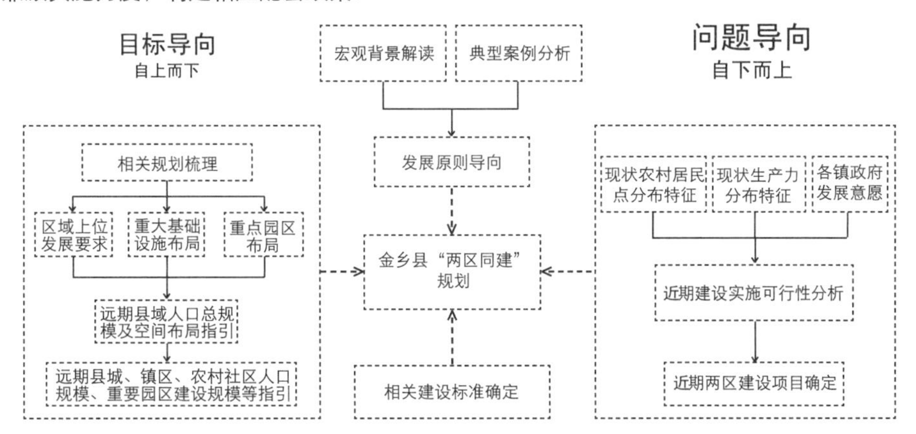

图1 金乡县“两区同建”规划（2012—2030年）技术路线

4.3.2 布局思路及规划原则

利用GIS叠合分析方法，将现状居民点分布、已建社区分布、现状工业、商贸物流园区分布、现状农业园、景区分布、河流、采煤区及水源地保护区、县域空间管制、未来县域空间布局、县域交通规划等要素层进行叠合分析。其中，叠合分析的主要目的是规避不适合进行社区、园区建设的区域，找寻最适合社区、园区发展的区域。其中，城市、镇区级大型工业园周边的村庄，按照“两区同建”思路，未来其就业类型将以从事第二产业为主，因此加大社区合并力度，此类社区合并村庄的辐射半径适当扩大；纯农村型社区，其未来农民多数仍以农业生产为主，因此，社区合并适当考虑其耕作半径，原则上辐射半径以不超过2km为依据（规划布局思路详见图2）。

从方便农民生产与生活着手，提高基础设施和社会服务设施质量，改善人居环境，节约土地资源，与生态环境相协调，进而对村庄居民点进行科学合理的迁并。在具体的社区、园区数量、规模、空间布局等确定时，坚持的主要原则包括：人口、产业、土地合理集中引导原则；社区、园区选址比较优势原则；农民耕作半径合理确定原则；社区满足一定规模原则；生态环境良好原则；科学保护特色村落、文物古迹等原则：尊重农民意愿，突出公众参与原则。

根据以上布局思路及原则，将县域632个行政村进行相应的迁并、保留等，远期共规划农村社区62个，园区71个（产业园区包含工业型、农业型、物流型、景区型），详见图2。

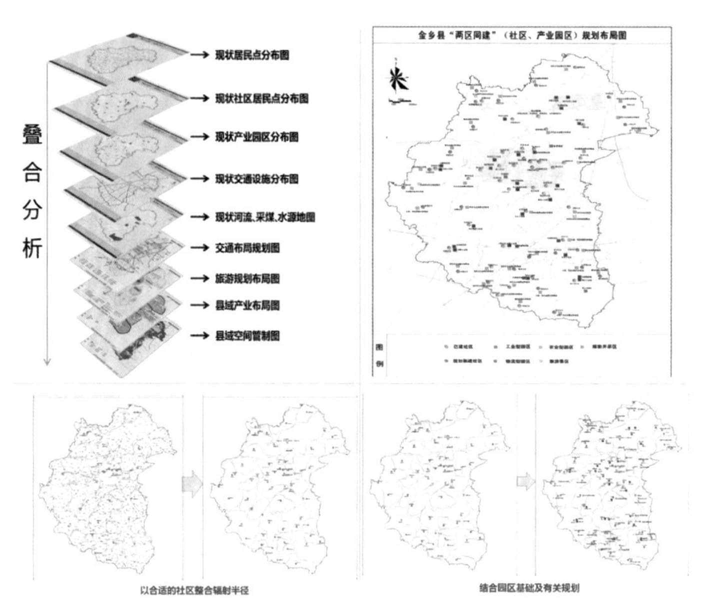

图2 《金乡县“两区同建”规划（2012—2030年）》规划布局

4.3.3 两区同建的指标体系

为保障规划结果的可实施性，规划重点对社区、园区的相应建设要求标准进行明确，综合确定系统指标体系。指标体系主要包括了社区、产业园区建设的重要指标（如占地规模、层数要求、容积率、基础设施配建要求、公共服务设施配建要求等，因篇幅所限，不再详细列出）。

4.3.4 规划实施策略与建议

突出规划的长期指导性。考虑到本次规划属于非法定规划，只能对未来的社区布局、园区布局进行示意引导作用，为顺利实施该项规划，应加快编制或修编相应的法定规划，必须完善规划体系，针对社区、不同类型的园区要编制相应的规划成果，以保障规划的顺利实施，用法定规划落实该规划的发展思路。

建立健全推进机制，制定相应配套政策。结合工作推进实际，要在政府实施机制保障、公众参与机制、建设融资机制等方面进行完善。制定与完善农民居住、就业、医疗、子女教育等保障政策，重视城镇化质量提升。重点研究探索改革农村土地政策，在城乡统筹发展上，金乡县应从长远利益着想，注重社会效益，继续坚持农业特色化发展，增强农业生产效率，让农民从土地上真正地释放出来。一方面，大力推进农业产业化、基地化，推广“农村合作社+基地+农户”的新型农业生产方式，改变小农式的生产、生活方式。另一方面，政府实施要素引导、管控结合，以保障农民权益为前提，集中配置资源，实现城乡统筹发展。[3]

5、结束语

基于新的发展环境和阶段，在城镇化发展路径上，金乡县应对县城、小城镇、农村社区、产业园区等进行分区引导，实行差异化城镇化路径，促进要素集聚与城镇功能延伸，达到城镇化“质”与“量”的提升。

金乡县两区同建模式对于广大农业资源优势地区的经济、社会、城镇发展具有积极的借鉴意义：一是工农互助发展模式，努力转变农业劣势，以农业培育工业，以工业反哺农业，工农互助实现城镇化，形成多化同步互动。二是在城镇化路径和城乡统筹发展上，外延式增长模式并不适应农业发达地区，应走集中与分散的城镇化道路，农业种植地区适当分散，以保障农民权益为前提，推进城镇化“质”与“量”并举发展，加强小城镇、村庄服务设施的覆盖，实现城乡一体统筹发展。

[参考文献]

[1] 吴良镛,吴唯佳,武廷海.论世界与中国城市化的大趋势和江苏省城市化道路[J].科技导报,2003(9).
[2] 黄闯.安徽欠发达地区城乡统筹发展路径探讨——以宿松县为例[J]. 规划师, 2011,27(7): 93-97.
[3] 黄仪荣,杜锐,王纯. 城乡统筹视角下农业发达地区城镇化路径探索——以山东省寿光市为例 [c]. 多元与包容——2012 中国城市规划年会论文集(11.小城镇与村庄规划), 2012.

省域视角下的济宁市经济结构态势分析及优化

史衍智　郭成利　张 猛

[摘　要] 我国当前经济结构正处在深度调整期，产业结构升级和产业转型不断推进，各地区经济结构也发生了较大变化。客观准确地认识区域经济结构，发现其中存在的问题，有针对性地采取经济扶持、政策引导等手段进行优化干预，对区域经济发展具有重要意义。文章选取相关经济统计数据，采用偏离份额分析法(SSM)对济宁市经济结构发展态势进行详细分析；对三次产业细化的各组成行业的增长态势也进行了针对性分析。结果发现，济宁市第二产业在省域中呈强势发展，竞争优势凸显，对济宁市整体经济增长贡献较大；第一、三产业发展水平相对落后于全省，竞争优势低；最终造成济宁市经济整体发展水平落后于山东省，且竞争优势不突出。积极进行济宁市产业结构升级及产业转型势在必行。

[关键词] 经济结构；偏离份额分析法；三次产业；态势；优化；济宁市

[作者简介]

史衍智　济宁市规划设计研究院院长、党总支书记，教授级高级工程师

郭成利　济宁市规划设计研究院工程师

张　猛　济宁市规划设计研究院工程师

[备　注] 该论文获“山东省第三届城市规划论文竞赛”一等奖

我国当前经济结构正处在深度调整期，产业结构升级和产业转型不断推进，各地区经济结构也正发生着较大变化。合理的经济结构决定着区域经济健康化运行，并影响着区域综合发展实力的提升。客观准确地认识区域经济结构，发现其中存在的问题，针对性地采取经济扶持、政策引导等手段进行优化干预，这对区域经济发展具有重要意义。目前，国内外关于经济结构的分析方法较多，其中偏离份额分析法相对成熟和应用普遍。因此，笔者选取了偏离份额分析法(SSM)对济宁市的经济结构进行了系统分析,以揭示了解济宁市的经济发展状况，把握竞争优势，明确未来经济合理的发展方向及产业结构调整重点。

1、研究区概况

济宁市位于山东省西南部，地处黄淮海与鲁中南交接带。介于东经115°52′～117°06′，北纬34°26′～35°55′之间。全市辖2区3市7县，市域面积10684.9km^2。2008年年底，全市人口822.75万人，全年国内生产总值2122.16亿元，在全省地市中居第6位，人均国内生产总值26721.47元，在全省地市中居第13位。

随着近年来经济的快速发展，济宁市作为鲁南区域性中心城市，地位日显重要。尽管其经济发展速度较快，但不合理的经济结构问题也日渐显露。较早地分析这些问题，并实施调整对策，既有利于指导经济结构的优化，也有利于提高整体实力，为未来济宁市的发展打下坚实基础。

2、分析方法介绍

偏离份额分析法是由美国学者Dunn在1980年集各家之长总结成现在普遍所采用的形式。它于1980年代初被引入我国，周起业和刘再兴(1989年)、崔功豪(1999年)对该方法作了详细的介绍。此后，此方法在我国区域经济学和城市经济学领域得到了广泛应用。

偏离份额分析法是把区域经济的变化看做一个动态的过程，以其所在地区或整个国家的经济发展作为参照系，将区域自身经济总量在某一时期的变动分解为三个分量，即份额分量、结构偏离分量和竞争力偏离分量，以此说明区域经济发展和衰退的原因。它能够分析一个地区产业结构变动对该地区经济增长的影响，展现结构因素和竞争力因素对经济增长的作用程度，同时能够用于分析比较地区间这种作用的差异。其原理为，假设区域l在经历了时间$[0,t+1]$之后，经济总量和结构均已发生了变化。设初始期区域l的经济总规模为et，末期经济总规模为$e(t+1)$，分别以eit，$ei(t+1)(i=1,2,3,\cdots,n)$表示区域$l$第$i$产业部门在初始期与末期的经济规模。以$Eit$、$Ei(t+1)$表示在大区域或全国初期（标准区域）与末期第$i$产业部门的规模；$Et$、$E$（$t+1$）表示在标准区域初期与末期经济的总规模。根据研究原理有：$G=N+P+D$。式中，$N=[E(t+1)/Et]et-et$，为份额分量。$P=\Sigma\{[Ei(t+1)/Eit]eit\}-[E(t+1)/Et]et$，为结构偏离分量。$D=e(t+1)-\Sigma\{[Ei(t+1)/Eit]eit\}$，为竞争力偏离分量。

其中，$P+D>0$，表示区域经济发展较好；$P+D<0$，表示区域经济发展存在问题，越小问题越严重；$P>0$表示区域经济结构正常，$P<0$表示经济结构存在问题，越小问题越严重；$D>0$表示竞争力正常；$D<0$则相反。

3、经济结构态势发展分析

3.1 三次产业结构态势分析

以山东省作为分析参照背景，选取2005、2008年山东省与济宁市三次产业的增加值作为样本数据，利用偏离份额分析法对济宁市的经济结构发展进行诊断分析。通过计算处理，得出结果(表1、表2)。

济宁市产业结构偏离分析比较表

表1

计划期间增长总量（Gj）	份额分量（Nj）	结构分量（Pj）	竞争力偏离分量（Dj）	总偏离量（$Pj+Dj$）
849.07	851.73	-6.84	4.18	-2.66

济宁市三次产业竞争力偏离分析表

表2

指标	第一次产业	第二次产业	第三次产业	增长总量
各产业竞争力偏离分量（Dj）	-13.68	23.54	-5.68	4.18

从表1上看，①$Gj<Nj$，说明2005～2008年间，GDP实际增长总量小于当GDP与全省按相同速度增长时济宁应该增加的GDP总量，即济宁市GDP的增长速度落后于山东省GDP的增长速度；②结构偏离分量Pj为-6.84，说明济宁市整体三次产业结构状况相对全省来说不理想，存在一些问题；③竞争力偏离分量Dj为4.18，说明济宁市整体竞争力在全省具有优势，但这种优势不明显，导致总结构偏离分量为负值(-2.66)，这一劣势全部抵销竞争上的优势，给地区发展造成不利影响。

从表2上看，济宁市第一、三产业竞争力偏离分量均小于零，第二产业竞争力偏离分量大于零，增长总量为正值，说明济宁市第一产业和第三产业的竞争力相比山东省较差，第二产业发展快于山东省，使之足以消除第一、三产业的劣势对竞争力偏离分量上的负贡献。

3.2 产业部门结构态势分析

为更详细地了解济宁市的产业行业发展态势，结合《山东省统计年鉴（2006-2009）》、《济宁市统计年鉴（2005-2008）》中各行业的统计口径，将三次产业的构成行业进行细分，其中第一产业细分为5个行业，第二产业细分为31个行业，第三产业细分为6个行业（详见表4～表6）。选取2005、2008年山东省、济宁市各行业的总产值作为样本数据，利用偏离份额分析法进行分析。通过计算得出济宁市三次产业结构的态势分析表（表3～表6）。

其中，$r(i)$表示研究区第i个产业部门在观察期内的变化率；$R(i)$表示山东省第i个产业部门在观察期内的变化率；$b'(i)$为以山东省各产业部门所占的份额将济宁市各产业部门进行规模标准化。$G(i)$、$N(i)$、$P(i)$、$D(i)$分别为观察期内济宁市第i产业部门的增长量、份额分量、结构偏离分量、区域竞争力偏离分量；w、u分别为济宁市经济结构效果指数和竞争效果指数；L为济宁对于山东省的相对增长率。通过分析可看出济宁市产业结构发展状况：

（1）第一产业部门结构中（表3、表4），$\Sigma N(i)>0$、$\Sigma P(i)<0$、$\Sigma D(i)<0$，且五部门（A1-A5）的$P(i)$、$D(i)$之和均小于0，说明第一产业中行业虽均为增长型部门，但与全省相比，增长速度较慢，除农业以外的其他几个部门均无竞争优势，特别是牧业的$D(i)$为-46.22，竞争力优势很低。

（2）第二产业部门结构中（表3），$\Sigma D(i)>0$，且$u>1$，可看出第二产业总的增长势头大，具有很强的竞争能力，说明济宁市工业在山东省所占比重较大，且优势很明显。

从表5中的结构偏离分量$P(i)$来看，B1最大，且远高于其他行业，说明B1对济宁市经济总量发展具有很大贡献，占到结构总分量的22.42%，这主要是因为济宁市煤炭资源丰富，全市经济增长对煤炭开采业的依赖性较强。B2、B6的结构分量也较大，其对经济增长的贡献也较大。而B5、B7、B8、B12、B17、B18、B28、B29、B30的结构分量较小，说明这些对全市经济增加的贡献相对较小。

济宁市产业发展总体情况分析表

表3

	$\Sigma G(i)$	$\Sigma N(i)$	$\Sigma P(i)$	$\Sigma D(i)$	w	u	L
第一产业	158.73	279.58	-97.97	-22.87	1.016	0.957	0.972
第二产业	1738.85	80.73	1368.08	290.04	0.966	1.100	1.062
第三产业	288.94	67.09	226.49	-4.64	0.999	0.993	0.992

济宁市第一产业结构偏离份额分析表

表4

代号	名称	$r(i)$	$R(i)$	$b'(i)$	$r(i)-R(i)$	$G(i)$	$N(i)$	$P(i)$	$D(i)$	$P(i)+D(i)$
A1	农业	0.66	0.42	426.45	0.24	117.77	180.67	-105.46	42.56	-62.90
A2	林业	0.55	0.78	0.36	-0.23	2.94	0.28	3.88	-1.22	2.66
A3	牧业	0.17	0.52	176.86	-0.35	22.39	91.16	-22.55	-46.22	-68.77
A4	渔业	0.29	0.47	12.32	-0.18	6.60	5.84	4.78	-4.02	0.76
A5	农林牧渔服务业	1.08	2.75	0.59	-1.67	9.03	1.62	21.38	-13.97	7.41

济宁市第二产业（工业）结构的偏离份额分析表

表5

代号	名称	$r(i)$	$R(i)$	$b'(i)$	$r(i)-R(i)$	$G(i)$	$N(i)$	$P(i)$	$D(i)$	$P(i)+D(i)$
B1	采掘业	1.04	0.86	28.53	0.18	401.13	24.47	306.70	69.97	376.66
B2	农副食品加工业	1.32	0.99	10.95	0.33	149.01	10.86	100.79	37.36	138.15
B3	食品制造业	0.94	1.18	1.40	-0.24	59.01	1.65	72.63	-15.28	57.36
B4	饮料制造业	0.46	0.57	0.16	-0.11	5.48	0.09	6.70	-1.31	5.39
B5	烟草制品业	0.00	1.16	0.00	-1.16	0.00	0.00	0.00	0.00	0.00
B6	纺织业	0.89	0.98	8.09	-0.09	98.88	7.96	101.37	-10.45	90.92
B7	纺织服装、鞋、帽制造业	4.20	1.01	0.08	3.20	20.49	0.08	4.82	15.59	20.41
B8	皮革、毛皮、羽毛（绒）及其制品业	2.47	0.57	0.03	1.91	5.73	0.02	1.30	4.41	5.71
B9	木材加工及木、竹、藤、棕、草制品业	0.78	1.73	0.23	-0.95	18.22	0.40	39.98	-22.16	17.82
B10	家具制造业	0.25	1.65	0.03	-1.40	1.68	0.06	11.18	-9.55	1.62
B11	造纸及纸制品业	0.88	0.63	3.07	0.26	89.13	1.93	61.43	25.77	87.20
B12	印刷业和记录媒介的复制	3.74	1.33	0.01	2.41	6.88	0.01	2.44	4.43	6.88
B13	文教体育用品制造业	0.77	0.66	0.05	0.10	6.72	0.03	5.77	0.91	6.69
B14	石油加工、炼焦及核燃料加工业	1.28	1.30	0.80	-0.02	24.00	1.05	23.36	-0.41	22.95
B15	化学原料及化学制品制造业	1.71	1.25	7.33	0.46	148.04	9.19	99.33	39.51	138.85
B16	医药制造业	1.05	1.10	0.68	-0.04	41.12	0.75	42.01	-1.64	40.37
B17	化学纤维制造业	0.27	-0.10	0.00	0.37	0.27	0.00	-0.10	0.37	0.27
B18	橡胶制品业	1.01	0.90	0.10	0.11	5.04	0.09	4.39	0.55	4.94
B19	塑料制品业	1.35	1.18	0.14	0.17	13.77	0.17	11.87	1.74	13.60
B20	非金属矿物制品业	1.47	1.06	3.75	0.40	95.95	3.98	65.50	26.48	91.97
B21	黑色金属冶炼及压延加工业	-0.24	0.86	0.86	-1.11	-3.30	0.74	10.91	-14.95	-4.04
B22	有色金属冶炼及压延加工业	-0.06	2.01	0.28	-2.07	-0.77	0.56	24.74	-26.07	-1.33
B23	金属制品业	1.70	1.18	0.46	0.52	36.30	0.55	24.67	11.09	35.76
B24	通用设备制造业	2.66	1.52	3.24	1.14	165.34	4.93	89.59	70.82	160.41
B25	专用设备制造业	1.54	1.14	2.27	0.39	101.66	2.59	72.99	26.08	99.07
B26	交通运输设备制造业	2.05	1.39	2.04	0.66	98.79	2.85	64.19	31.75	95.95
B27	电气机械及器材制造业	1.37	0.83	1.66	0.54	39.78	1.38	22.74	15.66	38.40
B28	通信设备、计算机及其他电子设备制造业	2.12	1.29	0.11	0.84	6.29	0.14	3.68	2.48	6.15
B29	仪器仪表及文化、办公用机械制造业	6.96	0.77	0.01	6.19	8.90	0.00	0.98	7.91	8.89
B30	其他制造业（工艺品、废弃资源再利用）	2.16	0.84	0.05	1.32	8.54	0.04	3.27	5.23	8.50
B31	电力、燃气、水生产和供应业	0.62	0.66	6.30	-0.04	86.78	4.18	88.88	-6.28	82.59

从竞争力偏离分量$D(i)$来看，B1、B2、B11、B15、B20、B24、B25、B26的竞争力分量较大，说明这些部门的竞争力对全市经济增长的贡献较大。B3、B4、B6、B9、B10、B14、B16、B21、B22、B31的竞争力分量为负值，说明这些行业在全省同类行业中不具备竞争力优势，B9、B22的劣势更为突出。

（3）第三产业结构中（表3、表6），$\Sigma P(i)>0$、$\Sigma D(i)<0$，且w、u均小于1，说明第三产业整体结构优势

济宁市第三产业结构的偏离份额分析表

表6

代号	名称	$r(i)$	$R(i)$	$b'(i)$	$r(i)-R(i)$	$G(i)$	$N(i)$	$P(i)$	$D(i)$	$P(i)+D(i)$
C1	交通运输、仓储和邮政业	0.51	0.93	12.23	-0.43	37.85	11.42	58.45	-32.02	26.43
C2	批发和零售业	0.66	0.70	20.75	-0.05	58.35	14.61	47.80	-4.06	43.74
C3	住宿和餐饮业	0.40	0.59	1.26	-0.19	6.70	0.74	9.24	-3.28	5.96
C4	金融业	0.42	1.18	1.60	-0.76	8.61	1.89	22.09	-15.38	6.72
C5	房地产业	0.39	0.60	3.81	-0.21	13.29	2.27	18.32	-7.30	11.02
C6	其他（非）盈利行业	1.04	0.68	53.44	0.36	164.14	36.15	70.59	57.40	127.99

和竞争力优势均较差，尤其C1、C4行业的竞争力很低，对经济总增长的负作用较大，制约整体经济的提高。

3.3 综合

从以上产业结构发展态势来看，2005～2008年间济宁市经济结构发展状况如下：

（1）第一产业总产值年均增速（11.30%）慢于全省第一产业年均增速（13.23%），其结构偏离分量$\Sigma P(i)$为-97.97，产业综合竞争力份额$\Sigma D(i)$为-22.87，说明济宁虽为农业大市，但第一产业竞争力较弱，对总体经济增长的贡献较低。

（2）第二产业总产值年均增速（17.48%）较高于全省第二产业年均增速（16.64%），其结构偏离分量$\Sigma P(i)$为1368.08，产业综合竞争力份额$\Sigma D(i)$为290.04，$u>1$，说明济宁市第二产业呈强势发展，且优势明显，对济宁市经济增长的贡献较大。但与此同时，第二产业内的行业差异化明显，结构不合理，对个别行业（如采掘业）的依赖性较大，导致其他多数行业发展水平低，不具备优势或优势不明显。

（3）第三产业的总产值年均增速（17.95%）明显低于全省第三产业年均增速（18.75%），其结构偏离分量$\Sigma P(i)$为226.49，产业综合竞争力份额$\Sigma D(i)$为-4.64，$w<1, u<1$，说明济宁市第三产业发展未能同步全省第三产业发展水平，对经济增长的贡献力较低，不具备明显的竞争优势；同第二产业的差距未缩短，反而有拉大趋势。

4、经济结构问题分析及优化

4.1 确保第一产业基础地位，多渠道提高发展水平

济宁市作为全省农业大市，第一产业（尤其农牧业）在全市、全省整个国民经济中占有举足轻重的地位。全市农业人口占全省农业人口的10%，占全市总人口的68.87%，这为第一产业的发展提供了充足的劳动力保障。但由于近年发展政策的倾斜，发展重点较多地放在第二、三产业上，造成第一产业整体发展优势不明显，落后于全省发展水平。

第一产业是国民经济发展的基础，是支撑一个区域发展的保障，它直接或间接地影响着第二、三产业的稳定发展，必须重视其基础地位。今后济宁市第一产业应在重视传统农业结构的基础上，不断向地方化、特色化、生态化方向发展，优化农业布局，调整种植结构，提升产品层次，培育规模化发展。延伸产业链条，

打造特色产品品牌，因地制宜地发展蔬菜、粮食、林果、花卉、水产业，以绿色食品、有机食品、特色食品等为切入点，重点抓好特色农产品种植、深加工，培育农业产业化，同时结合生态保护、旅游等发展休闲、观光类型的都市农业。

4.2 稳固第二产业竞争优势，加快结构优化调整

通过分析看出，济宁市经济增长的主动力源于第二产业的强势发展，归根结底是工业的强力支撑，这也是保障其稳居山东省经济大市地位的有利条件，且这种势头也将会持续较长时间。但其行业内部结构问题也开始显露，这直接制约了向更优化方向的发展。煤炭资源的丰富，使得采掘业一直以来为支柱产业。但过于依赖资源开采发展的地区终要面临资源枯竭的现实，如我国很多资源枯竭型城市现已出现发展动力不足的现象，因此，必须较早地优化调整第二产业的结构，培育新型产业，逐步推进经济结构的战略转型。

济宁市工业发展首先要提升竞争优势较低、发展潜力大的行业，如食品、饮料制造业、纺织服装业、医药制造业、化学纤维制造业；稳固支柱产业优势，如煤化产品的深加工，延长其产业链，大力发展下游产品为主的接续与替代产业；加大装备制造业科技投入，加快产业升级。做强龙头项目、培育产业集群、建立产业基地，推动传统产业新型化和新兴产业规模化，努力形成以资源产业和制造业为支撑，能源开采加工、机械制造、纺织服装、食品医药四大板块为主体，煤化产业、装备制造、医药食品、纺织服装、生物技术、能源动力为重点的新型工业体系。整合较为零散的产业分布，引导其向园区集中。注重发挥产业基地的规模效应和辐射带动作用，促进周边地区相关产业的发展。淘汰高消耗、重污染的企业，节约资源，提高用地效益，保护环境。

4.3 加大提升第三产业发展，保障未来经济增长潜动力

济宁市第三产业发展较快，但速度滞后于全省的发展水平。第三产业除部分行业增速快于全省水平，其他行业（如交通运输业、金融业、批发零售业、房地产业）增速均不及全省水平。服务业水平较低，服务业中的大多数行业，政企不分现象普遍存在；一些发展较快的新型产业，如保险、证券、电信、信息媒体等，基本上还处于垄断经营的状态。政府对服务业发展的政策扶持力度不够，与第二产业相比，其服务业所享受的政策待遇明显偏少，从而导致其发展优势并不突出。

未来区域发展的后续动力将主要来自第三产业，因此逐步打造以服务业为主的第三产业将是区域竞争力快速提升的关键。提高济宁市经济增长的规模与质量，就必须大幅度提高第三产业在经济总量中的比重，充分利用现有多种发展优势，大力提高现代服务业和综合服务的能力和水平。全面实现商贸流通现代化，丰富商业区的内容，发展多种商业态，实现多元化协调发展的格局。依托历史基底、文化资源优势，发展特色旅游，提升知名度，壮大实力，扩大影响。合理发展房地产业，大力发展咨询、法律服务、科技服务等中介服务行业，加强信息基础设施建设。

济宁市文化底蕴深厚，地域特色明显，这为发展第三产业提供了巨大的潜力，积极挖掘并利用这些优势资源将直接决定着未来济宁市的发展前景。笔者认为，未来济宁市发展第三产业的重点应是旅游业，切入点应是文化产业，保障点应是相关服务业。孔孟文化源远流长，代表着中华民族传统的文化根基和精神归宿，

受全世界瞩目。发展以孔孟文化为特色的文化旅游业，建设以曲阜为空间载体的国际性精品旅游城市，将会成为我国，甚至全世界旅游的亮点，并带动济宁市其他旅游项目（如运河文化旅游、佛教文化旅游、水浒文化旅游、自然生态休闲旅游、民俗风情游等新兴旅游项目）的同步提升，以壮大济宁市第三产业整体实力。

5、结语

本文以山东省为参照区域，选取2005、2008年济宁市经济发展现状进行经济结构态势分析，并对其优化调整提供了针对性对策，以期为济宁市经济结构又好又快发展提供建议。偏离份额分析方法能够较为详细地分析区域相对更大区域尺度上的产业发展态势，对认识区域产业发展状况，优化、升级产业结构，提升区域综合发展水平具有重要作用，也为指导区域及城市规划提供较强的理论支撑。但此方法只能就一个区域或城市的经济结构整体及行业间进行较为详细的分析，缺少一些空间性的因素分析，对如何从空间布局上优化产业结构，整合产业资源等方面略显不足，这也有待在以后的研究中继续加强。

[参考文献]

[1] 邱志忠.区域经济发展导论[M].长沙:中南工业大学出版社,1996:55-78.
[2] 史春云等. 国外偏离-份额分析及其拓展模型研究综述[J].经济问题探索,2007(3).
[3] 崔功豪,魏清泉,陈宗兴.区域分析与规划[M].北京:高等教育出版社,1999:64-72.
[4] 袁晓玲,张宝山,杨万平.动态偏离-份额分析法在区域经济中的应用[J].经济经纬，2008(1):55-58.
[5] 周起业等.区域经济学[M].北京:中国人民大学出版社,1989:243-248.
[6] Danel C. Knudsen.Shft-Share Analysis: Further Examnaton of Models for the Description of Economic Change[J]. Soco-Economic Plannng Scenes,2000(3): 177-198.
[7] 高翔,王爱民.再造河西契机下张掖地区产业增长态势分析[J].人文地理,2002,(17):43-46.

山东省区域综合发展差异性测度分析

郭成利　王 尧

[摘　要] 文章以区域综合发展的差异性为研究内容，以山东省17地市的行政范围为研究单元，研究对象不单局限于城市内部，而是城市和农村共同构成的整个区域，从众多反映区域发展的因素中筛选了25个代表性指标，构建了区域综合发展评价指标体系；而后运用统计分析方法中的主成分分析法，对指标数据矩阵进行处理分析，定量揭示了山东省各地区综合发展的差异性，并对山东省区域综合差异性作出评价。

[关键词] 区域综合发展；差异性；主成分分析法；测度

[作者简介]

郭成利　济宁市规划设计研究院工程师

王　尧　济宁市规划设计研究院二所所长，高级工程师

[备注] 该论文获“首届山东省城市规划协会规划设计专业委员会优秀论文评选活动”征文一等奖

由于历史基底、资源禀赋、政策倾向等多因素的影响，区域发展会呈现出较大的差异性。区域发展差异性是一种客观存在的经济与社会现象，适度的差异有利于推动区域内资源的合理配置与产业的空间转移，但过大的差异不仅对区域经济发展产生危害，而且影响到社会稳定。

区域发展差异一直是区域经济学研究的核心问题之一，也是世界各国经济发展过程中的一个普遍性问题。1990年代以来，伴随着经济体制改革的不断深入和世界经济的进一步发展，区域间、城乡间的差异越来越大，这引起国内外众多专家、学者的关注，他们对区域发展差异进行了大量研究，国外学者主要有D.Yang、T.P.Lyons、TsuiKai-Yuan等；国内学者主要有陆大道、杨开忠、魏后凯、刘树成、夏永祥等。目前，我国区域差异问题已引起政府、学术界的广泛关注，且已对基于国家大区域层面、地带间、省际及省域内部等的发展差异性进行了大量深入研究，成果主要集中在区域发展差异性评价、变动趋势以及驱动力分析上，据此有针对性地提出了缩小差异的对策措施，对我国区域协调发展起到了积极的促进作用。

目前，对区域综合发展的评价方法主要有两类，一类是主观赋值法，如层次分析法、德尔菲法、模糊综合评价法等；另一类是客观赋值法，如主成分分析、因子分析等。主观赋值法是由相关专家根据主观经验评判给分或给出相关指标的权重系数，然后加权计算总分的评价方法。主观赋值法的特点是简单明了，易于操作，缺点是人为干扰因素多，尤其是在指标较多时，很难确定指标权重。客观赋值法是根据客观对象构成要素的因果关系设计指标体系，根据指标体系采集原始数据，根据原始数据计算指标权重，然后加权计算总分的评价方法。客观赋值法的优点是克服了主观赋值法人为因素的干扰，同时也可以在不损失有价值信息的情况下进行数据简化或结构简化。本文采取了客观赋值法，运用统计分析方法，定量揭示山东省各地区经济发展水平的差异性，并对山东省经济发展整体研究进行分解与深化，为山东省区域协调平衡发展与政策制定提供建议。

1、研究区概况

山东省位于中国东部沿海，地处黄河下游，介于东经114°36′～122°43′，北纬34°25′～38°23′之间，全省东西最长距离700km，南北420km，总面积15.67万km^2，约占全国总面积的1.6%。全省背靠欧亚大陆，东望韩国和日本，西临京津唐地区，南连长江三角洲，位于环黄、渤海地区的核心地带，是欧亚大陆桥的东部出海口，处于中国“T”字型经济宏观布局中的沿海发展轴线上，是当前中国最具发展潜力的区域之一。

2002年，山东省国民生产总值突破1万亿元大关，经济总量位列全国第三，仅次于广东与江苏两省。2004年以来，经济总量超过江苏省，仅次于广东，位居全国第二，全省经济整体呈现快速发展的强劲势头。然而，随着近年经济的高速增长，地区发展不平衡、区域差异不断拉大日渐凸现。以2007年为例，从山东各地区经济来看，总量最高的青岛市（3206亿元）比最低的莱芜市（291亿元）高出10倍多；从人均经济量来看，最高的东营市（84081元）比最低的菏泽市（8424元）高出10倍多。区域经济发展呈现出东部快于西部、北部优于南部的发展格局，且差异趋势不断拉大。缩小地区发展差异，协调区域平衡发展已成为今后山东省经济社会发展的重中之重。

2、山东省区域差异性的主成分评价方法

2.1 主成分分析方法的基本原理

主成分分析法从大量的可观测因子变量中通过因子分析计算，把众多的因子变量概括、析取和综合为少数重要因子，并通过对各因子变量的综合得分值进行相对次序排列，从而建立起最基本、最简洁的概念体系，最终达到区域差异性的诸因子之间差别明显化和可操作的目的。

2.2 评价基本指标体系的构建

主成分分析法的突出特点是在基本评价指标体系中通过具体评价对象的数据关联性计算，选出指导性要素作为评价真正指标构成系统，故评价基本指标体系构建是该方法应用的基础。

区域差异性指标体系是描述和评价区域发展的可度量参数的集合，通过构建区域差异性指标体系，可以对区域发展状况作出客观评价，并且进一步分析各区域间的差异，进而预测和确立协调区域平衡发展的目标。

2.3 指标体系构建的原则

区域综合实力反映了一个地区整体的经济实力和社会经济发展状况。因此，应该全方位地从一个地区社会经济系统的各个领域去选择指标。且指标体系应能全面反映区域发展特征，又要具有一定的可比性和可操作性。因此，设计指标体系时应遵循以下几个原则：针对性原则、可比性原则、全面性原则及可操作性原则。

2.4 指标体系的构成

按照上述原则，吸取有关区域差异性研究的成果经验，结合山东省统计年鉴的指标分类，本文评价指标体系构建成为：区域经济发展水平、区域社会发展水平、区域能源消耗状况、区域中心城市发展水平、区域城镇发展水平、区域农村发展水平等6个综合指标和25个单项指标体系（表1）（本文所用数据均来自《2008年山东省统计年鉴》）。由于篇幅原因，原始及标准化后数据在此未列出。

山东省区域差异性评价指标体系　　表1

区域差异性评价指标体系	区域经济发展水平	X1-GDP（亿元）
		X2-人均GDP（元/人）
		X3-单位面积GDP（万元/km^2）
		X4-第三产业所占比重（%）
		X5-工业产值（亿元）
		X6-进出口贸易总额（万美元）
		X7-人均财政支出（元/人）
		X8-社会消费品零售总额（万元）
	区域社会发展水平	X9-卫生技术人员（人）
		X10-科技活动人员（人）
		X11-中等职业学校在校学生数（人）
	区域能源消耗状况	X12-万元GDP能耗（吨标准煤/万元）
		X13-万元GDP取水量（m^3/万元）
		X14-万元GDP电耗（kWh/万元）
	区域中心城市发展水平	X15-中心城市公共交通车辆拥有量（标台/万人）
		X16-中心城市人均道路面积（m ）
		X17-中心城市污水排放量（万t）
		X18-中心城市建成区绿化覆盖率（%）
	区域城镇发展水平	X19-城镇化率（%）
		X20-城镇固定资产投资完成额（万元）
		X21-城镇居民可支配收入（元）
		X22-城镇人口登记失业率（%）
	区域农村发展水平	X23-农村恩格尔系数（%）
		X24-农村人均纯收入（元）
		X25-农村文盲半文盲率（%）

3、山东省区域差异性的主成分分析

运用统计分析软件SPSS13.0对上述25个指标进行计算处理。首先对原始数据进行正向化及标准化处理，以消除观测量纲的差异及数量级的影响，使标准化后的变量均值为0方差为1；然后对标准化后的数据进行主成分分析，按照特征值大于1进行主成分的提取，得到主成分的特征值和贡献率，计算结果见表2。

山东省区域差异性主成分特征值和贡献率　　表2

主成分	特征值	方差贡献率（%）	累计方差贡献率（%）
F1	11.893	47.57	47.57
F2	5.07	20.281	67.852
F3	2.066	8.263	76.115
F4	1.533	6.132	82.246

从表2可以看出，选取的主成分F1、F2、F3、F4可以解释原始信息的能力分别是：47.57%、20.281%、8.263%、6.132%，其累积贡献率为82.246%，即保留了原始指标82.246%的信息，具有显著代表性。其中，主成分的载荷矩阵见表3，载荷系数代表各主成分解释指标变量方差的程度。在主成分分析中，一般认为大于0.3的载荷就是显著的，本文因为原始变量较多，所以选取大于0.5的负载，使其能更好地解释原始变量。

由表2可知，第一主成分的方差贡献率最大，为47.57%，是最重要的影响因子。由表3可知，第一主成分在GDP、人均GDP、单位面积GDP、第三产业占GDP比重、工业产值、进出口贸易总额、人均财政收

山东省区域差异性主成分负载矩阵 表3

	F1	F2	F3	F4
GDP	0.935	-0.288	0.124	0.011
人均GDP	0.588	0.655	0.342	-0.154
单位面积GDP	0.858	0.227	-0.201	-0.121
第三产业占GDP比重	0.594	-0.402	-0.429	0.112
工业产值	0.901	-0.089	0.264	-0.054
进出口贸易总额	0.805	-0.146	0.046	0.22
人均财政支出	0.716	0.572	0.141	-0.082
社会消费品零售总额	0.835	-0.503	-0.097	0.038
卫生技术人员	0.56	-0.735	0.019	0.092
科技活动人员	0.914	-0.238	-0.08	-0.071
中等职业学校在校学生数	0.448	-0.747	0.128	0.342
万元GDP能耗	0.346	-0.333	0.75	0.083
万元GDP取水量	0.733	0.437	-0.12	-0.096
万元GDP电耗	0.589	-0.096	0.572	0.249
中心城市公共交通车辆拥有量	0.658	0.3	-0.33	0.279
中心城市人均道路面积	0.065	0.783	0.006	0.244
中心城市污水排放量	-0.81	0.286	0.332	0.146
中心城市建成区绿化覆盖率	0.01	0.582	-0.124	0.691
城镇化率	0.791	0.092	-0.303	-0.193
城镇固定资产投资完成额	0.889	-0.306	0.108	0.133
城镇居民可支配收入	0.837	0.376	0.033	0.17
城镇人口登记失业率	0.256	0.774	0.365	0.17
农村恩格尔系数	0.369	0.128	0.253	-0.676
农村人均纯收入	0.865	0.368	-0.038	0.082
农村文盲半文盲率	0.634	0.391	-0.378	0.001

入、社会消费品零售总额、卫生技术人员、科技活动人员、中等职业学校在校学生数、万元GDP取水量、万元GDP电耗、中心城市公共交通车辆拥有量、城镇化率、城镇固定资产投资完成额、城镇居民可支配收入、农村人均纯收入、农村文盲半文盲率等指标上载荷较大，该主成分反映了区域内经济、社会发展的总体状况。可以认为F1是经济与社会发展水平因子。

第二主成分贡献率为20.281%，是次重要的影响因子。该主成分在地区人均GDP、人均财政支出、中心城市人均道路面积、中心城市建成区绿化覆盖率、城镇人口登记失业率等指标上负载较大，可将F2视为居民生活水平与基础设施因子。

第三主成分贡献率为8.263%，重要性与F1、F2差别较大。该主成分在万元GDP能耗、万元GDP电耗指标上载荷较大。由于载荷最大的两项指标均代表生产的能耗方面，可认为此成分是能源消耗因子。

第四主成分方差贡献率为6.132%，与主成分F3的重要性相当，在中心城市建成区绿化覆盖率上载荷较大，可以认为F4是生态环境状况因子。

运用数据产生的4个主成分，加权计算每个地区发展的综合得分，其中权重为每个主成分所对应的特征值占所提取主成分总的特征值之和的比例。即

$$F=0.578389\ F1+0.246592\ F2+0.100468\ F3+0.07455\ F4$$

其中：F1、F2、F3、F4分别表示各样本地区在主成分上的得分，得分大于0的说明地区发展在平均水平以上，小于0的则低于平均水平。经计算得到各样本地区4个主成分、综合得分及排序如表4所示。

4、结果分析

从评价结果的表4和图1可以看出2007年山东省的各地区综合发展差异性状为：

（1）尽管山东省经济发展总体水平较高，但其内部存在较为明显的差异性，发展不平衡突出，得分最高的青岛（1.252785）与得分最低的菏泽（-1.05105）相差较为悬殊。

（2）山东省区域差异性表现为西部、南部整体发展水平较低，东部、北部呈现高增长势头的空间格

2007年山东区域综合发展各主成分得分及排名

表4

	F1	排名	F2	排名	F3	排名	F4	排名	综合得分
济南市	1.30456	2	-0.92751	16	-1.21599	16	-1.09492	16	0.322031
青岛市	2.44344	1	-0.84349	14	-0.06574	11	0.72607	5	1.252785
淄博市	0.69564	5	0.40791	5	-1.00104	15	-0.97937	15	0.329353
枣庄市	-0.5982	11	-0.13045	7	-0.2782	12	-0.90859	14	-0.47385
东营市	0.26877	6	1.75297	2	1.93644	1	-0.87303	13	0.717189
烟台市	1.12555	3	-0.22202	9	0.39289	5	0.41923	7	0.666984
潍坊市	0.24643	7	-0.87839	15	0.36042	6	-0.79927	12	-0.09745
济宁市	-0.21723	8	-0.45862	12	0.09627	9	1.04936	4	-0.15083
泰安市	-0.37287	10	-0.18503	8	0.00757	10	1.16523	2	-0.17366
威海市	0.74263	4	2.05365	1	0.98694	3	1.27924	1	1.130467
日照市	-0.69423	12	0.56016	4	-0.86488	14	0.64868	6	-0.30194
莱芜市	-0.78495	15	1.69123	3	-2.30053	17	0.11085	10	-0.25983
临沂市	-0.25993	9	-0.60092	13	0.21183	7	0.3286	9	-0.25274
德州市	-0.71375	13	-0.41851	11	0.18101	8	0.39899	8	-0.4681
聊城市	-0.9388	16	-0.25761	10	-0.46218	13	-0.43546	11	-0.68541
滨州市	-0.7579	14	-0.09294	6	1.1778	2	-2.1596	17	-0.50395
菏泽市	-1.48915	17	-1.45043	17	0.83739	4	1.124	3	-1.05105

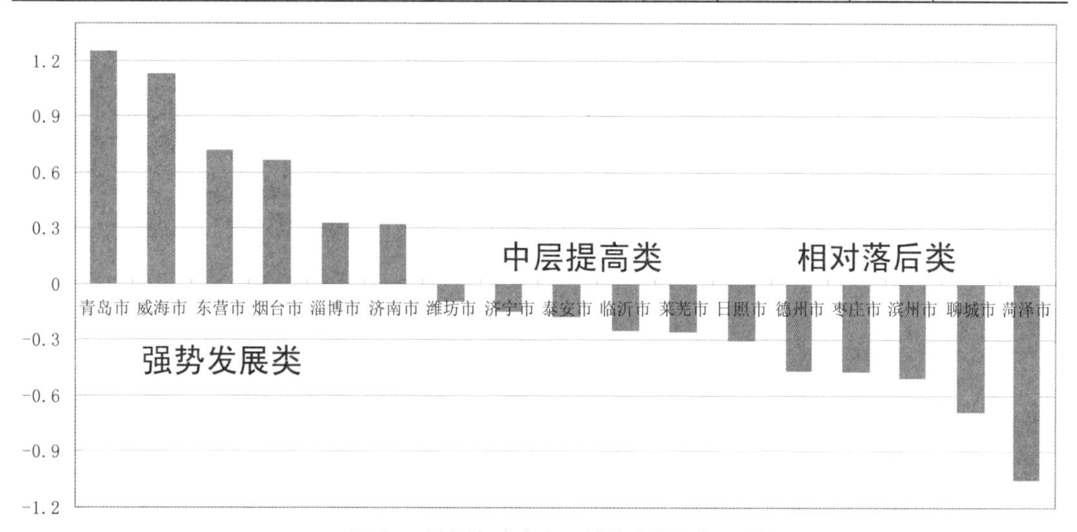

图1　2007年山东各区域综合发展水平对比

局。综合各地区发展大致可分为三大类，第一类是以青岛、威海、东营、烟台、淄博与济南为集团的强势发展类；第二类是以潍坊、济宁、泰安、临沂、莱芜、日照为组成的中层提高类；第三类是以德州、枣庄、滨州、聊城与菏泽为组成的相对落后类。

（3）第一类中的六个地区在F1上均显示出了较高优势，说明这几个地区的整体经济和社会发展水平在山东省具有很大的优势。然而，这几个地区在其他三个主成分上的优势就出现了差别。作为省会城市的济南虽然在整体经济与社会发展水平上稳居第二，但是在居民生活水平与基础设施、能源消耗以及生态环境状况等方面都处于后几位，致使其综合发展水平只排到了第6位。青岛在F2上不具备优势，东营在F4上不具备优势，淄博在F3、F4上不具备优势，而威海与烟台却在这四个主成分上都表现出了较高的优势，使得其综合发展水平排名较高，稳居第二、第四。

（4）中层提高类中，六个地区基本上都是在F1上不具有优势，但在其他的三个主成分上也不具备劣势，使得这几个地区的整体发展处在全省的中间位置。

（5）相对落后类中，五个地区在F1上都处在全省的相对落后位置，然而在其他的三个主成分上却差别较大。德州在F1上不具备优势，在其他的主成分上处于中上位置。枣庄在F2上具有优势，在其他的主成分上较为落后。聊城在四个主成分上均不具有优势，滨州和菏泽虽然在F1上位置较低，但在其他成分上显示了较为突出的优势，滨州在F3上处在了第二的位置，菏泽在F3与F4上分别处在了第四和第三的位置，说明这两个地区在能源消耗方面较低，缺少耗能较大、但对经济带动大的企业。

5、结 论

本文运用主成分分析方法对山东省17个城区差异性的综合发展水平进行了测定，最终得出了各地区综合发展的排名。分析发现，本次选取的25个指标基本上能够正确反映出山东省各地区的发展差异性，确定的四个主成分是对区域综合发展影响最主要的因素，这也为今后提高山东省区域综合发展明确了发展重点。

从分析来看，山东省强势发展类的地区虽然整体发展水平较高，但是在居民生活、基础设施、能源消费和环境状况等方面的优势不如经济总量明显，在今后发展经济的同时要统筹其他方面的发展。中层提高类的几个地区在今后发展时要继续加快经济、社会、环境等的全面提高步伐。相对落后类地区今后的重点应放在发展经济方面，要加强与强势发展类地区的合作，拓宽经济增长渠道。

区域差异性综合发展测度是一个庞大复杂的系统，涉及较多指标。本文仅是试探性地选取了反映区域发展的部分指标。由于部分数据可获得性差，一些对地区发展影响较大的指标并未被选取，造成结果有待继续改进。如反映区域内各大小城市对区域的辐射带动指标，区域内的重要交通等基础设施指标，区域区位优劣势指标等。同时，本次分析针对2007年山东省的地区差异进行了横向分析，未再选取其他年份进行差异性的纵向比较，对山东地区差异性的纵向分析也有待在以后的研究中加强。

[参考文献]

[1] 刘振波,赵军,倪绍祥.基于GIS的区域发展均衡性测度研究[J].地域研究与开发,2003(22).

[2] 张敦富,覃成林.中国区域经济差异与协调发展[M].北京：中国轻工业出版社,2001.

[3] 周玉翠,齐清文,冯灿飞.近10年中国省际经济差异动态变化特征[J].地理研究,2002(21).

[4] 魏后凯.我国地区经济发展差距变动趋势及其预测[J].东北财经大学学报,1999(6).

[5] 徐健华.现代地理学中的学术方法[M].北京：高等教育出版社,2002.

[6] 方创琳.区域经济与环境协调发展的综合决策研究[J].地球科学进展,2000(6).

[7] 徐建中,毕琳.基于因子分析的城市化发展水平评价[J].哈尔滨工程大学学报,2006(4).

[8] 傅增清.山东区域经济发展差异性及其策略选择[J].山东经济,2009(1).

济嘉同城化建设初探

韩 璐 苏连生 曾祥福

[摘 要] 同城化是区域经济一体化和城市群建设过程中的一个重要阶段，是区域城市间经济与社会发展到一定程度的必然趋势。在济宁—曲阜都市区，济宁与嘉祥具有较好的同城化条件，是济宁—曲阜都市区建设的重要组成部分。本文意在对济嘉同城化的相关内容进行初步探讨，分析了济嘉同城化的必要性、现实基础，最后提出了济嘉同城化建设的规划设想，包括基础设施统一规划、产业承接联动发展等方面的内容，并提出同城化建设战略重点区域，包括疃里新型乡镇、空港经济区和生态景观的建设思路。

[关键词] 济宁—曲阜都市区；济宁；嘉祥；同城化；规划设想

[作者简介]
韩 璐 济宁市规划设计研究院工程师
苏连生 济宁市规划设计研究院一所所长，高级工程师
曾祥福 济宁市规划设计研究院工程师

[备 注] 该论文获“山东省第三届城市规划论文竞赛”鼓励奖

1、前言

随着我国城市化进程的推进，中心城市之间的相互作用及中心城市对周边城市的带动和辐射作用日益凸显，使一些产业关联、人文历史相似的相邻城市的合作程度大大提高，呈现出“同城化”的趋势。

同城化，一般是指两个或两个以上城市因地域相邻、经济和社会发展要素联系紧密，具有空间接近、功能关联、交通便利、认同感强等特性，通过城市间经济要素的共同配置，使城市间在产业定位、基础设施建设、土地开发和政府管理上形成高度协调的机制，使市民弱化属地意识，共享城市化所带来的发展成果的现象。

同城化是区域经济一体化和城市群建设过程中的一个重要阶段，是区域城市间经济与社会发展到一定程度的必然趋势，同城化比一体化更具有现实性、针对性和可操作性。

2、国内外既有同城化实践

2.1 国外同城化实践

目前，国外其他国家已经出现了上述意义的同城化，即几个城市相互之间或者一个核心城市与周围多个小城镇之间实现了同城化。其中，美国的同城化最为普遍，通常是以MA(即“大都市区”)的形式出现，2007年大都市区达到363个，容纳了美国一半的人口，使美国成为一个以大型都市区为主的国家。如人口660万的大旧金山，实际上是由旧金山市、奥克兰市、伯克利市等城市组合而成；美国最大的纽约大都市区则由纽约州、新泽西州北部及康涅狄格州南部的地跨3州的24个县组成，总人口1800多万。再如德国城市孟哈姆，它与新城市奈克已连成一个整体，但并没有进行城市合并，而是通过每周一次的市长联合办公会议解决各种问题。同城化甚至可以突破国界，如美国的大底特律都市区就是把邻近的加拿大温莎市包含进来，人口合计达580万人。

2.2 国内同城化相关论述

2.2.1 国内同城化研究综述

目前，我国从理论上研究同城化的文献还很少，仅有几篇理论文章，还未对“同城化”的概念达成共识。高秀艳、王海波认为：“同城化”实际上是区域经济发展过程中，为打破传统的城市之间行政分割和保护主义限制，促进区域市场一体化、产业一体化、基础设施一体化，以达到资源共享，统筹协作，提高区域经济整体竞争力的一种发展战略。张国栋认为：同城化是经济社会发展到一定程度出现的一种经济和社会现象，从一定意义上来说，“同城化”也可称为“城市一体化”，指两个或两个以上城市在一定历史和现实条件下，城市的建成区在地域上相连或相近，自然环境条件和社会文化背景相似，具有发达的快速交通运输网及通信联络网，功能上互补，产业结构上联系紧密，空间结构上呈多中心格局，在行政管理上相互独立的城市“集合体”。与高秀艳、王海波的定义相比，他更强调了城市间的空间相邻性及行政上的独立性。

2.2.2 国内同城化案例

实际上，我国的“同城化”也进行得比较早，只是当时尚未提出“同城化”概念。例如现在的武汉就是从19世纪开始由汉口、武昌、汉阳进行“同城化”形成的，还有20世纪后期开始进行的长沙、株洲、湘潭一体化。近来，在全国范围内存在的使用“同城化”一词的城市群越来越多，诸如广州与佛山、沈阳与抚顺、太原与榆次、合肥与淮南、丹东与东港等。但真正明确提出“同城化”规划并由双方官方正式推动较为成熟的，全国只有两个：一是沈阳、抚顺同城化，二是广州、佛山同城化。

沈抚同城化的发展构想由时任辽宁省委书记的李克强于2007年1月在辽宁省人代会期间首先提出。他指出要在推进“五点一线”沿海经济带开发的过程中，打造具有强大辐射力的中心城市，以此来支撑沿海经济，并带动腹地经济发展。目前，沈抚两市已经建立健全了相应的组织领导机构，形成了高层协商机制，各方面的合作正在快速推进，已进入实质性操作阶段。全长61km的沈阳和抚顺城际轻轨已开工建设。

广佛同城化于2008年正式提出。2008年12月，国务院常务会议审议并原则通过的《珠江三角洲地区改革发展规划纲要》，明确提出“强化广州、佛山的同城效应，携领珠江三角洲地区打造布局合理、功能完善、联系紧密的城市群”。在联合国有关组织公布的数据中，广州、佛山首次被视同一个“城市”来对待：在2008年年底的世界“超大城市”中，广(州)佛(山)都市区以“Canton”名义列第14位，城市总人口达1530万人，超过列第19位的北京，表明广佛同城化已开始有了国际影响。

3、济嘉同城化的必要性

在日益完善的市场经济体制下，加大力度建设共同市场，促进区域市场一体化，是区域经济协调发展的必然要求。一方面，原来的大城市尤其是中心城市，随着其经济总量、人口规模不断扩大，它对周边城市的辐射力和影响力不断增强，这样就使中心城市与周边城市产生了同城化的共同要求。另一方面，同城化还可使空间距离相近的城市避免由于过度的竞争而造成内耗，共同提高区域内城市对外部区域的竞争力。

3.1 济嘉同城化是济宁—曲阜都市区建设的渐进过程

以上论述的沈抚、广佛等典型的同城化案例，都是两个相互没有行政隶属关系的相邻城市，通过建立近似一个城市的空间架构来共享优势资源、降低建设成本而相互融合和加快发展的过程。

济嘉同城化，显然不是这个意义上的同城化，它是具有行政隶属关系的两个城市的同城化，是济宁—曲阜都市区建设过程中具体发展路径的形象表述，也是由于受诸多因素所限，在建设济宁—曲阜都市区的过程中需要经过的一个阶段。

3.2 济嘉同城化是提高嘉祥区域综合竞争力的必然要求

新一轮济宁市城市总体规划将嘉祥纳入济宁—曲阜都市区，但嘉祥县与兖州、曲阜、邹城等都市区中心城市有较大的差距，在竞争中已处于劣势。同时，与嘉祥县相邻的金乡县、梁山县、汶上县，包括菏泽的巨野县、郓城县等在自然条件等方面和嘉祥县又具有较多的相似之处，同属鲁西南欠发达地区，而就目前的经济发展状况来讲，嘉祥县仅仅处于中游，在未来的经济发展中，将面临与周围县市区的激烈竞争。面临诸多新的机遇与挑战，嘉祥应抓住紧邻济宁的优势，绑定济宁，协调发展，才有可能在未来的区域竞争中占得先机。

4、济嘉同城化的现实基础

在济宁—曲阜都市区中，选择主城区与济宁市中心城区最接近的嘉祥县作为突破口，可以率先进行同城

济宁市各县区主要经济指标对比（2007年）　（亿元）

县市区	地区生产总值	第一产业增加值	第二产业增加值	规模以上固定资产投资	出口总值（亿美元）	社会消费品零售总额	财政收入	农民人均纯收入（元）
全市合计	1736.01	213.53	960.13	636.3	18.13	591.28	101.21	5271
市中区	123.32	—	49.85	52.2	0.66	100.1	3.12	—
任城区	140.42	16.74	81.92	59.09	0.72	33.87	6.64	5727
微山县	161.51	19.48	79.61	46	0.26	34.05	7.81	5130
鱼台县	73.29	15.6	33.72	32.67	0.1	24.77	1.97	5152
金乡县	86.19	23.92	35.06	29.24	2.01	29.07	1.79	5561
嘉祥县	110.02	14.49	64.86	41.89	0.49	30.9	3.37	4886
汶上县	90.06	17.78	46.05	38.52	0.26	28.68	2.71	4852
泗水县	70.95	17.5	32.6	29.58	0.77	28.35	2	4748
梁山县	93.13	19.04	50.22	36.14	0.1	27.24	1.83	4681
曲阜市	175.09	14.71	84.05	49.6	0.82	58.2	7.01	5477
兖州市	242.16	23.36	145.83	83.3	1.36	63.96	13.24	6409
邹城市	376.91	25.18	237.94	101.54	2.46	88.55	19.3	5836

资料来源：《济宁市城市总体规划（2008—2030年）》。

化试点。本文认为，目前济嘉同城化条件最好，可先行示范，取得经验后再逐步拓展。

4.1 地缘近邻，交通便捷

嘉祥县位于济宁市西部，与济宁市中区安居镇搭界，在空间上相邻。两市中心相距23km，而县城东部的嘉诚路距济宁西外环最近处仅7.5km。两市已形成了较为便利的交通联系，公路有G327和S338两条道路使用频率非常高，而且重点工程济宁太白楼路西延至嘉祥呈祥大道的道路建设正在紧张施工，并有望在今年实现通车，到时往来两地中心之间的时间将缩短至20分钟左右。另外，随着相关规划道路的逐步实施建设，济宁—嘉祥届时将实现12条道路的全面对接。

在客运方面，根据《济宁市城市轨道交通线网规划》的长途客运调研数据，济宁—嘉祥的日客流量达到1181人次，嘉祥—济宁的日客流量达到1283人次，且有61.97%通过长途快车（一票直达）实现。

4.2 产业关联，协同发展

济嘉两地产业关联性比较强，存在着一定的分工合作关系，既包括产业间的分工与互补，也包括产业内的分工与互补。济宁现状形成了煤化工、生物技术、机械制造、医药食品、纺织服装五大主导产业，而此类产业在嘉祥也具有一定的发展基础。随着济宁市‘退二进三’产业战略的推进，便于嘉祥承接发展相关产业。嘉祥高新技术开发区将与济宁高新技术开发区形成互补，成为济宁产业发展的战略西翼。

济宁产业结构进一步升级，大力发展生产性服务业（现代商贸物流），目前嘉祥县已形成铁路、公路、水运、航空等多种形式为一体的综合交通网络，对外交通方便，为济宁发展商贸物流奠定了基础。

再者，嘉祥农业基础雄厚，便于打造大规模的农副产品加工基地，为济宁乃至整个济宁—曲阜都市区提供肉蛋奶服务，保障其农副产品供给。

4.3 规划推动，空间一体

在城市空间发展方向上，济嘉两地建成区一体化趋势明显：嘉祥县城建成区北临山，南面河，西部生态环境较差，城市空间向东拓展是最经济、最优化的、必然的选择，而济宁也存在跨过运河进行开发建设的战略需要。

在城市空间规划上，济宁的“西跨”战略，一方面强调跨过京杭大运河以西地区的发展，重点发展商贸物流业，另一方面对运河以西地区的重大基础设施的投资将极大地惠及西部的嘉祥，成为与嘉祥城市空间相联结的重要节点。而嘉祥县将其东部定位为嘉祥未来城市发展的新区，并将“东进”作为其长期坚持的空间战略方针。济宁的“西跨”和嘉祥的“东进”战略，使济嘉结合部地区成为两地城市空间一体化、功能一体化的关键节点，这将大大促进两市的同城化。

4.4 人文同源，往来密切

济嘉同城化有着先天的条件，即地缘相连、历史相承、文化同源、生活相依。济嘉两市之间关系密切，源远流长。在行政区划上，嘉祥县一直属于济宁市，从未有过变动。历来两市人员往来、干部交流频繁。久远的历史脉络使两地有着强烈的认同感，文化根基与传统底蕴的同一性为济嘉合作奠定了坚实的人文基础。

近年来，济嘉的居住空间格局也存在一体化的趋势，导致两地之间的人员往来十分频繁。受经济发展的影响，嘉祥房价相对较低，例如2009年济宁房价大约是嘉祥的1.6倍，并且嘉祥人口密度相对较低，城市环境相对清静，加上近年来私人汽车拥有量的迅速上升，使不少济宁市民或者选择在嘉祥购房养老，或者选择在嘉祥居住而在济宁工作。当然，也存在济宁富有阶层在嘉祥购房的现象。

5、济嘉同城化的规划设想

5.1 总体构想

济嘉同城化的目标取向是实现两地经济社会一体化、同城化发展，资源和经济社会发展的成果共享，实现双赢并惠及百姓。

基础设施（能源、信息、交通、环境）统筹规划、一体化推进，同城化建设。

部分产业转移、承接。济宁的装备制造、纺织服装、新能源（石墨制品、硅单晶材料）产业，实现对接，优化结构，与济宁东部高新区产业联动发展，实现济宁东西两翼产业齐飞，共同提升优势产业及产品的国内外市场竞争力和发展后劲。

推进市场整合，实现市场一体化。首先，加速两市市场整合，共同培育济宁中心大市场和以济宁中心大市场为依托的嘉祥专业市场；其次，逐步消除两地体制和制度障碍，生产要素自由流动，充分发挥市场配置资源的基础性作用，提高资源利用效率。

社会管理和公共服务相互开放，同城化待遇。首先，社会管理取消两市间城市户口迁移限制，两市人口自由迁徙、子女求学、谋职就业等享受同城待遇。其次，公共服务统一相互开放，审批项目、优惠政策、市场准入的标准统一；社会保险和医保随参保人两市间流动，无市域间制度障碍，医保卡两市通用，享受同城待遇。

5.2 战略重点

济嘉同城化，既有历史文化渊源，也有现实经济社会发展的需要和可能，但是，我们也应该认识到济嘉同城化的进程势必会受到诸如行政区划、地方保护等问题的困扰，主要表现为：一是管理体制和运行机制障碍，合二为一的管理体制和运行机制，谁主导；二是财税分成各占多大比例；三是经济发展数据如何分割给两地。由此看来，制度瓶颈是制约济嘉同城化的主要问题。因此，突出重点，有序推进，是济嘉同城化实施的关键。

5.2.1 疃里新型乡镇

目前，嘉祥县疃里新型乡镇规划已经获批，疃里镇园合一的发展建设将为济嘉同城发展提供便利。

疃里镇现状第一产业发展良好，初步形成了以粮棉种植为主，经济作物多元发展的局面；以土山、十支王、前贾等村为主形成了畜牧产品生产基地，董家筹建了养殖场；出现了前赵、后赵、董家、东汤、西汤等一批极具特色的专业村。第二产业方面，以机械制造、电子信息、精细化工、生物医药、纺织服饰、彩印包装为主，另有建材石材、农副产品加工等产业。初步形成以机械制造、光伏材料为主的产业基地。光伏电子、机械制造、碳素三大产业销售收入占全镇总收入的80%。

随着工业化的推进，产业结构将出现高端化发展趋势，构建现代产业体系已成为各国各地区参与竞争，增强产业可持续发展能力的重要基础。其产业发展方向更为明确。

(1) 抓林业生产，积极发展特色农业。加快农业结构调整步伐,促进农业和农村经济的健康发展。

(2)突出发展光伏电子、机械制造、碳素三大主导产业。

(3)现代服务业将以济宁城区为发展依托，不断完善管理体制、信息流通、写字楼、道路、管网、绿化等软硬件环境，提升商贸、物流、中介、会展、餐饮、娱乐等配套服务功能。

5.2.2 空港经济区

济宁机场坐落于嘉祥县的纸坊镇，是鲁南经济带的两大空港之一、济宁—曲阜都市区的航空门户、重要的对外交通枢纽。随着自身及济宁周边地区经济的迅速发展，依托济宁机场发展空港经济的条件日趋成熟。空港经济区将成为济嘉同城建设的重点建设区域。济宁、嘉祥共同打造空港经济区，通过引导、强化重点产业的发展，加大机场周边空间资源的整合力度，努力形成以济宁机场为核心的紧邻空港的圈层结构布局，同时积极拓展外围辐射区的产业基础和空间规划。

对于济宁来说，以发展临空经济为核心，着力将空港经济区打造成连通苏鲁豫皖、面向全国的临空产业基地、区域性物流中心、文化旅游中心，将大大提高济宁的区域竞争力。

对于嘉祥来说，以纸坊、马集、金屯三个乡镇驻地为核心，利用现有乡镇驻地范围，集中实施城乡开发建设项目，将机场周边村庄集中搬迁安置，进行城乡一体化建设，同时也可为空港经济区提供综合服务，获得更多发展机会。

5.2.3 生态景观构建

打造由多条生态廊道横纵贯通，生态双心对称分布的生态景观格局。

5.2.3.1 生态廊道

绿廊：绿廊由济嘉两地间的绿地、交通设施防护绿地和城市道路绿带组成，为两者城镇建设的绿色保障。重点打造包括嘉祥北（S338）绿廊、G327绿廊、嘉祥南（机场）—济宁南二环绿廊、机场路绿廊、济徐高速绿廊、济宁西二环绿廊。

水廊：水廊由两地的几条重要河道形成，以水为脉，加强滨河绿化带建设，包括：洙赵新河水廊、洙水河水廊、运河水廊。

5.2.3.2 生态双心

都市绿心是指随着煤炭开发，将在济嘉两地之间的采煤塌陷区安居附近形成的由两地所共享的一片绿色空间，把城市内部的绿化系统与城间绿化网络有机结合起来。绿心由大面积塌陷水面和林木覆盖，环境优美，景观丰富，是两地人民休憩、游乐、接近自然的好去处。都市蓝心指水面较为集中的嘉祥东湖—南湖形成的较大水面。

6、结语

本文对国内外的同城化实践进行了系统梳理，基于对同城化概念的基本认识，初步探讨了济嘉同城化的必要性、现实基础条件并提出了济嘉同城化初步的规划设想。本研究还存在许多不足之处，因本文侧重于对济嘉同城化可实现前提条件的探讨，并未过多考虑济嘉同城化实施需要面临的诸如行政区划、地方保护等方面的问题以及同城化将会带来的负面效应。

[参考文献]

[1] 邢铭.沈抚同城化建设的若干思考[J].城市规划,2007,31(10):52-56.

[2] 桑秋,张平宇,罗永峰,高晓娜.沈抚同城化的生成机制和对策研究[J].人文地理,2009,3:32-36.

[3] 秦尊文.武汉孝感同城化问题研究[J].中国地质大学学报（社会科学版）,2009,7:13-15.

[4] 高秀艳,王海波.大都市经济圈与同城化问题浅析[J].企业经济,2007(8).

[5] 张国栋.京津“同城化”之效应[N].天津日报,2008-10-13(5).

关于济宁采煤塌陷地综合利用与都市区城市建设有机融合问题的研究

郭成利　王　灿　韩　璐

1、采煤塌陷地与都市区建设概况

1.1 基本情况

1.1.1 煤炭分布及开采现状

（1）煤炭分布：煤炭是济宁市最具优势的矿产资源，分布面积3920平方千米，占全市国土面积的35%；以京沪铁路西侧、南四湖两侧，济宁、曲阜、邹城金三角以及中部区域分布比较集中。

济宁市累计查明煤炭资源储量126.88亿吨，2009年底保有资源储量116亿吨，占全省保有煤炭资源储量的51.3%。煤炭赋存区地处平原，涉及全市11个县市区的86个乡镇和3663个村庄，分布区域内除南四湖水域外都是济宁的高产粮区，随着全市社会经济发展，地面建设、农业生产、农民生活与煤炭资源开采的矛盾将越来越突出。

（2）开采现状：截至2009年底，济宁市境内已有兖州、淄博、枣庄、临沂、肥城、济宁等矿业集团及省属监狱和地方煤矿等10多个大型采煤企业，年生产能力达8400万吨。

1.1.2 塌陷地现状概况

济宁市自煤炭资源开采以来，已累计生产原煤10亿吨，导致大面积土地塌陷，良田变水面，农作物减产，甚至绝产。

经调查汇总，截至2009年底，济宁市采煤塌陷地总面积为23432.49公顷（35.15万亩，包括境外矿井采煤造成土地塌陷面积，不包括南四湖底塌陷面积）；其中常年积水面积为7849.51公顷（11.77万亩），占塌陷地总面积的33.50%。涉及30个乡镇、300多个村庄、30多万人。其中，都市区内任城区、兖州区、曲阜市、邹城市、嘉祥县的采煤塌陷地面积共计18609.67公顷，占总量的79%。可见，济宁市域范围内的多数采煤塌陷地集中在都市区范围内。

[作者简介]

郭成利　济宁市规划设计研究院主任工程师

王　灿　济宁市规划设计研究院研究室副主任

韩　璐　济宁市规划设计研究院工程师

1.2 治理模式及经验

从济宁市采煤塌陷地的治理情况来看，利用形式多样。由于济宁市传统产业为农业，采煤塌陷地80%以上为耕地，因此治理后的用途以耕地为主，也有部分林地和建设用地。鉴于高潜水位地表塌陷后积水严重的特点，开挖鱼塘，形成养殖水面。也有部分地区以景观建设为主。

近年来，济宁市采煤塌陷地的治理工作取得了良好成效，治理技术主要有挖深垫浅、削凸填凹、煤矸石填充等。目前还存在一些不足，从总体上来看，多为“先破坏，后复垦”的被动式复垦，复垦过程中施工不规范，导致复垦后土地质量较差。

1.3 都市区建设进展

济宁市当前处于工业化和城镇化中期加速阶段，济宁都市区是推动济宁市跨越式发展的主要载体。都市区的经济和空间特征主要有四点：一是济兖邹三大板块工业总量较大，成为带动全市工业发展的主要力量；二是经济总量以邹城最高，产业结构以济宁最优，济宁政治经济双心重合，远期优势明显；三是城市间功能分工不明确，组群结构各城市的经济相对自成体系，城市间产业互补性较弱；四是基础设施有待逐步完善，公共资源缺乏统筹布局建设和综合利用，资源难以共享。

济宁都市区正处于一体化和同城化的起步期，由于中心城区辐射带动力较弱，因此各市县以自我发展为主，都市区内空间缺乏统筹、产业关联较弱以及交通组织混乱等，这些都指向一个源头：中心带动力弱导致的统筹问题。必须在都市区层面对空间资源进行大尺度统筹，构建相适应的空间结构，继而才能提出相应的实施措施。

1.4 都市区建设与采煤塌陷地之间存在问题

煤塌陷造成地下与地上矛盾突出，城市化进程和城镇化布局受到制约。由于采煤造成的塌陷，使大量村庄、厂矿、机关被迫搬迁。自20世纪90年代，济宁市累计完成搬迁村庄49个，机关、企事业单位搬迁55个，搬迁居民2.6万户，搬迁人口近10万人。如果不能妥善处理压煤与建设的矛盾，济宁都市区规划中的济、兖、邹、曲、嘉五大板块将被割裂，城市建设特别是城市可持续发展能力将受到严重影响。一些初具规模的小城镇，原有的吸纳安置农村剩余劳动力的功能、经济辐射能力和服务功能将大大弱化，个别城镇甚至出现发展空间不足、建设规划调整的现象，从而将在一定程度上影响制约着区域内的城市化进程和城镇布局。

2、模式借鉴

综合来看，对采煤塌陷区的利用主要有两个方面。一是，以改善生态环境为切入点，建设生态湿地，实现煤矿塌陷地复垦与生态环境综合治理有机结合；二是，以提高土地资源的可持续利用为核心，恢复土地耕种功能。

国内利用采煤塌陷区的代表城市有唐山和淮北，唐山市主要对采煤塌陷区进行生态恢复和生态建设，发展生态公园，建设生态城。淮北采煤塌陷区利用则主要集中在土地综合治理、土地复垦、发展生态农业等方面。

2.1 生态湿地治理模式

随着煤炭资源的日益枯竭和城市居民的生活追求，除了上述两市以外，各地政府也都加强了塌陷地的生态治理，且将采煤塌陷地建设成为生态湿地公园是重要的趋势。

唐山南湖生态湿地公园：利用沉降湿地的生态价值，1996年开始对开滦煤炭塌陷区进行治理，目前变成绿意盎然的20平方公里的城市湿地公园，被联合国授予“迪拜国际改善居住环境最佳范例奖”。

徐州九里湖生态湿地公园：位于徐州西北部庞庄煤矿采煤塌陷区，总规划区面积为30.8平方公里，主要以大湖面、小水景结合湿地环境为主要景观特色，包括东南湖、西湖、东北湖三个景观区。

淮北南湖生态湿地公园：建在淮北市杨庄煤矿采煤塌陷湖上，湿地面积约210公顷，已初步形成水生植物、鸟类、鱼类、两栖类、湿地兽类等完整生态系统，成为城市居民游览休闲的好去处。

徐州九里湖　　淮北南湖　　唐山南湖

另外，采煤塌陷形成的大面积水域，不仅具有生态湿地和景观功能，而且具有与社会系统、经济产业相结合的环境功能。

目前各地利用生态湿地进行污水降解的经验也为都市区发展提供了重要思路。通过大面积塌陷地的长期积水，引入“水柜”概念，对城市水资源进行储备并连通河流，形成城市蓄水池，干旱或水量不足时用以补充城市水源；结合周边产业园区或居住区，布局污水处理厂，利用塌陷水面对污水再度降解。

深圳宝安区已建成全国面积最大的人工湿地——石岩河人工湿地，用于处理石岩河干流的污水。建成面积2.4万平方米，日处理污水1.5万吨。二期工程占地面积达5万平方米，建成后日处理污水量可达4万吨。经人工湿地处理后的水可达到地表一级排放水的要求。

成都将人工湿地污水处理工艺与城市园林艺术相结合，建造活水公园，是集观赏、娱乐和污水处理于一体的景点，是世界第一座城市综合性环境教育公园，最先入选上海世博会城市最佳实践区案例。占地2.4万平方米，取自府河水，依次流经厌氧池、流水雕塑、兼氧池、植物塘、植物床、养鱼塘等水净化系统，演示水与自然界由“浊”变“清”、由“死”变“活”的生命过程。

深圳石岩河人工湿地

成都市活水公园

2.2 土地复垦修复模式

在长期的复垦治理过程中，淮北市针对多层煤回采的深层塌陷区和单一煤层回采的浅层塌陷区的不同情况，分别建立了塌陷地复垦种植、塌陷地复垦基建、塌陷区深水面养殖等治理类型，逐步形成了具有淮北特色的复垦模式的经验。目前，全市共形成精养鱼塘2万亩，新增耕地4.5万亩；用煤矸石粉煤灰覆土填充造地，盘活塌陷地约2万亩。

淮北市煤炭平均可采煤层3～7层，可采厚度5.5～13米。多层采煤形成的深层塌陷区范围广，深度大。该市烈山区洪庄塌陷区积水面积大，水体深，滩涂面积广，在深层塌陷区发展水产养殖，在浅层塌陷区发展养殖和果蔬种植。在浅层塌陷区主要采用“挖深垫浅”的方法，将造地与挖塘相结合。常用的工程措施是泥浆泵抽取法或推土机搬运法。该市杜集区段园镇浅层大面积塌陷，地表凹凸不平，多为芦蒿丛生的沼泽地，通过挖塘覆土造田，挖沟修渠，形成果蔬水产养殖为主的农业经济区。

利用粉煤灰充填塌陷区覆土营造人工林也是当地比较成功的模式。淮北发电厂产生大量的粉煤灰等固体废弃物。粉煤灰的堆放占用大量耕地，而且粉煤灰经风吹扬，形成粉尘污染。淮北市任圩林场在粉煤灰上覆盖一层30～40厘米厚的土层，然后植树造林，不仅改善了生态环境，而且取得了良好的经济效益。

对于地下正在采煤的塌陷区，由于塌陷仍在进行，深浅不一，宜采取鱼、鸭混养短期粗放式的复垦模式。杜集区矿山集、石台塌陷区受继续开采塌陷影响，暂不宜大规模实施土方作业和设施综合开发，通过利用水面和滩涂资源，重点发展水产、水禽和池藕。

为了加强塌陷地的治理，淮北市还先后出台了《淮北市土地开发复垦整理暂行办法》、《淮北市土地开发复垦整理项目招投标办法》、《淮北市采煤塌陷地综合治理实施办法》等一系列规范性文件，实行了塌陷区治理项目管理制度。

2.3 经验借鉴

一是尊重自然，因地制宜，创新模式。采煤塌陷区生态恢复以及开发利用是长期过程，一般经历生态恢复、基础设施建设、引入相关项目、适应性调整。根据因地制宜的原则，针对塌陷的实际情况，充分考虑塌陷地的面积、深度、区位，确定不同的治理模式。

二是引导采煤塌陷区的发展。将传统的注重经济效益开发转向兼顾人口、社会、经济、环境和资源持续发展的、注重复合生态整体效益的发展模式。采煤塌陷区改造一方面要改善环境，另一方面要融入城市，通过加强采煤塌陷区与城市的空间联系，引入城市生活，使塌陷区能够承担社会功能。

三是突出政策支持，统筹管理。塌陷区综合治理，是一项涉及面广的系统工程，加强组织领导是关键，统筹协调是重点，稳步推进是基础，政策支持是有效的保障。

3、相关规划解读

3.1 都市区空间战略与行动计划

3.1.1 发展目标

济宁都市区发展定位为：山东省文化与生态发展示范区，西部经济隆起带的中心城市。

强化济宁都市区作为省域文化经济特区和生态示范区的作用。整合孔孟文化、运河文化、佛教文化、远古文化、水浒文化等世界级文化品牌，发展文化相关产业，提升济宁乃至山东省的国际文化地位；以微山湖治理和南水北调工程为契机，结合产业转型和塌陷区综合治理，建设山东生态文明示范区，同时塑造城市特色。

3.1.2 发展战略

构筑都市区绿心：以塌陷地治理为契机，在济兖邹曲之间的农田、河流、采煤塌陷地建设具有一定经济、社会功能的生态综合体。绿心的功能包括复垦农田、生态湿地、公众游乐园等，可尝试城市建设用地中不适宜安排的项目类型，如高尔夫公园、马术俱乐部等。

打造都市区绿楔：规划通过塌陷地治理、滨河绿地整治、防护绿带保护，形成多条生态绿楔，打通都市区绿化经络，将外围山湖的水绿环境引入都市区内部，突显都市区环境特色。

3.2 东部产业集聚区融合发展规划

3.2.1 规划范围

济宁、兖州、邹城3市中的6镇5街办，面积约791平方公里。

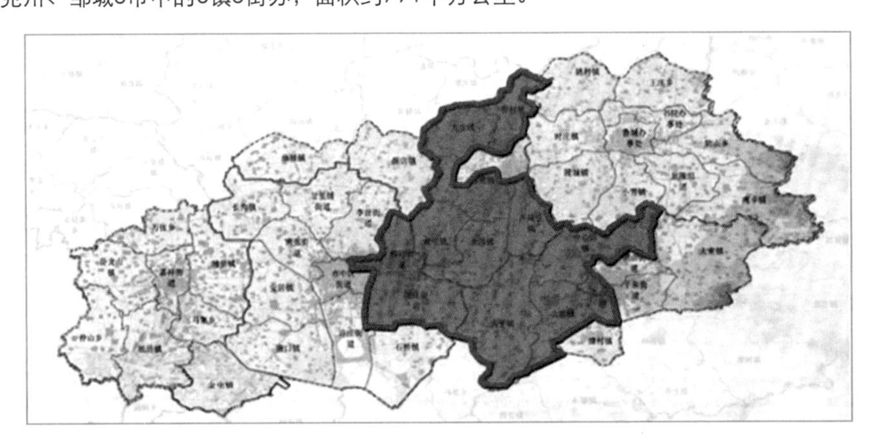

3.2.2 发展定位

山东省产业集聚发展的重要支撑点；济宁市产业集聚发展的制高点；济宁都市区融合发展的突破点。

3.2.3 发展目标

至规划期末，形成以现代制造业、战略性新兴产业和高端服务业为主导，空间布局合理、产业结构优化、基础设施完善、生态环境良好、产城深度融合的现代化新区，成为全市三化协调发展先行区、产业转型升级引领区、生态环境治理示范区、体制机制创新实验区。

3.2.4 发展战略

产业：错位协同，集聚高效。按照“竞争力最强、成长性最好、关联度最高”的原则，以重大项目为龙头，以产业链为主线，大中小企业联动，推动产业集聚发展。

空间：双心驱动，产城融合。通过高新区生产服务中心和“绿心”的建设，带动整个东部产业聚集区的发展，达到生态、生活、生产共融。

生态：区域同治，绿色低碳。分时序、分重点地推进采煤塌陷地的生态治理，探索多模式的开发治理，如远期采煤区内的适度临建发展等。

实施：体制改革，机制创新。创新行政管理、开发建设、财政融资、项目推进、资源配置、区域城乡统筹等体制机制；制定出台配套政策措施，打破现行的行政制约及机制束缚；统一规划、统筹协调，实现产业集聚区的一体化协调发展。

3.3 济宁市采煤塌陷地治理规划

3.3.1 规划范围

济宁市境内所有矿井，分布总面积是3920平方千米，占全市国土面积的35%；包括生产矿井46对，闭坑矿井2对，在建矿井9对，境外矿井9对。

3.3.2 规划期限

规划基期：2009年

规划近期：2010～2015年

规划远期：2016～2020年

展望期：2021～2030年

3.3.3 总体目标

本次采煤塌陷地治理规划的总体目标是：从大区域、大环境、大生态的理念出发，逐步提高采煤塌陷地治理数量和质量；提高矿区人民群众的生活水平，改善矿区人民群众的居住条件和环境。

按照采煤塌陷地的区位特点，实行分区治理。针对济宁市中东部塌陷区，结合历史文化名城和旅游生态城市建设，以生态恢复治理为主，重点营造湿地旅游景观和观光农业，主要包括市中区、任城区、兖州、曲阜、邹城的塌陷地；对邻城靠厂特别是城乡结合部的塌陷地，结合城镇建设发展，建成休闲娱乐聚集区。

3.3.4 中长期治理思路

（1）建立采煤塌陷地复垦治理的领导决策体系；

（2）建立采煤塌陷地复垦治理的资金投入体系；

（3）建立复垦治理项目的管理体系；

（4）建立专门的复垦治理研究体系。

3.4《济宁地区湿地系统规划研究》

在此次规划研究中，济宁地区主要指由济宁、兖州、邹城、曲阜四市组成的都市区范围。在济兖邹曲四座城市环绕的采煤塌陷区的中央，将建设都市区绿心，在进行生态治理的同时，带动区域发展。

3.4.1 湿地绿心的规划目标

（1）修复生态环境，塑造区域景观。

鉴于大规模的煤炭开采已经对济宁地区的生态环境造成了严重破坏，因此湿地绿心建设将致力于对区域环境的综合治理，逐步修复遭到破坏的生态环境，同时塑造全新的区域景观，为整个地区的可持续发展创造新的机遇。

（2）促进产业转型，带动旅游发展。

以战略的眼光进行统筹规划，在继续大力发展高科技产业的同时，基于既有的历史文化资源，塑造全新的区域景观，积极促进旅游、服务等新型产业的快速发展。

（3）整合城市空间，弘扬地区文化。

湿地绿心建设将致力于对济宁地区城市空间结构进行调整，整合四座城市的空间发展，塑造良好的区域空间形态，弘扬该地区特有的文化特色。

3.4.2 湿地绿心的发展策略

总体策略：对采煤塌陷地进行综合治理，建立多层次的湿地公园体系。

实施路径：科学进行项目策划，以项目建设推动绿心，发展着眼于建立多层次湿地公园体系的总体策略。

3.4.3 湿地绿心空间模式

按照“综合治理采煤塌陷、建立多层次湿地公园体系”的发展策略，在远离城市的湿地绿心核心地带逐步建设国家湿地公园，在其外围的广阔农村地区有序建设若干乡野湿地公园，在紧邻城市的城郊地带开发建设若干城市湿地公园；同时将各类湿地公园及其周边的城乡建设紧密联系在一起，形成湿地公园与城乡建设相互渗透、紧密结合的空间模式，在修复生态环境、塑造区域景观的同时，有效整合城乡建设用地，合理引导城市空间形态的演变。

3.4.4 湿地公园体系

国家湿地公园：在远离城市的湿地绿心核心地带，煤炭开采已经导致形成大规模的塌陷水面，通过对生态环境的综合整治，可形成大尺度的生态斑块。建议在此建设济宁国家湿地公园，融生态保护、展示宣传、科普教育、景观娱乐等功能为一体，作为采煤塌陷地生态环境综合治理的示范区。

乡村（郊野）湿地公园：在济宁国家湿地公园外围的广阔农村地区，建议综合考虑采煤塌陷、河流水系、田园景观、乡村建设和道路交通等方面的条件，在陵城、王因、北宿、接庄、十里营和平阳寺等地，有计划地建设乡野湿地公园，大力发展度假休闲、农业观光等新型产业活动。

城市湿地公园：在紧邻城市的兴隆庄以及沂河、洸府河和南沙河沿线部分地区，针对采煤塌陷导致的大面积塌陷水面，有序建设城市湿地公园。

4、塌陷区综合治理与都市区建设有机融合的路径

4.1 总体要求

坚持政府主导、部门联动、因地制宜、科学治理的基本原则，合力推进采煤塌陷地综合治理利用与都市区城市建设有机融合工作。塌陷地综合治理要突出采煤企业作为治理的主体，政府作为监管主体，严格履行各自法定责任与义务；都市区城市建设要按照《济宁市城市总体规划》、《都市区空间战略与行动计划》以及区内已批准的法定规划为依据，建设空间上既要满足当前城市发展需要，又要对重点战略空间进行超前谋划预留，保障城市未来长远空间发展需求。两者有机融合要按照“地上、地下统筹，政府、企业双赢”的策略，通过在“时序协调、方向协调、技术协调、合作协调”等多路径方面创新探索，积极高效地推进资源开采与城市建设的良性互动发展。

4.2 合理处理都市区未开采区内地上地下空间的融合

都市区应将当前利益与长远利益相结合、城市建设与资源利用及社会发展相结合，适度转变地上地下关系，煤炭资源开采应避让城市建设空间、发展空间及预留空间，煤炭压覆区根据城市建设与布局的合理目标，形成“地上服从地下”、“地下地上统筹”和“地下服从地上”三种类型区，为城市发展和产业布局预留更多的安全空间和农业永续开展的耕地资源。

4.2.1 地下服从地上区域

此类区域为都市区城镇空间发展的核心区域、水源保护地、重大基础设施建设区以及历史文物保护单位分布区域。此类区域为城市建设优先区，是城市功能区的建设空间，是以城市建设和产业布局为主要任务。区内应采取强制性保护措施，严格禁止采煤，封存地下煤炭资源，保障地上城市建设和产业布局。要分阶段置换地下煤炭资源的采矿权，煤炭企业逐步退出。

4.2.2 地上地下统筹区域

此类区域为都市区煤炭压覆区内采煤条件较好，储量丰富，采煤对地上城市建设或基础建设的影响较小，或属于远期城市建设的空间范围。主要分布在“地下服从地上区域”的周边地区。应建立对话协调机

制，共同协商两者的关系。充分利用时空协调机制，煤炭资源远期开发的地区，地上可布局临时性的产业或基础设施。未来塌陷较浅，经过生态修复或复垦，可再度用于城市建设或产业布局的地区。

4.2.3 地上服从地下区域

此类区域为煤炭资源富集地区，煤炭开采价值高，地下煤炭资源开采对城市建设和产业布局的影响很小。此类区域内应鼓励地下煤炭资源开采，但必须避让地上交通干线等基础设施区位。禁止建设城市功能区，禁止布局永久性和基础性产业与基础设施。加强采煤塌陷地的生态修复和复垦，大面积的塌陷区可建设郊野湿地公园和生态公园。邻近城镇功能区的大面积塌陷地，可利用城镇水柜理念，建设成为蓄水、调水及污水降解的功能区。

4.3 合理确定都市区内采后塌陷区的有机治理模式

对目前都市区已开采完并出现塌陷的区域，要针对塌陷地的形状、土壤类型、地层结构、稳沉程度、积水深浅等不同情况，充分考虑塌陷的面积、深度、区位及与城镇体系的关系，因地制宜，坚持生态修复与生产建设、农业多种经营、生态旅游、环境整治等方面相结合，再按照“宜农则农、宜林则林、宜水则水、宜建则建”的原则，确定不同的治理模式，制定不同的治理方案，进行分类改造。根据都市区塌陷深度的不同，确定不同的治理模式，例如，在塌陷不深或积水不多的地方(3米以下)，采取平整土地、修缮排灌系统的方法，改善耕作条件，恢复作物种植。对于地下水位不太高的塌陷区，采取疏排法，通过建立排水系统，降低潜水位和疏排积水，来达到土地重新利用的目的。对塌陷较深的地方（5米以下），采取挖深垫浅法，在塌陷区深部取土填在浅部，复垦成耕地，深部建塘养鱼，坡地栽树植，若地块积水较浅，也可整成藕池、稻田，实现水产养殖和农业种植并举。对于地表破坏发生或已发生但未稳定之前，采取动态预复垦，对未来将形成的破坏土地进行治理，可避免在等待稳沉过程中土地长时间的抛荒而导致土壤损失和生态退化，尤其在积水前将表土剥离加以保护，待复垦后再将表土层覆盖在最上面，培肥改良，恢复土壤生产力。同时，要尽可能地利用煤矸石回填塌陷区，表面覆土，用于种植或建设，以消除矸石山压占耕地及其对周围环境的污染。

4.4 积极探索都市区塌陷地治理后再利用的融合模式

采煤塌陷地经过复垦后，其再利用形式多样。例如，对塌陷较稳定且较浅的区域，进行土地修复和补填，对地基严格检查和监测，建设符合要求的公共设施、基础设施、城镇住房。对无积水或积水很少的塌陷地，通过简单的平整措施、填充法和修筑水利工程，以恢复耕地资源为主，将复垦土地优先用于农业，恢复农业种植功能，回归粮棉油菜果生产基地。对具有人文或生态基础的区域，可选择性地对城区塌陷地进行景观改造，在新恢复土地上选种适宜作物，形成景观好的植被面，以及综合设计农林渔畜生物链，营造湿地景观和观光农业，设置旅游景点，形成另类的生态景观资源，建设特色的生态旅游区。对在密集的城镇建设区之间的塌陷地，可结合城镇建设，对塌陷地进行生态修复和水体景观设计，建设湖泊、湿地，营造生态绿心，发展成为郊区湿地公园、生态公园，打造城镇连绵扩张的生态隔离区，优化城市生态环境，并体现矿业的教育、科学考察的功能。针对大面积的塌陷区域，可以积极进行改造，作为都市区水资源调节的“水柜”，即对都市区内城市水资源进行储备并连通河流，形成城市蓄水池，干旱或水量不足时用以补充城镇水源，也可以结合周边产业园区或居住区，布局污水处理厂，利用塌陷水面对污水再度降解。

4.5 加快培育都市区新的接续替代产业

坚持走新型工业化道路，以信息化带动工业化、工业化促进信息化，走科技含量高、经济效益高、资源消耗低、环境污染少、人力资源优势得到充分发挥之路，做优做强主导产业，培育壮大接续替代产业，大力发展高新技术产业，改造提升传统产业，着力将都市区建设成为大型先进制造业基地。高新技术产业方面，以济宁国家级高新区为引领，重点培育壮大机械制造、生物医药、电子信息等产业。传统产业方面，重点运用信息技术、高新技术和先进适用技术改造提升传统的工程机械、生物技术、纺织服装、煤化工等产业。充分发挥都市区区位、文化、生态等优势，着力发展大商贸、大物流、大旅游。加速构建多元化、地区性金融服务体系。积极拓宽金融市场，争取区域性金融机构、营运中心和外资金融机构加速落户都市区，区域性股份制银行进入都市区设立分支机构，构建多元金融服务体系。

4.6 积极引导都市区煤炭企业发展非煤产业

鉴于都市区发展定位与空间功能结构，未来应采取“地下转地上”的发展战略，积极发展非煤产业。非煤产业包括商贸物流、机械、医药、纺织、电子信息等行业和旅游、娱乐、居住等服务业，促进煤电产业与经济系统的外部循环，非煤产业转主导产业，尤其是加强对农村剩余劳动力和失地农民的吸纳就业。实现煤炭企业由单一主导向多元主导型经济结构转变，促进企业产业结构多元化升级。

4.7 加强地方与矿企合作，共建都市区

大型矿业企业不仅是地方财政收入的主要来源，更应是区域城市建设和新兴产业发展的参与者。针对都市区的空间开发，地方与企业要相互信任，相互支持。建立高层议事协调机构，如地方政府与矿业集团联席会议制度，相互通报工作，交流发展规划等信息，协调解决双方在生产、建设、可持续发展中出现的重大问题。地方政府主要精力放在宏观调控、规范市场、社会管理、公共服务上，创造经济发展良好的软硬环境，设规划、地质灾害治理、考核等常设机构，统一协调解决压煤村庄搬迁和塌陷地治理等问题。煤矿企业从企业利润中设立专项资金用于区域的城市建设或产业项目投资，搞好塌陷地综合治理，发展高新技术产业和劳动密集型产业，并尽量吸纳规划区的失地农民和农村剩余劳动力。

5、关于推进塌陷区综合治理与都市区建设的建议

5.1 成立专门的都市区塌陷地综合治理推进机构

为更好地推进都市区的塌陷地治理，建议成立专门的塌陷地治理推进机构，主要职责是编制塌陷地治理相关规划；组织实施区内塌陷地治理项目工程；指导有关县市区采煤塌陷地的综合治理工作，并实施跨县域

采煤塌陷地治理重大项目等。

5.2 完善采煤塌陷地治理的规划体系

采煤塌陷区的复垦利用是一项复杂的系统工程，涉及土地、水利、煤矿、地质、农业、财政等一系列政策和技术问题，必须在政府统一领导下，组织各有关部门在对采煤塌陷地全面调查摸底的基础上，就城镇建设、水利、道路、资源综合利用、生态环境治理等情况，编制采煤塌陷地治理的各项规划，特别是近期重点围绕着都市区绿心打造、泗河综合开发治理等重点工程，加快相关规划编制与实施。

5.3 科学划定区内禁采和缓采区域

要科学划定都市区内煤炭资源的开采区、缓采区和禁采区等区域，适当调整城市建设和煤炭资源开采的布局和时序，并严禁在重要基础设施占地方位内采煤，促进地上建设和地下煤炭资源开采协调发展。省政府批准的土地利用总体规划和城市总体规划范围内的区域一律作为禁采区，各相关矿山企业停止开采地下资源，建设用地按照法定程序进行报批，不再考虑煤炭资源压覆问题；禁采区外城市发展远景规划拟布局安排重大项目的区域以及禁采区外延1.5公里区域，划定为缓采区，各相关矿山企业暂缓对地下资源的开采。

5.4 建立健全塌陷区失地农民生活保障制度

逐步完善失地农民生活保障制度，增加专项社会保障资金，吸引更多的失地农民参加社会保障。积极帮助建立健全塌陷区被征地农民基本生活保障体系。尽快把失地农民基本生活保障转入城镇社会保障体系，实现与城镇社保的对接。

5.5 多渠道筹集资金，加大复垦投入

根据目前采煤塌陷地复垦资金投入的实际，结合投资结构的变化形势和市场经济发展的需求，除了接受中央、省及地方各级政府拨付的资金外，实行由政府牵头、社会各方参与、以市场机制运作的方式集中各方资金的投资，推动采煤塌陷地治理工作的进一步开展。

详细规划与城市设计篇

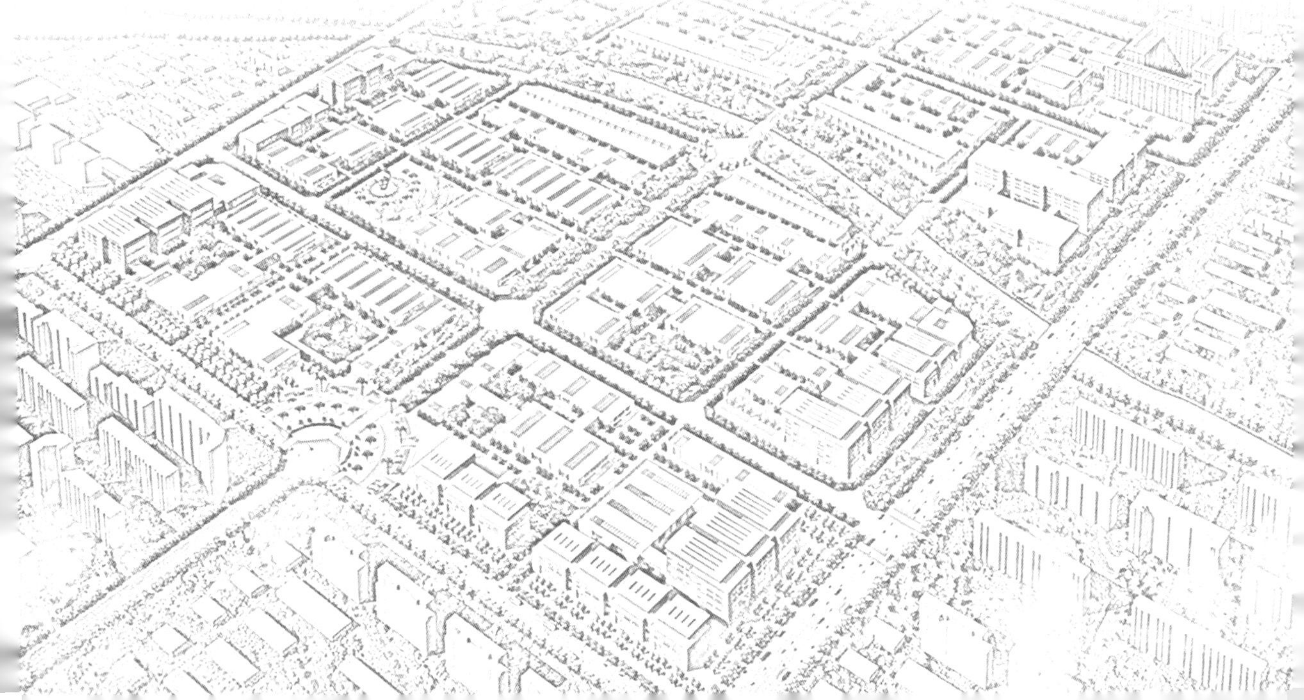

关于城区环境综合整治规划的探讨
——以济宁城区为例

韩冬梅　丁 芝　牛余香

[摘　要] 城区整治是济宁市第一次全市范围的公共空间整治规划，应作为系统性规划来分步进行，侧重方法解释，是此后城市具体环境规划设计实施项目的总纲，是具有概念性规划特点的规划。项目确定了此后一系列环境整治规划设计项目的工作思路、目标、工作框架、具体内容、评价标准、成果形式、操作流程。起到指导后续实施性规划项目编制的作用。具有实时性、时序性、复杂性、探索性的特点。通过重要“点、线、面”的治理，整体梳理城市空间格局。

[关键词] 环境综合整治；系统性规划；整治通则；整治项目库

[作者简介]
韩冬梅　济宁市规划设计研究院工程师
丁 芝　济宁市规划设计研究院工程师
牛余香　济宁市规划设计研究院工程师

[备 注] 该论文获“山东省第四届城市规划论文竞赛”二等奖

所谓城市环境综合整治，就是把城市环境作为一个系统，一个整体，运用系统工程的理论和方法，采取多功能、多目标、多层次的综合战略手段和措施，对城市环境进行综合规划、综合管理、综合控制，以最小的投入换取城市质量优化，做到经济建设、城乡建设、环境建设同步规划、同步实施、同步发展，从而使复杂的城市环境问题得以解决。

随着中国快速城市化的发展，城区人口密度过高、交通拥堵、设施与建筑老化、地块活力丧失、用地混乱与缺乏管理等问题也日益突出。由于生活水平的提高，市民由基本生活需求向享受型、发展型需求转变，也开始关注与追求更好的城市环境生活质量。因此近年来，国内诸多城市通过不同的手段方式，对城市环境进行综合整治。

1、案例分析

1.1 城市美化运动

19世纪末，20世纪初，欧美许多城市针对日益加速的郊区化倾向，为恢复城市中心的良好环境和吸引力而进行的城市“景观改造运动”。《芝加哥规划》主要对园林绿地、综合交通、街道系统、中央商务区及中轴线进行规划设计。

1.2 阿姆斯特丹东港码头改造

20世纪后，由于阿姆斯特丹东港狭窄的运河和码头很难进一步满足蒸汽轮船与巨型货运对港口装载量的需求，东港逐步走向衰败。政府通过土地租赁政策与社会住宅建设对东岸进行改造，通过公私合伙制、差异化住宅、高密度开发等手段进行城市复兴与功能更新，创造有活力的生活空间。

1.3 北京市城市环境整治

为实现“新北京、新奥运”的战略构想，迎接奥运会在北京召开，北京市对城市环境进行综合治理。整治规划范围为“两轴、四环、六区、八线”，具体指北京市所确定的100条重要街道和50个重要地区中的重点大街和重点地区。规划从建筑界面、道路交通、绿化植被、市政设施、城市照明、广告牌匾、城市家具、无障碍设施、系统标识和公共技术等要素入手，全面整治城市环境。提出分期实施策略，即“2006年治乱、2007年见新、2008年添彩”，实现近远期相结合的长效机制。并建立项目库，强化可操作性。

1.4 西安城市建设管理

为提高城市品位、改善城市形象、加强城市生态建设与打造城市特色，西安市用三年时间在全市范围连续开展城市建设管理提升年活动。规划整治内容主要包括对西安市的11个旅游景点及周边环境进行提升改造规划，包括渭河城市段综合治理、团结水库水环境综合治理工程、沣河城市段综合治理、西安市南北中轴线提升改造规划、三环路沿线详细规划、高架快速干道沿线整治规划、西安城市主要出入口城市设计、陇海铁路线沿线整治规划。

1.5 结论

无论是改善城市环境的人文性整治、提高地区活力的经济性整治、以重大事件为契机的政策性整治，还是提高城市形象与品位的社会性整治，都需要对城市环境进行规划分析，确定整治范围、内容、措施与实施手段，多层次、全方位地对城市进行环境综合整治。

2、济宁市城区环境综合整治规划

2.1 规划特点

2.1.1 抓准契机，确保规划的可实施性

以第二十三届省运会为契机，政府近期建设整治要求为动机，提出省运会专项整治内容，包括省运会场馆建设工程、省运会临时交通组织、城市夜景亮化工程。

2.1.2 公众参与，解决民众诉求

广泛听取公众诉求与部门意见，全面解决城市环境问题与提升城市形象。

2.1.3 规划内容分层次、分类别、明确重点

点、线、面相结合确定城区整治内容。进行整治工程分类，将各类工程的整治方向与整治措施列为通则内容。并发现整治内容差异与把握重点，进行分类引导和实施细则规划。

2.1.4 制定近期项目库

制定近期项目库，便于整治重点项目的开展与落实。

2.2 规划背景

随着济宁市确定为国家园林城市，市区的绿地建设取得了长足进展，环境景观取得了巨大改善，保护历史文化措施有力，效果明显。生态宜居城市、文化旅游名城等城市发展战略也对城市形象与环境提出要求。市十二次党代会、人代会提出开展“城市建设管理年”活动，提出围绕为省运会提供优美和谐的城市环境，编制济宁市城区环境综合整治规划及重要节点概念规划。

此次规划是2012年城市规划任务中的重点项目，是济宁市第一次全市范围的公共空间环境整治。

2.3 规划范围的确定与整治重点的选择方法

2.3.1 部门座谈与公众参与

与住建委、交通局、综合执法局等部门进行座谈，咨询园林、市政、建筑、交通等方面存在与继续解决的问题。通过发放问卷，了解市民对城市环境反映的问题与要求。全方位了解济宁城区需要整治的类项，确定为建筑界面、道路交通、绿化广场、市政设施、城市照明、广告牌匾、城市家具、标识系统、综合管理、软环境等十类整治工程，各类再细分整治小项。

2.3.2 省运会契机与相关政策

对外交通：以省运会为契机，将城市外环与105国道北段、105国道南段、338线、327国道、济鱼公路、济邹路、诗仙路西段、诗仙路东段等九条对外交通道路与日菏铁路列为整治内容。

场馆线路：分析场馆与景区的通达性，划定联系线路，结合管理建设年提出的琵琶山路升级改造工程、济安桥路升级改造工程、诗仙路绿化工程、济阳路升级工程、金宇路升级工程、车站西路升级、吴泰闸路升级计划，将济安桥路、古槐路—王母阁路、琵琶山路—车站东路、车站西路、建设路、车站南路、济邹路、吴泰闸路、金宇路等九条城市道路列入整治内容。

门户节点：城市对外联系的门户地区，是展现城市形象的节点位置，需要进行整治和远期控制。选择刘堤头节点、兴唐大桥节点、如意大桥节点、老运河梁济运河交叉口节点、八里庙大桥节点、小郝转盘节点等六个节点进行打造提升。

2.3.3 结合现行发展战略

三条水廊：济宁 “缘水而起，因河而荣”，城市特色与空间形态深受水、河影响。京杭大运河、老运河、洸府河作为文化的承载，城市空间结构的重要架构要素成为济宁打造运河之都、水城风貌城市的突破口。

2.3.4 城区环境分区评价

以行政区划与城市肌理为界，对城市各评价区的建筑风貌、交通、绿化广场、市政设施、广告牌匾、公共设施等项目进行评价，评出环境优良区、环境一般区、环境较差区。

确定城市中两片需要重点整治的地区，一片是历史城区核心组成部分老城核心片区，是吴泰闸路—古槐路—洸河路—洸河—太白楼路—府河围合形成的区域，总用地约3.67km^2；一片为以火车站交通枢纽为中心的火车站片区，也是结合部的一部分，位于解放路—琵琶山路—国光路—济邹路—运河路之间，总用地约1.51km^2。

2.3.5 总结

通过对政策要求、公众反应、城市现行发展状况等多方面因素的分析，确定了济宁城区综合整治的范围为“一环、一线、两片、三带、六点、九街、九路”，整治内容包括建筑界面、道路交通、绿化广场、市政设施、城市照明、广告牌匾、城市家具、标识系统、综合管理、环境污染等十类整治工程。

城区整治是公共性、实施性的城市美化活动，尽可能地反映公共需求、结合部门诉求、承接政府要求，是城区整治规划的主要目的与根本出发点，也是能够做好规划工作的首要任务。分析整治的复杂性与多层次性，根据实际需要将整治工作分类处理，是落实城区整治规划的必要工作和体现可操作性的关键环节。

2.4 整治工程通则

通则是统领性整治规则，包括整治工程类别、整治小项、具体整治措施。考虑到整治内容“一环、一线、两片、三带、六点、九街、九路”的各项在具体实施中对建筑界面、道路交通、绿化广场等的整治内容出现重复，为求简明扼要地阐明整治原则与整治方法，现在具体内容规划前进行通则设计，作为整治内容的原则。

2.4.1 通则整治工程与整治小项如右表所示

整治工程	整治小项
建筑界面	公共建筑界面
	住宅建筑界面
	重要节点建筑界面
道路交通	道路路面
	停车设施
	公交站点
	无障碍设施
绿化广场	道路绿化
	城市绿地
	城市广场
	河湖水体
市政设施	市政管线设施
	市政服务设施
城市照明	道路照明
	楼体照明
	公共空间照明
	节点照明
广告牌匾	固定广告牌匾
	活动广告牌匾
城市家具	公共服务设施
	美化环境设施
标识系统	道路标识系统
	市政标识系统
	建筑标识系统
综合管理	工地
	零散摊贩
	市场
	违法建筑
	交通管制
软环境	大气环境
	水环境
	固体废弃物
	声环境
	城市结合部环境

2.4.2 公共建筑立面整治

针对各项整治工程，提出出现何种问题如何解决，用文字说明与图示方式同步表达。以建筑界面整治工程中的公共建筑立面为例进行说明。

文字说明:

序号	类别	整治方向	现状问题	整治措施
1	公共建筑立面	墙面清理	墙面张贴广告、刷漆，多灰尘、污迹，缺少清理	对外墙体、玻璃幕及饰板等进行全面清洁、粉刷、去除招贴和广告等
		材料更新	建筑外墙普遍存在墙体涂损、涂料剥落、建筑老化、围护结构破损等问题	对破损的外墙材料进行更换或更新。更换保温性能达不到要求的外墙材料，公共建筑的入口挑檐、雨棚等部分进行重点清洁和材料整饰、更新
		协调色彩	建筑色彩与城市环境不协调，部分公建自身缺乏美学指导	根据街区色彩协调的要求重点粉刷调整不协调建筑外立面的色彩，公共建筑的色彩协调原则应充分考虑城市风貌特质，结合城市功能区定位加以体现
		改造固有建筑	普遍存在建筑楼顶、电梯间、水塔、通风设备、机械维护设备等影响城市天际线景观的问题，某些公共建筑入口构筑物设计粗糙、质量老旧	除设备间等屋顶构筑进行协调改造外，对一些公共建筑屋顶的装饰类建筑，如各种网架、柱廊、露台挑檐，预设广告位置等进行整理，对其用途进行规范，严重与景观要求不符的建议拆除
		整治加建构筑物	附加构筑物主要是公建屋顶和立面存在有天线、支架、栏板、牌匾等影响景观的问题	清除公共建筑立面有碍景观装饰类的加建构筑物，无法拆除的通过多种方法进行有效的遮挡和改造。对于屋顶或外墙的外露机械设备、天线、支架等功能性构筑物，应对安装位置进行统一调整或增设简洁的栏板或网架进行遮挡

图示说明:

建筑改造前

建筑改造示范

道路断面引导:

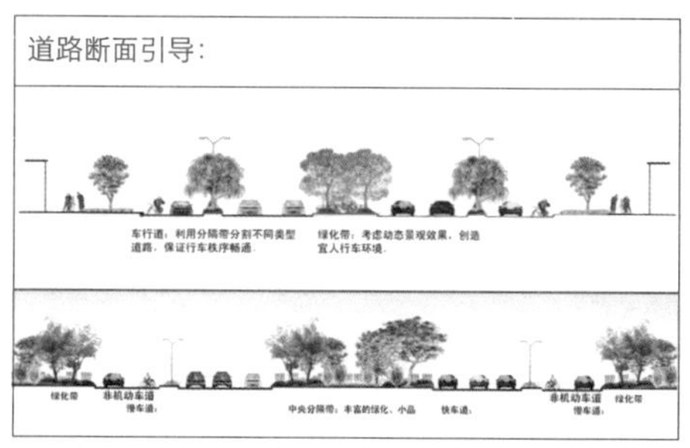

道路景观引导:

新区段　　村庄段

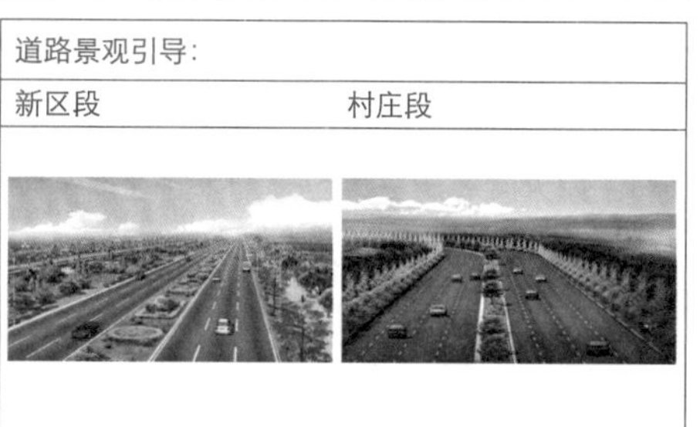

2.5 整治重点的具体整治方法

2.5.1 一环、九路

九路是连接济宁与周边县市地区的快速通道，一环是承接外来交通的主要环路，是展现城市景观的线性景观要素。

考虑道路现状问题、功能以及周边地块性质，决定道路整治重点为：完善道路路幅与道路配套设施；加强交通管制，明确路权，防止车辆混行；提高道路绿化率，道路景观与周边用地相结合。

2.5.2 铁路线与火车站片区

铁路沿线是城市的重要窗口。存在的问题：铁路沿线总体防护绿化缺失，结合部位置建筑质量较差，货场、堆场、市场等不同用地功能混杂，环境卫生较差，景观风貌缺失等。

整治策略：注重铁路沿线快速通道性质与景观打造的关系，以“洁、拆、整、绿、挡”即环境洁净、拆除违建建筑整修、绿化美化、围墙遮挡等方式，逐步改善沿铁路环境。生态防护带通过乔木的高中低搭配种植形成有梯度的绿化，丰富铁路沿线景观。

火车站片区是由解放路、老运河、日菏铁路、济邹路、车站东路围合成的地区，总用地约140hm^2。

现状问题综述：符合片区长远发展目标的功能缺失；交通枢纽位置的交通拥堵；商业业态低端；城市面貌落后。

根据片区独特的区位、现状情况及功能定位分析，将片区划分为两种整治模式，即综合整治和有机开发。整治

景区段

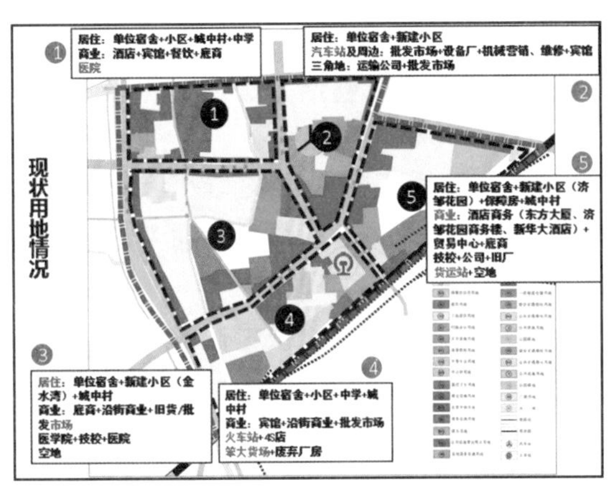

与开发近远期相结合，整治解决现状交通、环境问题，利用城市开发提升节点活力。

综合整治针对近期城市环境进行治理提升，包括道路交通疏解、道路设施完善和沿街环境治理，解决交通无序、停车混乱、绿地缺失、建筑老旧等问题。

有机开发地块包括铁路广场、汽车站、周边商业、居住用地，依据规划用地功能，将片区打造成为现代化的多功能交通枢纽中心，构筑高效的高铁交通港、现代化商贸区和高品质的城市门户。

2.5.3 老城核心片区

老城核心片区，主要是由洸河、老运河、府河围合成的地区及市体育馆周边，总用地约3.67km^2。

范围内主要以居住用地为主。公共服务设施主要包括教育、办公、金融、医疗、体育、公园。

老城核心片区内传统格局几乎丧失，文化格局缺乏保护，建筑风貌失去控制。人口密度过高，人均环境资源、公共设施资源紧张。

规划确定的整治方式为保护文化格局，地块有机更新。

保护老运河、铁塔寺、太白楼、潘家大院等历史风貌元素，并在建筑协调区内整治建筑风格。

根据现存文化格局与规划划定的保护范围与风貌协调区、视线通廊，指导

竹竿巷建筑风格引导

铁塔寺历史格局复原

建筑协调区的建筑整治引导

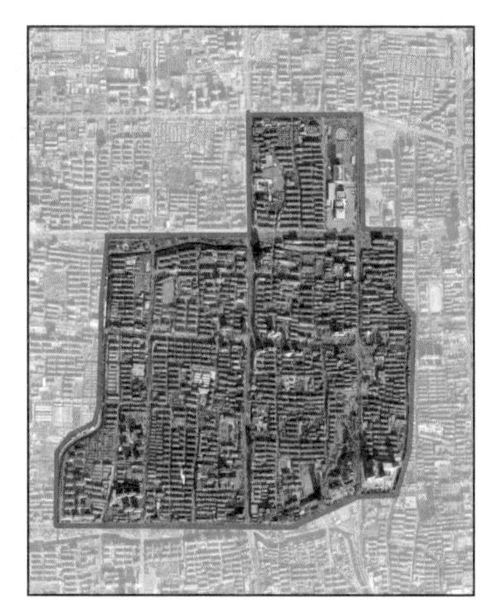

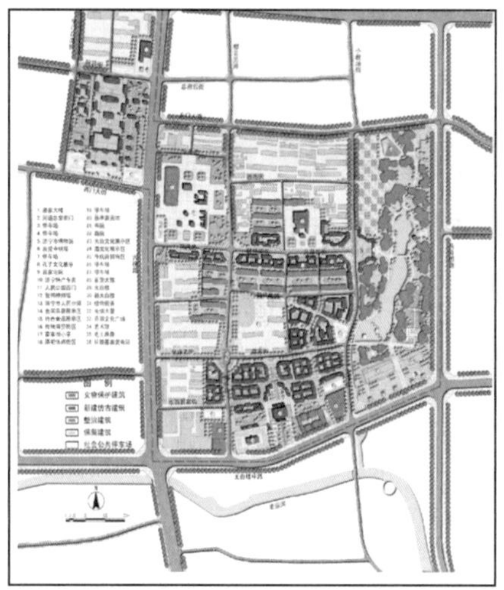

城市有机更新，巩固、突出城市历史风貌特色，疏散人口，适当增加开敞空间。

2.5.4 九街

以古槐路为示范。古槐路是贯穿济宁南北的历史文化轴。铁塔寺、潘家大院、运河总督衙门、济宁奥体中心都在此条道路两侧。

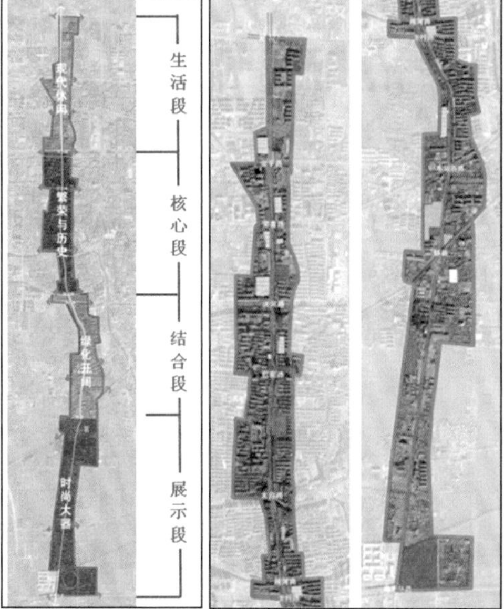

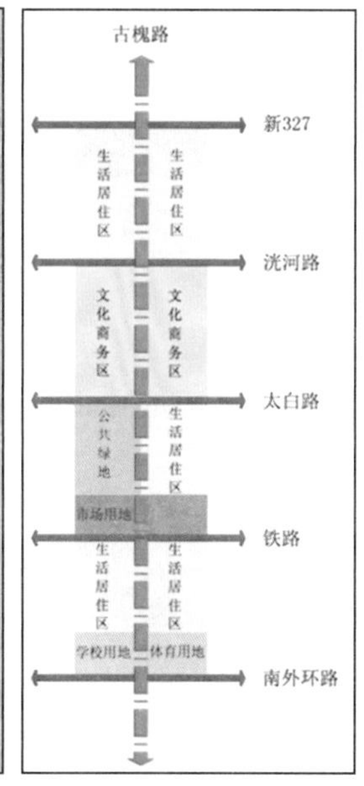

规划过程中分析道路现状与周边用地情况，结合自身道路功能和周边地块功能，总结路段性质，提出打造策略。

受儒商文化的影响，道路两侧多为零散商业用地，通过完善道路断面，利用绿化隔离带的分割作用疏导道路交通；加强交通管制，禁止乱停车、乱穿马路等现象；结合城市更新步骤，根据两侧用地状况完善道路景观、小品设施；为了指引整治的下一步具体实施，制作细则，具体落点进行引导整治。

2.6 建立整治重点项目库

为便于整治重点项目的开展与落实，达到近远期协调，规划提出“分区一分级”整治的方法。根据项目实施紧迫度划分为必须实施、选择实施、根据市场行为确定实施三大类别，分别用A、B、C代表。

整治细则7段、9类		新327-金宇路段	金宇路-洸河路段	洸河路-红星路段	红星路-太白路段
		太白路-龙行路段	龙行路-车站西路	车站西路-铁路段	
整治工程	整治小项	路东现状	路西现状	路东整治策略	路西整治策略
建筑界面	历史文化建筑界面	铁塔寺视线不通畅，位置不突出	潘家大院周围建筑拥堵，空调外露不协调	回复铁塔寺历史院落形制，在周围形成开敞空间，并协调周围建筑风格	清理潘家大院墙面附属物
	重要节点建筑界面	高层建筑节点作用不突出，红星路与古槐路交叉口处交通银行、工商银行、招商银行没有凸显金融氛围		清洁高层建筑外墙面，清洗建筑外立面，对四周不协调的广告牌、建筑附属物进行整改，体现建筑的现代感	
	公共建筑界面	商业建筑风格不统一，外立面有空调等附属物	商业建筑老旧，存在建筑占压道路红线的情况	清理建筑外墙附属物，清洁建筑外墙	对破旧建筑、占压红线建筑进行拆迁，粉刷、清洁建筑外立面，清理建筑外墙附属物
	住宅建筑界面				
道路交通	道路路面	机动车4车道，与慢行道间无隔离带，交通较为混乱		用隔离带分隔机动车道与非机动车道，防止机动车停车占压非机动车道，非机动车行车与机动车行车混乱	
	停车设施	沿街停车、自行车占压非机动车道和人行道	沿街停车、自行车占压非机动车道和人行道，附院门口自行车停放占压人行道	在商业后退道路宽松地区画出停车线，使车辆规范停车	在商业后退道路宽松地区画出停车线，使车辆规范停车，在附院院内设置自行车停放处，禁止在人行道停车
	公交站点	交通量较大，没有设置港湾式停车，站点牌脏乱，粘贴小广告		设置港湾式停车，防止公交停车阻碍其他行车，清理站点站牌	
	无障碍设施	人行盲道不连续		修缮已损坏人行铺地	

实施主体分区	时间安排	地段位置	项目内容	实施细则、目标、内容	实施级别
	2012年	西外环（梁济运河-北外环）	绿化抓紧施工。减少不必要道路交叉口，完善配套道路设施。		A
		金宇路（供销路-西外环）	开展道路升级改造专项规划，进行逐步整治	金宇路实施细则	A
		吴泰闸路（琵琶山路-济安桥路）	开展道路升级改造专项规划，进行逐步整治	吴泰闸路实施细则	A
		省运会场馆建设工程	任城区综合体育馆工程		
	2013年	老城核心片区（环城西路西）	综合提升改造、交通疏解	老城核心片区整治策略	A
		济安桥路（太白路-北坏环）	开展道路升级改造专项规划，进行逐步整治	济安桥路实施细则	A
		古槐路（洸河路-北外环）	开展道路升级改造专项规划，进行逐步整治	古槐路实施细则	B
		琵琶山路（洸河路北）	开展道路升级改造专项规划，进行逐步整治	琵琶山路实施细则	B
		S338线	填补中间的路沟，改善道路断面，增加分隔栏，增加道路绿化与路灯等设施	S338线整治策略	A
	2014年	建设路（洸河路-北外环）	开展道路升级改造专项规划，进行逐步整治	建设路实施细则	A
		北外环	东段加设中央分隔栏。西段减少两侧绿化带开口，提高路段通行能力		B
		105国道（北外环-二十里铺）	清洁道路卫生，增加机非隔离带，在穿过村镇处利用绿化带的设置减少村镇交通对道路的干扰	105国道整治策略	A
		济邹路（东外环-泗河）	在村镇位置增加机非隔离带，避免村镇内部交通与外部交通的相互干扰。加强沿街建筑风貌业态整治	济邹路整治策略	A
		东外环（南外环-诗仙路）	改善卫生环境，增加道路绿化，建设配套设施，丰富树种配置，补修路灯，减少不必要的交叉口	东外环整治策略	A
任城区		南外环（洸府河、东外环）	完善机非隔离带，改善卫生环境，增加道路绿化，丰富树种配置，补修路灯，建设配套设施，减少不必要的交叉口	南外环整治策略	A

3、总结

整治工程是一项繁琐复杂的工程，因此在做规划时应该全面分析、理清思路，建立清晰的系统支撑框架，要求既能清楚地讲解规划整治内容，又能避免迂回重复。

工作框架包括：

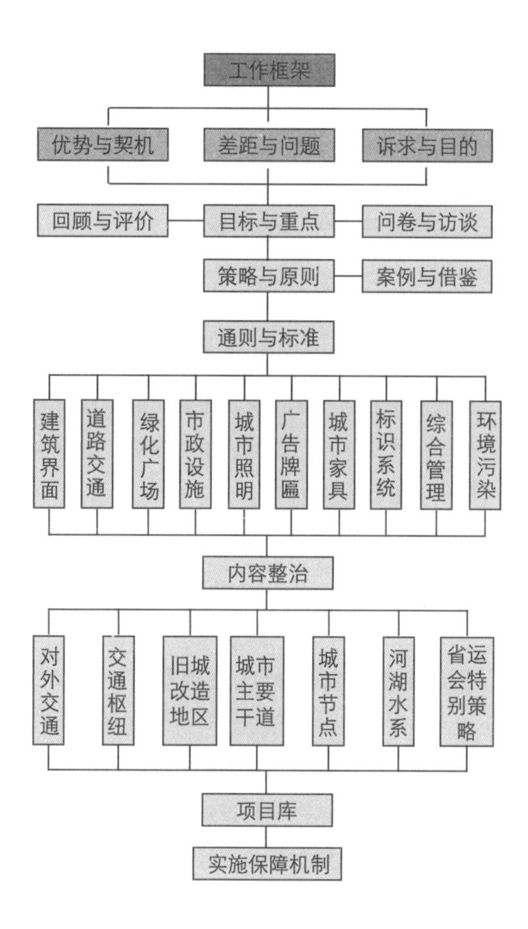

具体整治内容的整治方法：

整治内容	整治方案
对外交通	完善道路路幅与道路配套设施；加强交通管制，明确路权，防止车辆混行；提高道路绿化率，道路景观与周边用地相结合
交通枢纽	整治与开发近远期相结合，整治解决现状交通、环境问题，利用城市开发提升节点活力
旧城改造地区	保护文化格局，统一建筑风貌；结合相关规划与开发计划，进行地块有机更新
城市主要干道	结合道路功能，通过完善道路断面，利用绿化隔离带的分割作用疏导道路交通；加强交通管制，禁止乱停车、乱穿马路等现象；结合城市更新步骤，根据两侧用地状况完善道路景观、小品设施
城市节点	适当增加开敞空间，突出节点地位；疏导无序交通，清理不相关设施，提升节点的整体性、有序性
河湖水系	河道清淤、驳岸清理，结合河流两岸地块开放，形成有活力的场所
省运会特别策略	标识场馆与景区主要联系道路，制定交通策略，通过引导、控制、疏解等措施保证省运会期间交通正常运行。提出夜景亮化工程和景区、节点、线路美化工程，更好地展示城市形象

[参考文献]

[1] 吴之凌,吕维娟. 解读1909年《芝加哥规划》[J].国际城市规划.

[2] 程晓曦.阿姆斯特丹东港码头改造——城市复兴中的多重平衡[J].世界建筑.

[3] 杨一帆. “形象”与“民生”——城市环境整治规划设计意义与实效、方法与案例[Z].中国建筑文化中心文化交流部.

[4] 西安市城市规划设计研究院[Z].加强城市规划建设与管理,提升城市环境综合整治水平——以历年的（2008~2010年）西安城市建设管理提升年活动为例[Z].中国建筑文化中心文化交流部.

济宁市新旧城间结合部改造规划探索

丁 芝　王 灿　毕泗霞

[摘　要] 在城市跨越式发展的趋势下，新老城区结合部形成城市发展的断裂带，本文探索国内城乡结合部的发展模式，研究了如何借助大事件的推动，通过再认识新旧城结合部的价值、梳理升级改造的问题、深化升级改造的内容，提出有机缝合、功能打造、环境塑造策略，重点对空间整合规划进行了探讨，并在整体城市设计引导的基础上，突出了具有近期操作性的项目库计划，达成了近远期目标的协调。

[关键词] 城区结合部；模式；发展策略；有机缝合

[作者简介]
丁　芝　济宁市规划设计研究院　工程师
王　灿　济宁市规划设计研究院　工程师
毕泗霞　济宁市规划设计研究院　工程师

[备　注] 该论文获“山东省第四届城市规划论文竞赛”三等奖

随着我国城市化进程的加快，城乡结合部的战略意义凸显。城乡结合部的发展方向和定位决定着城市的空间发展模式，城乡结合部是我国推进城乡一体化进程、提高城市化质量、促进经济社会发展与人口资源环境相协调的重要空间载体。

1、国内城乡结合部发展模式

1.1 城乡结合部概念及类型

城乡结合部是指兼具城市和乡村土地利用性质的城市与乡村地区的过渡地带。一般来说，城乡结合部有三种类型：一是受行政隶属关系制约，属城市政府管辖，却又地处乡村包围的城市郊区；二是属城市政府管辖的县，在地理位置上又与城区接壤或“插花”的地带；三是受地域影响，处在城区外围，相对连接城乡的其他交接地带。

1.2 发展模式

基于对主导产业的理解，目前城乡结合部的模式主要有专业市场模式、都市菜篮子模式、工业配角模式、文化旅游点模式、新产业开发区模式、交通导向模式、居住扩展模式、大学城模式等。

专业市场模式是指以第三产业发展为特征的市场，成为城市民用产品在城乡结合部的展销地，同时也成为乡镇企业产品的集散地。都市菜篮子模式是指以都市型农业为特征，为城市创造生态效益和满足城市急需。工业配角模式主要以承接城市内部工业转移或者是新的开发项目为主。文化旅游点模式是以旅游业及其相关的服务业为特征。新产业开发区模式是指以新产业综合开发为特征，接纳大型工业，形成新开发区或工业园区，产生规模效益。交通导向模式是指以开发完全依托交通优势的产业为特点，在城乡结合部的轨道交通车站、客流转换中心或几种运输方式的综合地区，建设城市集配中心，即城市物流中心。居住扩展模式是指以新的居住区开发为特征，也是最常见的模式。大学城模式是指以搬迁的或者新建的学校为特征，学校的建立迅速带动其周围服务业的发展。

1.3 小结

虽然笔者总结了各种发展模式，也就是对现今我国城乡结合部的一些现有的发展模式作了简单的归纳总结，但是在针对某一具体地方时也还是需要很多考察和研究的。就每个城乡结合部来说，由于历史和特色不同，所以适合其发展的模式也不同，即使都是发展某一种模式，也因为地方的不同，发展的经历和结果也会有差异。

2、研究区概况

改革开放以来，济宁的城市建设取得了很大进步。尤其是随着新一轮城市总体规划以及一批专业规划的相继编制与实施，城市建设得到大幅加速。《济宁城市总体规划（2008—2030年）》确定的城市空间发展方向以向东为主，控制北部，优化西部，适当发展南部，形成“双城六片，三心三轴”的布局结构。目前，城市发展格局已形成了由市中区、任城区、高新区、北湖区四个板块组成的“一城四团”布局轮廓，呈现“一城四区、竞相发展”态势，且各组团正逐渐靠拢、连片集聚。

济宁市近期的主要发展方向为向南，跳跃式开发北湖新区，作为城市的主中心。本片区处在老城区与北湖新城区之间，为老城区与新城区的过渡区域（图1）。基地内城乡二元特征表现突出，城市边缘化功能较为集中。

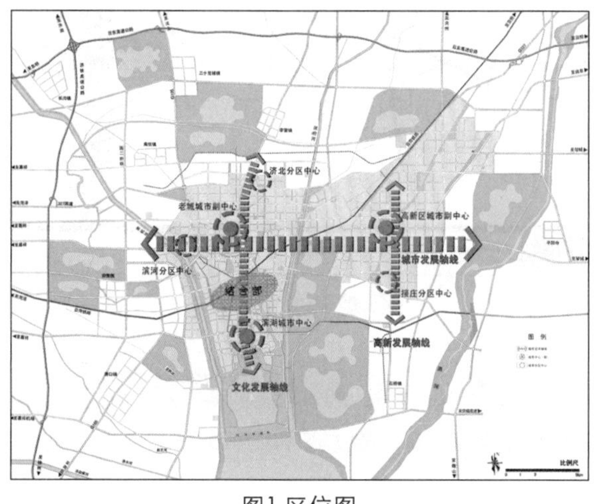

图1 区位图

3、研究区价值再认识

3.1未来城市发展的拓展区

为拉开城市发展框架，济宁城市向南部北湖区的建设重点呈跳跃式发展。南部的拓展是过渡渐进式推进，是以生态新城引导型扩展。在特定时期内，老城区和北湖新区之间的结合区域成为城市发展的“断裂带”，但是随着市中区旧城更新进程的推进，两者间结合区域势必将成为未来城市发展的拓展区。因此，此新旧城结合部并非传统的城乡结合部，而是兼容旧城与新城的双重特点，既是城市发展展示的过渡区域，也是历史文化名城—生态新城文化轴线的衔接区域，应主动发掘新的高端城市功能。

3.2 城区整治升级的试验区

第二十三届省运会的筹办、争创国家园林城市、产业结构调整、政府的主动引导等发展机遇的助推，为结合部的发展创造了良好条件，成为政府主动提升形象的试验区。为更好地提升城乡结合部的综合价值，我们必须深入挖掘和利用该地区的核心竞争资源。不同于以往的“被动整治”，我们采取了更为积极的“主动提升”策略，以功能带动价值，以价值带动整治，以“功能提升”为龙头，将其与“生态保护”和“社会治理”的目标捆绑解决，使新旧城有机缝合。

4、研究区现状特征分析

4.1 传统城郊

片区内功能板块拼贴迹象明显，各种功能混杂（图2）。整体风貌及建筑质量较差，以低矮的民房和旧厂房为主。道路通达性差，铁路与城市道路交叉口形成瓶颈地带。工业企业较多，对环境影响较大，生产工艺落后。市政基础设施比例较高，公共服务设施匮乏。

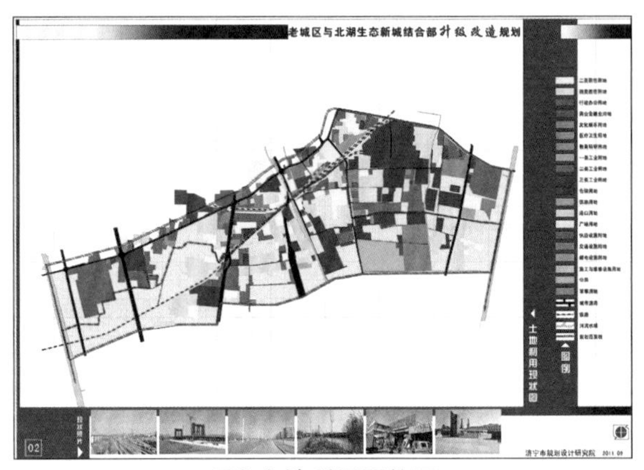

图2 土地利用现状图

4.2 交通门户

该片区西联嘉祥，东接邹城，车站西路、济邹路是都市区联系的重要通道，是嘉祥、济宁、邹城之间的重要联系通道。同时也是新老城区联系的咽喉，有六条城市主次干道穿过该片区，使本区域对外联系及与老城区、北湖新区的联系极为便利。片区内有济宁汽车总站和火车站，是对外联系的窗口、公共交通的枢纽（图3）。

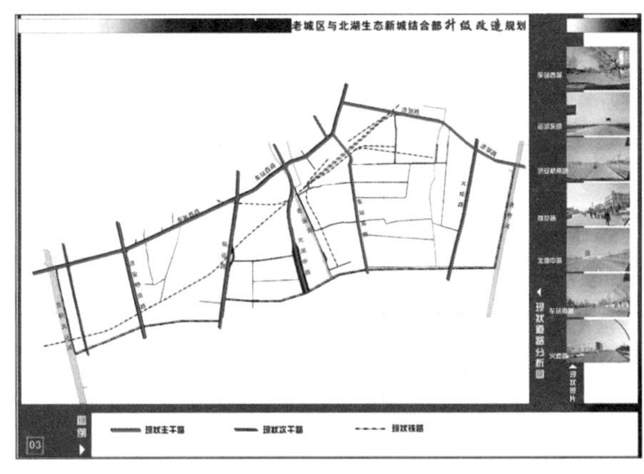

图3 现状道路分析图

4.3 文化生态载体

作为历史上的“江北水乡”，济宁曾是京杭运河沿线的重要节点城市，拥有深厚的运河文化。京杭大运河、老运河、洸府河分别从片区西、中、东部穿过，为该片区奠定了良好的生态环境基础。

5、研究区改造策略

5.1 目标

根据该片区不同时期的发展需求，分别制定近期和远期目标。通过新旧结合部的有机缝合、功能打造、环境塑造，将该片区建设成为和谐过渡区、活力新片区、魅力传承区。

近期目的：通过整治街道环境，疏解交通，建设民生工程，改造城中村、工业项目退城进园，为省运会的召开，构筑良好的城市环境，为济宁市打造城市品牌奠定良好的基础。

远期目的：统筹全市发展，通过功能结构调整，用地功能重组，重塑地区活力，把新老城区间形成的断裂带进行有机缝合，实现城市发展的和谐有序。

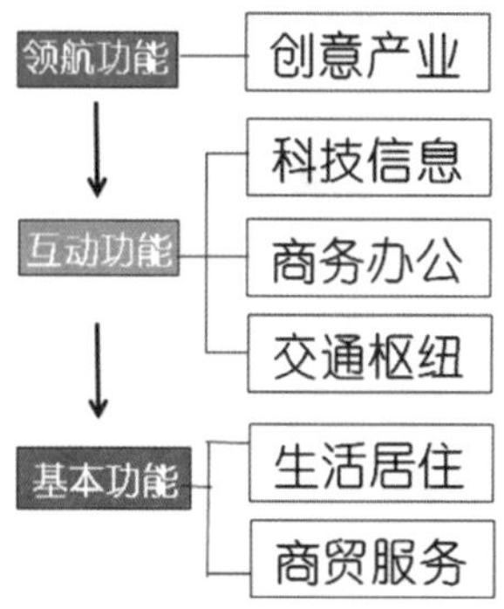

图4 功能定位示意图

5.2 定位

该片区的职能定位是新旧城区间的有机过渡区、城市中部的活力新片区。本项目结合片区资源条件、发展需求以及运营者的实力打造，形成以创意产业为领航功能，以科技信息、商务办公、交通枢纽为互动功能，以生活居住、商贸服务为基本功能的复合型城市新片区（图4）。

5.3 策略

规划策略主要由三方面构成：一是通过功能复合带动片区活力塑造；二是通过产业升级带动片区有机更新；三是通过景观塑造提升城市空间品质。

6、研究区规划重点

6.1 空间整合规划

6.1.1 总体布局：有机缝合促发展

图5 土地利用规划图

结合项目定位、规划策略及基地条件，规划形成“水城共生、交通引导、珠联绿带、商街成线”的布局特色（图5），形成由商务办公、商贸服务、文化娱乐、生活居住、旅游休闲、文化创意等功能相互支撑、互动发展的城市空间格局，实现土地效益的最优化。

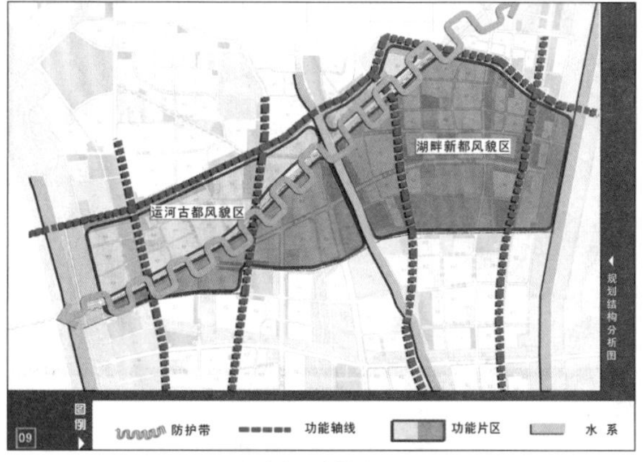

图6 空间结构规划图

发挥片区拥三河的自然生态特色，通过一带五轴的系统设计，有效衔接本区的运河古都风貌区与湖畔新都风貌区的特色，将新老城区有机缝合，形成“一带、两区、三水、五轴”的规划结构（图6）。“一带”指日菏铁路生态绿化防护带；“两区”指运河古都风貌区和湖畔新都风貌区；“三水”指京杭运河、老运河、洸府河；“五轴”指济安桥路景观轴线、荷花路历史文化轴、车站南路现代景观轴、火炬路景观轴、车站西路景观轴。

图7 公共设施分布图

6.1.2 完善设施布局：延续与提升

（1）延续城市脉络：强化老运河作为城市公共服务设施走廊的串联作用，延续城市服务脉络。结合运河文化带建设以购物和休闲餐饮业及创意产业为主，形成由咖啡厅、俱乐部、艺术时尚设计、表演艺术等组成的华丽时尚的娱乐圣地；沿河形成古韵特色风光，延续运河文脉，激发片区活力。

（2）提升服务能级：完善结合部公共服务配套设施，构建市级公共设施—片区级公共设施—居住区公共设施三级服务体系（图7）。

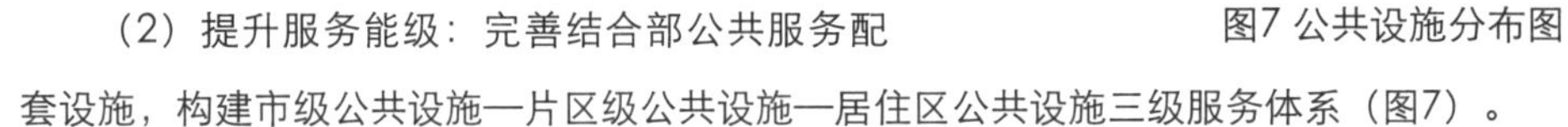

图8 综合交通规划图

6.1.3 梳理内外交通：复合与通达

（1）复合的交通设施：根据片区现有路网框架及与周边地区的功能联系，规划预留轨道交通、高架交通系统，并规划火车站、汽车总站交通枢纽及城市公交枢纽，规划十处公共停车场（库），加强片区与周边地区的联系（图8）。

（2）通达的道路系统：规划以建立通达的道路系统为目标，该片区的道路结构分为主干路、次干路和支路三个等级。主干路有济安桥南路、荷花路、北湖中路、车站南路、火炬路、车站西路、济邹路。规划贯彻北湖生态新城提倡的慢行系统，在滨水区设置休闲健身道路，在城市内滨河地区，提供城市居民步行或非机动车方式的健身游憩活动。

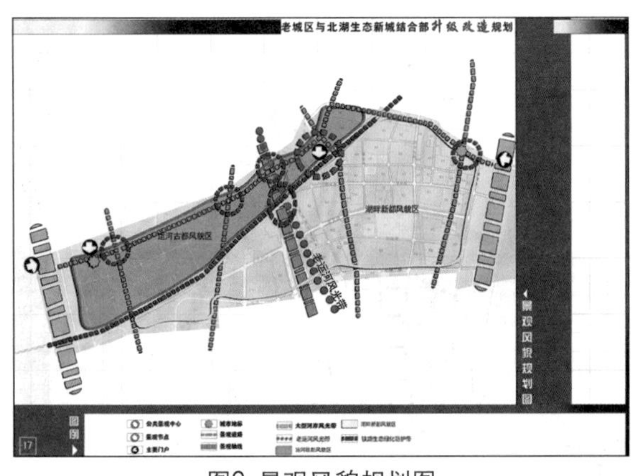

图9 景观风貌规划图

6.1.4 保护生态基底：绿带与廊道

基于片区内的生态条件，保护、提升生态环境的重点在于绿带与廊道的建设，并在此基础上完善片区的绿化网络。以水系生态资源为载体，构建以京杭运河、洸府河、老运河为主题的滨河风光带（图9）。

同时，规划注重铁路沿线快速通道性质与景观打造的关系，建立生态防护带，丰富铁路沿线景观。

6.1.5 省运会保障：管制、引导、疏解

通过对峰值人流集聚区，各县市区分场馆、运动员村分布，交通量主要承载道路的分析，确定了管制、引导、疏解的策略方法，保障省运会期间交通的通畅运行。

6.2 城市设计引导

本区城市设计要素由景观中心、景观节点、城市门户、城市地标、景观道路、景观轴、景观带、生态防护带、风貌区等构成。景观中心节点、城市门户地标、景观轴线廊道是本区域重点打造的地段。

6.3 项目库建设

为便于近期重点项目的开展与落实，达到近远期协调，规划提出“分区—分类—分级”的整治方法。

根据建筑特点和用地功能及区域在城市中的位置，实行特色性分区段带动式整治方法。规划将结合部分为五个不同的特色区域，分别为:东部活力新区、窗口核心区、运河文化片区、中部生活区、西部生活区（图10）。针对五个不同的特色区域，采取不同的规划整治措施，以确保规划切实可行。

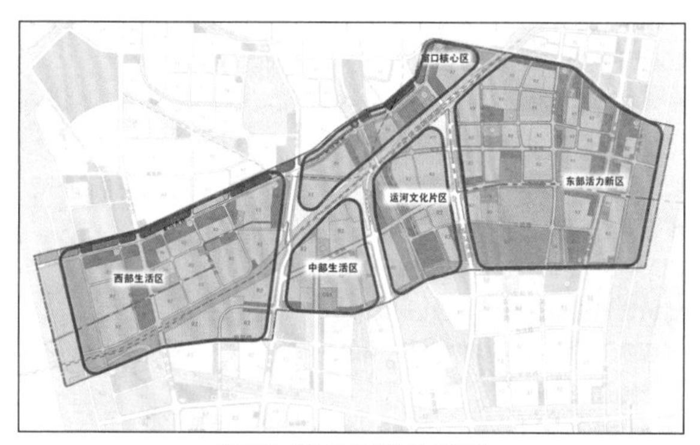

图10 特色区域分区图

建立以旧村改造、旧厂房改造、公益性设施（保障性住房、教育等）、基础设施、环境整治为主的近期项目库系统。通过对近期项目“五定”（定性质、定位置、定规模、定主体、定时序），以达到对近期项目的引导和控制。

7、结语

本规划是在广泛分析研究基础上的综合整治规划，是供政府决策的技术支撑和行动计划。规划内容在提出总体策略及整体城市设计引导的基础上，突出了具有近期操作性的项目库计划。

规划中对新旧城结合部的发展模式进行了一些积极的探索，强化有机缝合、兼顾改造时序、突出“功能提升、生态保护、社会治理”，旨在引导城市建设的健康化发展，提升城市的整体竞争实力。

[参考文献]

[1] 城乡结合部的发展模式——以大连为例 [D].大连：大连理工大学,2008.

[2] 城市化进程中城乡结合部生态环境治理研究. [D].南京：南京理工大学,2009.

[3] 中国城市规划设计研究院，济宁市规划设计研究院. 济宁市城市总体规划（2008—2030年）[Z].

广州市珠江北岸片区城市色彩研究

石 萌 刘 芬 王艳敏

[摘　要] 城市色彩研究作为城市设计的一部分,近年来越来越受到重视。广州作为岭南历史文化名城和现代化大都市,城市色彩呈现多样性、复杂性。珠江沿岸是广州市区最具魅力的区域,也是城市色彩较为丰富的地段。

本文以珠江北岸为纽带,选取北岸若干具有代表性的空间节点,分析其各自的色彩特征,以及珠江北岸色彩界面的组合和变化规律,试图通过这条具有代表性的景观长廊所展示的城市色彩来探寻广州的色彩特征和趋向。

[关键词] 广州市；城市色彩；珠江北岸；特色建筑群

[作者简介]

石　萌　济宁市规划设计研究院 工程师

刘　芬　济宁市规划设计研究院 工程师

王艳敏　济宁市规划设计研究院 工程师

1、引言

“人类诗意地栖息在大地上，如果说自然环境美丽的色彩是大自然赋予人类的珍贵财富，那么城市则凝聚了更多人类的文明成果。”

——海德格尔

在城市风貌越来越受到重视的今天，城市色彩凭借其“直观性”和“第一视觉”特征成为展现城市风貌特色的重要组成部分，也是体现城市人居环境和历史文化的重要载体（图1）。国外诸多城市已经形成自己独特的城市色彩，如金色与蓝色交织的水城威尼斯，延续中世纪红色魅力的锡耶纳，以及由暗红、咖啡、酒红、棕橙等色彩展现自身特色的阿姆斯特丹。国内少数城市也展现出鲜明的色彩特征，如苏州白墙黑瓦建筑构成的典型的江南城市风貌，青岛更是有红瓦、绿树、碧水、青山的美誉。

图1 色彩缤纷的建筑墙面

广州作为具有独特岭南韵味的历史文化名城，同时也作为改革开放的前沿城市和现代化大都市，文化氛围体现出多样性、开放性和兼容性。因此，广州的城市色彩传统也表现出对各地色彩的强烈包容性、复合性。虽然在广州很难找出一种主导色调，但是色彩的丰富多元也给城市带来了无限的活力。

珠江是广州的母亲河，由西向东贯穿广州老城区和新城区，珠江以其独特的地理和区位优势吸引着城市在沿岸地带蓬勃发展，广州市区诸多功能重要、价值珍贵、富有特色的建筑和公共空间都集中于此，因此具有较高的研究价值。基于此，本文以珠江北岸为纽带，选取了珠江北岸若干具有代表性的空间节点，分析其各自的色彩特征，以及共同构成的珠江北岸色彩界面的组合和变化规律，试图通过这条具有代表性的景观长廊所展示的城市色彩来探寻广州的色彩特征和趋向。

2、现状分析

2.1 案例概况

本文选取的珠江北岸代表性空间主要有：西关骑楼街、沙面建筑群、北京路商业步行街、二沙岛、珠江新城、猎德居住建筑群。这些空间功能上涉及岭南传统风貌建筑群、欧式古典风格建筑群、传统与现代风貌融合的商业街区、低密度休闲文化建筑片区、高密度商务办公建筑群、现代风貌居住区等。案例研究顺序尽量遵循广州市区由西向东的空间发展格局（图2）。

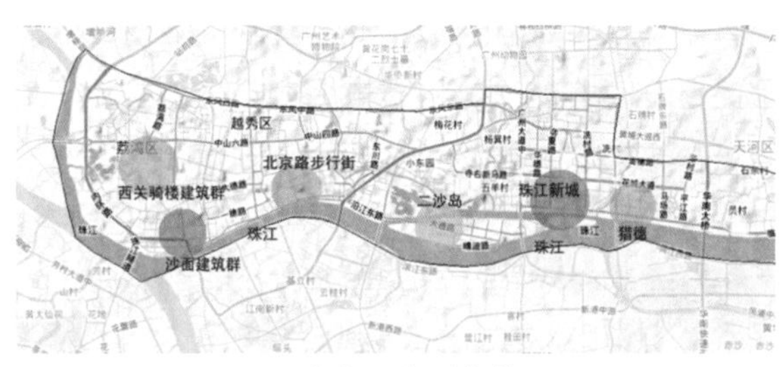

图2 本文研究对象位置

本研究以中国颜色体系为工具来记录和描述城市色彩。中国颜色体系采用颜色的三属性即色相、明度和彩度来描述颜色的特征。

色相是色彩的首要特征，即各类色彩的相貌称谓，如大红、赭石、柠檬黄等，是区别各种不同色彩的最可靠的标准。明度又称亮度、光度、深浅度。明度指色彩的明亮程度，各种物体都存在着色彩的明暗状态，一般说来，色彩浅其明度就高，色彩深其明度就低一些。彩度指色彩的鲜艳程度、纯粹程度。彩度越高，颜色越鲜明。色调是色彩外观的基本倾向，由色彩的色相、明度、彩度三要素共同决定。

2.2 实例分析

2.2.1 西关骑楼街

西关地区位于广州荔湾区，保存有大量自20世纪初陆续建造的骑楼建筑（图3），有些路段骑楼建筑建设成片，形成颇具特色的骑楼商业街（图4）。这些片区建筑色彩主色调朴素无华，庄重典雅，多保留墙体的青砖、红砖或水泥砂浆的原色，少数为石灰水的白色或黄色。檐口或山花多用白灰勾勒，建筑还采用彩色玻璃和木格窗花，构成骑楼建筑丰富的色彩（图5）。

图3 西关传统的骑楼建筑

图4 传统风貌的骑楼街

除骑楼外，西关片区还保留有以青砖墙白石脚为朴素基调色，在屋檐瓦脊上点缀丰富华丽纹饰和彩塑的民宅，如陈家祠(图6)，以黑漆趟栊为辅助色、以彩色玻璃满洲窗为点缀色的西关大屋等传统建筑。总体来说，该片区整体色调为中性偏暖，色相偏灰，偏暗，色彩明度低，彩度低。

图5 西关传统民宅

图6 陈家祠

2.2.2 沙面

沙面岛曾是英法等国租界，是当今中国最具有欧陆风情的地方之一，岛内拥有上百栋集欧美各国20世纪初风格的建筑（图7～图10）。建筑外墙多采用大面积用色方式，建筑的颜色主要有五种：红砖的清水墙、青色的细石粒水刷石、淡黄色的石材、水磨青砖和粗砂粒的水刷石，整体上给人一种安静和纯洁的感受，整体色调为中性，色相偏灰黄，少量偏红、偏青，色彩明度中等，彩度低。

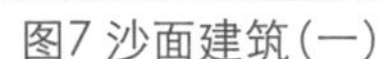
图7 沙面建筑(一)

图8 沙面建筑(二)

图9 沙面建筑(三)

图10 沙面建筑(四)

2.2.3 北京路商业街

北京路商业步行街自古以来就是广州最繁华的商业集散地，是集现代都市特色与岭南建筑风格于一体的步行街区（图11、图12）。商业街两侧建筑多为骑楼形式，主调色以中、高明度和中、低纯度的黄、黄红、红等暖色调为主。街道地面铺装以地砖为主，颜色主要是暗红色、灰色和黄色。同时，由于存在大量广告、招牌、标识物等元素，商铺立面多呈现出高饱和度、热烈活跃的色彩氛围，又使得该地区给人带来的色彩感受与传统骑楼街区有很大不同。

2.2.4 二沙岛

二沙岛是位于广州市中心珠江河段上的天然江心绿洲，岛上建有星海音乐厅、广东美术馆、广东华侨

图11 北京路步行街(一)

图12 北京路步行街(二)

图13 二沙岛鸟瞰

图14 二沙岛别墅区

博物馆、二沙体育训练基地等文化体育建筑及众多高档别墅（图13、图14），自然生态环境较好。建筑色彩上公共建筑主要呈现出灰白色调，低饱和度、高明度、低彩度的特征，而别墅建筑则呈现中等饱和度、中等彩度、低明度的特征，两种色彩对比强烈，互相衬托。

2.2.5 珠江新城核心区

珠江新城核心区建筑群主要由北部的高层商务办公建筑和南部的文化建筑群组成（图15），北面的建筑群受现代建造技术和高科技建筑材料等因素影响，以无彩色系的白色、玻璃幕墙的蓝绿色及亮、淡雅的黄灰、黄红灰色系为主，明度中等、纯度低。南部文化建筑主色调是以低明度的褐色、深灰色为主，与轴线上其他以冷色系为主的建筑色彩形成明显对比。

图15 珠江新城高层建筑群

2.2.6 猎德居住建筑群

猎德位于珠江新城南侧，原为猎德村，经过2002年的撤村改制，2007年全面的城中村改造，其风貌已由破旧的村落空间逐渐转变为高密度的现代化住宅区（图16）。色彩上呈现出低饱和度基调色、辅以个性化点缀色，明度高，彩度低，基本色彩感受较为淡雅、平和。

图16 猎德居住区

2.3 珠江北岸色彩分布特征

综合上述现状分析，我们可以看出，珠江北岸呈现出多样化的建筑类型和建筑群体空间，同时也展现出复杂多样、活力十足的色彩感受。但是，在这种连续的空间中色彩的分布却缺少规律，不成体系，无法从类型上切割式地进行划分，全部统一主色调也难以实现。因此，以珠江北岸这一线性空间作为依托，综合考虑自然环境、历史文脉、城市功能等影响，在城市空间尺度下整体研究各典型片区的城市色彩是非常必要的。

3、色彩控制建议

3.1 分片区控制建议

西关骑楼街区以保护修复传统色彩为主，突出其独特的历史文化氛围，并将历史建筑街区的色彩作为全市色彩规划的点睛之笔。需重点控制的色彩景观因素包括历史文化建筑色彩、道路色彩、开敞空间及节点色彩、标志景点色彩、灯光照明色彩等。

沙面片区建议采用整旧如旧的方式进行色彩规划。虽然沙面色彩特征比较明显，但是部分新建建筑跟旁边的环境不相协调，另外部分老建筑由于年久失修色彩已经剥落，所以建议从已经形成的主辅色和点缀色谱中找出推荐色谱，需重点控制建筑、建筑周边环境、道路的色彩等。

北京路商业步行街片区应以较高饱和度、热烈活跃的色彩表现出商业环境氛围。控制因素包括商业建筑色彩，商业步行街铺装色彩，休憩空间节点色彩，广告、店面招牌、标识系统色彩，灯光照明色彩等。

二沙岛片区倾向以淡化人工建筑物色彩、突出自然山水色彩为主，表现生态美学的色彩取向。需重点控制建筑、道路、标识系统、设施小品、灯光照明色彩等。

珠江新城核心区建议以逐渐过渡、突出亮点为出发点，提出推荐色谱，然后分别确定地块内的主辅色、点缀色。珠江新城里的高层建筑比较多，需重点对以玻璃幕墙为主的建筑和群楼作一些配色以体现韵律感和节奏感。

猎德片区主张使用低饱和度基调色、个性化点缀色，形成淡雅平和、亲切轻松的居住氛围。控制因素包括住宅建筑色彩、住宅区道路色彩、住宅区标识系统、设施小品色彩等。

另外，珠江作为一条自然生态的景观带，其色彩环境应与水色天光相呼应，宜使用中饱和度基调色和活跃明丽的点缀色，将珠江景观带作为广州色彩的重点展示廊道，展现城市有序和谐的色彩组织（见表1）。

各片区建筑色彩控制意向

表1

区域	风貌意向	色彩意向	色彩概述	区域	风貌意向	色彩意向	色彩概述
西关建筑群			片区整体色调为中性偏灰、偏暗，色彩明度低，彩度低	二沙岛建筑群			整体体现出灰白色调，呈现出低饱和度、高明度，低彩度的特征
沙面建筑群			整体色调为中性，色相偏灰黄，少量偏红、偏青，色彩明度中等，彩度低	珠江新城			以无彩色系的白色、玻璃幕墙的蓝绿色为主、明度中等、纯度低
北京路步行街			主调色以中、高明度和中、低纯度的黄、黄红、红等暖色调为主	猎德居住区			呈现出低饱和度基调色，明度高、彩度低，基本色彩感受较为淡雅、平和

3.2 连续性的城市色彩规划

本研究以珠江北岸为纽带，以序列典型片区为节点，组织系列色彩主体。以“城市廊道色彩规划”作为基本视角，关注不同特征建筑组成的带状空间的连续性效果，充分体现城市色彩在这一廊道空间中的价值。

强调城市色彩规划的连续性，具体方法之一是绘制明度、彩度、色相的曲线图，将沿河两岸具有代表性的色彩以数字化的方式加以记录，并绘制曲线关系图。提取色点最集中的部分作为主色调区，再经过色彩研究与规划后，使得原本的曲线趋于更加平缓，在沿河面展开方向形成连续的色谱。

珠江景观带色彩规划可以照上述方法采用从局部到整体，再从整体到局部的推荐色谱选择途径，在深入

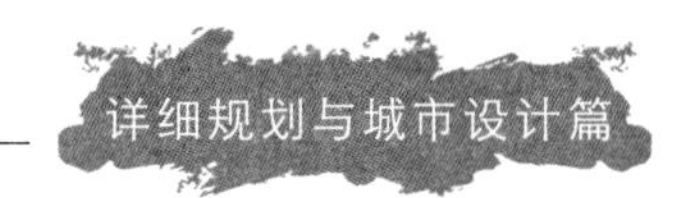

调研现状色彩的基础上，与底界面珠江的色彩相契合，在城市色彩总谱中选出与之对应的色谱，并以形象图谱的形式形成配色意象。

4、结语

城市色彩规划是城市设计中一项既传统又新颖的内容，其目的是以优美的色彩环境为城市创造美观、宜人的生活空间。但是正如苏格拉底说过的那样："美是难的"，城市色彩规划过程中难免会遇到众口难调的局面，对城市色彩的研究也很难有明确的定性。尤其是在广州这样快速发展变化的大城市中，探讨城市色彩、营造理想城市色彩方略便成为非常艰巨的事情。

但是，只要我们更多地从广州的传统特色出发，从城市空间视角去把握，从近人尺度的城市色彩去思考，强调城市色彩规划的整体性、连续性、调和性及多样性，在注重建筑色彩的同时，强化各要素之间的和谐搭配，彰显区域空间自身的特色，就一定能够创造出多彩和谐的城市空间。

[参考文献]

[1] 崔唯.城市环境色彩规划与设计[M].北京：中国建筑工业出版社,2006.
[2] 阎树鑫,郑正.城市设计中的色彩引导[J].城市规划汇刊，2003，18(4).
[3] 尹思谨.城市色彩景观规划设计[M].南京：东南大学出版社，2004.
[4] 郭红雨,蔡云楠.为城绘色——广州、苏州、厦门城市色彩规划实践思考[J].建筑学报,2009(12).
[5] 余晖,罗秋滚,郭德平.国内外城市色彩规划浅析[J].建材技术与应用,2008(12).
[6] 郭红雨,蔡云楠. 以色彩渲染城市——关于广州城市色彩控制的思考[J]. 城市规划学刊,2007(1).
[7] 王璐.上海城市色彩景观规划的现状与分析——以外滩、淮海中路、朱家角三个地段为例[J].艺术探索,2007(2).

3

城市道路与交通规划篇

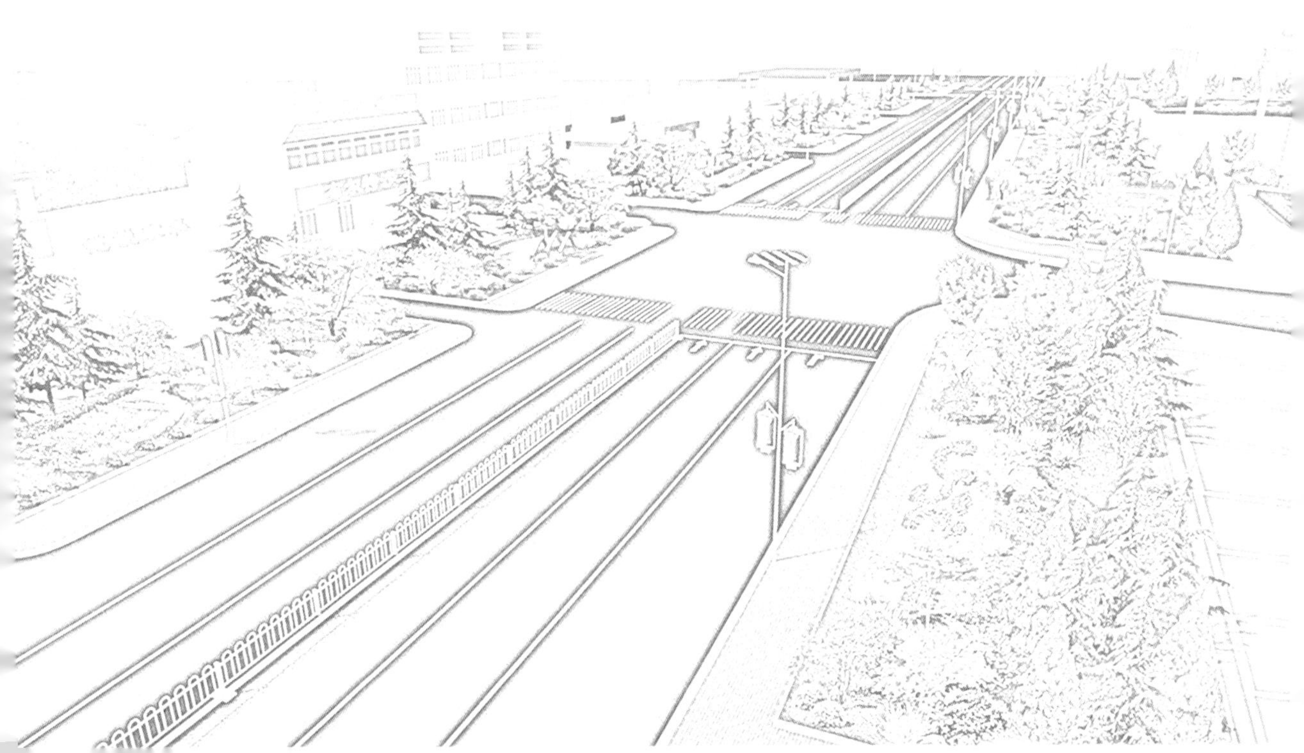

基于因子分析的高速公路限速研究

侯典建　欧阳德成　张　博　李士国

[摘　要] 本文结合因子分析的特点，对调研数据进行标准化处理，样本检验结果显示适合因子分析。通过数据分析及陡坡图上的坡度显示，确定了四个特征值大于1的公共因子，来作为因子分析的命名指标。对初始的矩阵进行转置，使公因子对各指标的贡献两极分化，确定了公因子的命名解释，从而得出限速的优化模型。

[关键词] 因子分析；限速；矩阵；85%速度

[作者简介]

侯典建　济宁市规划设计研究院工程师　在读博士研究生

欧阳德成　嘉祥县交通局副局长

张　博　济宁市规划设计研究院高级工程师

李士国　济宁市规划设计研究院研究室主任 高级工程师

[备　注] 该论文发表在《交通标准化》2011年第11期

1、引 言

因子分析是用几个因子来描述许多指标或因素之间的联系，以较少的几个因子来反映原始资料的大多数信息的多元统计学方法。因子分析最初由研究心理学发展起来,目前已广泛应用于自然科学和社会科学的各个领域。因子分析有两个主要任务：一是构造一个因子模型，确定模型中的参数，然后根据分析结果进行因子解释；二是对公共因子进行估计，并作进一步分析。

因子分析的特点是：①因子的数量远少于原有指标变量的数量，对因子的分析能够减少分析中的计算工作量。②因子并不是原有变量的简单取舍，而是对原始变量的重新组构，它们能够反映原有众多指标的绝大部分信息，不会产生重要信息的丢失问题。③因子之间有没有线性相关关系，对因子的分析能够为研究工作提供较大的便利。④因子具有命名解释性。因子的命名解释性可以理解为某个因子是对某些原始变量的综合，它能够反映这些原始变量的绝大部分信息。因子分析理论模型如下式所示：

$$\begin{cases} Z_1 = a_{11}F_1 + a_{12}F_2 + a_{13}F_3 + \cdots + a_{1m}F_m + \varepsilon_1 \\ Z_2 = a_{21}F_1 + a_{22}F_2 + a_{23}F_3 + \cdots + a_{2m}F_m + \varepsilon_2 \\ \vdots \\ Z_n = a_{n1}F_1 + a_{n2}F_2 + a_{n3}F_3 + \cdots + a_{nm}F_m + \varepsilon_n \end{cases}$$

$$即：Z = AF + \varepsilon \tag{1}$$

式中 Z——实测变量；

A——因素负荷；

F——公共因子；

ε——独立因子。

2、样本指标

针对西汉高速公路的道路、交通条件，驾驶员问卷内容涉及驾驶员的基本信息、对路段的熟悉程度、限速值的合理性、限速措施的有效性、驾驶员的期望限速值以及驾驶员遵章情况等十三个指标，共162份有效数据，为消除13个指标的量纲的差异，将样本观察数进行标准化处理，标准化的样本矩阵为：

$$Z=\begin{pmatrix} Z_{11} & Z_{12} & \cdots & Z_{1\,13} \\ Z_{21} & Z_{22} & \cdots & Z_{2\,13} \\ \vdots & \vdots & \vdots & \vdots \\ Z_{162\,1} & Z_{162\,2} & \cdots & Z_{162\,13} \end{pmatrix} \tag{1}$$

3、指标检验

KMO统计量（Kaiser-Meyer-Olkin- measure）：用于检验变量间的偏相关性是否足够小，是简单相关量与偏相关量的一个相对指数，由下式求得：

$$\mathrm{KMO}=\frac{\sum\sum_{i\neq j} r_{ij}^2}{\sum\sum_{i\neq j} r_{ij}^2+\sum\sum_{i\neq j} a_{ij}^2} \tag{2}$$

公式中，r_{ij}^2 为变量间的简单相关系数；a_{ij}^2 为变量间的偏相关系数。KMO统计量在0至1之间，其值越大，因子分析的效果越好。

Bartlett球形检验（Bartlett's Test of Sphericity）：用于检验相关阵是否是单位阵，该检验统计量服从x^2分布，其值越小越好。

从表1中可以看出KMO值为0.717，偏相关性很弱，适于因子分析，Bartlett球形检验，拒绝单位相关阵的原假设，$P<0.001$,适于因子分析。

样本检验表

表1

Kaiser-Meyer-Olkin Measure of Sampling Adequacy		0.717
Bartlett's Test of Sphericity	Approx.Chi-Square	319.553
	df	78
	Sig.	0.000

4、公因子指标选取

图1为因素的特征陡坡图，其中横坐标为因素的个数，共13个变量，纵坐标为因素的特征值，从图中可以看出前4个因素的特征值大于1，并且坡度的变化率较大，所以选择前四个因素作为共同因素。

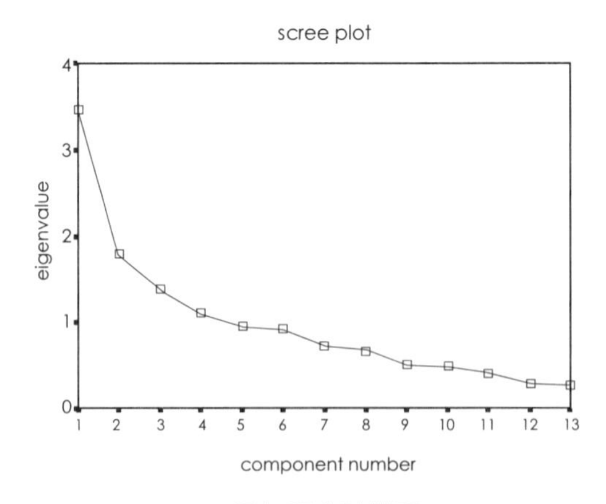

图1 因素陡坡图

5、矩阵分析

通过初始矩阵的分析，公因子对驾驶员的性别和限速的合理性权重相差较小，不利于因子的命名，选

转置矩阵 表2

	转置			
	1	2	3	4
平直路段的实际速度	0.831		-0.194	
急弯陡坡标志路段期望速度	0.823			
陡坡路段期望速度	0.728			0.232
弯道路段期望速度	0.703			
事故多发段期望速度	0.678			0.141
年龄		0.889		-0.108
驾龄		0.880	0.114	
对路段的熟悉程度			-0.731	
车型	-0.474		0.656	0.233
限速合理性	0.461		0.474	
加速措施有效性			-0.340	0.746
对限速值的遵守情况	0.146		0.169	0.685
性别	0.199	-0.248	0.103	0.402

取最大变异法进行矩阵转轴处理，重新生成公因子对调研数据的贡献率，转置后的矩阵如表2所示。

从表2中可以看出公共因素对13个变量的载荷贡献，驾驶员对平直路段弯坡组合、陡坡路段、弯道路段及事故多发路段的期望对因素一的贡献较大，我们可以把因素一归结为驾驶员的意愿因素，年龄和驾龄对因素二的贡献较大，归结为驾驶员的经验因素，对路段的熟悉程度和车型对因素三的贡献较大，我们把他定义为驾驶环境的熟悉程度，第四个因素主要和减速设施的有效性及驾驶员的遵守情况有关。

6、因子综合得分

以各公共因素的方差贡献率作为权重进行加权计算得出各因素的综合得分，如下式所示：

$$F = 0.26588F_1 + 0.13809F_2 + 0.10596F_3 + 0.08543F_4 + \varepsilon \quad (3)$$

式中 F——各因素的综合得分；

$F1$——驾驶员意愿得分；

$F2$——驾驶员经验得分；

$F3$——对道路环境的熟悉度得分；

$F4$——减速设施的效果得分；

ε——独立变量得分。

式(3)中的各公共因素的打分情况是根据课题共同商讨制定的问卷调查得出的，在没有涉及的对驾驶员的影响因素中，对此公式采用独立变量的形式进行校正，从公式中可以看出驾驶员对调研路段的限速遵守情况的因素贡献情况依次为驾驶员的意愿期望、经验、对路段的熟悉程度及减速措施的有效性，贡献率分别为26.588%、13.809%、10.596%、8.543%。

7、小结

通过因子分析，对驾驶员问卷调查的变量进行标准化处理，把分类变量以连续变量的形式通过公式加以表示，弥补了定性分析的缺点，进而利于驾驶员心理分析的定性研究。

对特殊路段进行定点速度测量后，以国内外通用的85%位速度来确定限速值，通过问卷调查，结合因子综合得分的情况，对85%位速度进行相应的修正，从而确定合理的限速值，既保持了数据的科学合理性，又从驾驶员的角度进行了合理的限速调整，符合以人为本的理念。

在我们的问卷调查中有些因素是考虑不到的，也就是说影响驾驶员速度选择的其他因素没有出现在模型中，因此在以后的研究中还需要完善问卷调查的内容，通过和驾驶员的交谈，挖掘内在的因素。

[参考文献]

[1] 任福田.交通工程心理学[M].北京：北京工业大学出版社,1993.
[2] 曹鹏.高速公路限速标志设置的有效性研究[D].长春：吉林大学博士学位论文,2007.
[3] 张润楚.多元统计分析[M].北京：科学出版社,2006.
[4] 西部地区公路速度限制标准与速度控制技术研究报告[R],2010.

基于改进GN算法的城市道路网结构诊断研究

聂智超　吴景辉　石　萌

[摘　要] 我国城市中的道路交通拥堵问题日益突出，城市道路网络结构的不合理是造成部分路段拥堵的重要原因之一。GN算法是一种从网络中移除边的社团划分算法，将GN算法应用在道路网络结构诊断中，将道路网络中的交叉口和路段分别抽象为网络中的节点和边，结合道路网络的性质，明确算法中关键参数的含义，提出城市道路网络结构问题的诊断新方法，可对现状路网及规划路网进行诊断分析，及早发现问题并采取应对措施。应用改进的算法，以济宁市老城区的道路网络为实例，对路网进行组团划分；同时，根据路段介数值，诊断出路网结构中的关键路段，并结合现有拥堵路段验证了改进算法的实用性。根据路段在路网中的位置和等级，将关键路段分类，针对各类关键路段的特点提出相应的优化措施，为城市道路网络合理优化提出参考。

[关键词] 复杂网络；改进GN算法；路网结构；关键路段

[作者简介]

聂智超　济宁市规划设计研究院工程师

吴景辉　济宁市规划设计研究院工程师

石　萌　济宁市规划设计研究院工程师

[备注] 该论文获“山东省第四届城市规划论文竞赛”三等奖

造成道路交通拥堵的原因有很多，诸如机动车保有量的急剧增长、交通方式构成不合理、交通管理手段相对落后、非常态交通事件（道路施工等）加剧现阶段拥堵等。而城市道路网络结构的不合理，进而导致部分路段较其他路段在常态交通下易产生拥堵，是影响城市道路网络通行能力、造成道路交通拥堵的重要原因之一。在以往针对城市路网结构的评价体系的研究中，多以路网密度、道路非直线系数及连接度等指标判断路网规模、成网率，评价道路网络的优劣程度。[1,2]此方法可以用量化的指标对路网进行评价，但是无法找出路网结构的瓶颈所在，即无法诊断出关键的路段，无法从根本上解决路网结构问题。[3,4]本文利用合理的算法找出道路网络中的组团结构和最易产生拥堵的瓶颈路段，并提出适当的优化措施，是改善城市交通系统条件的重要环节之一。

1、基本原理

GN算法是一种从网络中移除边的社团划分算法，属于分裂算法。它的基本思想是不断地从网络中移除介数（Betweenness）最大的边。介数，定义以网络中每一个节点/为源节点，计算它到其他节点/的最短路径，并计算以这些最短路径经过的每条边的次数。它为区分一个社团的内部边和连接社团之间的边提供了一种有效的度量标准[5~8]。

GN算法的基本流程为：①计算网络中所有边的介数。②找到介数最高的边并将它从网络中移除。③重复步骤②，直到每个节点就是一个退化的社团为止。

2、算法改进

将道路网络中的交叉口和路段分别抽象为网络中的节点和边，与其他的复杂网络类似，有的节点之间的连接紧密，有的节点之间的连接稀疏，即道路网络也是由不同的组团构成。那么位于不同组团的节点之间的最短路径必将经过那些连接的组团之间的边。因此，这些边将比组团内的边具有更高的介数值 。

根据前文所述边介数的定义，其值越大，说明在交通流移动中通过该边的交通量也会越大，也越容易发生交通堵塞，该边在网络中也会越重要。GN算法正是通过逐步移去这些介数较高的边，最后把道路网络最明显的组团结构突显出来，从而达到对道路网络结构进行诊断的目的。

路网中道路的等级、车道数不尽相同，且路段交通流具有方向性，因此与其他网络不同的是，道路网络是个双向加权的复杂网络。

本文在应用GN算法对道路网络进行组团划分时，对算法作了适当改进，对道路网络的边赋加单位流量权重系数，具体加权值如表所示。

单位流量权重系数　表1

道路分类	单向1车道	单向2车道	单向3车道
快速路	—	0.67	1
主干路	—	0.65	0.98
次干路	0.32	0.63	—
支路	0.30	—	—

注：根据《城市道路设计规范》中的各类道路的可能通行能力计算。

3、模型关键步骤

3.1 计算各路段的介数

设路网中每一个节点均是一个交通起止点，以路网中各路段的自由流时间为判断依据，用BFS算法搜索出路网中每一个OD对的最短路径。路段的介数，即将每条路段上通过最短路的次数累计起来，计算各路段的介数的意义在于，判断路网中每条路段的重要程度。具体计算步骤如下：

（1）计算自由流时间矩阵：

$$T_{ij}=\begin{cases} l_{ij}/v_{ij}, & \text{节点}i、j\text{之间有路段直接连接；} \\ \infty, & \text{节点}i、j\text{之间没有路段直接连接。} \end{cases}$$

（2）BFS算法搜索最短路径，将每个OD对的最短路径记为三维数组 D_{ij} ，最短路长度记为二维数组：

$$S_{ij}：D_{ij}=[i,j]\quad[i,\cdots m,\cdots j]$$

（3）计算每条路段的介数值，即每条路段作为最短路段的次数与 b_{ij} 。

（4）计算每条路段的加权介数值 B_{ij}：$B_{ij}=b_{ij}\cdot w_{ij}$ 。

（5）找出介数值最大的路段 $P_{ij}\max$，其中路段 $P_{ij}\max$ 的介数值 $B_{ij}=\max\{B_{ij}\}$。

3.2 删除介数值最大的路段

找出介数值最大的路段，只能判断出网络中最重要的路段，无法对路网结构进行全面诊断。因此，需通过找出若干较为重要的路段，对网络进行组团划分。网络的组团划分是通过不断删除介数值最大的边来实现的。得到组团划分结果之后，连接不同组团之间的路段即为网络的关键路段。

删除介数最大路段的计算步骤如下：

（1）删除介数值最大的路段 $P_{ij}\max$ ；

（2）返回步骤(1)，对删除$P_{ij}\max$ 后的网络重新计算各路段介数值B_{ij}^{x} ，x代表第x次计算的路段介数值。

3.3 计算网络的模块度Q

删除介数最大路段的步骤不可能无限次地循环下去，因此需确定何时停止删除关键边，并判断它所得的组团划分情况是否是实际网络中的组团。Newman等人的研究表明，网络模块度Q在0到1之间变换，当Q等于最大值时，对应的组团就是网络的组团，且在实际网络中该值通常位于0.3到0.7之间。

因此，在本算法中，每次删除介数值最大的路段之后，都计算一次模块度Q的值，将每次计算的Q的值绘制成模块度曲线图，取模块度值达到最大时的组团划分情况作为最后的组团划分结果。

对于模块度的具体计算的步骤如下：

（1）计算网络模块度的值：$Q=\sum_{i}\left(e_{ii}-a_{i}^{2}\right)$

此处，假设已经将网络划分为K个组团，i、j代表K个组团中的任意两个。

其中，e_{ij}表示网络中连接两个不同组团间节点的路段在所有路段中占的比例（这两个节点分别位于第i个组团和第j个组团，在这里所说的所有的路段都是在原始网络中的，而不必考虑是否被GN算法移除）。

其中，$a_{i}=\sum_{j}e_{ij}$ ，它表示与第i个组团中的节点相连的权重路段在所有权重路段中所占的比例。

（2）绘制网络模块度曲线图，并找出最大值 $Q\max$ 。

（3）明确出模块度 $Q=Q\max$ 时，网络的组团划分情况。

4、济宁市老城区道路网络实例分析

4.1 路网组团划分的结果

根据《济宁市城市综合交通体系规划》以及相关城市道路网，对济宁市老城区的现状道路网络分级别进行描绘，如图1所示。

根据路网本身结构，用改进后的GN算法对济宁市老城区的路网进行组团划分，得到组团6个，组团划分效果如图2所示。

图1 济宁市老城区地区现状道路网络图

图2 济宁市老城区现状路网组团划分结果

4.2 关键路段诊断结果

关键路段即是组团之间的连接路段，因此在组团划分结果的基础上对现状路网进行诊断分析，得到的各组团之间的关键路段共31条，即是可能发生拥堵的路段。这些关键路段就是路网的瓶颈路段，优化路网结构即可从这些关键路段入手。

在诊断出的31条关键路段中，有11条主干路路段、8条次干路路段、12条支路路段。关键路段的诊断结果说明，济宁市老城区道路网中的关键路段主要出现在主干路和支路中，说明主干路和支路是最需要关注的两类道路。

通过对比济宁老城区的现状实际拥堵路段，证明该算法在路网结构问题诊断中的准确性。应用该方法可以对规划道路网进行分析诊断，发现规划路网存在的问题，避免道路修建后产生新的拥堵问题。

4.3 各类型关键路段优化措施

根据以上对于关键路段的分析，可以发现，济宁市老城区路网中的关键路段主要分为以下几类，根据不同类型的关键路段，本文对老城区现状路网提出以下优化措施：

（1）高路网密度地区的低等级道路，如：红星路(建设路—共青团路)、共青团路(太白路—红星路)、核桃园路（共青团路—浣笔泉路）等。应分析其具体交通流量，以及周围连接道路的等级，采取提升部分道路等级和合理的交通管理措施来对其进行优化。

（2）高路网密度地区的高等级道路，如：洸河路（建设路—共青团路）、太白路（建设路—古槐路）等。应保持其道路等级不变，对其周围连接道路的通行能力进行改善，为该关键路段进行分流。

（3）低路网密度地区的高等级道路，如：车站东路（建设路—解放路）等。应提高附近地区的路网密度，尤其是，在与该关键路段平行的位置，修建合理等级的道路，与其共同承担路网组团之间的连通压力。

5、小结

本文在广泛搜集相关国内外研究现状的基础上，针对道路网络有权有向的特点，应用并改进了复杂网络理论中的组团划分算法——GN算法，提出了一种道路网络结构问题诊断的新方法，该方法可对现状路网及规划路网进行诊断分析，及早发现问题并采取应对措施。应用该方法对济宁市老城区的道路网络结构进行了实例分析，根据路网连通情况对道路网络进行组团划分，诊断出路网中组团之间的关键路段，发现路网结构中存在的问题。最后，针对不同类型的关键路段提出相应的路网优化措施。研究提出的改进算法对现状路网及规划路网结构问题的诊断具有一定的实用性。

[参考文献]

[1] 钱雪娟.城市路网结构评价方法探讨[J]. 交通科技与经济,2007(2)：88-93.

[2] 单晓芳,王正.城市交通是一个复杂的巨系统[J].上海城市发展,2006(6):23-25.

[3] 吕孟兴.大城市组团间交通运输通道规划研究[D]. 南京：南京林业大学,2007.

[4] 杨晓立.大城市组团间交通联系方式选择的研究[D]. 西安：西安建筑科技大学,2001.

[5] 汪小帆,李翔,陈关荣.复杂网络理论及其应用[M]. 北京：清华大学出版社,2006：162-191.

[6] Girvan M.Newman M .E. J. Community Structure in Social and Biological Networks[J]. Proc.Natl.Acad.Sci,2001(99):7821-7826.

[7] Newman M.E.J.Girvan M. Finding and Evaluating Community Structure in Networks[J]. Phys. Rev.2004.

[8] Newman M.E.J. Fast Algorithm for Detecting Community Structure in Networks [J].Phys. Rev,2004(69):66.

道路施工影响下的城市广义路网容量研究

吴俊荻　朱华军　陈大红　聂智超

[摘　要] 以路网广义容量的内涵和计算理论为前提，通过对道路施工区交通运行特征的分析，明确了道路施工区对路网容量的影响因素，以及对有效运营面积和有效运营时间两方面的影响，并给出了相关修正系数的具体计算方法。最后以武汉市主城区为例对道路施工影响前后的路网容量进行了对比分析，得到了道路施工对路网容量的影响程度。论文提出了考虑道路施工影响的城市路网容量计算方法，为相关的城市交通规划和管理提供了一定的参考依据。

[关键词] 城市路网；道路施工；路网容量；时空消耗

[作者简介]

吴俊荻　武汉理工大学交通学院

朱华军　湖北省宜昌至巴东高速公路建设指挥部

陈大红　湖北省宜昌至巴东高速公路建设指挥部

聂智超　济宁市规划设计研究院工程师

[备 注] 该论文发表在《交通与信息安全》2013年第2期

引 言

随着城市基础设施建设的推进，大量的道路施工对城市交通的影响日渐增大。由于道路施工需要占用车道，干扰正常交通秩序，不仅降低了所在道路的通行能力，同时，对附近道路、甚至整个路网的容量造成了不可忽视的影响。[1]一方面是施工车道车辆汇入非施工车道。这使非施工车道上的交通量明显增多，车速降低,车流出现紊乱现象。当道路通行车辆数小于施工作业区通行能力时，在锥形区上游会形成一段车流真空；反之，则可能从锥形区上游开始行车排队。另一方面是非施工车道车辆优先行驶。车道合流车辆在汇入非施工车道的过程中，要与原来在非施工车道上行驶的车辆争夺行驶空间。据观测，二者在争夺时机会不均等，只有非施工车道出现足够大的空隙时，施工车道上的车辆才能汇入；否则，施工车道上的车辆只有等待下一个空隙。

而道路施工对城市广义路网容量的影响主要包括两个方面：一方面,施工区对车道的占用，使道路总的使用面积有所减少，同时，使非施工道路由于承担施工道路车辆的分流压力，使其他非施工道路的有效运营面积同样有所减少。另一方面，施工区车辆的合流，极易产生排队延误，从而降低了路网的有效运营时间。影响因素包括：施工区面积、施工区长度、施工道路等级、封闭车道数等。

本文在既有路网容量研究的基础上，基于“时空消耗法”，从施工区对路网容量的影响特征入手，对城市广义路网容量的计算方法进行修正，从而更为准确地确定城市在有大量道路施工情况下的广义路网容量。

1、路网容量研究现状

1.1 国内外研究现状

路网容量研究中具有代表性的国家是美国、日本和法国。[2,3]我国对于该问题的研究始于1980年代。当前对路网容量的研究主要方法有三种：线性规划法、交通分配模拟法和时空消耗法。

线性规划法的目标是计算在路段容量限制条件下，路网的最大流量。线性规划法最突出的特点[4]是：①对于路径选择的处理，可以用数学公式表达，但是由于这种行为的随机、复杂性，这些以一段时间内采集的数据为基础，基于研究者本身因素提出的公式，其计算结果具有很强的研究者倾向，与交通个体实际的路径选择倾向还有一定的差距；②模型是非凸规划模型，无法从数学上确定出精确解，只能靠一些方法去近似，而这些方法本身也存在很多问题，因此导致这种方法可用性较差。

Hai Yang[5]等研究了交通分配模拟法，基本原理是将OD交通量采用IA(Incremental Assignment，平衡分配法)逐步分配到路网上，每次分配都是以前次分配为基础(即将该次分配量加上去)，当有弧达到饱和时，就将其删除，当网络被分割成两部分时,所对应的分割线即为最小割集，此时的累加流量即为路网容量。本算法是一种将交通分配和图论结合起来的算法，所以该算法具有两种算法的优点和缺点。而该模型的问题在于：①由于交通个体路径选择行为是一种随机行为，所以IA分配结果很难与实际交通形成的OD分布相同，这样模型就失去了正确的根基；②该模型没有考虑对迂回路线的限制，因而会由于包含了不合理的迂回而过大地估计容量。鉴于此,应从上述两方面对该模型进行改进，使该模型更趋于完善合理。

1.2 时空消耗法的优点及适用性

时空消耗法从概念上讲很清晰，形式简单，而且与经典的道路通行能力也是一致的。[6]该理论在1980年代初由法国的路易斯·马尚[7]首次提出。国内的杨涛[8]教授深化了该概念，提出以路网有效运营面积和有效运营时间的乘积与交通个体的时空消耗相除的基本计算公式，并根据城市路网等级级配、路线使用频率、交叉口延误、居民出行特征等因素对公式进行了修正。

时空消耗法的特点是各种参数的取值，是影响模型准确性和实用性的关键因素。采用时空消耗法，可以从宏观角度定量地判断整体路网的容量和服务水平。较其他方法简明，实用性强。

本文考虑了施工区域的施工期一般为1~3年，在此期间将对城市路网容量产生较为长期的影响，因此，时空消耗法适用于从定量的角度判断道路施工对路网广义容量产生的影响。

2、考虑施工区域影响路网容量的修正

2.1 对路网有效运营面积的修正

（1）道路总净面积的减小

在道路施工占用部分车道的情况下，现有道路面积为：$S_{净}=S_{总}-S_{施}=S_{总}-\sum l_{施i}d_i m_i$

其中,$S_{总}$ 为原有道路总面积,$S_{施}$ 为施工区占用道路面积,$l_{施i}$ 是施工区i的长度，d_i是施工区i的车道宽度，m_i 是施工区i 占用的车道数。

（2）非施工车道有效运营面积的折减

受施工车道合流车辆的影响，施工区域非施工车道的通行能力将比非施工区域的正常车道有所降低。以正常车道的有效运营面积为标准面积，非施工车道按通行能力之比，折算为正常车道面积，并考虑两类道路

的比重，转化为综合折减系数 R_{10} 。

$$R_{10}=\frac{N_{施}}{N_{非}}\times g_{施}+g_{非}$$

其中，$N_{施}/N_{非}$ 是施工区域车道通行能力的折减系数，$g_{施}$、$g_{非}$ 是施工区域非施工车道面积、非施工区域正常车道面积所占比重。

既有研究[1]结果表明，封闭单位车道对通行能力的折减百分比约为3%。则对于施工区域i的车道通行能力折减系数为，$N_{施i}/N_{非i}=1-3\%m_i$。

对于不同施工区域来说，所占道路的等级不同，对通行能力的影响大小也有差异，主要影响因素是车道宽度。当车道宽度小于3.65m时对通行能力的影响系数见表1[9]，当车道大于3.65m时对通行能力的影响系数始终为1。

车道宽度影响系数　　表1

车道宽度d_i/(m)	2.75	3.00	3.35	3.65
影响系数R_d	0.76	0.81	0.88	1.00

对于整体路网来说，车道通行能力折减系数为

$$N_{施}/N_{非}=\frac{1}{n}\sum R_{d_i}\times(N_{施i}/N_{非i})=\frac{1}{n}\sum R_{d_i}\times(1-3\%m_i)$$

其中，n 是路网中施工区域的数量，R_{d_i} 是车道宽度影响系数。

而施工区域非施工车道面积所占比重$g_{施}$ 和非施工区域正常车道面积所占比重$g_{非}$ 计算公式如下：

$$g_{施}=\frac{S'_{施}}{S_{净}}=\frac{\sum l_{施i}d_i\left(M_i-m_i\right)}{S_{净}}，\quad g_{非}=1-g_{施}$$

其中，$S'_{施}$ 是施工区域非施工车道的总面积，M_i 是施工区域 i 所在道路的原有车道数。

2.2 对路网有效运营时间的修正

施工区对路网有效运营时间的影响与交叉口的影响相似，主要取决于施工区的几何条件、交通状况和管理水平，采用综合折减系数R_{11}来反映，一般取值范围为0.6~0.9。[10]

3、道路施工影响下路网容量的计算

目前的广义容量计算已考虑了道路等级、车型、交叉口折减、道路使用频率等因素的修正。考虑施工区对路网有效运营面积、有效运营时间的修正后，计算公式如下：

$$C_{广义} = A_{有效}T_{有效}/C_{i车} = S_{净}TR_1R_2R_3R_4R_5R_9R_{10}R_{11}/\beta tsR_6R_7R_8$$

式中 $A_{有效} = S_{净}R_1R_2R_3R_4R_9R_{10}$；$T_{有效} = TR_5R_{11}$；$C_{i车} = \beta tsR_6R_7R_8$。

$C_{广义}$为高峰小时路网广义容量（pcu）；$A_{有效}$为路网有效运营面积（m^2）；$T_{有效}$为路网有效运营时间（h）；$C_{i车}$为单个交通个体（标准小汽车）高峰小时时空消耗（$m^2 \cdot h/pcu$）；T为高峰小时，取1h；β为交通个体动态面积（m^2），$\beta = w \times l$（w为车辆行驶时所需的横向安全宽度，计算时可近似取一个车道的宽度，(m)；l为车辆行驶时的最小车头间距，$l = l' + V^2/254(\phi \pm i) + V/3.6\ t_0 + l_0$；$l'$为车身长度，根据规范标准小汽车长度取5m；$V$为车速（km/h），可依据各级路网的行车速度取加权平均值；ϕ为汽车轮胎和路面的纵向摩阻系数，根据区域路面的总体情况进行选取，一般取：ϕ=0.29~0.44；i为道路纵坡(%)，上坡取"+"，下坡取"—"，可根据城市的总体情况进行选取）；t为单个交通个体一次出行时间（h），根据交通出行调查可确定；s为单个交通个体日平均出行次数，根据交通出行调查可确定。

式中各修正系数的含义如下：

R_1——等级修正系数，以主干道为标准，其他等级道路进行相应折减，通常取0.75~0.80；

R_2——车道修正系数，与重型车所占的比例有关，一般取0.90 ~ 0.95；

R_3——路线平均使用频率系数，根据出行者对路线的熟悉程度和行车时的选择偏向以及路线所处区域等因素，一般取0.7 ~0.8；

R_4——干扰因素，主要考虑路旁停车等因素（如公交车站等），R_4=1-受干扰路段长度(km)/各路段总长度(km)，一般取0.7~0.85；

R_5——交叉口综合折减系数，主要考虑交叉口的几何条件、交通状况和管理水平，一般取0.6~0.9；

R_6——高峰小时出行比重，根据交通调查可确定；

R_7——高峰小时不均匀系数，根据交通调查可确定；

R_8——车型修正系数，一般与大型车所占的比例有关；

R_9——空间不均衡系数，与城市用地聚散程度有关，依据城市形态类型取值；

R_{10}——道路施工面积修正系数；

R_{11}——道路施工时间修正系数。

4、武汉市主城区实例

作为示例，分别对武汉市主城区考虑道路施工影响前后的路网容量进行计算，对比分析了武汉市现有的道路施工工程对路网容量造成的影响。

通过查阅武汉市交通年度报告[11]等资料和交通调查，武汉市主城区路网道路各等级道路面积、施工等情况如表2所示。

武汉市主城区各等级道路面积、施工区情况（万m^2） 表2

道路等级	道路总面积$S_{总}$	施工区所占面积$S_{施}$	可通行面积$S_{净}$	施工区非施工车道面积$S'_{施}$
快速路	194.4	1.3	193.1	4.2
主干路	978.3	10.6	967.7	50.4
次干路	642.8	8.7	634.1	15.6
支路	502.5	7.9	494.6	8.4
合计	2318.0	28.5	2289.5	78.6

针对城市交通的特点取小汽车为标准车,对参数进行计算可得$\beta = w \times l = 55\mathrm{m}^2$；根据路网等级情况，计算得$R_1$=0.8；由于武汉市主城区城市形态属于块状多组团型，R_9取0.75；根据施工区域所占车道面积情况，计算得R_{10}=0.96；通过对若干施工路段的调查，发现施工区合流处几何条件较差，延误严重，综合分析R_{11}取0.75；参照武汉市2008年主城区综合交通大调查的数据进行统计分析,并结合武汉市交通的运行特点，其他参数的取值如下：R_2=0.95、R_3=0.80、R_4=0.85、R_5=0.8、R_6=13.5%、R_7=1.1、R_8=0.9、t=0.55h、s=3.25。

计算结果显示，在目前的道路施工影响下武汉市主城区路网容量为 38.9 万 pcu，比道路施工前路网容量降低了 28.9%。分析发现，道路施工占用车道仅使道路面积减少了 1.2%，说明道路施工对路网容量的影响不可忽视。

5、结语

大规模的交通建设施工给城市交通带来了一定的压力，如何准确评价道路施工区域对路网容量的影响程度成了亟待解决的问题。本文以广义时空消耗理论为基础，通过分析施工区交通运行特征，确定了道路施工对城市宏观路网容量的影响系数。在对武汉市路网容量的对比分析中发现，道路施工给城市交通带来的影响不仅在于其对道路面积的占用，更多的是干扰了交通流正常、有序的运行，从而导致路网有效运营面积和有效运营时间大大减少，最终大幅度降低了路网的容量。在交通管理的过程中，应及时采取有效措施，缓解交通建设施工给路网容量带来的问题。

[参考文献]

[1] 杨庆祥. 施工作业对城市道路通行能力的影响分析[J]. 西部交通科技, 2008(5): 105-112.
[2] Iida Y. Methodology for Maximum Capacity of Road Network (in Japanese) [J]. Transaction of Japan Society of Civil Engineers, 1972, 205: 147-150.
[3] Akamatsu T., Miyawaki O. Maximum Network Capacity Problem under the Transportation Equilibrium Assignment (in Japanese) [J]. Infrastructure Planning Review, 1995, 12: 719-729.
[4] 周溪召,刘灿齐, 杨佩昆.高峰时段城市道路网时空资源和交通空间容量[J], 同济大学学报, 1996, 24 (4): 392-397.
[5] Hai Yang, Michael G. H. Bell,Qiang Meng. Modeling the Capacity and Level of Service of Urban Transportation Networks
[6] 杨东援, 马哲军. 路网容量分析的理论与方法[C]. 上海: 中国土木工程学会第七届年会, 1995: 128-133.
[J]. Transportation Research Part B, 2000, 34 (5): 255-275.
[7] 路易斯 · 马尚. 一个概念——城市的时间与空间消耗[M].天津城市交通综合研究组译, 1986:6.
[8] 杨涛. 城市交通网络总体性能评价与建模[D].南京: 东南大学, 1995.
[9] 王炜.城市交通网络规划理论与方法研究[D]. 南京: 东南大学,1990.
[10] 杨涛, 程万里. 城市交通网络广义容量应用研究——以南京市为例[J]. 东南大学学报, 1992(9): 84-90.
[11] 2011年武汉市交通发展蓝皮书[R]. 武汉: 武汉市国土资源和规划局, 2011.

交通节点规划

张 博　李 娜

[摘　要] 随着城市范围的扩大，单纯地依靠一种交通工具是无法完成交通出行的，这样就会出现多种交通工具的交叉，造成交通拥堵，出行效率大大降低，安全性也得不到保障，因此交通节点的规划显得尤为重要。本文主要研究了交通结点的分类，主要分为汽车站（又可分为客运站和货运站）、站前广场和停车场，并分别对其规划的必要性、规划顺序和规划中需要注意的问题进行了简单阐述，提出了根据乘降旅客数量以及利用小浪式法计算站前广场面积的方法，这对完善我国交通节点规划方面有现实意义。

[关键词] 交通节点；规划；汽车站；站前广场；停车场

[作者简介]
张　博　济宁市规划设计研究院 高级工程师
李　娜　济宁市规划设计研究院 工程师

私人小汽车作为一种能门到门、户到户的交通工具，是一种非常方便的交通工具。然而，在城市中心等地方，很多情况下，目的地与停车场尚有一段距离，所以，最初是由小汽车与徒步相组合来完成交通出行的；同样地，公共客车及铁道也必须与其他的交通手段相配合才能完成交通出行。随着城市范围的扩大，人们的交通出行变得远距离化，另外交通的OD也变得多样化，这就必然导致需要有多种交通手段相配合，才能完成交通出行。交通节点即不同交通手段相互联络的场所。如果没有很好地对其进行规划和实施，就不可能保证交通的连续性，“不同的交通网有机地结合在一起，形成一个总的交通网”的综合交通体系思想也会变成空想。另外，随着国际化及老龄化的发展，对外国人相对难懂的本国语导游标识，以及转车换乘、升降楼梯等对身体所带来的负担，诸如此类情况也随着利用者对交通节点利用机会的增加而急剧增加。因此，不管出于何种原因，站在利用者的立场对交通节点的规划显得尤为重要。

目前，主要的交通节点有汽车站（客运站、货运站）、站前广场、停车场等。

1、汽车站

在相关规范中，汽车站被定义为：为了旅客的乘降车或者货物的装卸，能同时停放两辆以上专用汽车所设置的设施；道路路面及供其他一般交通用的场所（即停车场）使用以外的设施。因此，客、货两方面不管

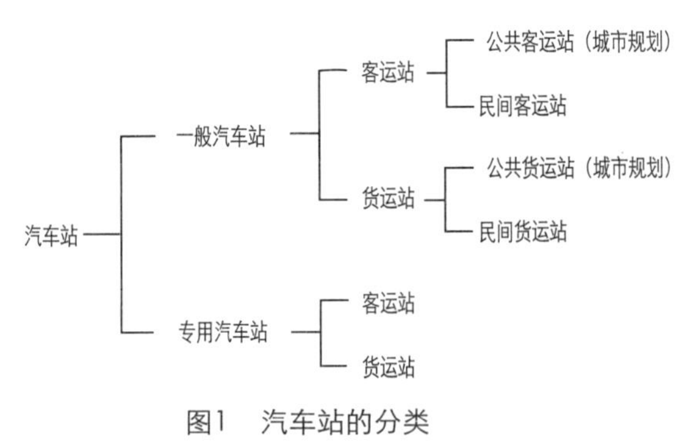

图1　汽车站的分类

以谁作为对象来考虑，都有供一般汽车公司使用的公用客运站，以及供一般路线用的货运站。另外，根据使用者的不同，亦有汽车公司根据业务不同所设置的“专用汽车站”，除此以外的均称为“一般汽车站”。这些依据法律的分类如图1所示，表1对它们的用途不同又进行了细分。

另外，对于主要城市，汽车站的规划决定如表2所示。

汽车站根据用途分类　　表1

区分	用途分类
货车中心	● 物流中心
	● 配送中心
	● 不同产业中心
客车中心	● 城市内客车中心
	● 城市间客车中心
	● 观光客车中心
	● 通勤高速客车中心
	● 多用途复合客车中心

主要城市汽车站概要（城市规划决定）　　表2

城市规划区域名	客车中心			货车中心		
	个数	面积（hm^2）	停车数	个数	面积（hm^2）	停车数
东京	3	4.1	80	4	63.7	1553
名古屋	2	2.2	57	-	-	-
福冈	2	0.9	32	3	1	33
札幌地区	4	2.3	56	-	-	-
鹿儿岛	-	-	-	6	8.7	203
熊本	1	2	36	1	7.5	110

1.1 客运站

一般情况下，城市内部的公共客车线路系统会分得非常细致，这对于乘客来讲有时不太好明白，应把多数系统的大部分集合在一起修建客运站。在该站内有公共客车的出发、归来，同时伴随着乘客的上下车、候车、换乘，同时进行汽车的驻车、运行管理等。

（1）客运站的规划设计

在考虑设置客运站时，特别重要的条件就是城市规模，其关系如图2所示。所有的城市规模在不比这大的情况下，客运站的设置应尽量靠近铁道站，并且考虑设在离干线道路比较近及比较合适的位置。特别是在需求规模较小的中小城市，站前广场很多被活用为客运站。另一方面，大城市设置若干个客运站是必要的，通往市中心铁道站附近的汽车线路设置合适与否，通往郊外主要铁道站的客运站其环状设置方案如何等，各种各样的方案应当认真研究。

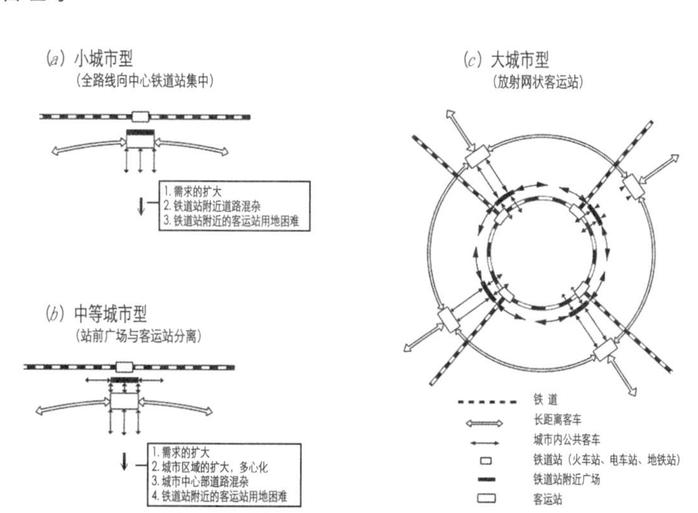

图2　客运站在不同城市的变化

客运站的规划，应考虑交通需求的预测结果，应对城市规模及铁道网等城市特性按图3所示的顺序进行综合判断分析。特别是在很多大城市范围圈周围需要设置若干个客运站，首先应在城市总体规划设计的基础上，分别对各个客运站规划方案进行必要的两阶段可行性研究。

（2）客运站的设施构成

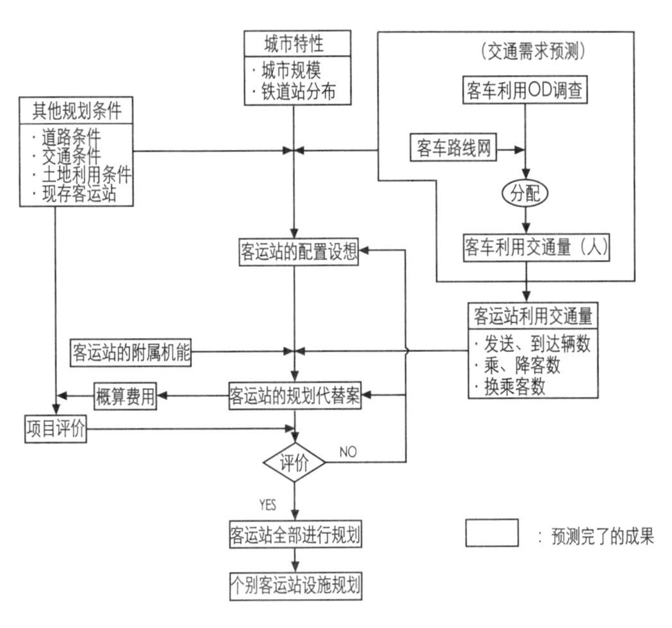

图3　客运站规划设计顺序

客运站的构成设施，如下所示：

①与车辆有关的设施：出入路，诱导路，车站公共客车及出租车的出发、到达及待车让车所用的场所，准备场所，加油站（所）等。

②与旅客有关的设施：车站的升、降设施，车站内的中央大厅、候车室、洗手间等。

③与管理有关的设施：售票室、车站管理办公室等。

④与服务有关的设施：广播室、饮食店、小卖部等。

以上各种设施的规划合适与否，设计时必须考虑其进车、停留、出车路线、步行路线，还有管理、维护路线以及其相互之间的连续性及安全性。

1.2 货运站

如图4所示，根据货车的运输特点、户到户的运输系统把城市间的主要道路系统与城市内部的道路系统两者分开时，货运站是使以上两者形成一体，具有货物转运能力的设施。伴随着产业结构的变化，货物运输也变得小吨位多次数化，这是产生城市内部道路交通阻塞及交通公害日益严重的原因之一，当然大型货车直接进入城市内部也会导致交通的拥堵。大型货车在城市间的主要道路系统大量运输，而城市内部货物的配送，应向货车小型化、混载化发展。形成这种货运系统是必要的。

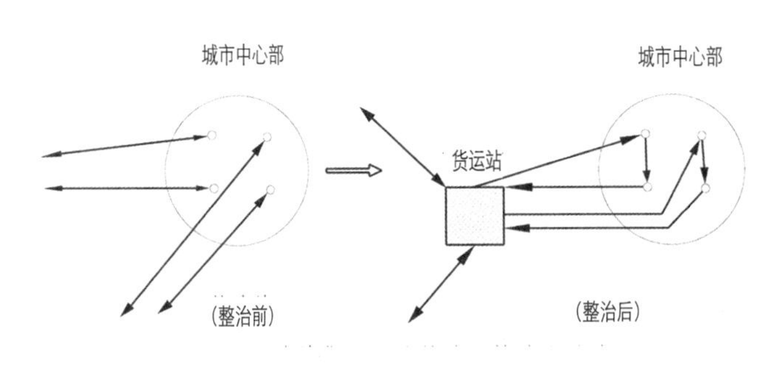

图4　随着货运站的整治运输路线的变化

（1）货运站的规划设计

货运站的规划设计最重要的是选址，就设置货运站的必要性来说，其位置应选在干线道路与城市道路接续的地方，即干线道路立交桥附近（在日本通常干线道路经过城市时均设立交桥——译者注），如果允许，理想的位置应选在城市道路放射状路网与环状路网边缘交点处。就货运公司来说，资本力弱很多，应限制其

独自发展，合并发展共同的货运站，以便提高货运站的利用效率及管理经营合理化，这是非常重要的，政府应当加以管理。尤其是应当把货运站、装卸业、仓库业等一起加以整治，从而形成运输业务小区（或运输中心），这是未来发展的目标。这个运输业务小区的形成，加之运输效率的提高，地域性的运输机构的合理化及伴随着其竞争力的强化，还有城市内土地利用的纯化及集配货车的减少，其所产生的效果是值得期待的。

对于货运站的规划设计，如条件允许，应当先实施“物质流动调查”，在其调查的基础上，货运站的规划设计中，亦应考虑许多因素，如图5所示。货运站作为运输业务小区构成要素之一，在进行规划设计时，在考虑交通条件的前提下，应先找出服务腹地的范围，然后提前认真研究确定有关规划设计的内容概念，这也是十分重要的。

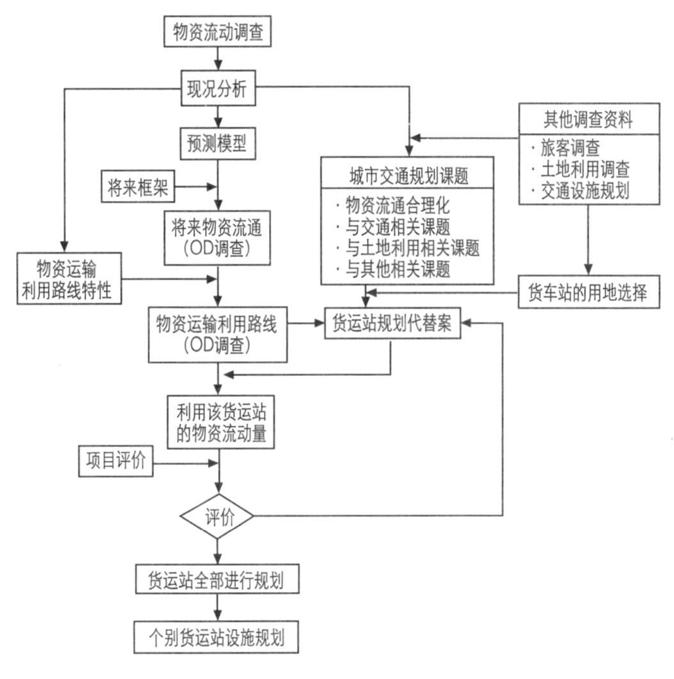

图5　货车站规划设计顺序

（2）货运站设施的构成

货运站所必须具备的功能：除货物的装卸、转运基本功能外，还应有保管、流通加工、分类组合、资料收集等功能。与基本功能相关的必要设施如下所示：

①与车辆相关的设施：出入路、车路、货车出发、到达及待车、让车的空间场所，车辆修理场所。

②与处理货物相关的设施：装卸场、装卸及分类的场所，工作人员休息室，升降机、皮带输送机等。

③与管理相关的设施：管理办公室，为驾驶员设置的各种设施等。

以上各种设施的规划应与货运站的规划同时进行，对于与货物的收集、运送、装卸、分类作业相关的人与车的路线，设计时必须注意其连续性和安全性。

2、站前广场

站前广场即与铁道站相连而配置的交通广场，其在铁道与其他的交通方式进行联系时，对交通有安全、快适、圆滑等作用。其特点为短时间内交通大量产生、集中。

站前广场一般的构成要素为：步道、车道、市内公共客车乘车点、停车空间、安全岛等，根据交通需要来确定这些构成要素的规模应着重注意步行路线的安全性及快适性，规划时这些要素是必不可少的，一定要设置。

另外，站前广场不仅具有处理多样性交通和大量交通的机能，同时也是“城市的脸面”，反映了一个城市个性化的设计构思，这些一定要在规划设计中体现出来。

2.1 站前广场的规划

（1）站前广场的规划顺序

站前广场一般的规划顺序如图6所示，共分成三大段内容。

首先，应制订站前广场规划治理方针。以城市的土地利用规划、城市设施规划、铁道规划等所有的城市相关规划为基础；如果有必要应进行预备调查，对所要规划的站前广场的现状进行调查，弄清有哪些不足，哪些需要保留，以便决定其是需要改造还是新建。城市景观规划作为以上判断分析材料的一部分，从其角度出发来看，目前的站前广场，其所隐含的课题分析，是非常重要的。

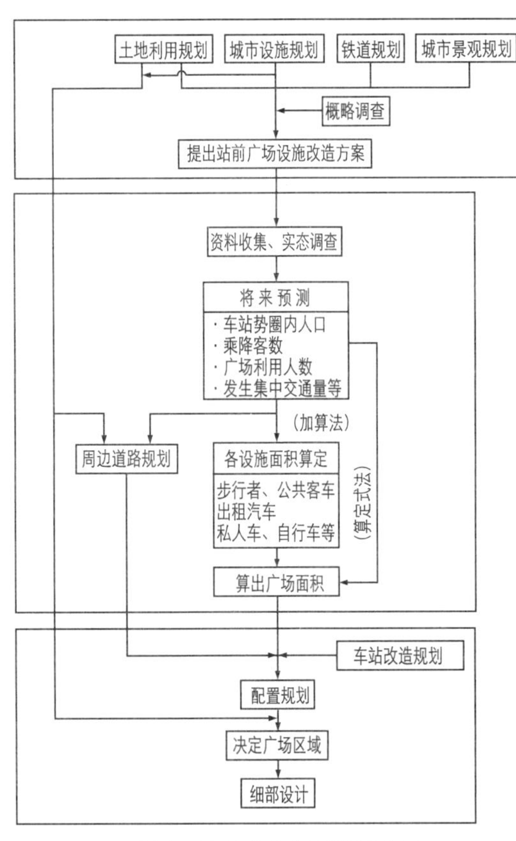

图6　站前广场规划设计顺序

接下来，预测站前广场规划所需的各种指标及广场面积的推算，在这里可以用多种方法进行算定。

最后阶段，在使周围道路规划与车站本身的规划等协调一致的前提下，进行各种设施设置规划的确定和细部设计。另外，从各种交通路线的规划，站前广场空间的有效利用角度看，还应考虑是否采用立体设施。

（2）将来预测与站前广场面积的算定

站前广场面积的推算，有两种方法。第一种方法是，以该车站及站前广场为调查对象，对旅客数量进行实态调查，然后根据客流多少直接算出总的所需面积。另一种方法是对站前广场内的各种设施所需面积分别进行计算，然后相加算出总的所需面积。

①根据旅客数量推算广场面积的方法

这个方法是根据日本站前广场规划委员会于1953年研究的“广场面积计算式”得出的。首先对该车站在规划年次的旅客数量用多种方法进行预测推算出来，把所算定的结果代入图7所示的关系式，从而求出所需要的广场总面积数。该关系式，是在对当时整治完毕的站前广场进行实地调查所得资料的前提下，在步道、车道、停车场的面积与广场利用者数、铁道旅客数及出入广场的车辆台数的相关式分别确定的基础上，对广场总面积与车站旅客数间的关系统计推导得出的。

但是，在日本这个提案是在正式的汽车化到来之前提出的，此后，随着私人汽车及摩托车等的普及，能直接到达目的地的交通手段在发生巨大变化，该公式对以上变化带来的影响，不一定全部考虑到，因此今天，该公式多被用于概略设计阶段。

②加算法

这是日本站前广场治理规划委员会于1973年研究得出的方法的基本内容。正如其名字一样，包含旅客数在内的多种算式顺序说明，依此来求站前广场各构成要素所必需的面积，然后各结果相加得出总面积。计算顺序如图8所示，计算过程非常复杂。为此，这种方法被简化成“小浪式”计算方法，如表3所示。“小浪式”正在被广泛地利用，不过即使如此，实际计算起来也是很繁杂的。

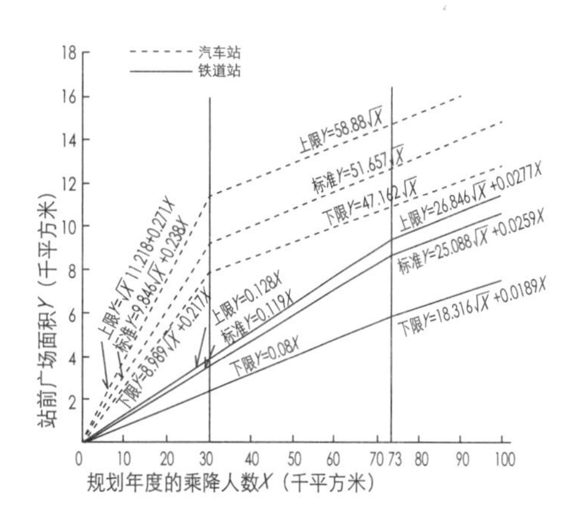

图7　站前广场面积算定标准

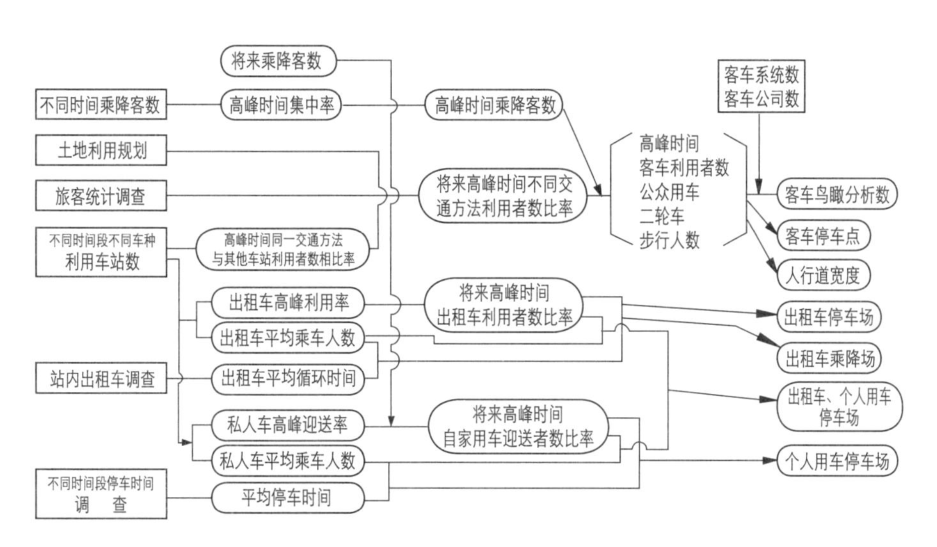

图8 站前广场内设施量计算程序

2.2 站前广场设施的布置规划

构成站前广场的主要设施，主要包括步道、车道、公共客车停车点、出租车停车点及停车场等，这也是处理各种各样交通的基本组成设施。另外，从站前广场的公共性出发或从对基本设施的机能的补充，下面这些设施也是应进行设置的，如小集体广场、交通规划设施（环行岛、方向岛等交通岛）、公共设施（派出所、公众电话、洗手间等）、绿地、排水设施、照明设施等。

在进行这些设施的布置规划时，首先利用之前所给方法计算出的面积作为基准，对站房与接续街道的现状、将来规划，及周围土地的利用等进行调查，进而决定站前广场的形状。这时，步道、公共客车、出租车及一般汽车用道路就变得简单明了化，在尽量避免相互交差的前提下，粗略构思好步道、车道、公共客车停车点的设计，等站前广场形状决定后，就可着手对其余的基本设施进行布置规划。需要强调的是，不能为使广场面积缩小而对站前广场进行立体化设计，这是应该极力避免的。如考虑到车站的位置（地下、桥上）及车站周围建筑物的特征，还有从分离开的各种交通路线的视点因素出发的，如有必要，站前广场可以出一个立体性的方案来进行研究。

根据小浪式计算站前广场面积　　　　表3

构成要素及计算式	计算式、变数等的说明
① 行人需要面积Sp $Sp=\frac{P}{S\times V}Lp$	P：出入行人数（平均高峰10min，人/S） S：平均行人密度（人/㎡，一般来说S=1.2） v：平均步行速度（m/s，一般来说v=1.1） Lp：平均步行距离（m）
② 客车用面积Sb $Sb=\left(\frac{Nb}{45}+\frac{Nb}{20}\quad X45\right)$ $+\left(0.76X\frac{40Nb}{3600}XLp\right)$ $+\left(\frac{Nb}{20}X13\right)+600$	Nb：高峰一小时客车到达辆数（=发车辆数） 第1项：客车在停车站点1～1.5min，2～3min停车所需空间，一辆车所需空间为45m^2 第2项：旅客的步行空间，客车乘车旅客数为45人/辆 第3项：客车旅客的滞留空间，0.33m^2/人 X 40人/辆=13㎡/辆 第4项：回程所需车道600m^2（宽6m，延长100m）
③ 出租车用面积St $So=\frac{T}{600/10}X20X2+20T+600$ （=20.6T+600）	T：高峰10min乘车辆数（=停车辆数） 第1项：上下车所需空间（一辆为20m^2，上下各需10s） 第2项：旅客等待出租车时停车空间（通过对几个车站的实态调查，在停车辆数很多的时间段，停车所需空间在此时间段相当于10min乘车所需空间） 第3项：回程所需车道600m^2（宽6m，延长100m） 注：没考虑旅客滞留面积
④ 私人用车面积So $St=\frac{No}{600/10}X20+\frac{No}{2}X\frac{15}{10}X35$ （=26No）	No：高峰10min送迎人数 第1项：乘降车场空间，乘降在同一场所进行，用10s，平均送迎人数1.0人/辆 第2项：停车空间，半数利用停车场，平均停车15min，35m^2/辆 注：回程用车道与出租车兼用
⑤ 一般公共利用面积S $S_1=Sp+Sb+St+So$ $S=(0.2\sim0.3)S_1$	0.2～0.3：对于铁道利用者以外广场利用者，相对于乘降人员的系数
⑥ 全面积S $S=1.03(S_1+S_2)=1.24S_1$	1.03：景点等要素治理所需面积增加系数

3、停车场

3.1停车场的分类

为了停车而提供的设施广义上称为停车场，其分类如下。

（1）根据使用对象来进行分类

根据使用对象条件的不同，有限制在特定的使用者范围内的，还有提供一般公共所用的停车场，分别被称为专用停车场和公共停车场。这里“提供一般公共所用”即任何人使用均被认可。本公司用或会员用等使用者被限定范围的停车场，以及签订合同按月结算的停车场均不是公共停车场。

（2）以法律为背景来进行的分类

为了停车而设置的设施，从停车的角度来考虑，保管场所与停车场是有很大的不同的。保管场所全都是依据“车库法”而进行设置的。而停车场根据“停车场法”被分为路上停车场和路外停车场两类。

①路上停车场

路上停车场即在所管理的区间内，在道路路面上限制一定的空间，为方便汽车停车所设置的设施，一般作为公共停车场。对于路上停车场来说，当该区间内路外停车场（在道路路面以外，为满足停车的需要而设置的设施）不能满足使用要求时，为满足停车的需要，在所需的路外停车场治理完善之前，暂时在道路路面上采取的措施。所以，当城市规划确定的路外停车场被治理完善后，路上停车场应依次被禁止。关于路上停车场的设置，应尊重市、镇、村所制定的路上停车场规划意见，由地方团体的道路管理者负责设置。根据所制定的条例征收停车费，征收来的费用将用于路外停车场的维修。

在没有任何车场的情况下，作为路上所提供的停车空间，交通法有一条特别作了规定，即“时间限制”停车区间。关于这个区间，日本公安委员会对此进行管理，安装停车计时器或者安装发放停车券的设备，其设置目的是为了限制同一辆车长时间停放。这种停车区间停车频率非常高，适用于应付业务等不停止的情况下，使停车时间压缩在最小限度内。

②路外停车场

路外停车场，是为了停车的需要在路面以外所设置的设施，为一般公共停车场。根据“停车场法”，路外停车场又被分为：城市规划停车场、申报停车场，以及受构造限制只能适用在一定条件下的停车场，附属义务停车场等。

i）城市规划停车场

在必要的位置，以适当的规模，一直延续下去广泛供一般公共使用，由城市规划确定的路外停车场，是城市主要的基础设施。主要的设置者有，地方公共团体、国营公司、特种公用事业组织、民间等。

ii）申报停车场

在城市规划范围内，供停车使用，面积在500m²以上，收取停车费的路外停车场，预先依据日本运输省、建设省的批文，事先必须把路外停车场的位置、规模、结构形式及其他必要事项向都道府县知事（或指定城市的市长）提出申请。这种停车场就叫申请停车场。

iii）附属义务停车场

与新建建筑物相比较来说，在满足下列条件的旧建筑物或旧建筑物用地范围内，公共团体如确有必要需设停车场的话，依据条例的规定是可以的，按照此规定设置的设施即附属义务停车场。标准形式的附属义务停车场，其设置条例如下所示。

（a）在停车场治理区段内，商业地区内或邻近商业地区内，依据条例，总面积在3000m²以上规模的建筑物，可以进行扩建的场合。

（b）在停车场治理区段内，建筑物总面积小于3000m²，可该建筑物有其特定的用途（如剧场、百货店、事务所等，停车场对其有很大的用途），并且其总面积应在特定条例规定的标准以上，该建筑物可以进行扩建。

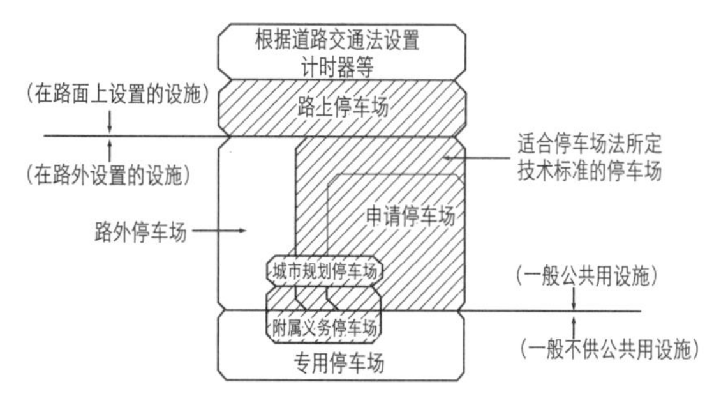

图9　停车场法中停车场的分类

（c）在停车场治理区段以外，建筑物的特定部分的总面积在3000m^2以上，并且要符合特定条例规定的规模以上，该建筑物可以进行扩建。

根据（1）（2）条的观点，整理得出停车场的分类，如图9所示。

（3）根据结构不同分类

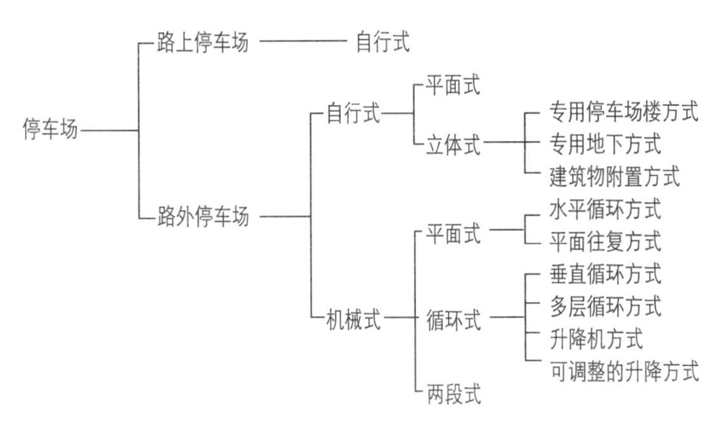

图10 根据结构形式对停车场的分类

停车场根据结构形式不同进行分类，大的自行式停车场和机械式停车场被区别开来，如图10所示。目前，城市规划停车场等公共停车场基本上都是自行式的。但随着地价的升高以及对土地的有效利用的急迫性，设置机械式停车场迫在眉睫。而且，由于机械式停车场的诸多优点，如缩短了车辆出入所需时间、占地面积小等，将会越来越多地被普及。

3.2 停车场的规划

（1）停车场整治规划设计顺序

停车场法是设定停车场整治地区最基本的法律。关于停车场的规划设计，其考虑方法也是以此作为前提的。像这种情况的停车场，不仅有路外停车场，还有城市规划停车场。

关于停车场的规划，应根据所在城市情况的不同分别进行设计，需要考虑的内容很多。例如，在目前没有进行过有关停车场规划设计的城市，停车场整治区段的设定，首先应从城市综合交通体系调查开始。作为停车场政策的一部分，考虑到城市的特性，附属义务条例应采用什么标准来决定，这是停车场规划的一部分。在确定了这些内容后，再确定城市停车场的布置与规模，从而进行各个停车场的相关设计，这是必要的。

图11包含了上述全部的内容，是在停车场整治规划时，对被规划对象确定规划设计顺序的一种方法。首先，需要确定的就是停车场整治区段。根据停车场法的规定，停车场整治区段有两个要素需要确定，即停车场与汽车交通交叉范围，汽车交通的交叉状态。不仅是现况，对未来状况的预测也是必要的。如进行出行调查等，可利用其结果进行预测；如若没有，用其他方法来进行预测也是可行的。

如有必要，也必须考虑制定附属义务停车场条例。特别是决定附属义务停车场的各种标准值，可以参考“标准停车场条例”等，为了能反映城市特性，必须从各种角度来进行研究分析。

推算周边地域的停车吸引量与收容这些停车量所必须的停车场容量，必须有规定停车需要量的各种资料。吸引其他区域的全部停车所必要的停车场容量推算后，通过分析其他地域的建筑动向等，预测本地域附属义务停车场、申请停车场等民间的停车场规模，进而推算供其他地域的城市停车场容量。这样从该规模的城市规划停车场的整治费、用地等情况，评价其实现的可能性，对看起来不可能实现的场合，分析确定到什么阶段能够实施并反馈回来。

最后，通过分析停车场的建设预留地及停车场的诱致距离，确定单个停车场的配置及规模，从而进行规划设计。

以下，对停车车辆及停车场的实态调查、停车需要量的预测作一些补充。

（2）停车车辆及停车场的实态调查

实态调查中所要进行的调查项目，在需要整治的停车场容量预测的基础上，根据所必需的资料来确定。首先在确定预测方法的基础上，弄清楚所必要的资料，将目前已有的资料与实态调查中需要调查的部分区别开来，在此基础上确定实态调查的内容等。

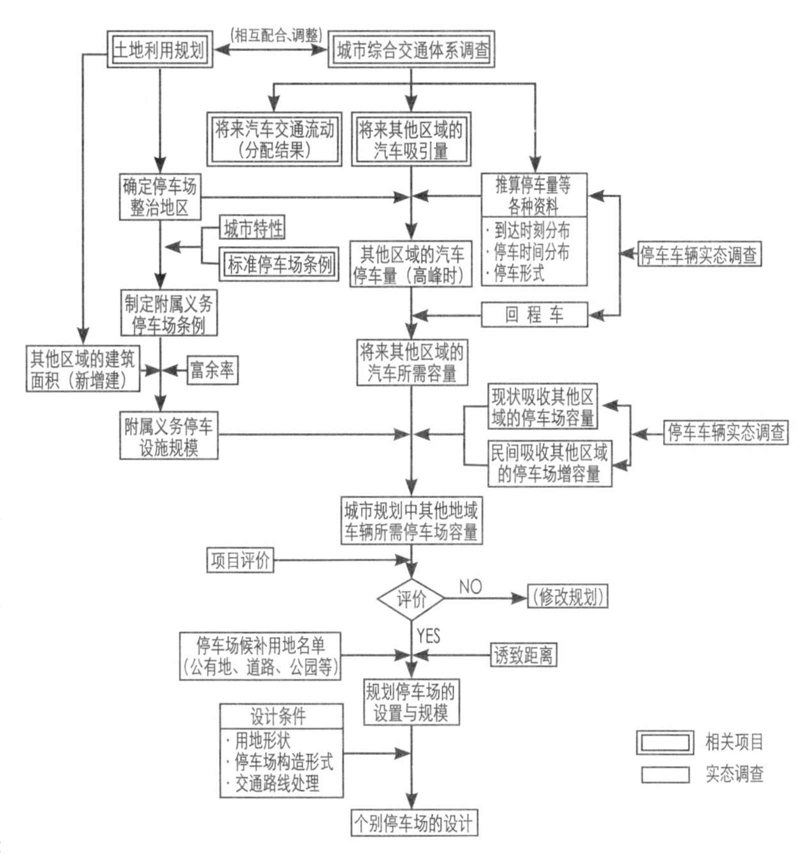

图11 停车场规划设计顺序

在停车场规划设计所需进行的实态调查中，一般调查分为两个系列，一是为了得到预测停车场需要量而进行的停车车辆实态调查；二是为了决定将来需要整治的停车场规模而进行的停车场实态调查。前者，调查在对象地区停车车辆的停车开始时间、停车时间、停车的场所（路上、路外）及所利用的停车场种类；后者，按时间系列调查地域内停车场的容量。将来新整治、使用的停车场，其规模等也应与预测联系起来。

（3）停车需要量的预测

停车需要量的预测方法，可大致分为两种。第一种方法如图11所示，在调查对象地区已经实施的城市综合交通体系调查等基础上，利用其将来的预测结果进行预测，是周边地区汽车集中量向停车需要量转换的方法。第二种方法就是在没有能够利用的调查资料的情况下，所实行的原单位法。其中，使用面积原单位法是该方法中最具代表性的。其推算顺序如图12所示，根据实际调查的结果求得不同用途使用面积的停车原单位（台/m^2），用该数与将来不同使用面积相乘即可。

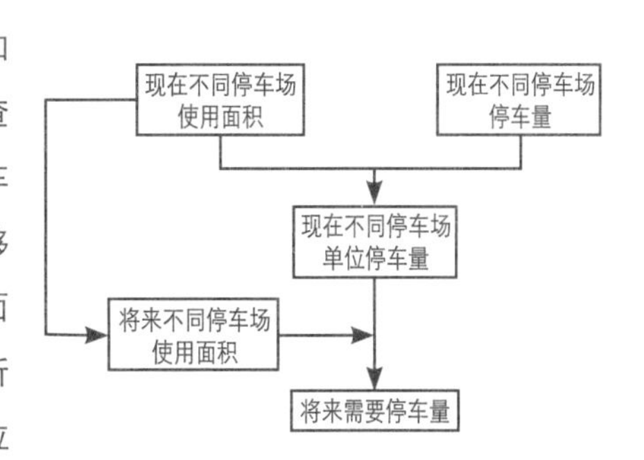

图12 根据原单位法预测停车量的基本方法

3.3 停车场的配置与设计

由于停车场种类较多，路外停车场在区段内布局规划时，应使其种类与规模相适应，且使其能发挥最高效率进行配置。因此，城市规划停车场的配置规划，一般情况下按照以下方式进行。

（1）首先，搞清楚现有停车场的布局状况，并且预测将来要布局的主要申请停车场及附属义务停车场，并标注在地图上。

（2）在（1）的地图上标出将要变成城市规划停车场预备用地的公用地、道路、公园等。

（3）在该地图上描出城市规划停车场的标准诱致距离，即半径为500m的圆，其端部应圆滑连接。

（4）最后，将在各圆内设置的现有的及将来主要的停车场进行调和，进而确定城市规划停车场的位置和规模。从管理和运营效率等角度看，一个停车场的收容规模应在100台以上。

另外，当确定停车场位置的时候，一定要注意停车场出入车辆的交通与一般车辆的交通及与一般步行交通之间，还有停车场利用者的徒步交通与一般车辆交通之间所产生的交错、重复等。

当设计停车场的时候，一定要遵守“道路交通法”、“停车场法”、“建筑规范”、“消防规划”等法规的规定，为了步行者的安全，在设计出入口及场内车辆的交通组织时一定要作圆滑处理。

城市工程规划及公共设施规划篇

城乡统筹背景下幼儿园教育设施布局规划的探讨——以济宁市为例

陈瑞芹　张 猛

[摘　要] 学前教育是基础教育的基础、终身教育的开端，是个体一生发展的奠基石，为确保每个幼儿接受教育的公平性，必须科学合理地编制学前教育设施布局规划，并确保规划的有效实施。本文以济宁市学前教育设施布局规划为例，通过探讨本次规划的技术路线，提出了济宁市学前教育设施布局规划的方法、手段及近远期规划措施。本文对今后其他省市作学前教育设施布点、合理配置学前教育资源、促进学前教育事业的健康发展具有一定的参考意义，并对规划实施的政策保障体系、合理的建设计划和有效的规划管理进行了一定的探讨。

[关键词] 城乡统筹；幼儿园；教育需求；济宁市

[作者简介]
陈瑞芹　济宁市规划设计研究院　工程师
张　猛　济宁市规划设计研究院　工程师

[备 注] 该论文获“山东省第三届城市规划论文竞赛”二等奖

学前期是开发儿童心智和智力潜能的关键时期，学前教育是关系到人口素质和国家百年大计的大事。1950年代以来学前教育越来越受到世界各国的重视。许多国家把发展学前教育作为提高基础教育质量、提升国民素质、提高综合国力的一项重要事业，通过加大投入、加强立法等各种措施，强化政府在学前教育事业发展中的职责。与世界发达国家相比，我国学前教育事业的发展还相对缓慢，还存在城乡之间、地区之间发展的不平衡，学前教育事业发展中的政府职能还很不到位。

下一代的健康成长以及学前教育，历来受到党中央、国务院的关注。党的十七大报告中明确指出要“重视学前教育”，《国家中长期教育改革和发展规划纲要》文本，不仅将学前教育单独列为一章，还在相关章节中完善了学前教育改革和发展的机制，这充分表明国家对学前教育的高度重视，无疑将给我国幼儿教育事业的发展增添新的生机和活力。然而，受城乡二元格局的制约和其他一些因素的影响，在我国幼儿教育事业的发展中，城市发展迅猛，农村幼教事业发展则相对滞后，城乡幼儿教育发展严重不平衡。

着眼未来，我们应该在城乡统筹发展的大背景下，抓住学前教育前所未有的发展机遇，统筹安排学前教育设施空间布局、优化配置学前教育设施资源，高起点、高标准规划济宁市学前教育设施布局。夯实基础，城乡互动推动县域学前教育均衡和谐发展。

1、当前学前教育发展概况

目前，世界各国都很重视对学前教育的研究和政府管理。美国、英国、印度等很多发达国家和发展中国家政府都把为家庭提供早期保健、保育和教育等方面的儿童早期发展服务作为国家优先发展的领域，投入大量资金实施了以儿童早期发展为切入点的国家行动，取得了巨大的社会和经济效益。

我国虽然把学前教育定位为基础教育的重要组成部分，但纵观我国学前教育的发展现状，结果并不乐观。长期以来，由于受历史、文化与社会等各方面原因的影响，与义务教育、高等教育相比，学前教育一直没有得到政府和社会应有的重视，学前教育在地区之间、城乡之间的发展还很不平衡。

以2006年为例，城市在园幼儿为1216.01万人，占全国在园幼儿总数的54%；农村在园幼儿为1047.84万人，占全国在园幼儿总数的46%。这与我国农业人口在我国总人口中70%左右的比例是很不相称的。

2、当前学前教育发展存在的问题

2.1 学前教育普及率较低

迄今为止全国只有40%的3～6岁儿童能上幼儿园或学前班。

2.2 学前教育设施城乡发展不平衡

1980年代为了能够使镇村小学适龄儿童顺利入学，开设学前班使更多的幼儿能够在入学前得到良好的经验，这种形式对镇村学前教育的发展起到了很大的推动和促进作用，经过二十几年的努力，学前教育事业逐步壮大成长。但近年来随着经济的快速发展，城乡间的差距越来越大。以济宁市区为例，具有办园资格证的幼儿园有102所，在园幼儿数为24316人。城区幼儿园有57所，在园幼儿数为16942人，3～6岁的幼儿入园率为100%。也有不少0～3岁的特色早期教育机构。镇村幼儿园有45所，在园幼儿数为7374人，3～6岁的幼儿园入园率为60%左右。镇村幼儿园大多建筑简陋，活动场地不足。随着城乡统筹发展的战略实施，借新农村社区建设的契机要大力发展镇村幼儿园，要逐步缩小城乡学前教育发展的差距。

2.3 学前教育设施缺乏制度保障

由于学前教育事业发展的特殊历程，目前政府部门在学前教育事业的发展中担当的职能不明确，学前教育设施配套的资金渠道大多来自民间。也就是说现在大多城市的幼儿园90%属于民办幼儿园。以济宁市区为例，城区幼儿园属于公办性质的有18所，占城区总数的31%。政府部门在学前教育事业的发展中担当的角色和职能较弱。这势必影响学前教育设施发展的制度保障。

3、城乡统筹背景下的学前教育设施规划

只有通过科学合理的城乡一体化的学前教育设施规划，才能指引学前教育事业的健康发展，才能逐步缩小城乡之间学前教育设施发展的不平衡，以下以济宁市学前教育规划为例简单探讨规划的方法、手段及内容。

3.1 规划技术路线

规划的基本思路是以城乡协调发展、城乡统筹规划为目标，在规划中首先要协调各个层次的规划之间的衔接，结合现状的基本情况综合确定规划区中心城区的近远期和市辖区镇村的远期人口指标，然后以满足需

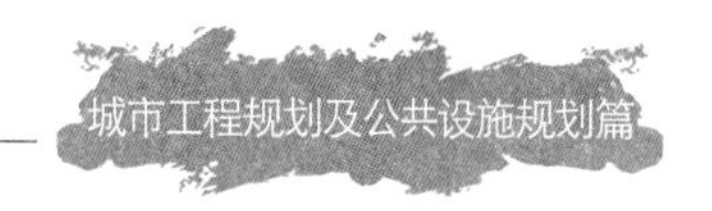

求为目标，依据现状规划区内的人口出生率和该地区的人口红利期的科学预测，确定一个科学的千人指标。然后，根据规划范围内总用地面积和总人口数预测人口密度，参照人口密度和前述指标合理规划幼儿园布局。

3.2 规划内容

规划应分两个层次：中心城区、镇村学前教育设施规划。

规划期限：分近远期两个合理的时序。

3.2.1 中心城区

规划中首先应该对现状的幼儿园进行归纳和整理。对现状幼儿园大致分三个层次：用地面积大于2000平方米、用地面积大于1000平方米而小于2000平方米、用地面积小于1000平方米。

3.2.2近期规划主要措施

（1）近期对现状幼儿园以保留为主，原则上占地面积小于1000平方米的逐步取消，较大的幼儿园近期参考居住区规范中的幼儿园设园标准，调整班级规模。提倡和鼓励参考远期规划使现状幼儿园逐步进行改造，逐步达标。

（2）新建幼儿园应依据本次规划的设置标准进行建设。

旧城居住区改造，要参照近期幼儿园布局规划图预留最小规模不低于6班的幼儿园。

新建区成片开发的居住区应预留配套最小规模不低于9班的幼儿园，原则上每5000人口的住宅小区应配建1所规模为6个班的幼儿园。

3.2.3 远期规划主要措施

（1）对老城区现状规模较大的幼儿园（用地面积大于2000平方米，办园规模4个班以上），按照幼儿园设置标准进行改扩建，改造后的幼儿园不应小于6班规模，用地面积不小于2700平方米。

（2）对老城区现状较小的幼儿园（用地面积大于1000平方米而小于2000平方米，班级规模小于4班），视办园的社会效益、经济效益，确定保留或取消。对于办园社会效益、经济效益较好，且规模达到3班，可完善户外活动场地，并形成大、中、小至少各1个班的幼儿园进行保留。对于规模小于3个班的，如没有拓展可能，一是取消、并入附近标准园，二是改造成托儿所。

3.2.3.1 新建幼儿园

新建住宅区、旧城改造、村庄改造应规划建设与居住人口相适应的幼儿园，规模不宜大于15个班。依据地块控制性详细规划统筹考虑配套幼儿园设施。原则上每5000人以上的住宅小区应配建幼儿园，最小规模为6个班；对小于5000人的住宅片区开发或非成片开发地块的零星住宅建设或组团开发区域，要根据规划标准和区域居住人口测算的生源数量,结合实际新建或规划出扩建教育用地,用于独立设置幼儿园或扩建邻近幼儿园。

为了适应和满足学前教育的发展需要，提倡新建幼儿园附设1～2个托班。有条件的可设置亲子班，每班儿童人数不超过15人。

3.2.3.2 镇村学前教育设施规划

镇村现状学前教育设施基础比较薄弱，特别是乡村没有像样的幼儿园设施，大多以家庭式的办园形式为主，建设简陋，配套设施匮乏，严重阻碍了学前教育事业的快速发展。规划中对于镇村分别采用不同的规划措施。

3.2.3.3 镇驻地幼儿园

（1）近期规划主要措施

主要是扩建或异地新建驻地中心幼儿园，充分发挥带头示范作用，对于新建住宅区应严格参照规划设置标准配建幼儿园。加大对驻地民办幼儿园的管理力度，整合规模较小的幼儿园。逐步实现规模化经济办园，为实现高质量、高标准办园打下良好的基础。

（2）远期规划主要措施

镇驻地中心幼儿园按照不低于9个班的规模进行新建或扩建，其他新建幼儿园规模按不低于6个班设置。原则上大于5000人的新建住宅区应预留一所6个班的幼儿园用地。

3.2.3.4 农村社区幼儿园

近期主要是结合近期启动的社区高标准、高质量地按照规划设置标准配备幼儿园设施，对于暂时没有条件进行社区建设的乡村，应该加大对现状幼儿园的监督和管理，按照大村独立办园、小村联合办园的原则，整合规模较小的幼儿园。逐步取消家庭式办园方式，使农村幼儿近期能够逐步接受到良好的学前教育。

远期结合城乡一体化发展的国家大背景，积极主动地抓住新农村社区快速建设的契机，规划中确定每个中心村、农村社区至少设1所幼儿园，规模控制在3～9班，服务半径一般控制在1.5公里内（提供就餐、午休服务的幼儿园，服务半径可控制在2.5公里内）。

4、实施建议

4.1 多元投入，确保学前教育事业发展需求

大力支持民办教育的发展，多渠道筹措资金，保证逐年加大学前教育发展的财政支出，特别是要偏重于农村幼儿园的发展。

4.2 对幼儿园的管理和建设要逐步走上科学、法制化的道路

对幼儿园的开园资格许可要严格依据市有关部门制定的幼儿园办园审批标准进行审批。对于旧城改造和新开发片区的幼儿园的配套建设，依据本规划中确定的幼儿园设置标准设置。

4.3 住宅区配套的幼儿园设施及预留的学前教育设施用地，不经过相关部门的同意，不允许擅自改变其建筑和用地使用性质

结束语：在城乡统筹发展的国家大背景下，我们应该紧密依据《国家中长期教育改革和发展规划纲要》科学、合理地制定幼儿园办园标准，并严格按照相关设置标准给幼儿园设施预留发展用地。且政府要明确其在学前教育事业发展中担当的职能角色，并逐年加大资金投入，特别是对镇村幼儿园。只有在科学的规划指引下、政府的大力支持下、城乡统筹背景下的幼儿园规划才能实现其真正的目标。

5、结论与启示

（1）为保证规划编制的科学性，必须对学前教育的性质及学前教育设施的现状布局进行分析；

（2）加快学前教育立法进程，促进学前教育发展与管理更加科学与规范；

（3）为促进学前教育的健康发展，必须明确政府在学前教育发展中的职能；

（4）加强对民办幼儿园的管理和指导，把民办幼儿园纳入学前公共服务设施体系。

[参考文献]

[1] 刘焱.对我国学前教育几个基本问题的探讨——兼谈我国学前教育未来发展思路[Z].2009.
[2] 刘洋.刘彧.徐明顺.抚顺市学前教育现状与对策研究[J].辽宁师专学报(社会科学版),2009(3).
[3] 洪秀敏.庞丽娟.学前教育事业发展的制度保障与政府责任[J].学前教育研究,2009(1).

关于济宁市绿道规划建设的设想

吴开印　张 猛　韩美丽

[摘　要] 随着我国经济的发展，人们收入水平的提高，生活品质亦得到提升。人们对良好环境的需求越来越迫切，尤其是人们生活地周围的绿色景观。在这个大背景下，绿道建设随之诞生。同时，绿道建设也对加强城市文化建设、改善居民生活质量、提高城市品质等问题提供了良好的思路，绿道也将成为城镇密集区中景观营建的必然趋势。本文首先介绍了绿道概念、发展过程及主要功能，提出了山东地区绿道研究的背景和目前存在的一些问题；接着，以美国、英国和珠三角地区的绿道规划建设为例，介绍国内外绿道规划的先进思想和实例；最后，结合济宁市现状条件提出绿道规划设想并作了总结。

[关键词] 风景园林；绿道；规划；济宁市；设想

[作者简介]
吴开印　济宁市规划设计研究院工程师
张　猛　济宁市规划设计研究院工程师
韩美丽　济宁市规划咨询中心工程师

[备　注]该论文获“山东省第四届城市规划论文竞赛”三等奖

随着中国城市化进程的加快，人口的大量涌入，城市不可避免地出现了土地资源紧张、空气质量下降、生活污染加重、人均绿化面积减少等问题。为探索一条适合我国国情的人与自然和谐共处的城市可持续发展道路，作为改革开放先行区的珠三角地区率先在全国实施了“珠三角绿道网计划”，要求“一年基本建成，两年全部到位，三年成熟完善”，并将绿道编织成网，链接城市与自然，串联都市与乡村，意义非凡。目前，浙江、四川等地也开始推进绿道建设。山东作为东部发达地区，近年来社会经济发展迅速，同样也带来一系列生态环境问题，很有必要提出自己的绿道建设规划。

1、绿道

1.1 绿道的概念

绿道(Greenway)是一种线性绿色开敞空间，通常沿着河滨、溪谷、山脊、风景道路、铁路、沟渠等自然和人工廊道建设，内设可供游人和骑车者进入的景观线路，连接主要公路、自然保护区、风景名胜区、历史古迹和城乡居民居住区。绿道主要由人行步道、自行车道和停车场、租车店、旅游商店等设施及绿化缓冲区组成。

“绿道”一词首次正式提出是在1987年的美国总统委员会的报告中。该报告对21世纪的美国作了一个展望：“一个充满生机的绿道网络……使居民能自由地进入他们住宅附近的开敞空间，从而在景观上将整个美国的乡村和城市空间连接起来……就像一个巨大的循环系统，一直延伸至城市和乡村”。

而较完善的定义为Charles Little在其经典名著《Greenway for American》中关于绿道(Greenway)的定义：一种线性绿色开放空间，它通常沿着自然廊道或者人工廊道建立，如河岸、河谷、山脉、铁路等，对它们进行改造而形成的线性游憩娱乐通道，是连接公园、自然保护区、风景名胜区、历史古迹及其他高密度聚集区之间的纽带。绿道最早发源于美国和欧洲，从最初注重景观功能的林荫大道，发展到现在注重绿地生态网络功能的生态廊道，跨越了2个多世纪，主要经过了5个阶段(表1)。

国外绿道发展阶段及成果一览　表1

阶 段	时 间	阶段性成果
第一阶段	1867～1900年	早期的绿道规划：Olmsted的波士顿公园系统规划
第二阶段	1900～1945年	景观设计层面的绿道运动：Henry Wright 的新泽西州兰德堡镇的绿道空间和绿道规划、NPS的蓝桥公园道
第三阶段	1960～1970年代	环保理念下的绿道规划：Iran McHarg的《Design with Nature》
第四阶段	1980～1990年代	绿道概念的提出：Charles Little的《Greenway for American》
第五阶段	1990年代至今	理论和实践全面发展：理论和实践蓬勃发展

1.2 绿道的功能

绿道具有以下四大功能：

(1)交通功能。城市中的绿道系统连接居住区、商业区、公园绿地等，是可供行人和骑车者通行的通道。绿道也是动物日常移动和季节性迁徙的通道。

(2)休闲功能。绿道环境优美、植被丰富是追求品质生活的人们步行、跑步、骑自行车进行有氧运动的必然选择。据调查，约四分之三的人选择绿道是因为它的休闲功能。

(3)生态功能。绿道为植物提供了生长环境，为动物提供了栖息的场所。绿道中的植物具有净化空气、涵养水源、防洪的功能。

(4)经济功能。绿道能带来可观的旅游收入，增加绿道周围从业者的收入，提高周围地块价值。

2、绿道研究背景

2.1 山东地区绿道建设

山东省从2012年起逐步推进绿道建设，首先组织专家编制《绿道建设知识读本》，同时在充分调研和论证的基础上，已组织相关地区进行绿道建设试点。与此同时有条件的各个地市也开展了绿道建设工作，如烟台牟平区已建成风云林园至金龙水库长约30km的绿道环线，绿道两侧分布着果蔬采摘、野炊烧烤、河边垂钓等游憩项目；潍坊白浪河绿道工程南起白浪绿洲湿地公园，横跨城区河道与白浪河北辰公园绿道连接，市民步行或骑车可从沿河的任意地点进入沿河景区；日照市已通过了《日照市绿道管理办法》，计划自今年起，用5年时间在全市建设市域绿道、城市绿道、社区绿道三级绿道网，着力打造宜居宜游、生态安全、环境优美、低碳节能的城乡环境，最终建成连接中心城区与莒县、五莲城区并串联市域内重要风景区的绿道系统。而省会济南南部山区拥有全省独一无二的优越的生态自然环境，周边林木覆盖、水源、干鲜林果丰富，两侧的山脊、沟渠丰富，是一条绝佳的绿道，目前也已着手绿道项目规划建设以更好地带动周边快速发展。

2.2 绿道建设工作的主要问题

2.2.1 缺乏统一规划，绿道缺乏连通

绿道是基于绿地基础上的连通，其中包括绿地的连通和路径的建设，因此绿道网规划必须与城市总体规划形成有效的互动，优化城市绿地系统，约束城市空间的无限蔓延，以便建设真正意义上的可持续发展的宜居城乡。由于城市建设和违章建筑的占用，土地整合与征地难度大，以及交通路网的分割，影响了一些关键性的生态节点和廊道的连接。

2.2.2 配套设施并未形成资源共享

由于绿道规划者在时间紧、要求高的条件下，往往根据使用对象单纯设置在线性空间里穿行所需要的基本配置，独立分配沿线的服务设施，如一级服务点、二级服务点、机动车及自行车停车场等，未能充分与绿地公园内的配套设施形成资源共享，造成建设浪费和管理资源重复配置的局面，加大了运营成本，不利于绿道的后续使用和服务管理。

2.2.3 绿道利用程度不够

目前的绿道规划设计基本上以满足骑行为主，沿途设有一定数量的配套服务设施，基本上能满足人们的绿色出行要求。但就绿道的深层次作用来说，未能充分整合绿道的综合作用以充分发挥绿色开敞空间的休闲、游憩、体育、文化等功能，绿道利用程度远远不够。

3、国内外绿道建设实践

3.1 美国国家绿道和绿色空间规划

美国在绿道研究及规划建设方面一直处于世界领先水平，19世纪美国就开始大规模对公园路(Parkway)和公园系统(Park System)进行规划和实践。到1980年代，美国利用计算机和3S技术对大尺度和多尺度上的景观实行定量化，在景观生态学“斑块 — 廊道 — 基底”模式的指导下，进行较大尺度的绿道系统规划。由公园道、蓝道、铺装道、商业道、生态道、自行车道、乡村道构成绿道网络系统，从多层次对美国的绿道进行连通性规划建设，并最终形成全美综合绿道网络。

美国国家绿道和绿色空间规划是2000年美国提出的一个全国范围内的绿道规划，其最大的特点是将美国境内重要的河流廊道都纳入到了规划当中。规划的目的是在美国形成一个覆盖整个国家的高质量国家绿道和绿色空间网络。该规划的设计步骤与新英格兰视觉规划类似，首先调查并在图上绘制出联邦政府已经规划确定为绿道和绿色空间的部分。其次，调查并绘制政府或非政府组织仍在规划当中的绿道和绿色空间。最后，找出未被纳入到绿道网络的河流并对它们进行规划，完成整个规划设计。

3.2 欧洲中小型综合性绿道建设——以伦敦东南绿链为例

伦敦东南绿链(The South east London Green Chain)始建于1977年，由伦敦的东南部4个行政区和大

伦敦委员会合作建设。现今，在伦敦的周边已经建设了将近300个绿色项链状的开放空间，面积相当于伦敦市区的7倍，而东南绿链为其中最有代表性的部分，实现了几个主要的功能目标。

(1)保护环境的基地。通过绿色空间的建设控制了不合理的建设活动，有效地保护和改善了伦敦的公共开放空间。来自4个行政区的该项目工作人员辛勤工作，以确保现在和未来的伦敦绿色开放空间和野生动植物的存在，并给所有市民带来愉悦。

(2)市民的休憩场所。在这条绿色项链中，人们可以欣赏到从学校操场到古代森林和迷人花园之类的很多景象，人们可以在开满鲜花的草地上野餐，在整洁的花园中徜徉。

(3)追忆历史的走廊。整条伦敦东南绿链具有浓郁的历史韵味。在这里，人们可以感受到昔日宫殿的庄严、议院的辉煌、修道院的变迁、水晶宫的神奇和水利大坝的雄伟。

(4)运动健身的空间。对于喜欢运动的市民来说，这里简直是一个再理想不过的运动空间，绿链内可以进行高尔夫球、网球、足球、橄榄球、田径和游泳等多种体育健身项目。

3.3 珠三角地区绿道建设——以增城市为例

近来珠三角部分城市进行试行，绿道建设探索成效初显。特别是广州下辖的增城市，位于广州市的东北部，是广州“东进”、“北优”战略的重要实施部分。增城市沿主要旅游干道两侧建设了约190 km的绿色廊道，并沿道路建设了20个面积超过40 hm^2的生态公园和10个自驾车休息驿站，促进自驾车游的发展；从增城市区到白水寨风景名胜区建设长约100 km的自行车休闲健身绿道，并设置16个休息驿站和20个避雨亭，将增江河岸山水、田园风光、竹林幽径、农家风情融为一体，被称为广州最长单车道，半年多就接待5万多游客，为农民创收，成为名副其实的“黄金道”。

4、济宁市绿道建设条件和设想

4.1 具备的条件

济宁市多山、多水、多圣人。文化底蕴深厚，是中华文明的重要发祥地和儒家文化发源地。始祖文化、孔孟文化、运河文化、水浒文化、佛教文化、李白文化、梁祝文化、汉碑汉画像石文化、山水文化等交相辉映，形成了“东文西武、南水北佛、中古运河”的文化格局。

(1)自然条件：济宁市横跨黄、淮两大流域。北部有黄河、大汶河、东平湖等水系，东有泗河、白马河等，西部有梁济运河、洙赵新河、东鱼河等，中部南四湖是我国北方最大的淡水湖。境内有历史文化名山曲阜尼山、梁山、四基山，“岱南奇观”峄山等山脉。

(2)风景名胜：济宁地区是山东旅游资源较丰富的地区之一，拥有国家历史文化名城2座，中国优秀旅游城市3座，山东省风景名胜区4处，4A级以上景区6处，国家级、省级工农业旅游示范点11处。儒家文化发祥地曲阜孔庙、孔府、孔林等世界历史文化遗产，邹城的孟府、孟庙、孟林等，与名震古今的水泊梁山、闻名中外的京杭大运河等交相辉映。

4.2 规划设想

以境内京杭大运河、泗河、汶河三大水系为主骨架，支流河道、道路等为脉络，建设宽度30～100m的生态绿廊，串联境内各城市、乡镇、村庄、山脉、湖泊、风景名胜，形成无缝连接的绿道网络体系，加快推进济宁城乡一体化建设进程。

(1)孔孟文旅线：绿道全长约40km，由北向南，以历史文化名城曲阜和邹城为支点，串联“三孔”、颜庙、洙泗书院、孟林、孟庙、邾国故城、尼山森林公园、峄山森林公园等人文自然景点。并利用公路、乡间道路向沿线城市、乡镇、村庄、山脉、风景名胜延伸，连接形成济宁东部地区的文化之旅绿道体系。

(2)京杭运河线：济宁境内河道全长约230km，自北向东南流经梁山、汶上、嘉祥、任城、城中、鱼台、微山等7个县区，串联起法兴寺、梁山地质公园、分水龙王庙、岱庄天主教堂、凤凰台遗址、东大寺、吕家大院、潘家大院等，并利用沿岸支流汶河、赵王河、北泉河、郓城新河向沿线乡镇、村庄、风景名胜延伸，连接形成京杭运河线绿道体系。

(3)环微山湖线：微山湖是我国北方最大的淡水湖，每年盛夏，湖中数十万亩荷花竞相开放。古朴的民风，错落有致的民居，以船代步的叶叶小舟，千顷荷花与蓝天、碧水、野鸭、苇草，形成天然的水上游乐园。规划串联起北湖旅游度假区、南阳古镇、昭庆寺、仲子庙、方与古城、南四湖自然保护区、微山湖湿地等，结合沿岸古色古香的水埠码头、民舍村落以及古塔、古桥、古寺等特色建筑，形成济宁南部独具特色的环微山湖绿道体系。

5、结语

绿道像是一条血脉，活跃了城市的经济社会和生态文明发展，同时也吸引越来越多的周边游客从城市投入乡村的怀抱，在色彩缤纷的田园中放松身心，享受田园乐趣，成为游客乐不思“城”的独特风景线。绿道规划建设涉及的部门多、辐射面广，不但需要多部门统筹联动，还需要充足的资金作为后盾，其任务艰巨而又责任重大，因此需要成立相应的组织机构并由政府领导挂帅方可取得最终的付诸实施。

[参考文献]

[1] 李敏. 绿道改变生活——适应低碳时代的绿道建设概观 [J].园林,2011(7):14-17.
[2] 庄荣,陈冬娜. 他山之石——国外先进绿道规划研究对珠江三角洲区域绿道网规划的启示[J].中国园林,2012(6):25-28.
[3] 羊芸,王同俊. 关于成都市绿道规划建设的探讨[J].交通科技与经济,2011(13):106-109.
[4] 张云彬,吴人韦. 欧洲绿道建设的理论与实践[J].中国园林,2007(8):33-38.
[5] 申治琼,罗言云,卿人韦. 绿道在城镇密集区的应用 [J].北方园艺,2011(23):77-80.
[6] 陈思宇,刘红丽,李仁旭. 试论国外绿道规划发展对我国的影响[J].科技创业家,2011(5):245-246.

节水技术在城市园林中的应用

孔 涛

[摘　要] 随着我国城市化进程的不断加快，城市园林绿化建设必将得到更加快速的发展。如何有效地利用城市水资源，积极发展节水型园林，从而更好地发挥城市园林的景观效益和生态效益，实现城市的可持续发展，已经引起全社会的高度关注。笔者坚信，在广大园林工作者的共同努力之下，节水型园林必将成为新型园林的主要建设模式。

[关键词] 节水型园林；节水型灌溉；植物配置

[作者简介]

孔 涛　济宁市规划设计研究院工程师

[备注] 该论文获“2010年度山东省建筑专业论文竞赛”三等奖

我国是一个水资源严重匮乏的国家，虽然水资源总量居世界第六，但由于我国人口众多，水资源人均占有量只相当于世界人均的1/4。近年来，随着社会经济的迅猛发展和人民生活水平的不断提高，城市用水量大幅度增加，城市更加需要有高质量的水作保证；而与此同时，由于水源的不合理开发和利用，尤其是近几年沙尘暴频发、水污染加剧和干旱缺水，使得水资源形势更为严峻。到目前为止，全国600多个城市中，大约有一半以上的城市缺水，国家每年因缺水造成上千亿元的经济损失。部分城市为了缓解水资源短缺的现状，无节制地抽取地下水，使城市的地下水位严重下降、城市下陷，遗患无穷。由此可见，水资源短缺已经成为制约我国城市可持续发展的重要因素。

随着1992年里约热内卢联合国环境与发展会议的召开，追求人类社会的可持续发展，已逐渐成为时代的最强音，可持续发展观正深刻影响着城市的发展方向和进程。城市园林绿地作为城市中唯一具有自净能力的系统，在改善环境质量、维护城市生态平衡、美化城市景观等方面，起着十分重要的作用，其在城市可持续发展过程中的不可替代性，已为人们所认同。

但是，伴随着城市绿化建设的迅速发展，绿地面积的日益增加，园林用水量也逐年提高。目前，我国城市园林绿化大多以自来水为水源，且利用率很低，这使城市有限的水资源更加紧缺，在一定程度上也阻碍了城市经济的发展。主要表现在如下方面。

（1）城市园林用水体系不完善，水资源利用率低

我国城市园林绿地多设有一定面积的水景，如喷泉、瀑布、人工湖等，济宁市的人民公园、百花公园以及即将建成的王母阁公园等绿地都有面积较大的人工湖，这些人工造的水景，一般都独立于城市的天然水系，依靠城市自来水系统维持，每年需消耗大量的水资源。利用后的水也多直接排于下水道，而没有用于绿地浇灌或是补充到城市水系。

（2）园林植物配置不合理，过分推崇草坪在园林中的应用

近年来，“草坪热”使城市绿地中草坪的比重逐年上升，乔、灌木的比重逐年下降，有的地方甚至出现挖树种草的现象，这不仅降低了绿地系统的生态效益，而且加大了城市园林的用水量。

（3）灌溉设施简陋，方式落后，管理水平低下

我国园林绿地灌溉大多以人工水管式灌溉为主，而诸如喷灌、滴灌乃至地下滴灌等节水型灌溉方式，应用甚少。如济宁市道路绿地的绝大部分路段，均为水车浇灌，浇灌时水分流失多达20%～30%。

以上诸多原因，造成了园林绿化中水资源的极大浪费，也加剧了城市水资源的匮乏。城市园林绿地作为城市生态系统中最积极的建设者，它的发展不应以水资源的高消耗为代价。因此，我国的园林绿化事业要更好地发展，就必须改变水的利用模式，使之从“耗水型园林”向“节水型园林”过渡，走持续、健康的发展道路。

如何利用短缺的水资源搞好城市园林绿化，使城市生态环境得以良性循环，欧美发达国家的经验值得我们借鉴。

西方发达国家的水资源拥有量，远大于我国，但他们早就开始注意水资源的节约利用。从生产到生活各个方面，都体现了强烈的节水意识，在城市园林中尤其如此。

美国城市园林绿地的发展，非常重视水资源的节约利用。他们通过各种宣传展览活动，来提高市民的节水意识，如达拉斯城市水资源利用协会每年举行的节水公园旅行、洛杉矶水电局支持的以节水为主题的鲁米斯庭园样板花园等。同时，管理部门还向公众展示各种先进的节水技术和设备，并提供各种适宜当地的耐旱植物资料，以鼓励人们建立节水型景观。另外，美国在许多州的社区绿化中，都广泛推行“耐旱风景”。一片耐旱的美化场地，一般可节水30%～80%，还可相应地减少化肥和农药的用量。因此，他们积极支持以这种方法作为节水和改进城区环境的措施，从根本上减少城市园林对水资源的消耗。

德国是世界上雨水收集利用最先进的国家之一，其城市绿化通过广泛收集和利用雨水，能够解决大部分景观用水，有的甚至实现了对城市洁净水资源的零消耗。例如，位于柏林市中心欧洲最大的商业区波茨坦广场，规划了13042㎡的城市水面，占总用地的19%，总共可收集容纳15000m^3的雨水，通过合理的生态水景设计，广场成为具有浓厚自然气息并充满活力的城市开放空间。汉诺威“变化花园”的水园、萨尔布吕肯市港口岛公园和杜伊斯堡北风景公园，也都充分利用天然的雨水创造出了迷人的景观。另外，德国的生态村建设，在节水方面也达到了先进水平。生态村所有住宅的屋檐下，都安装了半圆形的檐沟和雨落管，用来收集屋面雨水。收集起来的雨水，部分用来浇灌绿地，部分放入渗入池，补充地下水。

总之，目前在西方发达国家，节水型园林的发展正方兴未艾。在城市绿地和居民区绿地中，耐旱风景、节水景观随处可见。这些都为我国发展节水型园林提供了丰富的实践经验，值得我们学习和借鉴。

随着水资源问题日益突出，我国已有部分城市认识到园林建设要持续健康发展，就必须走节水型园林道路。他们尝试着将这一理念应用到园林建设的实践之中并已初见成效。

济南市植物园2002年利用毗邻的西大沟，建成了山东省首家园林污水处理工程。通过利用处理后的污水进行灌溉，这项工程每年能节水18余万m^3。同时，中水灌溉还可以增加植物的养分。

成都市1998年建成的活水公园，是世界上第一座高扬水资源保护旗帜的主题公园。它由美国艺术家达蒙女士创意，中、美、韩等国专家共同设计建造，以水环境和水污染治理为主题，将水受到污染及治理的过

程，用形象、艺术的形式展示出来，并形成优美的园林景观，对推动我国环境保护事业的发展，有着重要的意义。

包头市位于中国西北，年平均降雨量仅为300mm，而年均蒸发量高达2300mm。在这种严重缺水的条件下，城市园林部门通过大量栽植耐旱植物，采用喷灌、滴灌技术，利用中水解决部分绿化用水，实现了城市绿化覆盖率逐年上升，2002年达到31%，被联合国人居署授予“2002年联合国人居奖”，并于2000年和2002年两度获得“迪拜国际改善居住环境最佳范例奖”。

虽然我国的节水型园林有所发展，但我国大部分城市仍沿袭着传统的园林发展模式，对水资源短缺的现状认识不足，没有合理地开发和利用水资源。针对具体存在的问题，应采取以下措施，促进我国节水型园林的发展。

1、重视城市绿地系统总体规划中的园林水系规划

城市园林绿地系统规划，是城市环境可持续发展的基础。在总体规划阶段，就应合理布局城市各类绿地，充分利用天然的河流、湖泊水系，形成良好的城市生态水景系统，尽量减少以洁净水源维持各类人工水景用水，与城市天然水系、绿地灌溉系统相连，使水资源最大限度地重复利用。

2、合理选择植物种类，优化植物配置

植物是城市园林绿化的基础，合理的植物种类选择和配置方式，是发展节水型园林的关键所在。在进行植物规划时，我们应遵循以下原则。

（1）因地制宜，注重乡土树种的开发和应用

城市园林是一个特殊的生态系统，受人为因素的高度干扰，在选择植物种类时，应坚持适地适树原则，重视乡土树种的推广应用，乡土树种是在长期演变中形成的地域性植物，具有较强的适应性和抗逆性。同时，乡土树种还具有丰富的林相和季相变化，可以形成不同的特色景观。因此，乡土树种应成为园林绿化的首选树种。当前，部分城市在绿化建设过程中，忽视甚至避而不用乡土树种，转而追求一些不适宜当地环境的外来树种，这给养护管理工作带来了很多问题。

（2）大量应用耐旱植物

耐旱植物包括旱生植物、中生植物的耐旱种类，以及通过培育而成的耐旱园艺品种。耐旱植物的应用，不仅能节约大量水分，还能营造独特的景观。如柽柳属（*Tamarix*）植物花期各异，花色多种多样，花期从早春至深秋，是荒漠、半荒漠地区城镇园林绿化的理想灌木。

（3）优化园林植物配置

城市园林绿化应该以乔、灌木为主体，以复层植物群落结构为主导，强调绿量和生态效益。实验表明，乔灌木的耗水量远低于草坪，而生态效益却比草坪高得多，10㎡树木产生的生态效益，与50㎡生长良好的草坪相当。因此，在进行园林植物配置时，必须坚持以树木为主体，努力提倡乔、灌、草相结合的复层结构，杜绝“以草代树”现象。

3、大力推广节水型灌溉方式

在达到浇灌效果的前提下，不同的浇灌方式也是决定绿化工程能否节水的一个重要因素。因此，要降低园林事业对城市水资源的消耗，就必须大力推广节水型灌溉方式。

（1）喷灌

传统的浇灌不但会浪费大量的水，还会出现跑水现象，使水流到人行道、街道或车行道上，影响周边环境。喷灌是根据植物品种和土壤、气候状况，适时适量地进行喷洒，不易产生地表径流和深层渗漏。喷灌比地面灌溉可省水约30%～50%，而且还节省劳力，工效较高。喷灌特别适合于密植、低矮植物（如草坪、灌木、花卉）的灌溉。

（2）滴灌

除具有喷灌的主要优点外，比喷灌更节水（约40%）、节能（50%～70%），但因管道系统分布范围大而增大了投资成本和运行管理的工作量。目前，滴灌主要应用在花卉、灌木及行道树的灌溉上，而在草坪及其他密植植物上应用较少。

（3）地下滴灌（SDI）

是微灌技术的典型应用形式，是目前最新、最复杂、效率最高的灌溉方法。它直接供水于植物根部，水分蒸发损失小，不影响地面景观，同时还可以抑制杂草的生长，是园林绿地中极具发展潜力的灌溉技术。

4、充分利用非常规水

目前，我国城市园林绿化用水多来源于居民生活用水，从而造成了居民用水与绿化用水的矛盾。在水资源越来越匮乏的今天，园林绿化事业要继续发展，就必须解决水源问题。而充分利用非常规水，是解决这个矛盾的有效途径之一。

非常规水是指区别于一般意义上的地表水、地下水的水源，它包括污水处理回用水、海水、微咸水、雨洪水等。非常规水利用量的多少，是一个城市水资源开发利用先进水平的重要标志，充分利用非常规水，是解决城市缺少问题的必要手段。

（1）污水处理回用

《中国21世纪议程》中指出：“水是不可代替的自然资源，但可以再生。城市污水资源化既可缓解供需矛盾，又可减轻污染。污水资源化是实现水可持续利用的重要途径。”利用污水对城市园林进行灌溉，在以色列、美国、日本等一些国家，已有几十年的历史。尤其是以色列，其城市园林80%以上是用生活污水和工业废水经过简单处理后，结合现代灌溉技术进行灌溉。在我国，利用污水进行绿地灌溉，尚处于起步阶段。

城市污水量大且相对集中，水量、水质均比较稳定，是可以恒量供水的水源。它们中的很大一部分，通过简单的一级或二级处理后，即可达到园林用水的要求。因此，利用城市污水和工业废水对城市园林进行灌溉，是节约和保护城市水资源的一条重要途径。

（2）雨、洪水利用

雨、洪水资源化，是城市充分利用有限水资源的又一重要途径。城市雨水的收集、利用，不仅是指狭义的利用雨水资源和节约用水，它还具有减缓城区雨水洪涝和地下水位下降、控制雨水径流污染、改善城市生

态环境等广泛的意义。园林部门可利用建筑、道路、湖泊等，收集雨水，用于绿地灌溉、景观用水，或建立可渗式路面、采用透水材料铺装，直接增加入渗量。

5、加强人力资源管理，提高从业人员的节水意识

当前，从事园林绿化事业的工作人员中，绝大多数对我国水资源匮乏状况还不甚了解，尚未意识到节水的重要性。一方面，设计人员在设计中，或倾向于大面积的草坪、大型的水景等一些高耗水的景观，或对植物的生态习性不了解，不能合理地配置植物；另一方面，管理部门和人员在后期养护管理过程中，没有采取有效的节水计划和措施。为此，当务之急应加大宣传力度，提高从业人员的节水意识，使发展节水型园林的观念深入人心。

火灾应急照明在工程设计中的应用

高学浩

[摘 要] 火灾应急照明系统在建筑物安全保障体系中占有重要的地位，在实际工程设计中，应急照明不同类型的电源、灯具、导线及控制方式的选择，要与具体建筑的性质相适应，并要满足相关规范的要求，使应急照明在火灾时能够发挥其应有的作用。

[关键词] 应急照明；电源；控制；灯具

[作者简介]
高学浩 济宁市规划设计研究院 工程师

[备注]此文发表在《山东建筑电气》（总50期）

1、前言

火灾应急照明包括备用照明和疏散照明，备用照明应设置在供消防作业及救援人员继续工作的场所，疏散照明应设置在供人员疏散，并方便消防人员撤离火灾现场的场所。火灾应急照明系统的设计与具体工程中火灾应急照明的负荷等级、电源提供方式、灯具控制方式有着很大的关系，下面就具体地探讨一下。

2、火灾应急照明负荷等级及供电要求

火灾应急照明属于消防用电负荷，其负荷等级应符合规范中消防用电负荷的相关规定。对于高层建筑，应满足《高层民用建筑设计防火规范》（GB 50045-95，2005年版）9.1.1条的规定，一类高层建筑应按一级负荷要求供电，二类高层建筑应按二级负荷要求供电。而对于某些多层建筑，参照《建筑设计防火规范》(GB 50016-2006)11.1.1条的规定，可按三级负荷考虑，对于多层公共建筑，根据《民用建筑电气设计规范》(JGJ 16-2008)第13.8.3条第1款的规定，公共建筑的疏散楼梯间及疏散通道应设置疏散照明，因此多层公共建筑走廊内应设置火灾应急照明，除应设置疏散走道照明外，还应在各安全出口处和疏散走道，分别设置安全出口标志和疏散指示标志。

对于火灾应急照明的最少持续时间，《高层民用建筑设计防火规范》（GB 50045-95，2005年版)9.2.6条规定“应急照明和疏散指示标志，可采用蓄电池作备用电源，且连续供电时间不应少于20min，高度超过100m的高层建筑连续供电时间不应少于30min”;而根据《建筑设计防火规范》(GB 50016-2006) 11.1.3条的规定“消防应急照明灯具和灯光疏散指示标志的备用电源的连续供电时间不应少于30min”;另外，根据《民用建筑电气设计规范》（JGJ 16-2008）表3.8.6的规定，疏散照明最少持续供电时间应不少于30min，消防工作区域的备用照明最少持续供电时间不少于180min。

综合考虑，在工程设计中，可按照《民用建筑电气设计规范》（JGJ 16-2008）表3.8.6的规定执行。

3、火灾应急照明电源的设置

在实际工程设计中，火灾应急照明的电源提供一般有三种方式：①灯具自带蓄电池供电；②使用集中蓄电池供电；③设置末端双电源自动切换应急照明配电箱。

对于消防用电为三级负荷的建筑，可考虑使用灯具自带蓄电池方式供电，灯具内蓄电池平时充电，火灾时应急点亮。当走廊内应急照明灯作为平常照明的一部分来使用时，应注意连线方式，应保证平时不得中断蓄电池的充电电源。采用自带蓄电池灯具，设计及施工方便，可由层配电箱直接引出出线回路，比起设置集中蓄电池，箱体占用空间少，单个应急灯具损坏时，不影响其他灯具使用。

不过对于消防用电为一、二级负荷的建筑，应该慎用灯具自带蓄电池的方式，因为消防用电为一、二级负荷的建筑，其应急照明应有两路电源进行供电，而一般自带蓄电池的灯具一般都是由层配电箱引出回路，而发生火灾时，层配电箱一般会作为非消防电源被切断，虽然应急灯也会在蓄电池的作用下点亮，但已经不满足两路供电的要求，不符合规范要求。所以，当采用自带蓄电池的方式时，必须使用专门的配电箱及供电回路供电。

对于消防用电为一、二级负荷的建筑，可采用集中蓄电池供电，或者设置末端双电源自动切换应急照明配电箱，采用两路电源供电。这样发生火灾时便于提供火灾报警信号，强制点亮应急灯具。需要注意的是，采用集中蓄电池供电时，其电源应由消防动力箱引来，以保证发生火灾时，主电源不被切断，蓄电池作为备用电源使用。如果是一级负荷，集中蓄电池宜由双电源中的应急电源提供专用回路树干式供电，二级负荷可由单回路树干式供电。另外，当应急电源负荷较大时，集中蓄电池组机柜尺寸也会相应较大，当不能满足暗装要求时，需要足够的空间放置蓄电池组机柜。对于采用末端双电源自动切换应急照明配电箱供电的应急照明系统，其两路电源应满足一、二级负荷供电要求，当其中一路使用柴油发电机组时，柴油发电机启动时间小于30s，不能用于安全照明及某些对转换时间要求较高的场所。

4、火灾应急照明的控制

根据《火灾自动报警系统设计规范》（GB 50116-98）第6.3.1.8条的规定，“消防控制室在确定火灾后，应能切断有关部位的非消防电源，并接通警报装置及火灾应急照明灯和疏散标志灯”。因此，发生火灾时，应急照明灯应被强制点亮。应急灯具强启的实现，自带蓄电池的灯具是在灯具内部完成的，其供电电源失去后，蓄电池会自动给灯具内的光源供电。集中蓄电池和双电源切换配电箱会通过增加一根应急电源线来实现，这根应急电源线，平时不带电，火灾时带电，通过与平时及火灾时均带电的正常电源线相配合，在灯具处采用双控开关来实现应急灯具强启的功能。

对于节能自熄开关的问题，《住宅设计规范》（GB 50096-1999）第6.5.3条规定，“住宅的公共部位应设人工照明，除高层住宅的电梯厅和应急照明外，均应采用节能自熄开关”，由此可见，应急照明不能使用节能自熄开关，而根据《住宅建筑规范》（GB 50368-2005）第8.5.3条的规定，“当应急照明在采用节能自熄开关控制时，必须采取应急时自动点亮的措施”。这两条规范显然存在矛盾的地方，笔者认为作为住宅建筑，节能自熄开关的使用是电气节能的一个重要方式，而在高层住宅建筑中，平常照明灯具与应急灯具往往又是共用的，这样也有利于成本的节约，因此可以采用2005年出版的《住宅建筑规范》的规范要求，利用双火线的节能自熄开关来控制应急照明灯，使其火灾时应急点亮。

5、火灾应急照明线路的敷设

在《民用建筑电气设计规范》和《高层民用建筑设计防火规范》中，均对应急照明线缆的敷设作了具体要求，重点强调了防火保护措施，暗敷设时应穿管并应敷设在不燃烧结构内且保护层厚度不小于30mm；明敷设时应穿有防火保护的金属管或有防火保护的封闭式金属线槽。但对于应急照明线缆的选型并没有作具体的规定，在工程设计中可依据《建筑电气工程施工质量验收规范》（GB 50303-2002）第20.1.4条8款的规定，疏散照明线路采用耐火电线、电缆。

另外需注意的是，根据《民用建筑电气设计规范》（JGJ 16-2008）第13.9.12条第4款的规定，“备用照明与疏散照明，不应由同一分支回路供电”，这是因为疏散照明与备用照明在火灾时应持续点亮的时间差别很大，灯具的控制方式也不同，所以分开回路能够更好地控制备用照明和疏散照明。

6、应急照明灯具在选择与布置上应注意的一些问题

根据《高层民用建筑设计防火规范》（GB 50045-95）第9.2.5条的规定，“应急照明灯和灯光疏散指示标志，应设玻璃或其他不燃烧材料制作的保护罩”。有些工程中应急照明作为平常照明的一部分来使用，为了达到一致的效果，使用和平常照明一样材料的灯具，这样的灯具的保护罩往往都是一些可燃烧材料，这样便违反了规范，所以应该在设计说明中加以说明。有些时候，当应急照明作为平常照明的一部分使用时，会使用和平常照明一样的光源，但像厂房、剧院之类的建筑，可能会使用到金属卤化物灯作为光源，而此类光源的灯丝从冷态到全辉度需要4~8min，不能满足瞬间点亮的要求，所以不适合作为应急照明的光源。

在一些大空间的建筑内，像大型商场，在布置疏散照明指示灯具时，应注意分隔防火分区的防火卷帘和疏散通道防火卷帘的划分，非疏散通道处的防火卷帘会在发生火灾时一降到底，不会两步动作，所以要注意不要指示人员往非疏散通道处的防火卷帘处疏散。大空间建筑因为没有墙壁，所以其疏散指示灯可以吊挂，但距离地面一般不能高于2.5m，若安装过高，很容易被火灾烟雾遮挡，不能起到疏散作用。

在地下车库中，引导汽车出入的指示灯要有别于火灾疏散指示灯，因为汽车坡道的出口不能作为人员疏散的出口，以防止人车混流。

7、结束语

火灾应急照明系统的设计关系到火灾时人员的生命安全问题，所以必须足够重视，设计人员要做到考虑周全、作图细致，当发生火灾时，为人员疏散及相关消防机房提供足够的照度，尽量为人员疏散提供最快捷的途径，配合其他消防设备的使用，将火灾的损失降到最低。

快速城镇化下的济宁义务教育学校布局规划探讨

郭成利　王 尧　陈 强

[摘　要] 随着城镇化进程的加快，诸多城市问题开始凸显，城市义务教育问题正是诸多问题中较突出的一个。笔者结合编制《济宁市区教育设施专项布局规划》的契机，以城市义务教育学校布局为例，从规划视角上，就如何满足教育实际需求、衔接各层次规划、协调城市各项建设发展等进行较为深入的分析，总结经验，提出针对性的对策措施，以期为其他地区的义务教育学校布局发展提供借鉴。

[关键词] 快速城镇化；义务教育；均衡化；规划布局；济宁市

[作者简介]

郭成利　济宁市规划设计研究院工程师

王　尧　济宁市规划设计研究院二所所长，高级工程师

陈　强　济宁市规划设计研究院工程师

在全球制造业中心转移、工业化进程加速和全面现代化建设三重推力共同作用下，我国进入了高速城镇化时期，形成了世界级的、无与伦比的“城市生产规模”，具体表现为全球最高的城市基建投资、急速膨胀的城市空间和数以亿计的流动就业人口。超高速城镇化提供了规模宏大的空间框架支撑，城市面貌日新月异。1990～1999年间我国城镇化率年平均增长约0.84个百分点，2000～2009年间我国城镇化率年平均增长约1.04个百分点，城镇化呈现快速发展趋势，平均每年新增城镇人口一千多万。这种趋势使得农村人口逐步减少，城镇人口急剧膨胀，造成我国人口空间分布形态发生巨大改变。

随着城镇化进程的加快，诸多城市问题开始凸显，如城市扩张威胁耕地安全；区域联动发展缺乏相应调控；“城市大跃进”和无序扩张危及城市文脉传承；城市公共服务设施滞后等。尤其是我国房地产过热增长的这几年，使得很多矛盾更加尖锐。如何更好地应对解决这些问题已成为政府及社会普遍关注的问题，而城市义务教育问题正是诸多问题中较突出的一个。笔者结合编制《济宁市区教育设施专项布局规划》的契机，以城市义务教育学校布局为例，从规划视角上，就如何满足教育实际需求、衔接各层次规划、协调城市各项建设发展等进行较为深入的分析，总结经验，提出针对性的对策措施，以期为其他地区义务教育学校布局发展提供借鉴。

1、概况

济宁市地处山东省西南部，为鲁南重要的区域中心城市，全市辖２区３市７县，市域总面积10684.9km^2。2009年全年国内生产总值2279.19亿元，在全省17个地市中处于第6位。2009年年底，全市总人口831.31万人，中心城区人口88.33万人。同年底，市区 义务教育阶段学校共161所，在校生11.32万人。其中，小学125所，在校生6.63万人；初中36所，在校生4.69万人。中心城区小学41所，在校生3.75万人；初中20所，在校生3.11万人。

随着济宁市城镇化进程的不断加快，社会经济呈现快中又好的发展势头，教育事业也得到较大提升，但发展速度却明显滞后于城市发展。与同等级发展较快的城市相比，济宁市义务教育也比较落后，与其享有孔孟之乡的美誉形成较大反差。

2、学校现状问题分析

我国在不同的发展阶段，采取了均衡或非均衡的发展策略，从效率上加强解决力度，而忽略了因加快效率而引发的问题，如差异过大、不公平等。这些策略使国家的关键资源都相继集中在城市、沿海，农村和内陆的发展相对受到制约，由此衍生了工农、城乡、沿海与内陆之间逐渐形成差异，形成非均衡的发展现状，经济发展如此，教育发展也一样。长期以来教育投入的相对不足、教育经费的分配不均和重点学校政策的实施，引起了学校间的巨大差别，校际间的资源配置状况严重失衡。这些问题均给新时期教育设施规划调整带来了问题与挑战。

教育设施规划是一个复杂的系统工程，内容涉及繁多，不是教育管理部门单一所能完全的。学校布局规划作为其中的一项重要内容，向来受到政府的重视和社会的关注。此次规划重点是从空间布局方面入手对教育设施进行调整、布局和优化。为保证布局规划分析问题具有针对性，笔者从诸多教育设施分析指标中选取了与学校空间布局关联密切的一些指标进行分析，即校园用地、办学规模、服务距离、服务人口等。通过这些指标对济宁市义务教育学校的发展现状进行评价分析，梳理出以下一些问题。

2.1 教育设施总量不足，配套设施不完备

2009年年底，济宁市区小学在校生6.63万人，按适宜班额45人测算，与现状供给量相比缺额96班；市区初中在校生4.69万人，按适宜班额50人测算，与现状供给量相比缺额48班，办学规模总量远不足。与此同时，市区小学总校园用地128.66hm^2，按省标准23m^2/人测算，与现状相比缺额23.77hm^2。据此测算，老城区小学总教学用地面积缺额48.93hm^2，初中缺额35.62hm^2，校园用地总量严重不足。老城区小学和初中生均用地分别为6.85m^{2}和8.34 m^2，远低于办学相关规范的要求。

另外，济宁市区很多义务教育学校设施配套不完备，缺少一些必要的教学设施资源。如很多学校缺少规范、标准化的运动场地，一些学校甚至没有基本的活动场地，这都严重制约了市区义务教育的健康化与均衡化发展。

2.2 学校建设未与城市发展同步，空间布局不尽合理

济宁市目前中心城区的义务教育学校格局基本还停留在1990年代初的设置状态，而城市却在规模、空间形态上都发生了巨大改变。如市中区在近20年的发展中，城市人口规模逐年增加，就学需求也逐年增大，但此范围内并未新建一所学校，而只是扩大了部分学校的校舍容量，造成教育办学矛盾突出。同时，由于学校建设未能同步城市发展，城区内的学校多集中在老城区范围内，而老城区以外的建成区范围虽然居住人口不断增多，但学校分布很少，造成学校整体空间布局不尽合理。

2.3 校际差距大，择校现象突出

由于之前的教育发展多采用的是不均衡的发展策略，造成了学校间资源配置严重失衡，形成了校际发展不均衡问题，造成强校更强，弱校更弱。部分学校，具有布局集中、规模较大、实力强等特点，基本办学条件较好，已呈现学校现代化。而位置相对偏远的学校，呈现办学规模小、规模较低等特征，校舍相对陈旧，设施设备不配套，与条件好的学校形成强烈反差。以中心城区的小学为例，规模最大的学校学生规模达4000多人，平均班额70人以上，而最小学校的学生规模不足百人，平均班额只有十几人。

2.4 学校服务区与实际招生区不一致

当前，中心城区内的义务教育学校招生基本都有各自明确的服务区，但由于择校现象过热，造成大量学生跨学区就学。如根据实际居住人口核算，霍家街小学服务区内生源应为1000人左右，而实际在校学生为4700多人。东门大街小学其服务区学生应为800人左右，而实际在校生数达到2300多人。而与此形成对比的是，南苑中心小学其服务区学生应有1000人，而实际在校生数仅为130人。三里营小学其服务区应有学生300人，而实际在校生只有70人。

3、规划基本思路及标准确定

3.1 基本思路梳理

目前，我国很多城市已编制了教育设施专项规划，从规划深度、标准制定、编制重点等方面都各具特点，不尽相同。从规划技术上讲，确定未来学生数量及空间分布、制定合理设校标准是义务教育学校布局规划的核心和难点。通过对济宁市区义务教育学校布局规划拟解决问题的梳理，借鉴其他地方的经验，确定了此次规划的基本技术思路，即自上而下与自下而上相结合的方法。

自上而下的方法是根据济宁城市总体规划确定的人口规模及居住用地分布来明确未来中心城区的学校需求总量及分布，以引导对现状学校进行布局调整。这个过程是基于城市总体规划所确定的城市人口合理空间分布下做的，较为理想化，与实际人口分布需求差别较大，对解决教育部门面临的实际问题显现不足。

自下而上的方法是从解决实际问题的理念出发，深化对每个学校问题的认识，并进行学校发展综合评定，以确定对现有学校的调整思路。评定指标主要包括学校周围居住人口分布、学校服务范围、学校用地可保障性等因素。

最后综合两种方法，进行学校合理服务片区的划分，从各片区和整体上平衡学校规模，结合相关规划，综合考虑交通、环境等因素，合理确定学校布局。

3.2 人口规模及空间分布确定

人口规模及分布是确定教育设施需求的根本，但由于人口的流动性越来越大，要精确地确定城市现状人口规模空间分布，预测未来人口规模及分布存在较大困难。公安和统计部门虽有人口数据的统计，但由于统计口径不同，且缺乏准确的人口空间信息，因此在规划的实际编制过程中仍须对城市人口的实际居住空间分

布进行系统准确的分析，以此作为近远期学校调整的基础数据参考。

在进行人口空间分布分析时，为使其更为准确，本规划对济宁市中心城区的人口进行了分地块的量化，结合地理信息技术，以每个地块中的住宅容量作为确定此地块人口规模的依据，并通过统计和公安部门的数据进行校核。其中，城市最小地块是指以总体规划确定的支路网、河流、铁路等划分的城市地块单元。

通过上述方法，可直观清晰地了解现状每个学校周围的实际居住人口情况，并结合学校发展实际，分析出学校存在的种种问题。在此基础上，将规划部门提供的近几年已批准在建、待建的居住区详细规划进行空间的落位，把对应的规划人口与现状地块的人口进行分类加减，以此作为近期规划布局的主要参考，同步结合城市近期规划。考虑到总体规划所确定的远期居住用地存在一定调整性，因此远期各地块人口的校核确定主要在近期基础上，根据所含居住用地面积乘以适宜的人口密度来进行。

3.3 学校设置标准的确定

我国目前关于教育设施的规范及地方规定很多，如《城市居住区规划设计规范》、《中小学校建筑设计规范》、部分省市的地方性规范等，这些标准不统一造成了不同编制单位套用不同标准，造成规划管理混乱，也带来了学校布局调整中的各种问题。山东省于2008年5月出台了《山东省普通中小学基本办学条件标准(试行)》，这对指导新建学校具有很强的规范约束性，但对解决现状学校所面临的各种问题指导性却不强。

在进行学校布局规划时，主要参考标准有千人指标、适宜规模、服务半径、用地标准等。其中，千人指标是教育需求与人口规模相联系的纽带，用以确定义务教育学校整体及各片区内的需求量。根据济宁市历年在校学生数、人口出生率等多因素确定了济宁市中心城区的小学千人指标为55座，初中为44座。

我国各城市义务教育学校基本是以小区或居住区为配置单元进行配建的，但随着开发模式多元化，学校规模偏小问题日显突出，多而小的格局，造成办学规模不经济，且教育管理部门不易管理。学校规模过大也同样会造成学校服务半径过大，不便学生就近入学。综合多因素，结合省标准，规划确定中心城区新建小学的适宜规模为20～30班，初中的适宜规模为24～48班。

义务教育设施相关规范中曾多次提到就近入学原则，且明确了小学的服务半径为500m，初中的为800m。然而，由于要求过于笼统，至今未发挥真正的效力。因此，本规划未理想地按服务半径进行施教区划分，而是结合学校分布实际，兼顾各地块完整性，依靠城市道路网、河流等进行服务区划分，服务半径小学尽量控制在800m左右，初中在1000m左右。

学校用地一直是学校布局规划的核心点。对于城市新建区的学校可完全按照“省标”进行建设，而对建成区内(尤其是老城区)的学校，由于其处在城市建设成熟区，各学校用地空间可拓展程度不同，完全按照省标准进行规划，可实施性较差。因此，在对这些学校进行调整时，结合学校周边用地实际及相关规划，进行学校用地可拓展性分析，最终确定了对现有学校进行改造的最低用地要求，即小学生均用地不低于12m^2，初中生均用地不低于15m^{2}的要求。对部分确实没有发展空间的学校，且校园用地不能满足办学基本需求（如标准活动场地）的学校，远期考虑进行撤并。

3.4 其他问题的协调处理

通过上述方法，可较理想地布局中心城区义务教育学校，但实际运作时，仍涉及一些特殊问题，需妥善考虑。首先是如对已批待建的详细规划中规模偏小的学校的整合问题。由于目前城市土地开发的多元化，中心城区内一些地块（如城中村改造）开发面积偏小，配建小学规模较小，多为10班左右，不能满足规模化办学要求。处理此类学校问题时，充分论证其与周边学校整合的可行性，对其进行整合，以保证中心城区远期学校均在适宜规模范围内。

对现状学校的调整和在近期开发规划用地中，可较准确地确定学校的具体位置。但在远期城市发展用地中，准确确定部分新建学校位置较为困难，但为保证教育的优先发展、用地不被侵占，规划对这类学校的具体位置也作了明确，在今后实际发展时可作小范围的适当调整。

考虑到靠近中心城区的近郊区学生势必会去距离较近的城区学校就学，而且未来这些人口也将逐步被吸纳到中心城区，因此确定这些学校规模时，适当顾及这部分就学群体的需求。

4、规划布局内容

通过以上技术路线，对济宁市的义务教育学校进行布局规划。到规划期末（2030年），中心城区小学规划86所，2115个班。其中，市中区规划28所，共620个班，保留3所，扩建13所，异地建设5所，新建7所，撤并2所；任城区规划24所，600个班，扩建6所，异地建设4所，新建14所；高新区规划20所，505个班，保留1所，扩建4所，异地建设2所，新建13所，撤并3所；北湖区规划14所，390个班，扩建1所，异地建设1所，新建12所，撤并2所。

规划期末，初中规划40所，1616个班。其中，市中区规划11所，448个班，保留1所，扩建6所，异地建设2所，新建2所，撤并3所；任城区规划12所，480个班，保留1所，扩建3所，新建8所，撤并1所；高新区规划9所，376个班，扩建2所，异地建设2所，新建5所；北湖区规划8所，312个班，扩建1所，新建7所（详见图1）。

5、措施与建议

为保障本规划的可操作性，提高规划的实施性，结合济宁市区义务教育发展实际，提出了一些针对性的对策建议，以完善教育布局规划实施的措施内容。

(1) 对老城区用地紧张地区，学校用地规模的扩大可近远期结合，通过多种协调手段逐步实施，而新建、迁建的学校用地规模应一步到位。

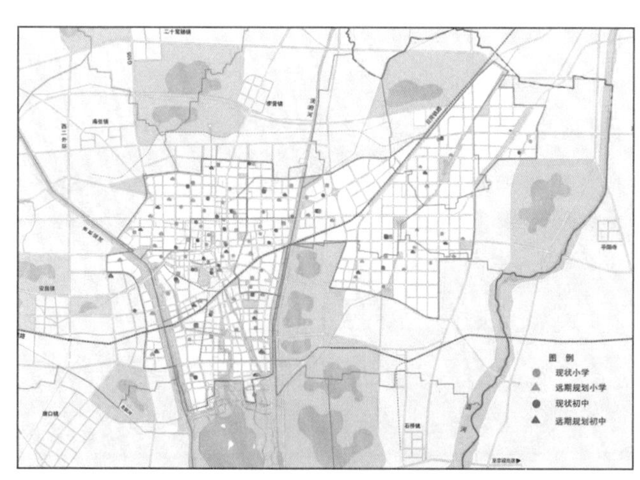

图1 济宁市中心城区义务教育学校远期布局规划图

(2) 教学资源整合应突破管理的制约，采取用地交换、用地置换等多样化方式在教育系统内部进行资源整合，优化教学资源配置。

(3) 建立完善保障机制，保障大量外来人口子女就学，在快速城镇化过程中促进进城务工人员子女受教育的环境明显改善。

(4) 规划批准后，市、区两级政府应明确职责，制定配套政策，统筹考虑和安排人、财、物等方面要素，对需要调整的学校，积极地进行引导和扶持。

[参考文献]

[1] 陆大道,姚士谋.中国城镇化的科学思辨[J].人文地理,2007, 96(4):1-5,26.

[2] 陈武,张静.城市教育设施探索——以温州城市教育设施规划为例[J].规划师,2005(7).

[3] 刘建锋.城市化快速发展时期新城基础教育设施配套标准研究——在大兴新城规划中的研究、发展与启示[J].城市发展研究,2007(2).

[4] 胡永红,李莉.从基础教育设施布点专项规划引发的思考[C]//2006中国城市规划论文集,2006.

[5] 天津滨海新区发展中教育设施布局的研究——以塘沽区为例[Z].

[6] 王悦.教育设施布局规划[J].山西建筑,2009(1).

[7] 姜涛,冯敏,刘莉丹.中小城市中小学校布局规划探究——以淄博市中心区为例[Z],2005.

浅议城市景观照明设计

高学浩

[摘　要] 城市景观照明已经成为现代城市不可或缺的组成部分，它充分展现了一个城市夜晚的魅力，丰富了人民群众的精神文化生活，也体现了一定的商业价值，本文将主要阐述城市景观照明的分类、配电控制、电气安全及节能方面的要求。

[关键词] 城市景观；照明；控制；节能

[作者简介]
高学浩　济宁市规划设计研究院　工程师

[备注]该论文发表在《山东新型城镇化的规划思考》（山东科学技术出版社）

1、前言

随着社会的不断进步及人民精神生活质量的不断提高，对于城市景观照明的设计的要求也越来越高，它除了要满足日常照明需求外，其艺术价值的体现也越来越明显，一个好的景观照明设计不仅会给城市的夜晚带来点点灵动，还会体现一个城市的内涵，更会成为一个城市现代文明的重要标志。

2、城市景观照明的范围

城市景观照明包括的范围很广，大体可以分为以下几种：建筑物外景、道路、水系、桥梁、立交桥、广场、名胜古迹、公园、商业街、生活居住区、迎宾区、文化休闲区、橱窗、广告及标志等景观照明。下面我们就简要介绍以下主要几种场所的景观照明设计。

2.1 建筑物立面照明

建筑物外观照明可采用泛光照明、轮廓照明、内透光照明三种方式中的一种或几种方式综合使用。应掌握建筑物的主要特点和立面的建筑风格、艺术构思等，再找出从不同角度落光时最引人注目的特色，确定各部位的色度和亮度水平，应重点突出、层次分明、各部分协调舒适。

对于建筑物的立面照明，传统的做法是轮廓照明，就是沿建筑物轮廓装设串灯，这种方式简单易行，但缺乏艺术感，而且耗电量较大。近年来较多地在采用泛光照明，泛光灯的优点是：光色好、立体感强，照明器的功率较小，有利于节能。内透光式照明，可以利用建筑物立面的窗户和玻璃幕墙，利用建筑物内部光源的使用达到装饰的目的，这种照明方式可以提高内部灯具的使用率，而且检修方便。

2.2 道路照明

道路照明设计，应保证车辆和行人夜间在道路上行驶和行走时可以辨认道路情况而且不会感到过分疲劳。道路照明以杆柱照明方式为主，可以根据道路情况单侧布置、对称布置或者交错布置。

道路照明应考虑周围建筑、环境明亮程度，适当选用截光灯具或半截光型灯具。光源的选择一般根据光源的效率、光通量、光色、显色性、寿命及使用环境等因素而定，较为常用的光源为低压钠灯、高压钠灯及金属卤化物灯。

2.3 区街照明

现代城市的景观照明主要是由城市各个不同的街道和小区的照明组成的，好的区街照明设计，不仅可以体现出城市光彩的一面，也可以体现出一定的商业价值，可以使城市的繁华由白天延续到深夜，也就形成了所谓的“不夜城”。

商业街的景观照明设计首先要做到统一规划，每个单独的店铺的照明要与整个商业街的照明相协调。商业街照明要以店头照明、商店立面照明和店名广告照明为重点，其道路路面平均亮度不宜过大。店头照明的亮度以是环境亮度的3倍为宜。商业街内各种广告灯箱不应干扰城市中的公共设施的识别，如公共汽车站、电话亭、书报亭等。

居民生活区的景观设计，应以小区内的公园、绿地为重点，灯光不得射进居民家内，以免打扰到居民的日常起居生活，以便创造一个安静、幽雅、舒适的生活环境。

2.4 公园和广场照明

公园的照明设计，应根据公园的不同功能，采取对应的照明方式，选取相适应的光源和灯具。公园照明一般由明视照明和饰景照明组成。明视照明是以园路照明和治安照明为主的，饰景照明是显示夜间气氛的照明，一般利用不同颜色的投光灯对公园内的树木、雕塑、花坛、喷泉和仿古建筑等进行照射，以形成与白天景色完全不同的夜景照明。

广场一般是人群聚集的场所，也是人们活动与休息的场所，为使更有效地利用广场，一般都是采用高杆灯进行照明，为了尽可能消除眩光，需用格栅或调整照射角度。

3、配电与控制

景观照明供电电压宜为380/220V，配电系统宜采用放射式，供电半径不宜超过0.25km。尽量使三相负荷平衡，并且灯具宜自带补偿装置，以提高功率因数。

室外景观照明的低压配电系统接地形式宜采用TN-S方式供电。当由市政电源直接供电时，也可采用TN-C-S或TT系统。当由路灯电网供电时，应与路灯系统的制式一致。水下灯宜采用IT系统供电，其供电干线首端应装设漏电保护装置。

室外景观照明控制可采用人工控制方式和自动远控或遥控方式，其控制设备应安装于控制室、值班室内。自动控制一般采用光传感器和时间开关，由光、时调控设备分别或共同控制。

4、电气安全

由于景观照明设备一般都是设置在室外，而且处于与人群易于接触的地方，因此景观照明的电气设备安全问题十分重要。室外照明及其配电装置的金属外壳，钢筋混凝土构架的钢筋及靠近带电部分的金属围栏及电缆的金属外皮及电力电缆金属接线盒、终端盒等均应接PE线。

当采用TN-S系统时，供电干线末端应将PE线重复接地，当由市政电源以TN-C-S系统供电时，应在进户总开关前将PEN线重复接地。其接地电阻应小于等于10Ω。当采用TT或IT系统时，照明装置及其配电装置、控制装置和导线金属保护管均应用PE线连接到用户自用的接地装置上，并与防雷等其他接地采取联合接地。其接地电阻应小于或等于各种接地中所要求的最低值，但不得大于等于4Ω。水下灯灯具外露可导电部分除应用PE线连至接地装置外，还应与水池壁及其周围地面钢筋作等电位连接。

5、节能与环保

节能与环保目前是国家所大力提倡的，而且已经形成了一项基本国策，而城市景观照明一般所选用的光源，功率较大、功率因数较低，因此要使用大量的节能手段。

在光源方面，尽可能使用光效高的光源，功率因数低的光源要选用自带功率因数补偿的灯具，条件满足的可以选用LED灯具。另外，应该尽可能地使用利用太阳能供电的灯具。在灯具的控制上，特别是建筑物照明和公园景观照明，应该实现分时、分段、分区控制，必要时可以停止供电，以满足居民日常的生产、生活用电。

6、结束语

随着城市建设水平的不断提高，城市景观照明也越来越受到城市建设者的重视，但现在一般还是处于各自为政的状态，缺少统一的协调与规划。城市景观照明规划应该是整个城市建设规划的一部分，也是一项系统工程，应该体现出照明技术和艺术的有机结合，并且要充分体现节约能源和节约资源的绿色照明要求，这样我们的城市才会更加美丽和健康！

[参考文献]

[1] 天津市建设管理委员会.天津市城市景观照明工程技术规范(DB 29-71-2004/J10402-2004)[S].
[2] 陈一才.建筑环境灯光工程设计手册[M].北京：中国建筑工业出版社,2001.

5

城市文化篇

传统文化与当代城市建设

陈 强

[摘 要] 城市规划首先最根本的就是“以人为本”——人是人类社会向前发展的根本因素，城市规划是为“人”服务的。规划工作者一定要以此为工作出发点规划我们的城市。传统文化是人类在5000多年的文明历史中的累累硕果。而某些城市的现代城市规划实施过程中，出现了许多与传统文化间的矛盾（就现在进行的某些城市而言）。此文分析了城市规划实施过程中与传统文化间存在的一些问题，并以笔者从事规划专业几年来的所观所感为基础，分析现代城市规划蓬勃发展过程中，解决这些问题的必要性：“传统文化是民族发展的源泉，中国的城市规划不能抛弃中华文化传统”。

[关键词] 以人为本；城市规划；传统文化

[作者简介]
陈 强 济宁市规划设计研究院 工程师

[备注] 该论文获“山东省2004年度城市规划论文竞赛”三等奖

自现代城市规划开展以来，一哄而起的旧城改造其收获却是对古城和古建筑永难修复的破坏！英国文物建筑学会指出，1970年代发展的旧区改造所破坏的具有文物性质的建筑竟比第二次世界大战中被炮火摧毁的还要多！我国文物保护界也有类似说法，即中国改革开放20年来以建设的名义对旧城的破坏超过了以往100年。1982年始，我国先后公布了99个国家级历史文化名城。但在古建筑保护与城市发展的冲突中，牺牲的往往是前者。

1992年7月1日，矗立了80多年的济南标志性建筑——具有典型日耳曼风格、可与近代欧洲火车站媲美的济南老火车站被拆除，起因是某官员说“它是殖民主义的象征，看到它就想起中国人民受欺压的岁月……那钟楼的绿顶子(穹隆顶)像是希特勒军队的钢盔，有什么好看的？”照此逻辑，号称万国建筑博览会的上海外滩建筑群理应夷为平地！

1999年11月11日夜，国家历史文化名城襄樊千年古城墙一夜惨遭摧毁，郑孝燮、罗哲文等专家称之为20世纪末恶劣破坏历史文化名城的事件。之前，还有福州三坊七巷的建设性破坏、贵州遵义和浙江舟山市定海的老街区被拆。

2000年2月，北京美术馆后街22号的命运引人关注，类似这样的明清四合院维系着城市文明的起承转合，但主事者并不认为这栋拥有私人产权的旧民居会比一间豪华厕所更有价值。北京这座“世界都市规划的无比杰作”(梁思成语)被现代和后现代主义的建筑“强暴”得差不多了。

1、城市规划与传统文化

城市记载着人类社会发展的历史，蕴涵着丰富的文化，它是不同地域和不同民族历史与文化的载体，因而从这一角度来看，历史也是一种文化现象。城市历史文化遗产是城市发展的一种独特的资源，把城市历史文化遗产保护纳入城市规划中，在城市发展战略的层面通盘考虑，将有利于城市整体健康而持续地发展。

城市历史文化遗产的保护起源于文物建筑的保护。自19世纪末起，世界各国陆续开始通过立法保护文化建筑。我国现代意义上的历史文化遗产保护工作开始于1920年代的考古科学研究和文物保护。1930年6月，国民政府颁布了《古物保护法》，1931年7月又颁布了《古物保护法细则》，1932年国民政府设立了“中央古物保管委员会”，并制定了《中央古物保管委员会组织条例》。新中国成立以后，1961年3月4日国务院颁布了《文物保护管理暂行条例》，这是新中国成立后关于文物保护的概括性法规，同时公布了180个第一批全国重点文物保护单位，建立了重点文物保护单位制度。1980年批准并公布了《关于强化保护文物的通知》，1982年11月全国人大常委会通过了《中华人民共和国文物保护法》。

“历史地区是各地人类日常环境的组成部分，它们代表着形成其过去的生动见证，提供了与社会多样化相对应的生活背景的多样化，并基于以上各点，它们获得了自身的价值，并得到了人性的一面”，《内罗毕建议》提出：“考虑到面对因循守旧和非个性化的危险，这些昔日的生动见证对于人类和对那些从中找到其生活方式缩影及某一基本特征的民族，是至关重要的”。同时它又指出：“历史地区及其环境应被视为不可替代的世界遗产的组成部分。其所在国政府和公民应该保护该遗产，并使之与我们的时代社会生活融为一体，作为自己的义务”。《内罗毕建议》明确指出了保护城市历史文化遗产具有社会、历史和实用三方面的普遍价值，以及对城市环境及城市发展的贡献。

城市文化遗产的保护包括历史建筑的保护、历史地段的保护和城市整体历史环境的保护。

历史建筑的保护途径主要是加以修复和重新利用。利用的同时一定要加以维护，利用的方式有以下三种。

1.1 维持原有用途，这是最有利的文物保护利用方式

国外的绝大多数宗教建筑、部分政府行政办公建筑和我国的古典园林都属于这一类型。由于悠久的历史和与之相关联的宗教典故，使得它比新建的同类建筑具有更大的吸引力，如欧洲的教堂，苏州的古典园林，北京的颐和园、圆明园等。

1.2 改变原有的用途

（1）作为博物馆使用。这种使用方式最普遍，也是使之发挥效益的较好的使用方式之一。

（2）作为学校、图书馆或其他各种文化、行政机构的办公用地。

（3）作为旅游设施使用。对于保护地、等级较低的文物，可作为旅馆、餐馆、公园及开放的旅游景点使用。我省是孔孟之乡、中华文化的发源地，具有世界级历史文化意义的建筑物也很多，目前我们利用得并不是很好。

1.3 留作城市的空间标志

有些文物保护单位，由于多种原因不能或不宜继续具有具体的用途，但它却代表了城市发展历史中重要的阶段和事件，代表了某一时期的建筑艺术或技术的成就。这类文物应该维护其原有状况，保留作为城市空间标志，以时刻让人们感受到城市发展的历史脉络，作为纪念、凭吊、观光的地方。我省的孔府、孔庙等都属于这类建筑。

我省许多地方对历史地段的保护做得很不够。历史地段在我国也称为历史街，它保存了一定数量规模的历史性建筑物、构筑物，且风貌相对完整的地段，反映了某段历史时期某民族、某地区的文化特色，整体景观环境具有完整而浓郁的传统风貌。它包含了大量的历史信息，包括有形的和无形的，并不断地记录着当今

城市成长的信息。对整个城市形象具有重要的意义，政府部门应该对这样的地区加以保护，严格限制历史地段内的建设行为，将人类漫长历史中形成的传统特色保留下来。在许多地段，把原来的许多有历史意义的老建筑拆除重新开发，虽然现实取得了一定的经济效益，但从长远的意义来看，眼前的这点经济效益与长远的人类历史价值相比就微乎其微了。

2、城市设计与传统文化

城市设计建立在历史文化传统的基础之上，是历史文化的发展与延续。

设计，是文化艺术与科学技术结合的产物，而艺术与科技，又同属于广义的文化范畴。文化是人类社会历史实践过程中所创造的物质文明与精神文明的总和，具有不可逆的传承性。虽然一代又一代的艺术家与设计师，总是企图摆脱传统文化的阴影，创造属于他们自己的艺术里程碑，但传统文化还是如影随形，到处可见。因此，我们可以说，任何传统文化，都必然对艺术与科技的发展，产生非常深刻的影响，并且通过艺术与科技，或者直接，或者间接，都对现代设计产生连带的巨大影响。艺术是需要不断创新的，但是，我们也决不能因为要创新，要“前无古人，后无来者”，对传统文化一概加以否定。创新，对传统文化与艺术而言，是扬弃，不是否定！如果割裂了传统文化与现代艺术设计的联系，那么，现代艺术与设计也将黯然失色，甚至会自我窒息而亡。这不是耸人听闻，也不是庸人自扰，而是历史教训。欧洲“黑暗的中世纪”，就是对传统文化的反动，其结果使欧洲文化自我窒息而亡。最后，只能掀起一场广泛而深刻的文艺复兴运动，使欧洲文化死而后生，促进了欧洲资本主义的诞生和发展。

什么叫传统文化？我们要有新的概念，人类昨天社会实践活动所创造的一切文明成果，对于今天而言，都是传统文化；今天人类社会实践活动所创造的文明成果，对于明天而言，也是传统文化。所以，我们不能一提传统文化，就联想到落后。事实上，人类在创造文化的过程中，早已经把那些落后的糟粕淘汰；被保留下来的，对今天和明天能够产生巨大影响的，那的确都是人类文化的精华。中国的仰韶文化距离今天已经是5000～7000年前的事情了，其彩陶图案丰富多彩，有鱼纹、鸟纹和蛙纹等多种逼真的动物形态。你能说它落后吗？古埃及文化，距离今天怕也有5000多年的历史了，我们今天不还是叹为观止吗？

建成于1851年的伦敦水晶宫。这是一幢为伦敦世界博览会提供展览场地的建筑，大英帝国政府为了显示英国工业革命的成果和推动科学技术的进步，为了炫耀殖民主义掠夺世界资源并开始支配世界的实力，当时在位的维多利亚女王和他的丈夫阿尔伯特公爵，决定在伦敦海德公园举办一次国际性博览会。于是，就有了这幢由英国园艺师约瑟夫•帕克斯顿（Joseph Paxton）设计的钢结构装配式建筑。如果我们把科技进步带来的新材料、新工艺和新设计成果，暂时放一放，看一看水晶宫的圆拱式屋盖，虽然没有了哥特式建筑“刺破青天锷未残”的外部造型，但是，人们仍然能够从那罗马式的半圆形拱券上，感受到一切朝向上帝的宗教精神，因为那透明的圆拱式玻璃屋顶，更便于人们与上帝神灵的沟通；看一看空旷直达透明玻璃屋顶的大厅，仍然使人回味起中世纪教堂的祈祷大厅；环绕大厅的柱廊，虽然失去了古希腊柱式和古罗马柱式的风采，但是，人们仍旧能够感受到欧洲古典建筑内部空间的宗教气氛；彩色玻璃幕墙上的多彩图案，虽然没有了欧洲古典主义建筑的浮华雕塑，但是却也能够勾起人们对欧洲古典建筑壁画的遐想……这就是一种文化的精神，它可以在古典主义的砖石艺术中得到展示，也可以在现代工业化材料、工艺和设计中得到体现。

美国的世界贸易中心大厦。这幢“双子大厦”，不能不说是当今世界经济和科技发展的产物——投资额

2.8亿美元；110层，高约417m（两年之后被同样层数、443m高的芝加哥西尔斯大厦超过）；占地16hm^2，总面积达92.9万m^2；开挖泥土和岩石90万m^3；全部工程用料——钢材20万t、混凝土32万m^3；1973年建成时，打破了帝国大厦保持了42年之久的世界最高建筑纪录，成为世界上第一高的建筑，直到2001年“9·11”事件化为灰烬为止，它的高度仍然是世界第四，美国第二，纽约第一的地位。大厦由美国籍日本人、建筑师山崎实设计。“双子大厦”设计方案高宽比为7:1，由密集的钢柱组成，钢柱之间的中心距离只有一米多，所有窗都是细长形，那些由钢柱构成的挺拔向上的线条，以及从第9层向下三根柱合为一根，合并处设计成尖拱状，颇具哥特式风格，那些连续不断的尖拱式门洞，更使人联想到哥特式建筑的典型形式，想到欧洲传统文化与艺术的蜕变。不论山崎实是在怎样一种心态下确定的这个方案，他最终也还是没有躲开欧洲传统文化与艺术的影响。

“9·11”事件之后，美国人开始重建世界贸易大厦，但是，他们仍然没有摆脱西方古典教堂建筑哥特式的阴影，上面的两个重建设计方案，与1248年建成的德国科隆大教堂依然有着似曾相识的轮廓线和空间氛围。由此可见欧洲传统文化精神的如影随形。美国人追求摩天大厦，西方人称之为“通天塔”的建筑文化与艺术，这本身就是西方传统宗教梦魇的再现，企图通过摩天大厦直达天庭，成为上帝与人间的代表，用中国古人的话语，就是天老大，地老二。西方帝国主义、殖民主义、霸权主义……形形色色的霸权思潮，都是西方宗教梦魇的延续，摩天大厦正是这种变态心理产生的文化与艺术现象。摩天大厦鳞次栉比，一个比一个高耸入云，大有“欲与天公试比高”的气势，用现代技术和经济实力营造着传统宗教梦魇的强烈氛围。

我国的城市设计工作应以我国的城市文化环境为背景，不能一味地效仿西方建筑特点，或是相互之间互相模仿，使我们的城市建设千篇一律，没有变化、没有自己的地方特色。我省有着得天独厚的文化环境——悠久的文化历史传统，是无价之宝，我们应该珍惜它，并继承发扬它。在城市建设之中体现出来孔孟之乡的文化特色——是我们城市建设工作者的义务和工作的原则。

现在，城市以人为本的思想已经影响我们的一些学者，《城市规划实效论——城市规划实践的分析理论》（张兵著，中国人民大学出版社出版）正是在这一背景下出台的，但该书年轻的作者并没有停滞不前，而是从中国城市规划的物质技术层面与组织制度层面出发，改善理论与实践的关系。在这一要旨之下，城市规划设计师的主要任务不是绘制一套图纸，一册文本，而应在规划编制与建设管理过程中创造性地组织各种设计要素，更有效地塑造出具备有经济效率、社会公平、氛围宜人、体现人文主义精神的城市物质环境。

还是回到我所生活的这座城市中来，作为一个普通的居民，看到都市中的村庄最终融入城市，城市化的进程渐渐深入人心，但又能在城市中每天看到青山绿水，感受人与自然和谐的一面，我们在改变城市的同时也改变着我们自己，其实每一个人都是塑造这个城市灵魂与精神的城市规划师。

[参考文献]

[1] (美)詹姆斯·格莱克著.混沌开创新科学[M].张淑誉译.上海:上海译文出版社,1990.

[2] 许学强等.城市地理学[M].北京:高等教育出版社,1996.

[3] 中国大百科全书·建筑、园林、城市规划[M].北京:中国大百科全书出版社,1988.

[4] 曹永卿,汤放华.混沌与城市规划[D].长沙:湖南城建高等专科学校.

[5] 顾朝林.论中国城市持续发展研究方向[J].城市规划汇刊,1994(6):1-9.

论济宁历史文化的保护与发展

陈 蓓

[摘 要] 济宁作为省级历史文化名城，面对21世纪的建设和发展，如何使历史文化得到更好的保护和发展，这是个值得研讨的课题。本文对历史文化的现状以及保护与发展的措施进行了阐述。

[关键词] 济宁；历史文化；保护发展

1、济宁概况

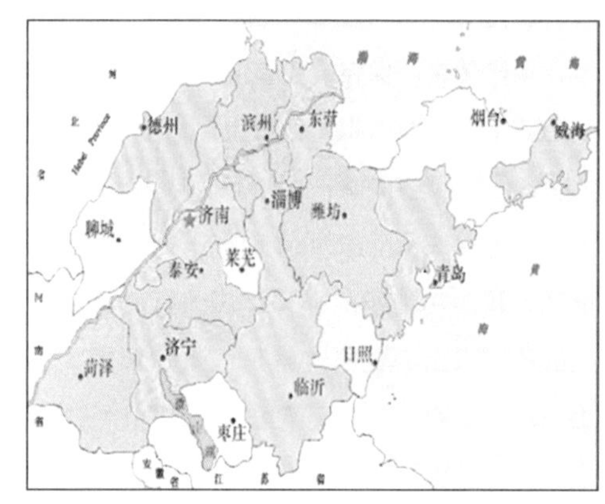

济宁，位于鲁西南腹地，地处淮海平原与鲁中南山地交接地带，全市总面积10684.9km^2。南北长167km，东西宽158km，2007年总人口818.27万人，其中非农业人口209.74万人。现辖市中区、任城区、曲阜市、兖州市、邹城市、微山县、鱼台县、金乡县、嘉祥县、汶上县、泗水县、梁山县，共计2区3市7县。济宁交通便利，京沪铁路、日菏铁路、京沪高速公路、日东高速公路、济菏高速公路、104、105、220、327国道等贯穿其中。

济宁市境地势东高西低。东和东南部山峦绵亘、丘陵起伏，位于邹城市的凤凰山，最高峰海拔648m，系全市最高点；西部、中部平坦，河流较多，较大的河流有黄河、京杭大运河、泗河、洸府河、白马河、东鱼河、老万福河、新万福河、洙赵新河、老赵王河等，其中，黄河流经市境西北部，境内全长31km；京杭大运河北起梁山县黄河南岸的郭那里，流经济宁市区，与南四湖相连，境内全长88km；南部低洼，并积水成湖，即南四湖，该湖由微山、昭阳、独山、南阳四个水域相连的湖泊组成，亦代称微山湖。

[作者简介]
陈 蓓 济宁市规划设计研究院工程师

[备注] 此文发表在《山东新型城镇化的规划思考》（山东科学技术出版社）

2、济宁历史文化脉络

济宁具有深厚的文化底蕴，灿烂的历史文化遗产和丰富的旅游资源。明、清时期，随着运河的全线开通，特别是会通河多次疏浚以后，境内的商业、加工业逐渐发展起来。济宁成为著名的漕运码头和商品集散地。运河两岸，“帆樯如林，百货山积”；城墙内外，店铺绵延，鳞次栉比。故有“江北小苏州”之誉。更因其是圣人孔子和亚圣孟子的故乡而具有“孔孟之乡，礼仪之邦”的美称。中国古代四大名著之一的《水浒传》以水泊梁山为背景依托，展现了水浒英雄的豪迈。以孔孟故里为中心的儒家文化、济宁老运河为主体的运河文化、水泊梁山为依托的水浒文化，构成了济宁别具一格的人文景观。

2.1 儒家文化

隶属济宁的曲阜、邹城是儒家文化名城。其孔府、孔庙与北京故宫、承德避暑山庄并称为我国三大古建筑群；孔林占地面积达3000亩，是我国规模最大、年代最久、保存最完整的人造园林和家族墓地。邹城市的孟府、孟庙、孟林因孟子在中国思想文化史上的贡献与影响，而备受瞩目。外地人来济说济宁人有一股很重的儒味。这个可以从很多方面反映出来，比如一般大家向陌生人问路问事会称“同志”，而济宁人问路第一句话肯定叫：“老师”，这个恐怕也就是论语中孔子的那句“三人行必有我师”在生活中的现实应用，虽然给人的感觉很土，但是这就是地道的儒家文化，我们中国人自己的文化，“本土”。又比如，在济宁市里有一家叫“三人行”的商务酒店，而在曲阜与济宁市的路上则有一家“儒佳宾馆”。这都是显性的文化标志，表明了与济宁儒家文化的关联性。其实，真正的精髓则体现在济宁人的为人处事当中，朴实、勤劳、豪爽、热情，是最传统的儒家文化。

2.2 水浒文化

乍一看，彪悍的梁山大汉与温文尔雅的儒家学士相差甚远。但正直、不畏不屈是济宁人民共有的传统美德。史籍曾载宋江等36人造反的事迹，《水浒传》就是以其为背景的描写农民起义的长篇小说。它如一幅长长的历史画卷，展示了宋代的政治文化、市井风情、社会景观。梁山好汉最引人注目，他们侠肝义胆，敢抱打天下不平，其性格光彩照人，令世人敬仰。而后水浒故事在民间广泛流传，并且形成了风味独特的“水浒文化”。

2.3 运河文化

相比前两种历史文化来说，运河文化才是济宁最引以为傲的文化。京杭运河和万里长城并称为我国历史上的两项最伟大的工程。京杭大运河贯穿京、津、冀、鲁和江、浙 6 个省市，联结海河、黄河、淮河、长江和钱塘江 5 大江河，如巨龙般地绵亘于祖国的东部、世界的东方。在其全线贯通和全面通航的600余年里，在中国古代的政治、军事、经济、文化等诸多方面发挥了极其重要的作用，为中华文化和人类文明作出了极大的贡献。历史上沿运河的较大城镇有通县（现北京通州区）、天津、德州、临清、东昌、章丘、济宁、徐州、淮安、扬州、杭州等10余个。但真正在管理、营运等方面发挥主作用的还是位于运河中段的济宁。在清朝时济宁运河因其地理和文化上的卓越发展成为了整个运河上最重要的河段之一，济宁也被誉为运河之都。

运河养育了这方热土，也造就了济宁的辉煌。“济宁人称小苏州，城面青山州枕流。宣阜门前争眺望，云帆无数傍人舟”就是当时的真实写照。作为国家运输动脉的运河，促进了济宁商品经济的繁荣，使济宁成为运河沿岸重要的工商业城市，也孕育了济宁灿烂的运河文化。李白、杜甫在此携手漫游，饮酒赋诗，评时论文；康熙、乾隆在此驻跸，题词作赋，留下众多的民间传说；无数的文人墨客为济宁繁华的城镇和秀丽的景色而流连忘返。

济宁运河古今对比

3、历史文化的保护和发展亟需关注

提到故宫、天坛，不用说这自然是北京，说到古园林拙政园、留园，那是苏州，谈到西子湖畔、雷峰塔影也自然而然想到杭州。无论是大自然的给予还是人类智慧的结晶，这些都是城市著名的历史文化遗留，可以说是城市历史文化的印记，城市的名片和标志。有了它们，城市才流淌着自己独特的文化气韵，遗留着区别于其他城市的风物世情，写满了这座城市特有的生命印记。

然而近年来，随着城市地域的不断拓展，城市化进程的加深，城市历史文化在不断遭受“黑手”破坏！比如济宁大运河航运地位的下降、自然环境的变迁及沿岸经济的发展，加上管理体制的相对滞后和保护意识的淡薄，大运河历史文化遗存及沿河的文化生态遭受了很大冲击。诸如此类的破坏现状还有很多，这是人们面临的一个刻不容缓的问题。

在鲁西南都市圈中济宁属于中心城市，肩负着带动周边区域经济发展的重任。历史文化的更好发展对于其地位的塑造和自身的发展都起着重要的作用。因为打造济宁的城市特色需要历史文化，建设生态优先型社会需要历史文化，培养人们的乡土情结需要历史文化。可以说，历史文化是一个城市的灵魂和精髓所在。如何对其保护让其更好地发展，早已是城市主政者们着力思考的课题，值得人们深思。新一轮的济宁总体规划《济宁市城市总体规划纲要（2008-2030年）》也对历史文化部分作了远景规划。

4、 关于济宁历史文化保护和发展的措施

4.1 保护的原则

我们应该明确认识到，城市是一个有生命的有机体，有几万甚至几百万人在那里生活和工作。城市是在

历史中形成的，它又要不断发展更新，即使是历史文化名城也决不能当成一个博物馆。历史文化名城的保护方法的特点是要从城市的经济、社会、文化、城市规划、文物保护、建筑设计等各方面统筹考虑，采取综合的措施，把保护与建设协调起来。对历史文化资源来说，不论是古街道还是古建筑，物质的还是非物质的，毋庸置疑保护永远是第一位的，只有合理完善的保护，才能作出下一步的发展计划。国际上关于历史文化名街保护的核心要素，主要有三个：历史的真实性；风貌的完整性；生活的延续性。鉴于济宁历史文化的现状和这三个核心要素，笔者提出以下几点建议。

4.2保护的措施

4.2.1 加强法律手段

历史文化的保护需要从各个方面着手，而法律手段是其中的重要内容。万事讲究有法可依、有章可循。我国目前的文化遗产保护的主要法律依据是《中华人民共和国文物保护法》和《文物保护法实施条例》，以及国务院颁布的条例和其他地方性法规，同时借鉴《历史文化名城名镇名村保护条例》、《历史文化名城保护规划规范》、《风景名胜区条例》等。地方政府和相关部门应严格按照这些依据，对违法行为进行严厉惩治，加大处罚力度。

4.2.2 提高市民的使命意识

历史文化是祖先们一辈辈累积下来的，保留着城市的记忆，为我们找寻根祖提供着无限的信息。就运河来说，一方水土养一方人，运河可以说是济宁人民的母亲河。老一辈人对运河具有深厚的感情。但随着城市的逐渐拓展，城市化进程的加快，运河渐渐淡出人们的视线。有一部分人，尤其是年轻的一代，保护母亲河的责任意识非常薄弱。提高市民的使命意识，可以从根本上解决问题，可以发动更多更大的力量投入到保护的队伍当中。政府和舆论应加大宣传，同时在初高等教育中加入关于历史文化的课题，带领学生们去相关地点亲身体验，加深对历史文化的了解；建立文化保护日，在特殊的时刻，给予文化更多的关注等。

4.2.3 保护遗存古迹

寺庙、宫殿、祠堂、碑塔、古墓等重点文物古迹和风景名胜对揭示历史演变过程有着十分重要的价值。历史遗迹的保护，可按保留程度，划分出绝对保护区、控制建设区和环境协调区。其中，绝对保护区内严格限制任何形式的开发建设；控制建设区内根据需要在不破坏古迹的基础上可适当地进行开发建设；环境协调区内为满足和现代环境协调的要求，在尽可能保持原状的基础上对部分古迹进行修复、改造。根据划定的不同界定范围加以保护，同时反对以恢复历史遗迹的名义去伪造滥制假文物、假名胜。

4.2.4 保护名街老巷

竹竿巷、纸坊街、城隍庙街、天仙阁街、鸡市口街，或以行业市场得名，或与名人胜迹相关，一个个老街就是无数故事的组成。历史文化街区是一个成片的地区，有大量居民在其间生活，是活态的文化遗产，有其特有的社区文化。有些历史老街为了发展旅游，搞一些假古董，破坏了历史街区的文化延续性，这是不可取的。保护名街老巷一要维护社区历史文化传统，二要改善老街生活环境，对民间老艺人给予深切关注，三要促进地区经济文化活力，四不能只保护那些历史建筑的躯壳，还应该保存它承载的文化，保护非物质形态的内容，保存文化多样性。

4.2.5 保护历史河湖水系

济宁的历史河湖水系：

泗水：古水之一，儒家文化的发祥河，有众多传说。

老运河（京杭）：部分地段依河呈现有河港城市的传统尺度和风貌。由于济宁历史上驻有全运河管理督府而有“运河之都”之名，老运河的河段保护和两岸景观建设就有特殊的文化价值。

因利河：位于邹城，古城保护的一部分。应加强城内尚存的古河道及古桥梁的保护，疏通因利河等古河道及恢复古桥梁，加强环境整治、建设沿岸绿化带，恢复孟母断机处、述圣祠、子思书院等古迹遗址。河岸两侧参照建设控制地带要求进行保护。

鲁故城护城河：位于曲阜，可视为古城保护的一部分。

对于河湖水系保护的措施如下：

（1）力促水资源战略转变，提高用水效率。坚持节流优先、治污为本、多渠道开源的水资源可持续利用战略，坚持以源头控制为主的综合治理战略，坚持合理规划和保障社会经济用水的水资源配置战略。

（2）建立保护历史名河的水质监测系统，防患于未然。

（3）水资源的保护开发应重视资源性缺水和水质型缺水，加强地下水保护，提高土壤植物的保水蓄水能力，提高防汛抗灾能力。加强主要流域污染治理，确保南水北调水质安全。促进水资源战略转变，保障水资源安全，优先保护饮用水源地。加强重点流域综合整治。因地制宜地实行备用水源制度，有条件地建设城市供水备用水源，提高城市供水的保证程度。制定城市供水应急方案，保证居民生活用水。实行饮用水水源的水质应急预警制度，建立协调机制，提高对突发事件的应急能力，保证供水安全。

4.2.6 保护历史山林

济宁的重要历史山林有：

市域东部文化山林：作为孔孟文化的自然环境依托，包括峄山、葛山、尼山以及泗水源头的泉林山系等山林资源提供了圣人寻踪、展示和体会儒家文化的良好景观环境条件，也是与曲、邹名城相照应的重要环境依托，规划作为儒文化历史传统不可分割的一部分重点保护。

南武山文化山林：为曾子庙和汉石刻文化的重要自然景观环境，春秋时期儒家宗圣曾子的栖居地。

梁山文化山林：为宋代水泊梁山文化的重要载体，济宁市“义”、“武”文化的发祥地。应充分保护山林资源，加强环境建设，展现八百里梁山风采。

历史山林作为城市人文传统的重要自然依托，应纳入历史保护体系中，承担相应的历史寻踪、历史环境保护及展示作用。对于这些山林，政府应划定其为自然保护区，严禁一切乱砍滥伐的现象。同时，扩大面积，增加植被涵盖率，让树木繁荣生长。

4.2.7 保护非物质文化遗产

非物质文化遗产是与文物古迹、建筑园林、传统风貌等历史文化遗产共存，体现和反映地方传统文化特征和民族优秀文化的历史文化遗产。济宁历史悠久，拥有丰富的非物质文化遗产，如传统地名、服饰、礼制、音乐等。尤其是运河沿岸，漕运的繁荣发展带来了南北不同地域的文化交流，形成了独特的人文文化。就节庆活动而言，有中国曲阜国际孔子文化节、梁山国际水浒武术节、邹城峄山“二月二古庙会”、微山湖荷花节和泗水桃花节等。对于这些特色人文活动，应该积极挖掘、继承和发展其传统文化的精髓，促进文化繁荣，焕发城市活力。同时，将非物质文化保护和实体保护结合起来，保护传统街区尺度，保护传统地名。

4.3 历史文化发展的目标和策略

济宁总体规划中历史文化的发展目标：树立历史名城、文化名市的济宁文化观念，在已有各种历史文化资源和现代文明的基础上促进文化资源的整合与优化，促进传统文化的繁荣和文化创意产业的发展。既要面向区域竞争，继承和彰显儒家文化、运河文化等的城市特色，整合多种文化资源扩大文化融合力；又要面向国际环境，以开放的文明心态培育自身实力，不断开拓创新。根据总规的最新精神，提供几点发展策略如下。

4.3.1 塑造新的地域文化空间格局

突出文化和景观特色，建立特色标志区，促进区域旅游发展。市域依托曲阜、邹城、济宁、汶上、梁山等历史传统和现代文明的主要载体打造城市特色，补充并提升文化设施。城市新区应反映时代气息，大学园区、市民文化广场、大型文化设施等的建设应有利于文化的繁荣发展。自去年开始宣传的中华文化标志城项目很有可能落户济宁，这对于济宁城市形象的推广、儒家文化的发扬，于国于民都是一件大好的事情，有关部门应积极做好相关工作，确保标志城项目的实施，更好地发展济宁历史文化。

4.3.2 加快文化产业发展

倡导民俗特色活动，举办市民节庆活动，提升城市文化亲和力，如孔子文化节、运河文化节等。依托产业集群建设有特色的物流市场；以儒学文化和运河文化为基础，整合市域文化资源，发展旅游体系，配套相应的交通、市政、旅游等服务设施，兴建若干依托产业的展览中心及配套设施，吸引国内外大型展览会，带动其他产业发展。其建设须充分尊重文化遗产保护的要求。

4.3.3 新建建筑与古建的统一结合

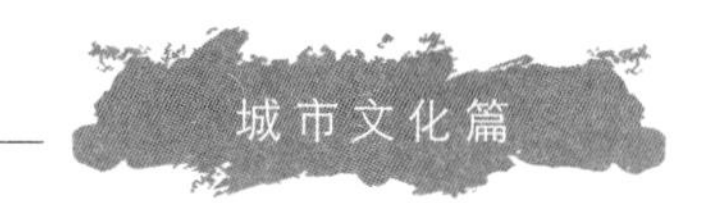

建筑是社会存在的物质与艺术相结合的产物，在城市中的特征越来越明显。建筑应以不同的风格体现不同的社会环境。对于济宁来说，文化遗产众多，因此新建建筑要与其历史风格相吻合，与传统建筑有统一和谐的空间环境。应控制建筑高度，保持风景文化带的通透性。济宁有着江北水乡的美称，在建筑风格上，可将皖南徽派建筑的马头墙形式或者其他带有水乡符号的建筑元素融入进去，但又要发挥本地特有元素的优势，创造出真正属于江北水乡的建筑形式和风貌。

5、结束语

城市是历史文化流传下来的固体化的文化内涵。今后30年，是城市化的重要时期，研究城市历史文化对于城市化进程有着重大意义。希望有关部门在如火如荼的城市建设中，不要忽略历史文化的重要性，把握其特点进行可持续发展，这是政府的职责同时也需要市民的努力，共同打造一个美好的新济宁。

[参考文献]

[1] 运河之都 · 济宁中区[EB/OL].http://www.jnsz.gov.cn/.

[2] 济宁市城市总体规划纲要(2008-2030年)[z].

[3] 崔笑天.济南历史文化名城保护的思考[J].山东城市规划.

[4] 姜艳华.城市历史文化保护运动的实质[EB/OL].龙源期刊网.

城市空间环境及生态建设规划篇

济宁市生态城市建设初探

王 灿

[摘 要] 生态城市建设是人类改变传统的发展模式，谋求可持续发展的结果，是现代城市的重要特征和发展趋势。本文借鉴国内外生态城市建设的成功经验，以济宁市为例，分析其生态城市建设中面临的问题，并提出相应的对策：①构建区域生态空间系统，保障生态环境安全。②协调煤矿利用与城市发展的关系，构筑特大城市框架。③加强城区基础设施的规划和建设，建立生态城市的基础支撑体系。④继承延续历史文脉，突出地方特色。⑤加强生态文化建设，提高居民的生态意识。

[关键词] 生态城市；对策；济宁

[作者简介]
王 灿 济宁市规划设计研究院 工程师

[备 注] 该论文获“首届山东省城市规划协会规划设计专业委员会优秀论文评选活动”征文二等奖

城市是社会生产力发展到一定阶段的产物，随着社会的发展和生产力的提高，全球城市化的进程也在加快。随着城市化的飞速发展，随之而来的环境污染、资源枯竭、交通拥挤、土地紧张等城市问题纷至沓来。

“生态城市”是国内新一轮城市建设追求的目标。生态城市建设是人类改变传统的发展模式，谋求可持续发展的结果，是现代城市的重要特征和发展趋势。

1、生态城市与生态城市规划的概念

1.1 生态城市的概念

生态城市的概念是1970年代联合国教科文组织（UNESCO）在“人与生物圈（MAB）”计划中提出的。生态城市融合了社会、经济、技术和文化生态等方面的内容，强调实现社会—经济—自然复合共生系统的全面持续发展，其真正目标是创造人—自然系统的整体和谐。

随着生态文明的发展与演进，生态城市的内涵也不断得到充实与完善，目前国内相对权威的，并载入大百科全书和教科书的定义是：按生态学原理建立起来的一类社会、经济、自然协调发展，物质、能量、信息高效利用，生态良性循环的人类聚居地。

1.2 生态城市规划的概念

生态城市建设是生态城市规划的前提和基础。生态城市规划是根据生态学的原理，综合研究城市生态系统中人与住所的关系，并应用社会工程、系统工程、生态工程、环境工程等现代科学与技术手段，协调现代城市中经济系统与生物系统的关系，保护与合理利用一切自然资源与能源，提高资源的再生和综合利用水平，提高人类对城市生态系统的自我调节、修复、维持和发展的能力，达到既能满足人类生存、享受和持续发展的需要，又能保护人类自身生存环境的目的。

1.3 传统城市规划与生态城市规划的比较

生态城市作为城市发展过程中的一个阶段，很显然在其实践建设过程中必然要借鉴目前城市规划学已经有的经验作为其理论支持。生态城市在建设中同样需要进行规划，但与传统的城市规划有区别。

传统城市规划与生态城市规划比较

项　目	传统城市规划	生态城市规划
哲学观	主宰自然	与自然协调共生
规划价值观	掠夺自然	人一自然和谐（平衡型）
规划方法	物质形体规划	生态整体规划
规划内容	形体+经济（城市）	人+自然（城乡）
学科范畴	独立学科	交叉、融贯学科
规划程序	单向、静止	循环、动态
规划手段	手工、机械	智能计算机技术
规划管理	行政	法律
决策方式	封闭、行政干预	开放、社会参与

与传统城市规划不同，生态城市规划强调以可持续发展为指导，以人与自然和谐为价值取向，应用各种现代科学技术手段，分析利用自然、环境、社会、文化、经济等各种信息，去模拟设计和调控系统内的各种生态关系，从而提出人与自然和谐发展的调控对策。生态城市的规划设计把人与自然视为一个整体，以自然生态优先的原则来协调人与自然的关系，促使系统向更有序、稳定、协调的方向发展，最终目的是引导城市实现人、自然、城市的和谐共存，持续发展。

2、生态城市建设目标与基本原则

2.1 生态城市建设目标

济宁市是省级历史文化名城，国家重要的能源基地，位于“一体两翼”中的鲁南经济带上，是鲁南地区加工制造业和服务业的中心城市。其建设总体目标如下：

（1）以城市生态建设和环境改善为城市发展的重点，优化城市发展布局，提高城市的综合承载能力，形成与区域生态环境协调发展的城市生态系统。

（2）由资源型城市产业向生态产业及循环经济产业转型。培育面向循环经济的环境友好型替代产业，促进传统产业和矿山开采型经济向阳光产业、物流产业、文化产业和旅游产业的生态转型，以生态产业为龙头，以社会服务和生态服务为目标，实现济宁煤炭资源型城市的环境友好替代产业的培育和经济的跨越式发展。

（3）孔孟文化的人文生态振兴。继承和发扬孔孟文化精神，促进城乡居民传统生产、生活方式及价值观念向生态文化的转型，培育一代有文化、有理想、有素质的生态社会建设者。

（4）水体和矿山的自然生态修复。促进以水环境质量、矿区恢复为主的城乡及区域生态环境向绿化、净化、美化、活化的生态景观演变，使蓝色空间、绿色空间、灰色空间和红色空间合理镶嵌，为社会经济的可持续发展积累良好的生态资产。

2.2 生态城市建设的基本原则

2.2.1 人与自然和谐的原则

人是自然的组成部分，应该做到人与其他生物共生、生物与自然环境共存，邻里之间共生，求得共同发展。

2.2.2 资源利用高效性原则

对于资源型城市，应该高度重视发展循环经济，为城市经济的长期发展奠定基础。

2.2.3 区域性原则

城市生态系统范围不完全局限于行政区界限，应体现一定地域内的城乡融合或城市间融合，互惠共生。

2.2.4 公众参与原则

公众参与是建设生态城市的关键环节，一个长期发展的过程必须建立在社会广泛接受并积极参与实践的基础之上。

3、生态城市建设案例及经验总结

3.1 美国伯克利生态城市

伯克利生态城市是1970年代在国际生态城市运动的创始人——美国生态学家理查德·雷吉斯特的倡导下建立的，被认为是全球“生态城市”建设的样板。

根据理查德·雷吉斯特的观点，生态城市应该是三维的、一体化的复合模式，而不是平面的、随意的。同生态系统一样，城市应该是紧凑的，是为人类而设计的，在建设生态城市中，应该大幅度减少对自然的“边缘破坏”，从而防止城市蔓延，使城市回归自然。

伯克利通过建设慢行道、恢复退化河流、沿街种植果树、建造利用太阳能的绿色住所、通过能源利用条例来改造能源利用结构、优化配置公交路线、提倡以步代车等措施，使其生态城市建设工作扎实有效地进行。经过20余年的努力，伯克利已经具有典型的城乡一体化的空间结构，在住宅区内，每一栋独立住宅就有一块占地数个住宅面积之大的农田，农田上种植的蔬菜和水果作为“绿色食品”，很受当地居民及附近城市居民的欢迎，这些实践值得我们借鉴和提倡。

3.2 曹妃甸国际生态城

曹妃甸国际生态城位于唐山南部，它西邻天津，东接秦皇岛，是具有巨大潜力的经济发展区。曹妃甸国际生态城是与工业区和港口配套发展的新城，它将成为环渤海区域知识型社会的中心和象征。

（1）生态城拥有一个紧凑的混合功能结构，各种元素相互交织成整体。城市节点是各城区的中心，并各具特色。城市在功能上的混合有利于创造一个对商业和文化都有积极影响的环境。

（2）可持续的基础设施和交通模式是生态城建设的基础，应优先考虑行人、自行车和公共交通网络。

（3）气候中性的能源计划以节能建筑和系统达到最低能源消耗为基础。当地的可再生能源生产主要来自风力发电和垃圾焚烧，并可能发展太阳能发电和潮汐能。

（4）曹妃甸生态循环模式包括一个对能源、垃圾和水资源的综合处理方案，能够使垃圾、废水、雨水资源得到最充分的利用。

3.3 经验总结

3.3.1 树立科学的城市生态可持续发展观

城市应该坚定不移地采用可持续发展模式，探索和研究生态城市建设之路，不能再走高消耗、高污染、低产出的发展道路，应该寓自然保护、社会生态和谐于经济发展之中。

3.3.2 树立区域协调发展的观点，将生态城市的规划建设置于更大的区域背景中

城市的形成从来就不是孤立的，而是与区域的发展相联系的。生态城市是城乡复合体，也是一个城市化区域，因此我们的城市规划必须着眼于更大的区域背景，必须结合城乡区域进行生态整体规划。

3.3.3 完善生态城市应用研究的技术、资金保障体系

我国在研究技术及资金体系方面还不完善，应该在引进国外人才、资金、技术的基础上，通过多形式、多渠道、多层次地发展生态适用技术培训，通过技术和资金保障体系的建立和完善，来发展生态农业、循环经济、生态建筑、太阳能利用技术等高科技技术。

3.3.4 加强公共教育，引导公民广泛参与

生态城市的建设和发展离不开广大公民的参与，在这方面国外的城市为我们树立了榜样。其可借鉴之处，除了政府的引导之外，主要在于公民的生态环境意识较强，受教育水平比较高。济宁市要通过加大教育投入、加强文化建设、提高全民素质，拓宽公众参与的渠道，使越来越多的公民自觉加入生态城市建设中来。

4、济宁市的基本情况

4.1 优越的自然条件

济宁市位于鲁西南腹地，地处淮海平原与鲁中南山地交接地带,全市总面积10684.9km^2。京杭运河纵贯南北，全市河沟水面总面积15.53万亩。拥有山东省最大的淡水湖泊南四湖，占全省淡水水域面积的47% 。全市含煤区面积4826km^2，占全市总面积的45% 。全市煤储量260亿t，占全省的50%，为全国重点开发的八大煤炭基地之一。

4.2 良好的交通区位

济宁市目前已经基本形成了以国道、省道为骨架，以县乡道路为支线，连接济宁市、县、乡、村四通八达的公路交通网。以京沪铁路、菏日铁路、京沪高速公路、日东高速公路、济菏高速公路、104、105、220、327国道等为代表的道路网络体系遍布市域。横贯东西的327国道和省道共同构成了沿海港口通往内陆的大通道，104国道、105国道和220国道贯穿南北，是南北经济交往的大动脉。

4.3深厚的文化底蕴

济宁市素以“孔孟之乡，礼仪之邦”而著称，是东方儒家文化和华夏文化的发祥地。曲阜、邹城是国务院公布的历史文化名城，孔庙、孔府、孔林被联合国教科文组织列为世界文化遗产。著名的还有邹城“四

孟”（孟府、孟庙、孟母林、孟林）、嘉祥武氏祠汉画像石刻及济宁城区的太白楼、汉碑群等。济宁市自然景观众多，曲阜石门山被辟为国家森林公园，邹城峄山有“岱南奇山”之美称。另外，还有水泊梁山、京杭大运河、微山湖等景点。

4.4 雄厚的经济基础

改革开放以来，济宁抓住历史发展的机遇，凭借优越的外部条件和自身良好的发展条件，经济社会取得快速发展，全市工业化和城市化进程不断加快，经济发展的活力不断显现，经济增长的空间不断拓展。近年来，济宁市通过大力发展民营经济，扩大招商引资，发展经济园区和旅游产业，全市经济又连续保持15%以上的高速增长。2007年济宁市实现地区生产总值1736亿元，财政收入101.2亿元，固定资产投资645亿元，社会消费品零售总额591.3亿元，进出口总额281547万美元，实际利用外资41667万美元。

5、济宁市生态城市建设面临的问题

5.1 面临较大压力的城市环境

首先是水环境污染尚未得到有效遏制。济宁市各河流、湖泊均受到不同程度的有机污染，多数河流、湖泊水质标准与南水北调水质要求差距较大，主要污染物排放总量仍然较大。其次是大气存在煤烟型污染的巨大压力，济宁的能耗以煤炭为主，环境污染呈现典型的煤烟型特征。另外，污水、垃圾处理等基础设施建设远远滞后于供水等供给型设施，使得环境污染、生态恶化，也影响到人们的生活水平进一步提高。最后，矿产开发影响生态环境质量，矿产资源的不当开发直接导致地面塌陷、沉降、地裂缝等地质灾害，而且开发过程中产生的废石、废水、废渣还带来对环境的污染。

5.2 城市交通相对滞后

一方面是交通分隔严重，东西向、南北向联系不畅。市区内由于日菏铁路的分割，加之京杭大运河、洸府河、塌陷区的存在，造成了各个区之间的联系强弱不同。另一方面是道路交通系统不完善，畸形路多，城区路网存在大量斜交路口，带来交通混乱和大量交通事故，并使用地不易利用。

5.3 煤炭开采与城镇发展

济宁城镇化的脚步一直在各级政府的推进下进行，但城镇发展对土地的需求因压煤问题突出而长期得不到解决。由于压煤土地毗邻城市建设和开发区用地甚至就在其下，煤炭开采利益与城镇发展利益如何取舍成为制约济宁社会经济长足发展的一个主要瓶颈。

6、济宁市生态城市建设对策

6.1 构建区域生态空间系统，保障生态环境安全

加强生态公益林保护工程、保护区建设与生物多样性工程建设。构筑以南四湖、京杭运河、洸府河、泗

河、洙赵新河等河流为主的蓝色生态空间和以河流源头和沿岸水源涵养林、森林公园、滨河绿色廊道等构成的绿色生态空间。

6.2 协调煤矿利用与城市发展的关系，构筑特大城市框架

济宁的发展要立足国家战略的要求，承担鲁南地区中心城市的职能，真正实现与徐州、临沂互动发展，必须构筑大城市的框架。中心城区空间结构要满足产业发展、职能提升、可持续等目标，实现资源城市转型，必须转变地上城市发展完全服从于地下煤炭资源开采的观念，按照发挥土地价值最大效益的原则，正确处理地上城市发展和地下煤炭资源开采的关系，实现煤城互动发展。

6.3 加强城区基础设施的规划和建设，建立生态城市的基础支撑体系

城市基础设施建设是衡量一个城市发展水平的重要依据。济宁应根据自身发展特点，通过普铁、城际轨道、高速公路等交通设施的建设，为多方式联运奠定坚实的设施基础；广泛采用生态建筑，使建筑达到高效、低能耗、无污染的目的；加强绿地建设，改善城市居民的居住环境；加强城市医疗、卫生、电力、通信、供水以及排水等公共设施的建设。从整体上提高人民生活质量，从而推进城市发展的水平。

6.4 继承延续历史文脉，突出地方特色

济宁具有浓厚的历史文化底蕴，如孔孟文化、运河文化和水浒文化等。济宁生态城市的建设应继承延续历史文脉，突出地方特色，打造济宁名片。

6.5 加强生态文化建设，提高居民的生态意识

生态文化建设是生态城市建设中的一项重要内容，不仅需要政府的努力，更离不开全社会的参与。政府应通过各种媒体宣传普及生态城市的科学知识、环境保护的方针、政策、法律、法规等，以生态文化为经络，促进城乡居民传统行为方式及价值观念向环境友好、资源高效、系统和谐、社会融洽的生态文化转型。

[参考文献]

[1] 鞠美庭,王勇,孟伟庆,何迎．生态城市建设的理论与实践 [M].北京： 化学工业出版社，2008.
[2] 黄光宇,陈勇．生态城市理论与规划设计方法 [M].北京：科学出版社,2002.
[3] 李锋,王如松,闵庆文,黄锦楼．济宁生态市规划与建设途径[J].城市环境与城市生态,2006(12).
[4] 马交国,杨永春,刘峰．国外生态城市建设经验及其对中国的启示[J].世界地理研究,2005(3).
[5] 翟宝辉,王如松,陈亮．中国生态城市发展面临的主要问题与对策[J].中国建材,2005(7).
[6] 潘曙达．北京建设生态城市的基本思路[J].新视野，2006(5).
[7] 中国城市规划设计研究院,济宁市规划设计研究院.济宁市城市总体规划(2008—2030年)[Z].

生态城市的理论与实践基础
——从政策引导和技术支撑角度论述

刘 芬

[摘　要] 生态文明是人类对传统文明特别是工业文明进行深刻反思的重要成果，生态城市是生态文明的具体体现。生态城市理念具体体现在城市的经济、社会、环境、文化等几个方面。政策引导和技术的保障在建设生态城市的实践过程中将发挥重要的作用，是建设生态社会的支撑手段。某项技术的运用和办法的实施，都需要配套的政策来引导，生态城市的建设要结合相关的法律法规，将促进城市发展的理念、政策、技术规范、决策方式均纳入到城市规划发展和管理的政策框架之下。

[关键词] 生态城市；绿色建筑；清洁能源；绿色交通

[作者简介]
刘　芬　济宁市规划设计研究院工程师

[备注] 该论文获“山东省第三届城市规划论文竞赛”鼓励奖

生态文明是人类对传统文明特别是工业文明进行深刻反思的重要成果，生态城市是生态文明的具体体现。生态城市的理念贯穿城市的经济、社会、环境和文化等几个方面。

1、生态城市

1.1 生态城市的概念

所谓生态城市，是指充分有效地运用具有生态特征的技术手段，节约和集约利用能源，有效减少污染物的排放，实现符合生态系统良性运转以及人与自然、人与社会可持续和谐发展的宜居城市。

生态城市所反映的对城市的认识，是将人类在一定地域空间上集聚所形成的社会经济形态与其自然和物质空间形态有机结合，视为一种复合形式的生态组织与系统。生态城市将城市视为一种复杂的生命体，城市本身、城市与城市之间、城市与乡村之间、城市与区域之间在自然、社会和经济等各方面，是可以与自然生态系统相类比，但更为复杂、综合并相互依存和影响的“生态关系”。

1.2 生态城市的特点

目前，生态城市理论研究已从最初的在城市中运用生态原理，发展到包括城市自然生态观、城市经济生态观、城市社会生态观和复合生态观等的综合城市生态理论，生态城市的特点也在研究和实践中日益深化。就目前的总体认识水平，概括起来说，生态城市与传统城市相比，主要有以下几大特点。

1.2.1 高效益的转换系统

在自然物质 — 经济物质 — 废弃物的转换过程中，必须是自然物质投入少，经济物质产出多，废弃物排放少。该系统的有效运行在产业结构方面的表现为第三产业大于第二产业大于第一产业的倒金字塔结构。

1.2.2 高效率的流转系统

以现代化的城市基础设施为支撑骨架，为物流、能源流、信息流、价值流和人流的运动创造必要的条件，从而在加速各种流动的有序运动中，减少经济损耗和对城市生态的污染。

1.2.3 整体性和前瞻性

生态城市不是单单追求环境优美或自身的繁荣，而是在整体协调的新秩序下寻求发展。规划、建设、管理城市时，不仅兼顾社会、经济、环境三者的整体利益，协调发展，而且还要满足不同地区、社会、后代的发展需求。不仅重视经济发展与生态环境协调，更注重人类生活质量的提高，也不会因眼前利益而用“掠夺”其他地区的方式换取自身暂时的“繁荣”，或牺牲后代的利益来保持目前的发展。

1.2.4 高质量的社会人文环境

发达的教育体系和较高的人口素质是可持续发展生态城市的基础和智力条件之一，还应该具有良好的医疗条件和相应的社区环境。

1.2.5 环境质量指标国际化

生活环境优美，管理水平先进，城市的大气污染、水污染、噪声污染等环境质量指标达到国际水平，城市的绿化覆盖率、人均绿地面积等指标也达到国际要求。同时对城市人口控制、资源利用、社会服务、劳动就业、城市建设等实施高效率的管理，以保证资源的合理开发和利用。

1.2.6 人与自然和人与人的和谐性

生态城市的和谐性，不仅反映在人与自然的关系上，自然与人共生，人回归自然、贴近自然，自然融于城市，更重要的是在人与人的关系上。现在的人类活动促进了经济增长，却没能实现人类自身的同步发展。生态城市是营造满足人类自身进化需求的环境，充满人情味、文化气息浓郁，拥有强有力的互帮互助的群体，富有生机与活力。生态城市不是一个用自然绿色点缀而僵死的人居环境，而是关心人、陶冶人的“爱的器官”，文化是生态城市最重要的功能，文化个性和文化魅力是生态城市的灵魂。这种和谐性是生态城市的核心内容。

1.2.7 区域统一性

生态城市作为城乡统一体，其本身即为一区域概念，是建立在区域平衡基础之上的，而且城市之间是相互联系、相互制约的，只有平衡协调的区域才有平衡协调的生态城市。生态城市是以人—自然和谐为价值取向的，就广义而言，要实现这一目标，全球必须加强合作，共享技术与资源，形成互惠共生的网络系统，建立全球生态平衡。广义的区域观念就是全球观念。

1.3 生态城市发展目标

生态城市是城市生态化发展的目标，也是社会和谐、经济高效、生态良性循环的人类住区形式，是大自然、城市环境与人群融为有机整体的互惠共生的结构。党的十七大报告提出了2020年我国生态文明的战略："建设生态文明，基本形成节约能源资源和保护生态环境的产业结构、增长方式、消费模式。循环经济形成较大规模，可再生能源比重显著上升。主要污染物排放得到有效控制，生态环境质量明显改善。生态文明观念在全社会牢固树立。"根据这一战略部署，要大力发展以循环经济为支撑的生态城市，分阶段推进生态城市建设。

生态城市建设的目标可以体现在五个方面：

（1）城市与自然融合，具有良好的环境质量，建设生态文明；

（2）比较发达的经济水平，高效、循环的生产模式；

（3）强调适度消费、合理消费、节俭消费的生活模式；

（4）城市建设过程，强调节约利用资源、合理利用资源和循环利用资源；

（5）强调公众参与，强调社会公平，促进人与人的和谐，发展新型文化。

2、建设生态城市的实践基础

尽管从生态城市理念的提出至今已经有一段时间，但在以追求经济发展为背景的工业化和城镇化过程中，因资源开发与生态建设和环境之间的固有矛盾，生态城市规划在实践中的进展并不迅速，至今尚未有成熟的生态城市规划技术。因此，目前我国的生态城市建设实践需要强有力的政策引导和更加完善的技术保障。

3、政策引导是建设生态城市的重要基础

城市的规划和发展是一个复杂的过程，某项技术手段的运用和办法的实施，往往需要配套的政策来引导和约束。要在现有的城市规划编制指标体系和城市规划管理体系政策框架的基础上，结合相关法律法规的要求，将促进城市发展的发展理念、产业政策、技术规范、决策方式均纳入到城市规划发展和管理的政策框架中。

3.1 形成鼓励城市发展的激励机制

调整和改革现有的激励机制，从政治上改革政府的绩效考核指标体系，使其逐步转向更为综合化，使资源、环境和社会的指标得到更大的权重；从财政上，改革财税体制，推动地方财政体制变革，弱化城市财政对土地经营的依赖，建立制度化的可持续城市建设的财政激励机制。

3.2 以生态城市发展要求引导城市工业发展

我国正处于工业化时期，作为耗能大户的工业，其能耗超过社会总水平的2/3。工业不但是能源消费的

大户，也是我国和城市发展过程中最重要的污染源。工业的高能耗和排放比表明，工业生产方式的转变，是生态城市发展之路能否有效实施的关键环节。应加快城市工业结构的优化升级，增强可持续发展的能力，以生态化为目标，实现城市工业空间转移和布局优化，发展循环经济，挖掘城市的排能减排潜力。

政府要制定相关政策，采取有效措施，鼓励企业资源参加污染预防项目，采取税收、关税和收费、资助与补贴等财政措施来促进企业资源向循环经济模式倾斜。

3.3 引导城市高效节能运转，大力发展公共交通

鼓励特大城市进行轨道交通规划、建设研究，在适宜的城市和时间积极推进快速公交建设；合理确定城市出租车的规模和费率，使之成为城市公共交通系统的有效补充部分。

大力加强政府对公共交通基础设施的建设投资，建立政府主导的城市公共交通特许经营制度，在公交企业大力推行清洁能源的使用，提高油品的质量。对于使用新能源、新技术的公交实行政府一次性投入加逐步补贴的方式。

加强交通需求管理，降低居民对小汽车出行的依赖，针对小汽车的区域性拥堵收费，征收燃油税。

3.4 推行规划环评，鼓励公众参与

环境监测和跟踪评价的对象涉及社会、经济、资源和环境等方面，监测的环境因子主要是目前和潜在的影响因子，各阶段规划目标尤其是环保目标、评价指标，可能对环境规划造成重大影响。

要丰富中央政府的监督和监管手段，发挥人大与政协的监督作用，构建公众参与的保障机制。鼓励公众参与掌握重要的、为公众关心的环境问题；落实规划的影响减缓措施；满足公众对规划实施过程中的跟踪评价和监督的要求，以及公众对规划的调整建议和要求。

4、技术支撑是生态城市建设的关键

在以追求经济发展为背景的工业化和城镇化过程中，资源开发与生态建设、环境保护之间的矛盾，并未得到完全解决。在节能减排压力大、发展和保护矛盾突出的背景下，研究与推广生态城市规划技术已经成为一项迫切的任务。

4.1 运用高新技术来推动循环经济

按照自然生态系统物质循环和能量流动规律重构经济系统，使经济系统和谐地纳入到自然生态系统的物质循环过程中，建立起一种新形态的经济，运用生态学规律来指导人类社会的经济活动。在可持续发展的思想指导下，按照清洁生产的方式，对能源及其废弃物实行综合利用。它要求把经济活动组成一个“资源 — 产品 — 再生资源”的反馈式流程；其特征是低开采、高利用、低排放、再循环。循环经济不仅要求资源循环化，更需要通过高新技术和适宜性技术相结合的方式，系统地建设循环经济产业链。

4.2 用科学技术提高资源利用效率

运用绿色科技，解决水资源综合利用和能源供给两项核心问题。通过再生水利用、海水利用、雨水利用、太阳能、风能和地热等一批现代基础设施建设，实现资源梯级利用形式，构建水健康循环体系。

4.3 清洁能源的利用与引导

推广使用清洁能源的汽车和燃料，采用主动式太阳能设计，控制小汽车尾气的排放，在公交系统中逐步更换老式耗能大、污染重的公交车。

4.4 推广绿色建筑技术，促进城市节能减排

所谓绿色建筑，是指在建筑全寿命周期内，最大限度地节约能源（节能、节地、节水、节材）、保护环境和减少污染，为人们提供健康、适用和高效的使用空间，与自然和谐共生的建筑。

城市应积极推广绿色建筑技术的技术方案研制，研究有效可行的政策策略。在短期内以政府推进为主导，长期辅以市场化方式，采用“政府领导，市场配合，国家投资项目先行；财政投资激励、惩罚，技术标准引导化”的发展策略。尽快完善行业标准，尽快完善绿色建筑设计与施工标准规范体系研究、绿色建筑评价标准研究。加强创新，提高价值。

4.5 实施废弃物绿色管理体系

转变固体废弃物管理思路。基本对策是：①清洁生产，避免产生；②综合利用；③妥善处置。包括清洁生产；系统内部的回收利用；系统外的回收利用；无害化处理；最终处理；固体废弃物资源化利用。

4.6 大力发展绿色交通

优化交通方式和构成。实现以步行、非机动车为主导，并与公共交通有效衔接的绿色交通方式结构。构建以大运量公交为主导的土地利用格局。构建“高密度、窄街道”的城市道路网络和富有活力的街道空间。创造宜人的交通环境、步行环境。设置安全、舒适、人性化的人行步道，确保其通行空间尺度适当、铺装美观、景观宜人，并适当设置休憩设施和满足行人基本需求的其他设施，过街横道设置满足安全、便利、无障碍要求并有效避免对径向交通造成干扰，控制其间距为150～300m左右。独立设置非机动车专用路或非机动车道，确保公交通行权优先于小汽车。

4.7 强调自然生态环境修复、维护和建设

高质量公园景观的建设，带来自然生态效益的同时，也会带来良好的社会文化效益。中新生态城海岸带湿地及其生态系统修复工作具有长期性的特点，并结合农业生态学、景观生态学，借鉴国内外在湿地修复中的技术和成功经验，按照自然修复和人工修复相结合的原则，融生物、生态及工程技术于其中展开。注重保

护原生生态，实现野生动物的栖息地保护与城市美化的视觉效果相统一。在城市生态景观中采用低能源岸线，设计有利自然雨水排放的地形，可降解的景观建筑材料等。将地区生态景观和建成区的人工景观生态衔接，最大限度地减少人工活动对环境的干扰。对海岸带湿地的生物修复，必须调查清楚造成生物量、种类减少的原因（污染问题、淡水补充量不足、过度捕捞等），在恢复野生资源的初期，有必要进行贝类、鱼蟹的人工增殖放流，以促使湿地生物修复的尽快实现。

5、加强政府引导和技术推广是生态城市发展的实践基础和体制保障

生态城市理论的贯彻、技术的推广、策略的实施，都需要纳入城市规划和发展的政策体制中才能有效实现并发挥作用，城市的规划和发展是一个复杂的过程，某项技术手段的运用和办法的实施，往往需要配套政策来引导和约束。要在现有城市规划编制指标体系和城市规划管理体系政策框架的基础上，结合相关法律法规要求，把有助于促进生态城市发展的发展理念、产业政策、技术规范、决策方式纳入到城市规划发展和管理的政策框架之中，为生态城市建立长效机制和体制保障。

[参考文献]

[1] 中国城市科学研究会.中国低碳生态城市发展战略[M].北京:中国城市出版社,2009.
[2] 黄光宇,陈勇.论城市生态化与生态城市[J].城市环境与城市生态,1999,12(6):28-31.
[3] 世界环境与发展委员会著.我们共同的未来[M].长春:吉林人民出版社,1997.
[4] 陆宁,陆路,霍小平等.生态城市规划方案的综合评价[J].城市问题,2006(4):22-26.

浅谈现代城市道路景观设计

王喜英　张向波　王艳敏

[摘　要] 现代城市建设日益更新，人们对环境质量的要求日益提高，道路作为城市空间的组成部分，除了满足交通、划分街区、提供公用设施等功能外还应考虑满足人、车、路、环境及景观的要求，更好地保护自然环境景观，达到道路与自然景观的完美和谐统一，在自然景观的基础上，将人、车、路、环境构成一个和谐统一的整体。

[关键词] 城市道路；步行空间；车行空间；植物配置；交通安全；历史文化

[作者简介]

王喜英　济宁市规划设计研究院工程师

张向波　济宁市规划设计研究院方案室主任，高级工程师

王艳敏　济宁市规划设计研究院工程师

1、城市道路景观包含的内容

在城市道路规划设计当中我们往往看到很多只不过是砖、石头及水泥砂浆最高、最宽、最密集的堆积物，在砖石建筑堆中所穿插的道路没有绿色，干枯而缺乏活力。在本文当中把道路景观通过几个空间去分析说明，包括步行空间、车行空间以及各个空间当中所包含的公共设施。

1.1 步行空间的景观分析

步行空间因其开放性与共享性而成为最为大众化和全民性的场所，也是人们最重要的活动空间，在很大程度上还是人们公共生活的舞台，是一个城市人文素养的综合反映，是一个城市历史文化延续变迁的载体和见证，是一种重要的文化资源，是构成区域文化表象背后的灵魂要素。因此，加强道路建设，讲究道路空间的艺术设计，追求“骨架”与整体的平衡和谐，是完善城市功能、提高城市品位的有效途径。步行仍是现在最频繁的运动形式，大部分的场地和空间都是在步行过程中和人眼高度上被觉察的，我们快速运动时，简直不能容忍少许迟缓，而当我们轻松漫步时，则喜欢左顾右盼，这时的趣味不在运动本身而在于对周围实物的感受和体验。在城市街区当中，我们更应注重的是路周边环境的塑造，创造一种舒缓的、放松的、悠闲的空间。步行道路的出现给城市带来了很多生机，其景观特性为安全性、方便性、舒适性、可识别性、可适应性、可观赏性、亲切性、公平性、可读性、可管理性等。其景观设计在考虑上述几种情况之外，应格外强调个性化、人性化、趣味性、亲切性的特征，要充分注重自然环境、历史文化、人与环境各方面的要求。

1.2 城市道路景观当中的车行空间景观分析

感受不到构成景观的各种细部特征，仅能体验到行驶过程中景观序列的转变，而这些明显的序列变化，都是由于原始地形地貌本身的变化和人类对于土地利用形式的不同所形成的。这些景观序列可以进一步划分为景

观特色带、景观过渡带及景观特色点。每一种公路，无论是乡间马路还是城市快速路，都是独一无二的设计作品，具有独自的地域特征和功能特征。

2、现代城市道路景观设计当中所遇到的一些问题

2.1 植物配置

植物配置的生态性：自然生态型绿化设计首先必须从植物选材与配置上入手。设计师应充分了解植物的生物学特性，根据立地条件合理选择植物品种。植物配置以及群落的营造应遵循互惠共生的原则，从植物的形态、色彩、质地以及疏密程度充分考虑，形成异质性强、多层次、立体化的多样性植物景观。现在很多现代城市道路的绿化设计当中也存在不少的问题。

2.1.1 只顾眼前的效果，不考虑长远利益

选用未经引种驯化的外来植物品种，结果因不适应当地生态环境而逐渐死亡。如左图，不但造成经济损失，而且影响绿化的整体效果。

2.1.2 片面地强调绿化，忽视道路的交通功能

在人行道上栽植树形不紧凑的灌木，影响步行或者骑车；较狭窄的分车带上密植大量的乔灌木，阻挡了行车的视线。

2.1.3 设计形式单调且过于封闭

主次干道千篇一律，没有特色、毫无创意、缺乏生机与活力。

2.2 公共设施

城市环境是随着城市的发展逐渐形成的，同时还在动态地变化着。城市作为物质的巨大载体，为人们提供着一种生存的环境，并在精神上长久地影响着生活在这其中的每一个人。城市公共设施是构成城市环境的主要内容，只有将其纳入到整个环境系统，充分考虑到它们的物质使用功能和精神功能，提高其整体的艺术性，才能体现出城市特有的人文精神与艺术内涵。但是在现代城市设计当中，公共设施的不完善、选址的不恰当，也正在影响着整个城市景观的提升。

2.3 交通安全

在城市中，特别是在车辆拥挤的道路、立交桥和交叉路口等这些环境污染较严重的地区，大量植树、栽花、种草能人为地强化自然体系，利用绿色植物特有的吸收二氧化碳、放出氧气的功能，来吸收有害物质，

减轻空气污染，起到除尘、杀菌、降温、增湿、减弱噪声、防风固沙等生态作用，同时在道路两旁进行绿化设计以对驾驶员的视线进行诱导。

在道路交叉口处栽植低矮的灌木或者小乔木，要以不影响驾驶员的视线为目的。在现代城市道路景观设计当中也出现了不少植物配置不合理的情况，如选择种树时，对冠幅的大小不熟悉，导致栽植后影响视线，从而使交通产生了不安全性。

2.4 历史文化

不同的城市因其所处的地理位置不同，表现出各异的特性，如立地条件、历史文化、城市性质等。因此，城市道路绿化景观设计必须符合城市特性，进行不同的道路绿化景观规划设计，城市道路绿地景观的个性化原则主要体现在绿地形式和树种上，目前许多城市都有自己的市树市花，可以作为地方特色的基调树种，使绿地富于浓郁的地方特色。这种特色使当地人感到亲切，也使外地人能够了解这个城市的特色。但城市的基调树种不能仅局限于少数几个树种，一个城市的基调树种应以某几种树种为主，且这些树种最好是该城市的乡土树种，以区别于相邻城市的基调树种。现在也有不少地方，捕风捉影，对自己本身的文化底蕴不去挖掘，却抓住一个历史时期的事件放大化，空洞、没有实质的宣传作用，造成历史文化轨迹混乱，又不能体现自己本身富有的特色景观。

2.5 建筑色彩

建筑色彩方面，主要是对人的视觉来说的，步行空间的建筑外延对于步行的人们来说起着重要的作用，不同景观空间内的建筑物都能给予在步行空间或者车行空间的人们以很大的影响。色彩的明暗，色相的变化等，在现代道路景观设计当中，道路两旁建筑的色彩也是比较杂乱，五颜六色，没有分类。

3、在城市道路景观设计当中我们应该注意的一些问题

3.1 完善景观设计，增加植物种类，丰富季相景观

完善景观设计效果以适应道路的交通功能需求和景观需求。在城市交通道路中，由于车速高，绿化设计应最大限度地满足道路的安全要求，以低矮的灌木和草坪为主，形式也应简洁。在城市中心道路中，以方便公交车辆和行人通行为目的，绿化带设计在满足交通安全的前提下，应重点考虑美化作用，形式多样，色彩丰富，有一定的高度变化。此外，为丰富季相景观，还应增加适用于行道树的植物种类，避免道路景观雷同；增加观花乔、灌木植物种类和观色叶植物种类，营造丰富的季相景观效果；重视地被植物和攀缘植物的应用，利用其形态、花期各异的特点，增加景观效果，提高绿化覆盖率；对适应性强、观赏价值高的植物种类加大应用范围，协调植物的应用比例。

3.2 与建筑物相协调

城市公共设施的尺度、色彩、形态应与建筑物立面有机协调。其尺度不宜过大，切忌分割建筑物原有立面、破坏它的原有使用功能、破坏建筑物的顶部造型等；色彩宜以建筑物原色为基调，与之协调；形态宜按

建筑物立面的要求进行选择，点缀丰富的建筑立面，与之整体统一。

3.3 加强园林绿化管理

绿化容易维护难，完善法规、依法管理是保护园林绿化和进行园林绿化建设的根本保证，要解决管理不得力的问题。同时，加大宣传力度，增强群众对园林绿化的参与意识和维护意识。

3.4建立完备的城市园林绿化体系

城市园林绿地系统一般由公共绿地、专用绿地、生产绿地、防护绿地、街坊庭院绿地、风景旅游区等部分组成。相对于独立的植物群落而言,其各项生态效益的发挥水平不仅由于绿地规模和植被数量的不同而有所差异,而且也随着空间距离的加大而逐渐减弱甚至丧失。测定表明:由一定数量的植被所构成的绿地,其生态效益存在一定的“影响范围”,表现为与其规模相对应的“局部性”。

3.5 尊重历史的原则

城市景观环境中那些具有历史意义的场所往往给人们留下较深刻的印象，也为城市建立独特的个性奠定了基础。城市道路景观设计要尊重历史、继承和保护历史遗产，同时也要向前发展。对于传统和现代的东西，我们不能照抄和翻版，而需要探寻传统文化中适应时代要求的内容、形式与风格，塑造新的形式，创造新的形象。

3.6 可持续发展原则

可持续发展原则主张不为局部的和短期的利益而付出整体的和长期的环境代价，坚持自然资源与生态环境、经济、社会的发展相统一。

3.7 景观的多样性

设计中追求绿化景观完全融合到自然环境中，其层次变化，并非是乔木、灌木的简单组合，也并非是各种植物由小到大、由近及远地简单排列在公路的两旁，而是更注重自然界大范围内的绿化空间，以体现自然界植物的生长特性。

3.8 植物配置的生态性

自然生态型绿化设计首先必须从植物选材与配置上入手。设计师应充分了解植物的生物学特性，根据立地条件合理选择植物品种。植物配置以及群落的营造应遵循互惠共生的原则，从植物的形态、色彩、质地以及疏密程度上充分考虑，形成异质性强、多层次、立体化的多样性植物景观。

4、结语

城市的快速发展不一定要以牺牲、破坏生态环境为代价。世界上的城市有得天独厚的自然环境和条件是难得的。但是，更多的是人类在长期与自然斗争中改善环境，创造出良好的生存环境和城市景观，这样的先例不胜枚举，总而言之，一个理想的自然生态型道路绿化设计是综合了结构的合理性、功能的全面性、关系的协调性、植物配置的生态性、景观的多样性及管护的自然性等六个原则，从而才能营造出令人赏心悦目、有特色、有创意、又有一定的经济效益与生态效益的成功道路绿化设计典范。我们期待着越来越多成功的道路绿化在我们身边出现，让我们的城市功能更完善，让我们的城市品位更独特，让我们的生活更美好。

[参考文献]

[1] 中国当代城市景观艺术设计理念的研究[J]. 南京艺术学院学报(美术与设计版),2006.
[2] 现代城市道路景观设计探讨[J].中国科技信息,2008(2).
[3] 景观设计学[M].第三版,2000.
[4] 俞孔坚.景观与城市的生态设计：概念与原理[J].中国园林,2001.

浅探居住小区景观环境设计

朱德周

[摘　要] 社会经济的迅速发展，生活水平的日益提高，带来人们对居住环境质量要求的提高，居民对住宅的需求已逐渐从“居者有其屋”的普通住宅转向了“居者优其屋”的有益身心健康的绿色住宅。本文通过对居住小区景观环境设计方法的归纳研究，对改善当前居住小区的环境作了有益的探索。

[关键词] 景观环境；绿化设计；景观生态模式

[作者简介]
朱德周　济宁市规划设计研究院工程师

[备 注] 该论文获“山东省第三届城市规划论文竞赛”鼓励奖

随着社会经济的迅速发展，生活水平的日益提高，逐步迈向小康生活阶段的城市居民，对环境质量的要求已越来越高，能生活在一种至美的环境中成为人们生活的理想追求。随着人们购房心态的理智和成熟，居民对住宅的需求已逐渐从“居者有其屋”的普通住宅转向了“居者优其屋”的有益身心健康的绿色住宅。美丽的园林绿化环境已成为住宅小区最基本的要素，并且直接关系到小区的整体水平及质量，同时它又是房地产开发商是否能够经营成功的一个极重要的因素，对商品住宅的销售产生了明显的影响。有的开发商在住宅建筑未完工，甚至是尚未开工时就进行园林绿化的建设，为客户展示真实的环境景观，有的房地产开发商不惜重金邀请国内外闻名的景观设计公司对其开发项目进行园林景观的规划设计，以达到促进销售的目的。房地产开发策划理念也从“卖地段”走到了“卖环境”的市场营销阶段。

与社会经济的发展同步，居住区园林已成为园林设计的一个重要类型，国内的园林设计思想也进入了新的活跃期，并随着国外景观设计思想的进入、中西方园林设计思想的交融发展到一个新的阶段，这里我们称之为居住小区景观环境设计阶段。本文就试探着探讨一下有关居住小区景观环境设计的一些设计理念、内容和手法。

1、居住小区景观环境设计的外延

1.1 设计立意和主题

居住区景观环境设计，并不仅仅是单纯地从美学角度和功能角度对空间环境构成要素进行组合配置，更要从景观要素的组成中贯穿其设计立意和主题。例如，表达某种独特的社区文化，或突出居住区本身所处自然环境的特色。通过构思巧妙的设计立意，给人们的生活环境带来更多的诗情画意。居住区环境景观形态，成为表达整个居住区形象、特色以及可识别性的载体。

1.2 设计范围

所有空间环境的构成要素，包括各类园境小品、休息设施、植物配置以及居住区内部道路、停车场、公共服务设施、建筑形态及其界面，乃至人的视线组织等都在居住小区景观环境设计范围之内，从而大大扩展了传统的“绿化、场地、小品”小区绿化模式的设计对象范围。居住区环境景观设计不仅体现在各种造景要素的组织、策划上，而且还参与到居住空间形态的塑造、空间环境氛围的创造上。同时，景观设计将居住区环境视作城市环境的有机组成部分，从而在更大的范围内协调居住区环境与区域环境的关系。

1.3 设计过程

景观设计模式改变了从前那种待建筑设计完成以后，再作环境点缀和修饰的做法，使环境设计参与居住区规划的全过程，从而保证与总体规划、建筑设计协调统一，保证小区开发最大限度地利用自然地形地貌和植被资源，使设计的总体构思能够得到更好的表达。

1.4 设计手法

居住区景观组织并不拘于某种风格流派，而是根据具体的设计构思而定，但始终要追求怡人的视觉景观效果。景观设计将灵活多变的构图手法与流畅的曲线形态糅合到环境中，丰富和发展了传统的园林设计方法。设计的目的是为人们创造可观、可游、可参与其中的居住环境，提供轻松舒适的自然空间，为人们营造诗意的空间，从而增添人们日常的生活情趣。

2、居住小区景观环境设计的内涵

2.1 确立以人为本思想

以人为本指导思想的确立，是环境设计理念的一次重要转变，使居住区环境设计由单纯的绿化及设施配置，向营造能够全面满足人的各层次需求的生活环境转变。以人为本精神有着丰富的内涵，在居住区的生活空间内，对人的关怀则往往体现在近人的细致尺度上（如各种园境小品等），可谓于细微之处见匠心。因此，景观设计更多地是从人体工学、行为学以及人的需要出发研究人们的日常生活活动，并以此作为设计原则。要创造适于居住的生活环境，更多地需要建立在居住实态的调查研究之上。

2.2 融入生态设计思想

生态设计思想的融入，使环境设计将城市居住区环境的各构成要素视为一个整体生态系统；使环境设计从单纯的物质空间形态设计转向居住区整体生态环境的设计；使居住区从人工环境走向绿色的自然化环境。基于生态的环境设计思想，不仅仅是追求如画般的美学效果，还更注重居住区环境内部的生态效果。例如，绿化不仅要有较高的绿地率，还要考虑植物群落的生态效应，乔、灌、草结构的科学配置；居住区环境的水环境则要考虑水系统的循环使用等。

2.3 追求生活情趣

社会经济的发展，使人们的居住模式发生了变化，人们在工作之余有了更多的闲暇时间，也将会有更多的时间停留在居住区环境内休闲娱乐。因此，对生活情趣的追求要求各种小品、设施等造景要素，不仅在功能上符合人们的生活行为，而且要有相应的文化品位，为人们在家居生活之余提供了趣味性强而又方便、安全的休闲空间。

2.4 注重动态的景观效果

在静态构图上，景观设计要讲求图案的构成和悦目的视觉感染力，但景观设计更为重视造景要素的流线组织，以线状景观路线串起一系列的景观节点，形成居民区景观轴线，造成有序的、富于变化的景观序列，如各种绿轴、蓝轴等。这种流动的空间产生了丰富多变的景观效应，使人获得了丰富的空间体验与情趣体验，对构筑居住区的文化氛围和增强可识别性起到了积极作用。

2.5 强调可参与性

居住区环境设计，不仅仅是为了营造人的视觉景观效果，其目的最终还是为了居者的使用。居住区环境是人们接触自然、亲近自然的场所，居者的参与使居住区环境成为人与自然交融的亲切空间。例如，成都一些居住区通过各种喷泉、流水、泳池等水环境，营造可观、可游、可戏的亲水空间，受到人们的喜爱。

2.6 兼备观赏性和实用性

居住区园林景观环境必须同时兼备观赏性和实用性，在绿地系统布局中形成开放性格局，应布置有利于发展人际关系的空间，使人轻松自如地融入“家园”群体。让每一个居民随时随地都享受新鲜空气、阳光、绿色与和谐的人际关系，成为居民理想中的乐园。

2.7 开放的、系统的设计观念

景观设计不再强调居住区空间环境绿地设置的分级，不拘于各级绿地相应的配置要求，而是强调居住区为全体居民所共有，居住区景观为全体住户所共享。开放性的设计思想力求分级配置绿地的界限，使整个居住区的绿地配置、景观组织通过流动空间形成网络型的绿地生态系统。

2.8 主题化的设计思想

以某种主题为主的居住区环境设计，或营造独特的社区文化、艺术氛围，或表达对某种生活情调的追求，能够有针对性地满足当前社会多元化需求中特定群体的需求。设计的主题思想既可以从市场分析出发，又可以从居住区区位环境的景观特质提炼出来。如华阳府河音乐花园，是以音乐为概念的环境策划、设计，迎合了人们对健康生活的追求，得到了目标消费群体的认同，从而在市场上获得了很大的成功。

3、居住小区景观环境设计中的绿化设计

3.1 设计原则

居住小区的绿化设计应强调人性化意识，考虑人在使用中的心理需要与观赏心理需要相吻合，做到景为人用。在住宅入口、公共走廊、直到分户入口，都引入绿化，使人们在日常生活的每一个要害点都能够接触到绿化，绿化环境不再只是一块绿地，而是一个连续的系统。

3.2 植物配置

不同地带一定面积的小区内木本植物种类应达到一定数量；在乔木、灌木、草本、藤本等植物类型的植物配置上应有一定的搭配组合，尽可能做到立体群落种植，以最大限度地发挥植物的生态效益；在植物配置上，应体现出季相的变化，至少做到三季有花；在植物种类上应有一定的新优植物的应用。

为维护全球可持续发展，世界范围内提出保护生物多样性。作为城市环境重要组成部分的居住区绿地应成为城市生物多样性保护的开放空间。居住区绿地中的人工植物群落应是在城市环境中，模拟自然而营造的合适本地区的自然地理条件，结构配置合理，层次丰富，物种关系协调，景观自然和谐的园林植物群落。少种植那些过于娇贵的植物，通过植物自然的生长营造良好的生态环境，也不会给后期的养护带来负担。居住区绿地应是为人服务的地方，应集中体现出城市绿地的价值，在植物种类上应达到一定的数量。通过调查发现不同地区的城市植物种类，因气候土壤的条件差异而有所不同，一般面积10hm^2左右的小区中的木本植物种类数应能达到当地常用木本植物种数的40%以上。

好的居住区环境绿化除了应有一定数量的植物种类的种植，还应有植物种类型和组成层次的多样性作基础，应在植物配置上运用一定量的花卉植物来体现季相的变化。在住宅的各个角落，应多种植一些芳香类的植物，如白兰、黄兰、含笑、桂花、散尾棕、夜来香等，营造怡人的香味环境，舒缓人们的神经，调节人们的情绪。

4、居住小区景观环境设计的一些手法

4.1 小区步道设计

有调查表明，小区中最主要的活动形式是休息散步，而且居民多喜欢在小区绿化较好的道路上散步，而不是仅限于小区的小游园。因此，小区的步道设计应以使用者的舒适度为重要指标，当曲则曲，当窄则窄，不可一味追求构图，放直放宽。在满足功能的前提下，应曲多于直，宜窄不宜宽。力图做到有收有放，树影相荫，因坡而隐，遇水而现。

4.2 小区广场设计

小区广场称之为休闲场地更为合适，这一类场地的功能主要在于满足小区的人车集散、社会交往、老人

活动、儿童玩耍、散步、健身等需求。规划设计应从功能出发，为居民的使用提供方便和舒适的小空间。尽量将大型广场化整为零，分置于绿色组团之中，在小区尽量不搞市政设计中常出现的集中式大型广场，越是高档的小区越不应该搞。别墅区中则绝对不要设，不仅尺度不合适，而且也难以适应小区的休闲、交往等功能。

小区广场的形式，不宜一味追求场地本身形式的完整性，应考虑多用一些不规则的小巧灵活的构图方式。广场的外延均可采用虚隐的方式以避其生硬，与四周的小区环境有机地结合。此外，小区内的广场设计，一定要避免城市广场设计中缺乏绿荫的通病。

4.3 架空设计

首层架空的手法可创造出满足居民需求的特色空间：架空的底层首先解决了首层居民的地面返潮问题；其次，架空的底层得以延伸；此外，架空的底层还可以停放自行车、摩托车，减少了额外的停车场占地。

营造架空层的园林景观，首先要结合居住区环境设计的功能布局，遵循设计的理念，考虑视距的比例，适当缩小景物的尺度，巧妙运用借景、框景、障景等造景手法，让室内空间向室外延伸，从而起到增大空间、加深景深的作用。

总之，按照居住小区景观环境设计理念所创造出来的景观生态模式，能够完善城市居民住宅及城市生态系统，提高城市居住区环境的质量。于开发商而言，景观生态环境良好的居住区有着更好的市场前景；于消费者而言，人们更愿意选择环境好的住宅，这在成都市房地产开发市场上已得到了验证：营造好环境已经是居住区开发策划的重点，也是市场销售不可缺少的卖点。另一方面，美丽宜人的居住区环境作为城市环境的有机组成部分，亦能够提升城市的区域环境质量。景观生态模式，将城市居住区环境设计提高到协调人与环境、人与自然关系的层面。从这个意义上说，景观生态模式，为实现城市居住区环境建设的社会、经济、自然生态系统的统一创造了条件，也是未来城市居住区环境发展演化进程的必然。

[参考文献]

[1] 谢翠琴. 当代我国城市住宅小区景观小品设计艺术的多元化研究[D].北京:北京林业大学.

[2] 芦原义信. 街道的美学[M].北京:中国建筑工业出版社.

[3] 秦仪. 现代住宅区景观设计及其发展[J].广西轻工业,2008(3).

[4] 朱利,陈飞平,路红艳. 浅谈小城镇建设中的景观规划设计[J]山西建筑, 2007(5).

小议园林景观设计中的植物配置

王艳敏　张向波　王喜英

[摘　要] 植物配置是园林景观设计的重要组成部分。对植物的配置应遵循自然和谐以及生态性的原则。充分发挥植物的观赏性和功能性，创造良好的生态环境，使人与植物之间、植物与植物之间、植物与环境之间协调发展。完美的植物景观必须是科学性与艺术性的高度统一。

[关键词] 植物配置；自然和谐；生态性

[作者简介]
王艳敏　济宁市规划设计研究院工程师
张向波　济宁市规划设计研究院方案室主任，高级工程师
王喜英　济宁市规划设计研究院工程师

[备 注] 该论文获“山东省第三届城市规划论文竞赛”鼓励奖

1、目前人们对园林景观中植物配置的认识

园林景观的设计史在中国历史久远，但现代景观设计却是个新兴的产物，发展时间并不久远。多数人对景观设计的认识都很片面，甚至一知半解，认为无非是种花草、堆山石、搞绿化带。但是随着社会的进步发展和房地产业的兴起，人们居住条件的提高，园林景观设计越来越被人们重视，并形成一种需要。

一个好的景观设计不仅要在功能上能够达到人们的满足与需求，另外在形式上也应该起到美化、美观的作用。因此，植物配置在园林景观设计中显得尤为重要。植物是园林景观造景的主要组成元素，园林景观绿化是否能够达到既经济又美观的效果，在很大程度上取决于植物的选择与配置。

2、植物配置的多样性

园林中植物的种类繁多，有高大的乔木，低矮的灌木、地被、草坪，有攀爬的也有直立的，形状也千姿百态，圆形、球形、伞形等。植物的叶、花、果也展现了丰富的色彩，另外，根据季节性，植物也会变化万千，呈现各种艳丽的姿态。大千世界丰富多样，多姿多彩的植物为园林景观提供了强大的原材料，因此植物配置在景观园林设计中尤为重要。

3、植物在景观造景中的应用

园林植物主要由乔木、灌木、草坪构成。主要分为木本植物和草本植物。木本植物分为具有观赏性的乔木和灌木，草本植物分为花卉、草坪以及地被植物，乔灌相结合的造景手法是园林景观设计中常用的设计手法之一，并且被广为应用。

3.1 园林景观设计中起着重要骨干作用的乔木

由于树荫量大，具有遮阳挡雨、防尘减噪、美化环境的功能与效果，

所以在园林景观设计中多被用作行道树或大片种植，是城市绿化设计中必备的园林植物。乔木的栽植应根据景观设计中的要求以及符合当地特色、气候、水土等多方面的要求，且形成一定的景观特色。目前，乔木的栽植已从以往多定植2～3年生的幼苗发展到用4～5年生的乔木。另外，应根据苗木的特点选择种植方式，从而才能提高乔木的成活率和达到好的景观效果。

3.2 景观植物配置中重要的组成部分——灌木

灌木种属众多,繁殖容易,四海为家。灌木虽然没有乔木那样高大的躯体,但其生态效益和经济价值却很大。特别是生长在北方干旱地区的灌木,冬不惧严寒,夏不畏酷暑,在维护生态平衡、保护自然环境方面,有着突出的贡献。灌木的栽植方式有多种，可以和乔木、草坪自由搭配，也可以独立地进行密植，或者修剪成各种造型，进行规则式种植或自由式栽植。灌木的规则式栽植，可以组合成色块和各种图案，并通过灌木叶、花、枝和果实的各种季节不同色彩的变化，组合成各种不同的模纹图案、飘逸的曲线图案等。

例如：国庆期间，济宁市百花公园门前利用灌木修剪的植物雕塑“和谐之音”，以孔子讲学为题材，孔子坐在讲案后面为四名弟子讲学，其背后的56个“编钟”则寓意中华56个民族。

另外，在一些微地形的处理上以灌木代替地被植物，进行密植，对其进行修剪，形成起伏跌宕的效果。另外，还可以种植于各种花坛中，形成不同的景观观赏效果。最后，还可以和乔木、草坪进行自由式的搭配种植，并通过点、线、面的设计手法，从而更好地诠释景观效果。

3.3 起点缀作用、色彩丰富的花卉

花卉造景就是利用四季花草，通过色彩的变化，以及花卉的形状、花期的长短来塑造景观，并且供人们观赏。按照其运用的形式可以分为草坪镶嵌（即与草坪混栽）、立体美化和花坛应用等。草坪镶嵌就是在草坪适宜的位置进行点缀或者营造一定面积的花卉效果，使草坪和周围的植物具有更丰富、绚丽的色彩。立体美化可以通过墙壁、柱子、球状以及吊盆等具体的不同的外在形状的物体，将花卉栽种在其上面，并形成一定的景观效果。花卉造景具有观赏价值高、适应性强、并且便于管理养护、投资较少的优势，因而在园林景观造景中被广泛应用。

3.4 草坪，目前草坪主要是由人工栽植和管理的草坪

由于它具有改善环境、净化空气、吸尘、保持水土的作用，因此在城市的中心广场、公园、公路两旁以及一些特殊的场地被广泛栽种。它不仅能够为人们提供休息活动的场地，同时还可以使居住在喧嚣城市中的人们开阔视野、缓解拥挤，另外它在某些快速公路两旁还具有护坡、防止水土流失的作用。草坪主要被用作地被，作为整个景观效果的主景，使其具有较强的造景氛围。

4、植物配置方式

4.1 自然式配置

4.1.1 孤植

单株树孤立种植，孤植树在园林中，一是作为园林中独立的庇荫树，也作观赏用；二是单纯为了构图艺

术上需要。主要显示树木的个体美，常作为园林空间的主景。常用于大片草坪上、花坛中心、小庭院的一角与山石相互成景之处。

4.1.2 丛植

一个树丛由三五株同种或异种树木至八九株树木不等距离地种植在一起成一整体，是园林中普遍应用的方式，可用作主景或配景，用作背景或隔离措施。配置宜自然，符合艺术构图规律，应既能表现植物的群体美，也能表现树种的个体美。

4.1.3 带植

林带组合原则与树群一样，以带状形式栽种数量很多的各种乔木、灌木。多应用于街道、公路的两旁。如用作园林景物的背景或隔离措施，一般宜密植，形成树屏。

4.1.4 群植

以一两种乔木为主体，与数种乔木和灌木搭配，组成较大面积的树木群体。树木的数量较多，以表现群体为主。

4.2 规则式配植

4.2.1 行植

在规则式道路、广场上或围墙边沿，呈单行或多行的，株距与行距相等的种植方法。

4.2.2 正方形栽植

按方格网在交叉点种植树木，株行距相等。

4.2.3 三角形种植

种植按等边或等腰三角形进行。

4.2.4 长方形栽植

正方形栽植的一种变形，其特点为行距大于株距。

4.2.5 环植

按一定株距把树木栽为圆环的一种方式，可有一个圆环、半个圆环或多重圆环。

4.2.6 带状种植

用多行树木种植成带状，构成防护林带。一般采用大乔木与中、小乔木和灌木作带状配置。

5、园林景观设计中植物配置的要求

园林景观设计应以植物造景为主体，通过设计手法对植物进行科学化、艺术化的配置，从而形成“四季常绿，三季有花”的景观效果，使景观效果具有秩序感、层次感以及色彩感，同时形成稳定的植物群落，达到良好的生态效果。

5.1 植物的“当地性、多样性、稳定性”

在植物配置中，应当尊重植物的“当地性、多样性、稳定性”，充分了解植物的生态习性，以及各地气候等条件，选择适合生长的植物种类，营造具有地方特色的景观。运用具有地方特色的植物材料，营造植物景观，对弘扬地方的文化，陶冶人们的情操，具有重要的意义。

5.2 植物的“时序性、生态性、观赏性”

在植物配置中，本着以人为本、回归自然、生态园林的设计原则，通过植物的时序性，以及空间性、观赏性的特点，展开造景工作。园林景观设计的最终目标应是“实现人和自然的和谐统一”。园林植物随着季节的变化表现出不同的季相特征，这种四季变化为植物造景提供了条件。根据不同花期、季节的植物搭配，使同一地点的植物在不同时期产生不同的效果，给人不同的感受。利用植物表现时序性景观，必须对植物的生长发育规律和四季的景观表现有深入的了解。

通过植物配置形成不同的空间变化。在植物造景中运用植物组合来划分空间，形成不同的景区和景点，根据空间的大小、树木的种类、姿态、株数多少及配置方式来组织空间景观。植物布局应根据实际需要做到疏落有致，在借景的地方，植物配置以不遮挡景点为原则。对视觉效果差、杂乱无章的地方要用植物材料加以遮挡，所以在园林景观设计中要应用植物材料营造既开朗又闭锁的空间景观。

利用植物创造观赏景点。园林植物本身具有独特的姿态、色彩风韵，表现植物的群体美，应该根据各自的生态习性，巧妙搭配，营造出乔、灌、草结合的群落景观。乔木可以孤立栽培，也可以构成园林主景，而且有季相变化的变色叶树，大片栽植可以形成丰富多彩的景观。色彩缤纷的草木花卉更是创造观赏景观的好材料，可以通过各种种植形成，点缀城市环境，创造赏心悦目的自然景观，装点人们的生活。

5.3 植物的个性特色和文化内涵

园林应有自己的个性特色和文化内涵。通过园林植物的应用，向人们传达该园林作品的意境以及所要表达的社会含义。中国植物栽培历史悠久，文化灿烂，很多诗词和民俗、民风都留下了歌咏植物的优美篇章，并为各种植物材料赋予了人格化内容，从欣赏植物的形态美升华到欣赏植物的意境美。

在园林景观创造中可借助植物抒发情怀，寓情于景。例如：松苍劲古雅，梅不畏严寒，傲雪怒放，竹则清高，三种植物都具有高风亮节的品格，因此常被用于纪念性园林中。银杏、毛白杨树干通直；油松苍劲曲虬；铅笔柏亭亭玉立；而五角枫、银杏、重阳木等变色叶树种可以形成"霜叶红于二月花"的景观；海棠、山楂、石榴等则可呈现一派硕果累累的丰收景象；色彩缤纷的花卉则更是创造观赏景观的材料。不同的植物具有不同的景观特色，因此在园林植物配置中应有自己的特色及一定的文化内涵。

5.4 植物的和谐性

另外，园林植物配置应遵循形式服务功能、满足功能需求的原则，而不是片面地追求形式美和视觉审美效果。在植物造景中，必须从满足居民的各种需求出发，使整体环境不光具有美观美化的效果，还能够满足甚至方便居民的需求，使其更具有实用性。首先在植物配置上应本着安全、健康、舒适、多样和和谐、文化和生态的原则。在植物的选择上应选择无毒和对人体无害的植物，使环境空气保持清新、自然，使居民生活的空间健康、舒适，而植物配置所要达到的舒适就是视觉上的舒适，要满足不同地区居民的传统生活习惯和对环境景观特点的认同等。多样性的原则是要基于不同人群的年龄、职业、修养、文化等要素产生空间的创造，植物的配置并没有一个固定的模式，因此要因地制宜地将景观组织起来，各种景色皆为我所用，而和谐新原则则是使得各个环境要素之间使植物配置达到和谐统一，避免不同形式、风格、色彩的要素产生冲突和对立，共同构筑协调、统一的环境景观。

回归自然、亲近自然是人的本性，引入自然界的山水绿化，具有生态性的居住环境能够唤起居民美好的情感，寄托人与自然和谐统一的情思。

完美的植物景观必须是科学性与艺术性的高度统一，既要考虑植物的生态学、观赏特性，又要考虑季相和色彩以及意境表现等艺术问题。园林植物配置一方面是各种植物之间的配置，考虑植物树种的选择、树群的组合、立面的构图、色彩、季相以及园林意境，另一方面是园林植物与其他园林要素如山石、水体、建筑、园路等相互之间的配置。因此，园林景观设计当中，应当重视植物的配置。

[参考文献]

[1] 浅谈植物在园林景观设计中的应用分析[EB/OL].论文心连心网,2009.
[2] 苏雪痕.植物造景[M].北京:中国林业出版社,1994.
[3] 过元炯.园林艺术[M].北京:中国农业出版社,1996.
[4] 赵世伟,张佐双.园林植物景观设计与营造[M].北京:中国建筑工业出版社,2001:10.
[5] 王祥荣.生态园林与城市环境保护[J].中国园林,1998(2):14-16.
[6] 刘博.生态园林的植物配置[Z].2010.

行为场所理论分析——以济宁市新世纪广场为例

张向波　王喜英　王艳敏

[摘　要] 随着社会的发展，行为场所这一领域的应用研究越来越有生命力，它有较稳定的研究领域，对现代的建筑设计理论颇有影响。行为场所研究的核心是人类行为，落脚点却在建筑所形成的环境，最后的归宿还是空间以及场所如何更好地服务于人类。交往是协调个人与个人、个人与群体、群体与群体间关系，保持社会有机体稳定发展的纽带。

[关键词] 行为场所；场所感知；行为模式；私密空间；交往空间环境

1、交往是一种复杂的人与人的相互作用过程，其内容和形式可以因人的活动而有很大差异

行为场所理论认为，现代城市设计思想首先应强调一种以人为核心的人际结合和聚落生态学的需要。设计应以人的行为方式为基础，城市形态必须从生活本身结构发展而来，与功能派大师注重建筑与环境关系不同，行为场所理论关心的是人与环境的关系。

2、研究行为的目的是了解动物，包括人如何适应环境

行为是什么呢？行为是主体对刺激的动作反应，是带目的性的行动的连续集合。行为一般可分为自发性行为和后天习得的操作性行为：操作性行为并不足以一个动作反应，而是一类反应。人的行为往往是建筑师进行设计的依据之一，建筑物或环境建成之后又会极大地影响人的行为，因此，在建筑及环境设计中，建筑师应该对行为作出分析，至少要把握三种层次的行为：第一种，强目的性行为。建筑师对这一类行为早已注目，一般都会认真对待。第二种行为是伴随着主目的的行为习性，如抄近路。从A点到达B点是主要目的，如何更快地到达B点，只是从属于主目的的次要目的。抄近路本身所具有的节省时间、体力的目的，有时并不明显，只是一种习惯成自然的动作，往往要经提醒人们才能意识到这种习惯性行为。第三种行为是伴随着强目的行为的下意识行为，为达到某个主目的而产生的一系列行为称为行为集合。建筑师设计一个环境或场所，要考虑这一场所中人的行为集合中的所有子因素，并把它们有机地加以解决，否则就会出现令人不快的现象。

[作者简介]
张向波　济宁市规划设计研究院方案室主任，高级工程师
王喜英　济宁市规划设计研究院工程师
王艳敏　济宁市规划设计研究院工程师

[备 注] 该论文获“山东省第三届城市规划论文竞赛”鼓励奖

3、本文是对济宁市新世纪广场进行现场调查，利用行为—场所理论对广场的空间尺度、人的行为模式、场所感等进行分析

3.1济宁市新世纪广场位于济宁市东部高新区，被三条城市道路所包围

新世纪广场建于1999年，由清华大学设计，与同期全国各地建起的广场类似，广场尺度较大（广场为长方形，东西宽约300m，南北约480m,面积约14.4hm^2），空间空阔（图1）。

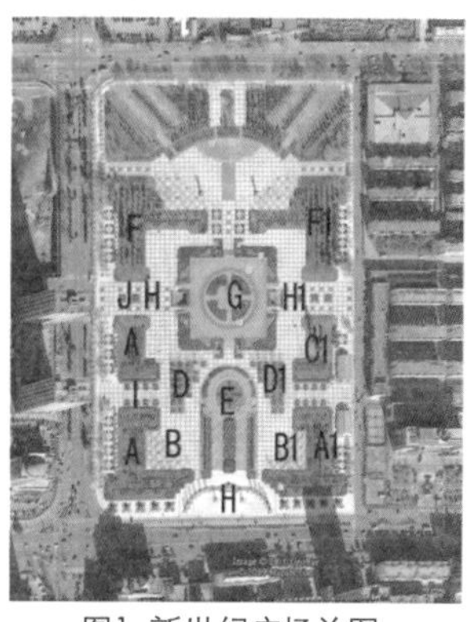

图1 新世纪广场总图

新世纪广场周围被三条城市道路包围，而且三条道路均为城市主干路，北部为吴泰闸路（40m），西侧为琵琶山路（40m），南部为洸河路（54m），造成广场与城市其他区域割裂，也不容易形成较好的围合感，广场周围的界面本就很模糊，广场与周边建筑的距离增大，使本就很差的围合感更加糟糕,和外围的建筑之间几乎不存在任何接合关系；也形成不了围合空间。这种基本上被街道包围、岛屿般的广场空间被繁忙的机动交通所阻，既不利于行人到达也形不成活动空间，因此最终只能充当纪念碑等的“托盘”或是景观装饰，其直接、间接的结果往往是导致广场使用的多元性和生活性的丧失。广场空间围合感及安全感较差，人进入广场后向周围望去，感觉不到自己处于一个围合的空间内，无法产生领域感及安全感（图2）。周围建筑没有一个连续的界面，人的注意力在几个高层建筑上跳来跳去，人眼无法找到一个可停留的焦点，容易感觉到视觉疲劳。广场周边与城市的界面缺乏空间的过渡与渗透，应在丰富周边空间层次和天际线的同时，增强广场的向心力。

(a) (b) (c) (d) (e) (f)

图2 新世纪广场周边环境

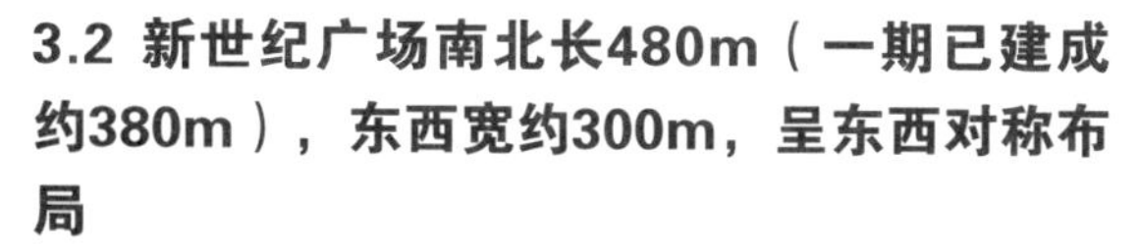

3.2 新世纪广场南北长480m（一期已建成约380m），东西宽约300m，呈东西对称布局

人的正常步行时速度约为每分钟90m，在休闲散步时会稍慢些。我从广场的南头至北头步测广场的长度时共用了约5min，如果在其中休闲漫步的话，时间应会达到10～15min，大部分市民在一般情况下不会对广场进行整体的游览，对该广场的印象也会较为模糊。广场的形状为长方形，以中间的跌水喷泉及建筑为轴线，东西基本对称，广场的中央为一大型半高架广场(G)(图3)。广场从主入口开始，利用半圈柱廊划分了一个小的入口空间对人流进行引导，同时人也可以在此进行停留，这个空间是广场中轴线空间序列的开始（图4）。入口小广场的边界由柱廊和街道构成，人们既可以穿过柱廊，也可以由柱廊与绿化之间的消极空

图3 中心高架广场G的市民

图4 主入口处小广场场所感较好

图5 跌水喷泉

图6 跌水中间的走道处无人停留

图7 大面积的绿化

图8 小广场B处无人停留

间向内行进，这个小广场的空间尺度较合适及边界明确，人在其中的安全感明确，所以这个空间中有较多的人玩耍、停留。穿过柱廊迎面而来的是一系列的跌水喷泉(E)(约70m长、60米宽)(图5、图6)，沿着跌水间的步道前进到达一个圆形的喷泉广场。 跌水喷泉与地面的高差为2.1m，周围有台阶与地面相联系。再向北就是中心高架广场（G），平面呈边长110m的正方形，与地面高差为1.9m。新世纪广场作为一个城市级广场，客观上尺度较大；另一方面，为了给市民的各种活动提供尺度适宜的空间，以避免面积过大产生单调感，设计利用高差及各种绿化对广场进行分割，使广场的尺度能够适合人的需要。但由于绿化面积过大，达到与铺地面积几乎相同，使得广场中可供人活动的空间较少，大部分都变成了绿化与交通空间。如图1所示，广场西南角A、东南角A1的花坛为南北长110m，东西最宽处为99m（图7），另外几处的花坛绿化比其略小，中部的约为70m×30m。几处为绿化所分隔形成的小空间的尺度较绿化还小，B、B1约为58m×60m（图8），H、H1约为39m×46m。

3.3 城市广场的一个最主要的功能是为居民提供一个聚会、休闲的活动场所，而构成广场的两个最主要的元素就是硬地与绿化

硬地在广场中是人的主要活动场所，市民可在其中聚会、休闲、进行各种活动，如果硬地面积过小或设计不当就会使广场的基本功能丧失或削弱。在新世纪广场中硬地如前所述，被绿化等分为大小不等的若干部分，一部分作为集会空间，一部分成为交通空间，还有一部分成为消极空间。所谓消极空间就是在绿化与绿化或其他的分隔之间形成的既无法作为活动场所，又不能作为景观或交通的不利空间，在设计时应尽量避免。如图1中绿化D、D1与喷泉E之间形成的空间以及绿化A与入口H之间的空间也应视为消极空间。新世纪广场中的硬地系统可概括为四块、两带、两高。四块即广场内部四块被绿地喷泉所分的四个小广场，两带即与外部空间相交接的东西两条带状空间，两高就是中心的方形高架小广场和南北轴线上的带形跌水平台。新世纪广场中硬地的总面积比绿化面积稍大，每一块的面积也较大，硬地B的尺寸为58m×62m，硬地H的尺寸为35m×140m，而两条带状硬地的尺寸也达到了300m长。这些硬地的绝对尺寸及面积都较大，应成为较好的活动场所，但由于交通流线与绿化系统分布的问题，导致广场中几块平面大型硬地利用率不高。在调查的这一段时间内，大部分的人都集中在中心的高架方形小广场G里，其他几块的人相当稀少（见图7、图

8），广场的面积虽大，但使用效率很低。根据行为场所理论分析，造成这种现象的原因可能是硬地的尺度与绿化大体相当，同时一部分硬地可达性不强，另一部分则被交通流线所穿越，人在其中没有安全感，无法产生安全的归属感。如果将中间轴线的跌水缩小或去掉，使东西两个硬地B和B1加强联系，面积也适当加大，就会使其的功能增强。

3.4“观其境，而察其行，观其行，而察其心”。从人为环境的使用，可以了解到人们的行为特点，从而洞察人的心理动态和趋向

每个人的身体周围都存在一个既不可见，又不可分的空间范围。对这一空间范围的侵犯或干扰，将会引起被侵犯者的焦虑和不安，我们称这一空间范围为个人空间的“安全场”，安全场随身体的移动而移动，它不是人们的共享空间，而是个人在心理上需要占有的最小空间范围。安全场起着分隔个人的作用，以便个人在空间中保持各自的独立性和完整性。安全场的大小和形状因个人的性格特点、环境状况不同而不同。一般来说，安全场前部较大，后部和两侧最小。

图9 广场中心游玩的市民

图10 广场东侧与城市道路相交界面

3.5 从中国古代的择中观念到亚历山大的中心场论，中心显示出特殊的意义

当处于中心，比如在天坛圜丘中心和地坛中心时，人所承受的心理压力与处于边缘时是不同的，在进行交往空间设计时应按这一规律，把座位更多地布置在边角地带，或围合成空心形状。一块硬地，四周为道路，但没有人在那里休息活动。如本文中的新世纪广场，可能未考虑到这些问题，其中的几块硬地（B、B1）由于设计时正好置于周围视线交汇之下，人若在其中活动，会像动物园中的动物那样不自在，周围通过的人随时都在窥视着中心场地的人们。新世纪广场内公厕位于广场西侧，基本能满足人的活动半径要求，但广场中座椅及遮阳设施比较缺乏，仅在东西出入口处布置了少量几个座椅（图9），缺少设施完备的休闲场所。广场中利用花坛的台子作为一部分休息场所（图10、图11），人们可以在累了的时候临时休息；同时，在几个花坛中间布置与地灯结合的休息场所，但是这个休息的设施由于离得太远，使人们不能产生向心感，所以很少有人使用（图12）。

图11 入口处的休息设施

图12 两列花坛间形成的空间，由于尺度大小不合适，没有人在其中休息

3.6 广场的建设是为了给市民提供一个理想的活动场所

新世纪广场设计未能很充分地考虑到城市居民活动的时间变化。在一天中不同的时间，城市居民利用城市广场的方式是不同的。例如，早晨主要是进行早操、打拳等健身活动，在广场中就可以利用比较集中的硬地来进行，在此广场中可以利用的就是几块被绿化分隔的小广场；上、下午则主要是以聚会、聊天为主，新世纪广场中的一些主要活动空间因为设计的问题，有的被交通流线穿过，有的不能使人产生领域感，留不住人；傍晚和晚上活动的人群最多，主要活动内容以散步、休息、观看演出为主，此时人大都集中在中央的高架广场中。一年中不同的季节，城市居民的活动需求也有不同，人体前部是信息接收的主要面，如果隔离信息源则如同面壁或坐牢，久之会感到烦躁、压抑、孤独。良好的交往空间应该是敞开一面并朝向信息源，人体后部的安全场薄弱，对环境的反应迟钝，于是人们总在寻求后部及左右的掩体。当现实中并不存在围护条件时，人们便主动地造出一个来。在公共场所中，人们总爱选择角落的座位，不仅喜欢长凳的两端，也喜欢那些墙、阶梯、栏杆、水池边沿和花台的转角处，无论是亲昵的情侣、酒吧夜总会的常客、公园里的游人等，几乎毫不例外地首先占领的空间是角，桌角、屋角、墙角（见图9）。角落便于交谈，角落视野开阔，角落感觉安全，角落相对安静。在角落被占满以后，人们的第二选择就是边，边具有良好的后防条件。

4、结语

新世纪广场的设计与近年来许多城市广场的建设一样存在一些缺陷，在某些方面忽视了市民对城市公共活动的需要，另一方面也体现了对满足人们行为的场所的认识不足。如上文所述，主要是：①日常生活行为的满足与重大事件的满足的不平衡，城市广场为极少的事件(集会、庆典等)提供了很好的场所，而失之于对市民生活行为的满足。②“硬质景观”与“软质景观”的不平衡。表现在只提供了一个地点，而未能为市民真正提供一个符合行为习惯的场所。③公共空间与私密性空间的不适宜，缺少私密性的空间。要考虑人们的行为模式，一般同一广场中不同地点，会有数种不同的活动存在，也可以说一座广场是由不同的活动地带组成的，只有细心地体察，才能引出一个成功的设计。

[参考文献]

[1] 刘先觉.现代建筑理论[M].中国建筑工业出版社,1999.

[2] 克莱尔·库柏·马库斯,卡罗琳·弗朗西斯.人性场所,城市开放空间设计导则[M].俞孔坚.中国建筑工业出版社,2001.

[3] 刘文军,韩寂.建筑小环境设计[M].同济大学出版社,2000.

[4] 周文麟.城市无障碍环境设计[M].科学出版社,2000.

[5] 李光旭,李雅静.谈以人为本在街道与广场空间设计中的体现 [J].山西建筑,2005(14)

[6] (德)库尔特.格式塔心理学原理[M].北京大学出版社,2010.

浅析城市特色塑造中的城市设计

邵红梅

[摘　要] 城市特色如何构成，城市特色与城市设计的关系，建构城市设计与塑造城市特色的途径，探讨城市设计在城市特色塑造中的作用。

[关键词] 城市特色；城市设计；塑造途径

[作者简介]
邵红梅　济宁市规划设计研究院　高级工程师

[备　注] 该论文获“2010年度山东省建筑专业论文竞赛”三等奖

1、引言

城市是一个有机的整体，每座城市都具有其独特的个性，也就是通常所说的城市风貌特色，这些风貌特色赋予了每座城市各自独有的魅力。它孕育了城市特色形象和活力，给城市带来了蓬勃的发展动力，同时，它又蕴涵着丰厚的历史积淀，增加了对市民的亲和力，对外来人群的吸引力，城市价值正是由此而体现的。城市建设是一个新陈代谢的过程，只有通过运用城市设计的理论和方法，才能充分挖掘城市自身的特点，分析城市的潜质，在设计与建设过程中注重塑造城市特色，营造整体形象，才能使城市真正保持独特、持续的生命力。

2、城市特色的含义和构成

2.1 城市特色的含义

城市特色是城市形象在人们心目中的反映，城市形象可理解为城市景观的总和，它包含有物质和人文要素两部分。城市特色是城市在内容和形式上明显区别于其他城市的个性特征，它是城市内涵和外在体现的呈现。内涵方面主要由城市性质、经济特点、传统文化等非实体要素构成；外在体现也就是通常所指的体形环境。城市特色随城市的产生、发展而逐步形成，在城市自然、社会和经济等因素作用下，城市特色具有时间性、客观性与主观性等特点。另外，城市特色一方面是由物质景观要素所体现，并由城市的自然环境及所处时代的发展水平所限定。另一方面,城市特色从某种意义上讲可以称为是人的认识，主要是指能够为大部分人所认同的那部分城市特征形象。

2.2城市特色的构成

城市特色主要包括两个方面的内容。

（1）城市自然地理特色

主要是指城市的自然条件、地理环境。这是形成城市特色的基本因素，自然环境是形成城市特色的基础，一定的自然条件形成特定的自然特色。这也是城市人工环境塑造的基础特色，是城市人工特色的物质载体。

（2）城市人工环境特色

主要是指人为建设活动的成果，它是形成城市特色最活跃的因素。通过人为的建设活动使富有特色的自然环境变得更富有魅力，更具有特色。它包括城市的规划结构和布局，建筑与建筑群体，历史名胜与古迹，城市街道与广场空间，园林绿化，建筑小品，城市色彩等方面的内容。

城市人工环境特色是城市设计和建设的主要塑造对象，是以城市自然地理为依托的人工要素，只有把人工环境与自然环境有机地结合起来，为人们塑造人工与自然相和谐的美，才能使城市增辉，塑造城市特色。本文所指的城市特色主要是指城市人工环境方面的特色。

3、城市设计的概念和层面

3.1 城市设计的概念

城市设计是关于城市空间景观品质的研究，城市设计研究的范围从整个城市空间的形象特征和景观意向结构到每个景观意向要素的表现特点和设计，几乎涉及城市建设的所有方面。从根本上说，城市设计是对城市形体环境进行的设计，使城市具有合理的三维空间，城市形态要具有美的意义。城市设计的目的是要为人创造一个优美、良好、舒适、有秩序的生活环境，使城市环境能够向一种理想的状态发展。

3.2 城市设计的层面

城市设计贯穿于城市规划的详细规划和总体规划中的各个阶段中，城市设计的对象系统因城市空间尺度的不同可以划分为宏观、中观、微观三个层面。

（1）宏观层面

主要是指城市空间格局层面上的设计，通过充分利用自然地形、地貌等自然景观组织城市空间格局，使城市人工景观与自然景观更好地融合，以形成使人易于感知的空间逻辑秩序，起到强化城市特色和空间逻辑，丰富城市美感的作用。在宏观层面中，城市设计重点控制的人工景观要素有：路网、广场、地标和天际轮廓线。

（2）中观层面

主要指城市空间肌理的设计，其主要内容是建筑群的布局。在中观层面上，建筑是以片和群的形态出现的，构成了城市空间的实体部分。建筑只有组成有机的群体时才能创造城市的和谐环境，更好地体现城市特色，建筑高度、风格、体量、间距、色彩的协调是城市设计研究的要点，另外，新旧建筑的协调以及地标与背景的协调也是重要的因素。城市公共空间是城市空间的虚体部分，它与建筑实体构成了城市空间的图底关系，公共空间是城市中最有活力的部分，是城市生活和记忆的载体，城市空间的实—空关系构成了城市的空间肌理。

（3）微观层面

主要指对城市空间质感的塑造，空间质感是指近人尺度范围内，人们可以直接感受到的空间环境。比如，广场的界面、建筑小品、街道空间与立面意象等都是这一层面的内容。这一层面的内容是人们接触最频繁和最直接的内容，所以，城市设计在这一层面上充分体现了细致性和艺术性。

4、城市设计与城市特色的关系

城市设计是用设计理论和手法引导城市特点形成和优化的重要手段，城市设计的目标就是在满足人的需求的基础上，追求城市整体的和谐，强调城市的个性与特色。城市设计工作就是通过关注对自然环境的保护和利用，强调城市与自然的交融和对话，对城市的形体、空间和环境进行细致的、人性化的雕琢。通过引导和强化城市特色的设计，对城市中城市空间尺度的不同层面要素的组织和设计，形成自然因素和人工因素的和谐统一，使多样化的建筑融入统一的城市景观，实现新旧建筑空间的文化传承，突出重点景观并与其他景观相协调，能够使城市特点得以突出，展示出鲜明的形象美和人文特征。建设具有特色的城市，必须运用城市设计的构思，进行精心的设计、建设和管理，才能得以实现。

城市特色是根据对城市自然、经济和文化的分析研究，发掘城市的景观要素，探寻景观的发展规律而确定的。城市特色是城市设计的基础因素和出发点，为城市设计提供了方向。城市特色是在不同的地理气候环境的衬托下，城市长期历史文化积淀的结果，自然和人文环境作为城市差异的表现因子,应充分地反映在人们的城市意象中，它是城市形象特色稳定性的基础。通过对城市发展中所反映出来的具有稳定性的城市特色内容的研究，在城市设计实践中把握城市特色要素的稳定性和动态性，维护和塑造城市环境特色。因此，要充分挖掘与城市特色相关的内容，为城市设计实践提供理论依据和方法。

5、城市设计塑造城市特色的途径探索

5.1 宏观上把握和完善城市空间脉络与特色结构

在城市设计过程中，应对原有城市脉络进行充分分析和把握，这是营造城市形态特色的基础，空间区域内城市人工框架与自然地理环境的融合，丰富的城市肌理、功能繁杂多样的建筑形态和基于物质载体上的人文活动等，都是城市特色形成和延续的基础要素。城市布局和空间形态是城市的整体形象和城市特色的宏观体现，注重城市空间布局的整合。城市设计过程中，应从功能与外观、历史与发展等多方面出发，处理好城市总体空间形象设计，处理好城市中心空间布局与公共开敞空间、历史与现代空间、象征空间和目的空间之间的关系，打造和谐有序的城市空间聚落结构。重点在大的空间格局中体现出路网的布局特点，形成具有特色的广场空间，突出城市地标的作用和天际轮廓线优化控制，从而对城市布局和空间形态起到整合和优化的作用。

5.2 注重中观布局的分析与特色区域的整合

从中观布局和特色区域入手，挖掘城市中的特色区域，协调其与整体结构的关系，体现城市片区鲜明的特色，能使城市的特色生命力更加饱满。重点关注历史区域和地段进行保护和周边地段的协调，对于区域建筑群空间环境的原貌，要以保护为主，合理谨慎更新；保留城市特色肌理区，保护具有特色肌理的路网格局，控制街区尺度，探索传统住区的保护与更新途径，整治周边环境；遵循生态建设的要求，尊重原生态自然环境，与之建立亲和共生的关系，以构建城市新的特色区域，营造独具特色的轴线和通廊，形成丰富而和谐的空间氛围，体现时代特色。

5.3 注入特色元素与景观

城市设计中要对城市结构、区域特色进行挖掘、提炼，充分理解城市历史与文化特色，为城市注入新的活力元素，进一步突出城市的个性。这种新主题、新元素应顺应城市的历史与文化，延续特有的城市景观。比如，形成具有特色，视觉连通，交通可达，感觉可及，通透疏朗的开放空间；形成和谐统一的街区尺度和界面，避免建筑和街道尺度、形式的僵化与呆板；融入具有个性和体现城市特色的建筑小品等景观元素，形成活泼和生动的城市空间。

6、结语

城市的发展是逐渐生长演变的过程，所以城市设计对城市特色的塑造也是一个动态的活的过程，必须具有超前性和艺术性。城市设计的主要研究对象是城市空间和景观环境，特别强调人在城市生活中的主人翁地位和作用，从社会状况、历史渊源、文化特征以及心理要求、视觉感受、时空效应等多方面进行综合考虑，从宏观到微观，从设计到建设，使城市特色得以延续与强化，从而体现城市美感和时代感。

[参考文献]

[1] 王世福. 面向实施的城市设计[M]. 北京: 中国建筑工业出版社,2005.
[2] 刘捷. 城市形态的整合[M]. 南京: 东南大学出版社,2004.
[3] 刘宛.城市设计概念发展评述[J]. 城市规划,2000(12).
[4] 余佰春. 论城市特色结构理论[J]. 新建筑,2004（3）.

浅析广场中的城市文化
——以邹城市体育文化广场为例

唐浩　孔涛

[摘　要] 本文在分析城市广场与城市文化关系的基础上，以邹城市体育文化广场为例，重点说明了体育文化广场的文化定位与功能，强调了城市广场建设对于城市文化体现和发展的重要性。

[关键词] 邹城；城市文化；广场；定位 功能

[作者简介]
唐　浩　济宁市城乡规划局规划设计科主任科员
孔　涛　济宁市规划设计研究院工程师

1、引言

随着社会经济的进步，人们在追求高档物质生活的同时，也在追求社会文化生活的多样化。而城市广场是这种多样化社会文化生活的重要载体，为人们在工作、生产之余提供文化交流、陶冶情操、舒展情感的空间。广场作为城市物质与精神文明的窗口,作为市民经常性的活动场所，其文化品位对于城市、市民非常重要。一个好的城市广场，不仅可以提升一座城市形象，更重要的是能够将一座城市的文化底蕴融合到公共空间中，实现传统文化与现代文化的融合，展示城市的文化品位和独特气质。邹城市体育文化广场就是一个较为成功的例子，它既体现了城市悠远的历史文脉，又融入了鲜明的时代特征，成为城市活跃的公共文化空间。

2、城市文化与城市广场

2.1 城市文化内涵

关于城市文化的概念，学术界有很多论述。广义上是指城市中由人建造的一切人工物（包括语言、文字等）及其背后含有的意义或象征，狭义上指建筑空间环境及其内涵的意义[①]。

现综合各种有关理论，浅要地谈一下对其内涵的理解。所谓城市文化是城市居民生活方式的组合，是一种包括价值观、行为规范及物质实体综合作用的时、空间表象，是在人的社会交往中形成、延续和更新的一种具有独特性、空间性和综合性的文化形式。城市文化不应是城市与文化的简单叠加，而应反映城市的本质特征和真正魅力，它体现了城市所特有的精神气息和多样化的文化生活。

2.2 城市广场与城市文化的关系

城市广场是城市文化重要的空间载体。城市广场作为居民休闲、娱乐、交际的场所，所透射出来的城市广场生活，集中体现了城市居民的文明程度和城市文化品位。城市广场通过人工和自然要素的组合，形成自然而有序的空间，结合时代特征，将城市地方和历史文化，以及自然地理等条件中富有特色的部分加以提炼,并结合创新，物化到广场中，从而使广场呈现出鲜明的文化特色。另外，通过城市居民对场所的认同，随着广场文化交流的持续与深入，达到了提高城市整体文化品位和城市人文素质的目的。

城市文化是广场建设的引导要素和存在基础，广场的建设定位根植于当地的历史、地理、文化、风俗和城市特色，它的存在意义在于通过空间来体现城市历史和地方文化特色，展示城市形象。广场不仅是一种建筑元素，具有建筑属性、物质属性，而且更是一种重要的社会文化现象，具有社会属性、人文属性，物质属性的广场只有加上人的文化创造、人的社会活动，才能真正变成以人为主体的人文空间。

3、邹城城市文化起源及发展

邹城市是我国古代著名的思想家、政治家、教育家孟子的故乡，系儒家思想的发源地，素有“孔孟桑梓之邦，文化发祥之地”的美誉。邹城市境内物华天宝，人杰地灵，资源丰实，山水秀美。它以其悠久的历史、灿烂的文化而蜚声中外，在中国漫长的封建社会里，一直是人们心中的文化名城。邹城有着优越的地理环境，土地肥沃，资源丰富，气候湿润，山名水秀，自古就是适宜人类居住的风水宝地。邹城历史上人才荟萃，名士迭出，不仅诞生了孟子这位中国及世界的历史文化巨人，而且还孕育了许多在不同方面为中华民族作出贡献的历史名人。比如开明国君邾文公，“三迁择邻，断机教子”的孟母，“一经传家”的西汉父子丞相韦贤，“建安七子”之一的王粲等，都是这块土地培育出来的大贤巨擘。

邹城市依据其丰富的资源优势和深厚的文化底蕴，不断挖掘历史文化，传承弘扬儒家思想的同时，坚持古为今用，彰显本地人文地理，大力发展现代文化建设，在推进历史文化名城建设过程中，创建园林生态城市，形成了具有地方特色的城市文化。

4、城市文化广场概况

邹城市体育文化广场坐落在城区的北部，北依岗山，西连铁山，东临峄山大道，南与公园路连接，于2002年建成投入使用，总占地面积500多亩。广场依山就势，北高南低、西高东低，叠落有致。在空间布局和形态上，具有鲜明的区位特色，达到了环境与功能空间的统一，生活与生态的协调发展，是一个集体育比赛、文化演出交流、市民休闲交往、娱乐健身、游览观光等多功能于一体的大型综合广场。

体育文化广场重点突出了城市走向，打开了山的大门、山的隔阻，不仅把城市建设中心向北扩延，展现了邹城山水园林城市的特征，而且将城市新旧建设紧紧地联系在一起。正是由于此，不管是到邹城来的政府官员，还是来邹城景仰圣人的外地游客，无不顿足于此，展望其依山而建的气势，感悟其东方文明与西方文化的和谐。

5、体育文化广场的文化定位与功能

体育文化广场由体育健身、文化娱乐、生态休闲三部分空间组成，这三部分空间虽相对独立，但不乏其整体的和谐统一。它们共同将城市历史文化与现代文化，东方文化与西方文化，以及园林绿化融合成了有机的整体，达到了文化艺术性、功能性、娱乐性、休闲性等兼容并蓄。

5.1 传承城市历史文脉

邹城是儒家文化的发源地，广场设计有较强的中轴线，文化娱乐区域古朴典雅的建筑风格，再现了邹城历史文化的底蕴，而且把传承儒家文化作为主旋律，突出孟子思想。广场文化娱乐区中最具代表性的大型竹简雕塑位于一个直径约为20m的圆台中央，仿古铜质竹简三面展开，展示了邹城千古儒风、文化发祥之地的风韵。另外，竹简上面用大篆字雕刻了孟子七篇，教化启迪于后人，走进其中，方感一种历史对话之意。

5.2 体现传统文化与现代文化的融合

邹城体育文化广场在传承城市历史文脉的同时，还注重传统文化与现代文化的融会贯通。广场主体建筑物——体育馆，尽展现代文化和建筑艺术。这座可容纳4000人的体育馆，可接纳大型赛事和文化演出。它采用钢架结构，椎圆形体，顶部像一个大贝壳两端翘起，外部造型独特，内部设施先进。广场充分体现了现代文化理念，体育场周围建有欧式风格的长廊，增添了其现代文化内涵，设计和建设注重与具有历史特征的建筑物风貌相协调，突显了传统文化与现代文化的有机融合。

5.3 形成城市人文交流空间

邹城体育文化广场系综合性广场，从规划定位到建筑设计，科学地把握了广场人文活动这一重点要素。广场虽建在城区北部，但有四条主要道路直通城区，人们从不同方位均能方便、快捷地到达。广场内不仅建有可供市民文化交流活动的开阔平地和下凹式圆形露天剧场，而且还配有专供人们进行体育锻炼的场地和设施，以及具有自然景象的生态绿化、幽静花丛树林中的休息座椅，大大增加了人们的活动空间，增强了广场空间的认同感和归属感，从而成为城市人文交流的重点空间载体。

5.4 塑造城市形象，提升城市品位

广场融合了历史文化与现代文化要素，既体现了其文化底蕴，又展示了邹城历史文化名城的现代风貌，尤其是它把城市新旧建筑紧密地连为一体，并映入山地自然景观之中，形成靓丽的城市风景线，进而丰实了邹城山水园林城市的韵味，塑造了具有特色的城市形象。

6、结论

城市广场是供人们旅游、集会、纪念、交往、休闲、娱乐、健身、观赏的场所。城市广场是城市建设的重要内容，在城市广场建设中重视城市文化的体现与发展，是构筑城市现代化、科学化、生态化、园林化的

重要内容。

城市广场建设要充分发掘当地的历史文化遗产，体现其文化底蕴，让市民在休闲过程中了解当地的历史文明，陶冶人们的文化情操，人们在广场可以追忆历史，感受现代文化的气息，通过空间语言感知城市文化，从中得到精神的享受，而不能只把广场建设的目标单纯地放在市民游玩和体育健身等方面。另外，城市广场建设要与一座城市的整体规划建设相和谐，使其相互辉映，紧密联系，互为烘托，融入城市整体文化塑造中，升华城市品位，成为城市展示文化的窗口和亮点。目前，国内外有许多城市的广场成为外来游客旅游的景点，更重要的是，城市广场文化的科学定位还应有助于一座城市的繁荣和发展。

[参考文献]

[1] 吴良镛.城市研究论文集1986～1995[M].北京:中国建筑工业出版社,1996.
[2] 王珂,夏健,杨新海.城市广场设计[M].南京:东南大学出版社,1999.
[3] 陈立旭.都市文化与都市精神——中外城市文化比较[M].南京:东南大学出版社,2002.
[4] 牛慧恩.城市中心广场主导功能的演变给我们的启示[J].城市规划,2002(1).

[注　释]

①肖艳阳.全球化时代城市呼唤情感设计[J].湖南大学学报(社会科学版),2003(4):12.

城市广场市民使用状况研究
——以西安市为例

韩冬梅　王 尧　徐 玲

[摘　要] 本文在西安市区广场社会调查的基础上，通过对不同功能、性质的广场其空间的尺度与规模、交通组织、绿地、游憩设施、小品以及居民使用状况等的总结研究，分析西安城市广场的现状及市民对各类城市广场的实际需求和使用状况。

[关键词] 城市广场；居民使用状况；西安

城市广场作为城市的一部分，与市民的生活密切相关，笔者通过对西安的几个城市广场进行调研，了解城市市民对广场的使用状况，分析城市广场设计所存在的一些问题。

本次研究案例为西安市区广场，并按照广场功能将其分为综合类广场（钟鼓楼广场、大雁塔北广场、含光门广场、和谐广场）、交通集散类广场（火车站广场）、游憩类广场（樱花广场、时代广场、张家堡广场、长安广场），分析广场问卷和访谈，发现广场存在的问题，并从使用者的角度，多层次地对广场提出一定的建议。

1、综合类城市广场

综合类城市广场包括种鼓楼广场、大雁塔北广场、含光门广场、和谐广场。

综合类广场是同时具有多种功能的城市广场，如休闲游憩、交通集散、商业、文化、纪念等功能。

1.1 尺度与规模

综合类广场相对于其他类型的广场， 尺度与规模大，功能多，服务半径长，一般属于市级广场。

图1所示为市民对广场尺度的满意度。

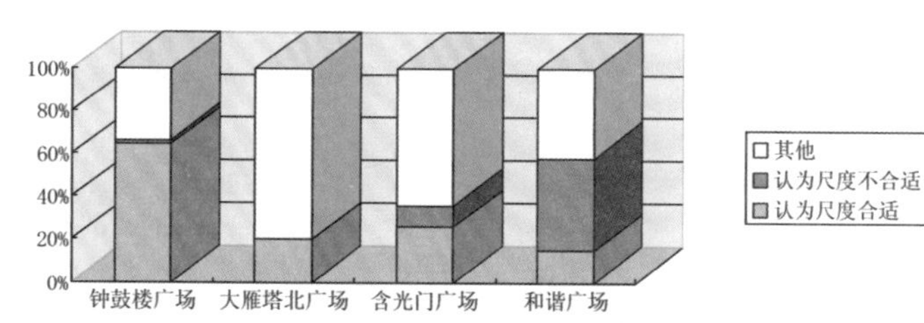

图1 市民对广场尺度的满意度

钟鼓楼广场连接西安钟楼和鼓楼，虽然其跨越面积大，但是由于内容丰富、空间层次丰富、过渡变化自如、视觉愉悦度高，市民并没有感觉到

[作者简介]
韩冬梅　济宁市规划设计研究院工程师
王　尧　济宁市规划设计研究院规划二所所长，高级工程师
徐　玲　西北大学城市规划学院教授

[备 注] 该论文发表在《山东新型城镇化的规划思考》（山东科学技术出版社）

图2 大雁塔北广场（一）

图3 大雁塔北广场（二）

图4 含光门广场

图5 和谐广场

广场尺度大，对其满意度也比较高。

大雁塔北广场属于几何形广场，广场轴线对称，面积较大，但由于布置了丰富的具有文化内涵的小品和娱乐设施，强烈的视廊凝聚，丰富了广场内容，减少了广场的空旷感，因此，市民对广场尺度的满意度虽然不太高，但没有造成消极影响（图2、图3）。

含光门广场的规模与尺度远小于钟鼓楼广场和大雁塔广场，其主要服务于周围居住区的市民，虽然其规模比较小，但市民对其满意度并不高（图4）。

和谐广场是曲江会展中心的广场，并作为城市防灾广场，由于来广场的市民的目的性较强，因此大部分市民对广场的规模与尺度感觉到夸张（图5）。

小结：广场的尺度不仅受广场的规模影响，而且还与广场的活动内容、结构布局、视觉关系、光照、条件、空间围合、周边建筑等诸多因素共同制约，同时也与相邻空间的对比衬托有关。

一般综合类广场多为市级广场，辐射范围大、人流量多，代表着城市的形象，因此广场的内容、层次也比较丰富，合理设计广场的功能组分，设置小品、雕塑等，对于调节广场尺度、营造人性化空间有着十分重要的影响。在广场尺度设计的时候，总体尺度应符合广场形象、氛围，并结合广场功能、层次营造宜人的小尺度环境。

1.2 交通组织

由于综合类广场的内容较多，层次丰富，吸引的人流量也多，所以广场的交通组织对人流的分散和导向作用十分重要。

图6所示为市民对广场交通的满意度。

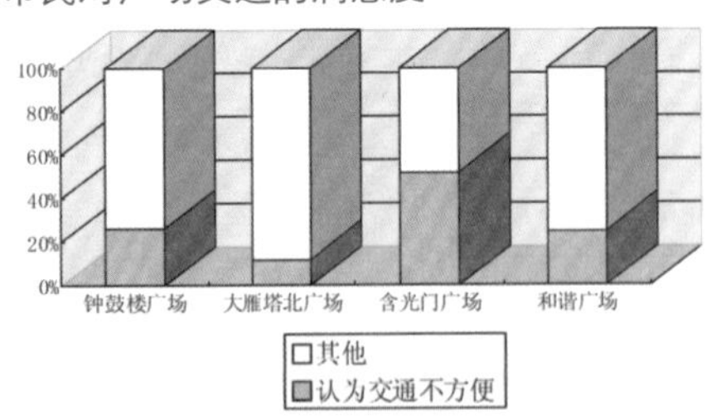

图6 市民对广场交通组织的满意度

由于钟鼓楼广场和大雁塔广场集散人流多，城市公交站点设置的地点也离广场较远，是为避免广场人流疏散不当导致城市交通堵塞。但对于来广场游憩的市民来说，过远的公交站点也会给市民造成不便，改善公交站点与城市广场的距离十分必要。

两个广场问卷中有10%和8%的问卷反映城市广场缺乏步行交通组织。钟鼓楼广场的绿化广场和大雁塔北

广场都为几何形广场，考虑到视线问题，绿地以草坪为主，广场开阔通透，所以广场在突出主体的同时降低了广场局部的交通组织导向作用。

钟鼓楼广场中连接钟楼地下通道的下沉式广场即为立体式广场，广场台阶既作为广场边界，又可以为市民提供休憩地点。下沉广场作为钟鼓楼广场的一部分，丰富了城市广场的空间形态，而且对交通有一定的指向作用。

问卷对含光门广场交通组织的满意度不高，大部分认为广场缺乏出入口。含光门广场北面为城墙，南面为环城南路，东西两侧是护城河与绿地，因此要到达广场，必须穿过城市主要道路，广场的可达性较低，影响了城市居民的使用。

小结：视线比较开阔的广场，可以利用广场标志性建筑对广场交通进行一定的指向作用。广场在比较开阔的地段设置小品、娱乐设施或指向牌、绿地、地面铺装，同时服务于广场交通，并丰富广场内容。

大型广场人流量大，而且为了避免广场人流对城市交通造成影响，一般公交站点的设置离广场比较远，不方便市民的到达。建议在广场周边连接道路的地方设置港湾式停车站点，既可以解决公交站点离城市广场远的问题，也不会影响城市交通。对于广场交通量比较大的广场，建议设置地下通道，提高广场的可达性。

在大型的广场设计中，立体式广场可以丰富广场的空间形态，而且对广场的尺度、交通组织也有一定的影响。

1.3 广场基础设施

综合型的城市广场，功能多样，吸引来的人群的需要也多种多样，因此，广场基础设施应满足各方面的需求。

问卷显示广场对遮阳挡雨的设施、果皮箱、公厕、座椅、指示牌的需求度比较高。

钟鼓楼广场缺乏遮阳挡雨的设施和公厕，只有在附近的商店和钟楼地下通道设有提供遮阳挡雨的设施和公厕，广场并没有特定设置遮阳挡雨的设施和公厕。广场设置的果皮箱和座椅数目并不少，但由于人流量大，休闲观光的游客或者市民产生的垃圾也比较多，建议在休憩地点多设置果皮箱和座椅。调查问卷显示来广场的人群中50%是外市居民，对于空间层次丰富的钟鼓楼广场，需要一定的指示牌来引导（图7）。

图7 缺乏相应设施和批示牌的钟鼓楼广场

大雁塔北广场情况与钟鼓楼广场相似，相对于钟鼓楼广场的旅游观光和商业功能，大雁塔北广场多了些生活气息，居住在广场周围的市民则对广场的健身娱乐设置有较高的需求。

含光门广场规模小，功能相对比较简单，多服务于周边居民，因此对公厕、果皮箱、座椅、健身娱乐设施、遮阳挡雨设施的需求度高（图8）。

和谐广场主要服务于来往曲江展览会馆的人群，对于生活性的餐饮服务设施、便利店、公厕的需求度高，由于广场尺度较大，广场比较空旷，因此广场对座椅、景观小品的需求度也高。和谐广场同时具有城市防灾的功能，

图8 缺乏相应设施的含光门广场

广场规模大，且内容简单，风格为现代型广场。但市民反映广场过于空旷，相应的广场基础设施缺乏。因此广场在满足城市防灾功能的同时，要注重广场基础设施的设置，以免使广场过于空旷，广场用地得不到充分的利用。

小结：广场基础设施是广场不可缺少的要素，它为市民提供最基本的需要。广场休憩设施应符合人体工学的原理，并结合广场的布局、氛围，同时还要考虑到视线的要求，比如在观赏性的地点设置的座椅要求其高度较高，使用者有一定的开阔视线，而在比较封闭的空间内，广场的座椅则要求以休闲、舒适并以长椅为主。

对于人流量大的广场，应该设置适量的果皮箱、公厕等，以满足市民的需要。

在大型的水景、山景等旁边，尤其是在人流量大的时候，应该重视并且做好安全保护设施。

广场普遍缺乏遮阳挡雨设施，夏天阳光强烈和阴雨天时，广场的使用率明显降低。因此，在广场设计时，应从使用者的角度考虑，设计更加人性化的广场。

2、交通集散类城市广场

交通集散类城市广场包括火车站广场。

火车站广场是出入西安的门户，有效组织广场交通、塑造代表西安的广场形象、广场的管理与维护是广场面临的主要问题。

2.1 交通组织

火车站广场空间层次比较单一，对火车站广场的交通是否方便的调查问卷中75%的问卷认为交通比较方便。认为不方便的原因主要是离公交站点太远和缺乏步行交通组织。通过调查可以看出，到达火车站广场的市民，76%选择公交的方式。而火车站公交站点位于城墙里，火车西站公交站点和火车东站公交站点位于火车站立体双层交通的两侧，站点的设置主要是为了方便城市交通，但对进出火车站广场的市民则不太方便。火车站广场缺少指示牌、引导性的设施，因此步行交通组织比较欠缺（图9、图10）。

图9 火车站广场

火车站附近的公交站点有火车站、火车西站和火车东站，但各站点距火车站较远，步行则需要5～10min，由于来往火车站广场的人携带行李的为多，因此长距离的步行对居民造成一定的不便。

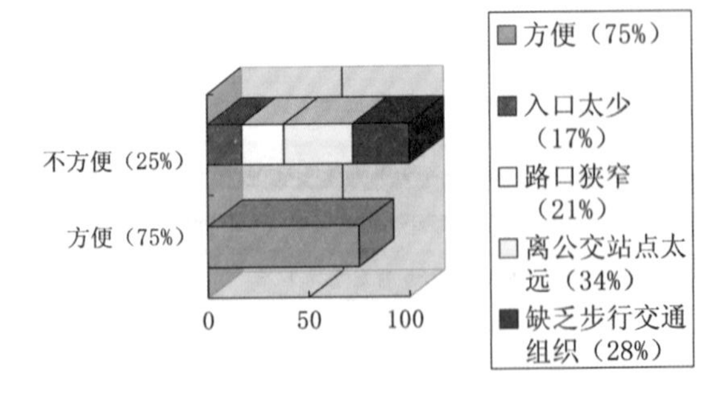

图10 广场交通是否方便

据实地调研，火车站公交站点位于城墙里，火车西站公交站点和火车东站公交站点位于火车站立体双层交通的两侧，所以拉近公交站点并不符合城市交通系统布置的要求。

广场规模大，指向性作用不明确，缺少指向牌、步行交通指向设施。因为对于出入火车站且对火车站广场不熟悉的人则会对广场感到陌生（图11）。

图11 火车站广场缺少指向牌、步行交通指向设施

小结：在火车站前设置标志性建筑，既与古城墙相协调又可以对人群起到指示作用。设置指向牌和地面铺装，引导人流方向。并在广场中多设置高质量的休憩设施，吸引来往市民的注意，通过对市民行程时间的调整，改善对广场尺度的感觉，降低公交站点离广场的距离感。

2.2 广场管理与维护

火车站人流较为杂乱，因此对于广场的管理与维护更应该加强。卫生清理、公共设施的维护、广场的治安管理是市民认为重要的几项。

夜间广场照明不仅可以满足人们的需要，同时还可以起到维护治安的作用。

广场地面铺装在不同程度上有损坏，下雨天时容易积水成洼地，对于携带行李的居民来说使用十分不方便。

广场最好能够结合指示牌，在指示牌内安装灯具。作为小偷等不法分子经常活动的地带，应加强夜间的照明度。公厕、遮阳挡雨的设施、座椅、绿化也比较缺少。周边建筑环境与城墙、火车站广场不协调（图12～图14）。

图12 火车站广场缺少设施和绿化

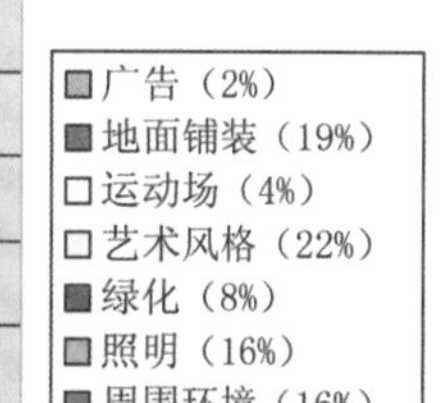

图13 对广场满意具项

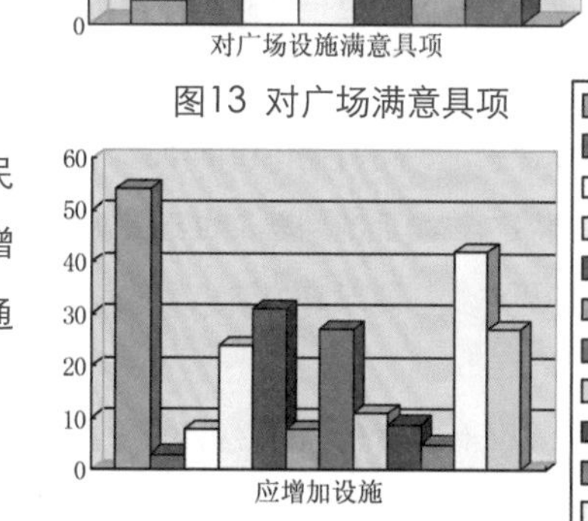

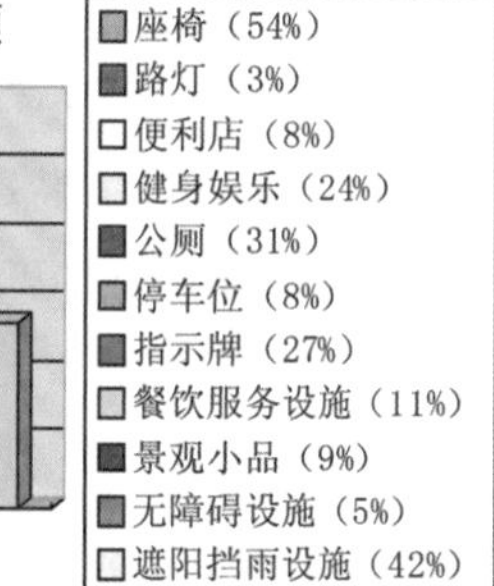

图14 需要增加的设施

小结：对地面铺装进行改造，既可以满足市民正常使用，又可以作为步行交通的指向标。并且增加绿地和座椅的数量，提高广场的活力，也可以通过绿地疏导人流，为行人提供休憩场所。

3、游憩类城市广场

游憩类广场包括樱花广场、张家堡广场、长安广场、时代广场。

3.1 辐射范围

游憩类广场一般属于区级或小区级广场，供周围居民使用，主要提供健身、休闲、游憩等服务。调查问卷中，市民到达樱花广场、张家堡广场、长安广场、时代广场的时间在半小时以内的占绝大多数。

3.2 广场基础设施

市民认为樱花广场需要增加的公共服务设施为公厕、遮阳挡雨设施、座椅、餐饮服务设施，管理与维护存在的问题主要为卫生、治安、老人与儿童安全保护；张家堡广场需要增加的公共服务设施为果皮箱、座椅，管理与维护存在的问题主要为卫生、治安、设施保护；长安广场需要增加的公共服务设施为娱乐健身设施、遮阳挡雨设施、景观小品，管理与维护存在的问题主要为设施保护、老人与儿童安全保护、卫生；时代广场需要增加的公共服务设施为遮阳挡雨设施、公厕、娱乐健身设施，管理与维护存在的问题主要为设施保护、老人与儿童安全保护、治安。

小结：由于区级、小区级广场的规模、人流量较少，广场的管理与维护没有得到重视，广场又与居民的生活关系密切，因此完善广场基础设施建设十分重要。

随着物质生活条件的改善和医疗技术的发展，老年人的身体健康状况与以往的同龄人相比大为改观。身体健康状况较好的老年人，尤其是低龄的老年人有很强的活动能力，因而有十分强烈的交往需要。老年人在宅地附近生活时间最长，为此营造老年人的居住生活环境并为之建立保障系统已显得十分必要和迫切，同时一般家长经常带领儿童在广场游憩，设置老年人和儿童游憩设施也是现代区级、小区级广场的需要。

4、总结

丰富的活动内容、空间层次可以营造小广场环境，为市民提供宜人的空间尺度，同时游憩设施、绿化、水域、文化小品等基础设施可以降低广场的空旷感。对于兼有城市防灾功能的广场，在保证广场规模的同时，应当丰富广场内容，降低广场尺度的夸张感。在广场尺度设计的时候，总体尺度应符合广场形象、氛围，并结合广场功能、层次营造宜人的小尺度环境。

视线比较开阔的广场，可以利用广场标志性建筑对广场交通进行一定的指向作用。广场在比较开阔的地段设置小品、娱乐设施或指向牌、绿地、地面铺装，同时服务于广场交通，并丰富广场内容。大型广场一般公交站点的设置离广场比较远，不方便市民的到达。建议在广场周边连接道路的地方设置港湾式停车站点，既可以解决公交站点离城市广场远的问题，也不会影响城市交通。对于广场交通量比较大的广场，建议设置地下通道，提高广场的可达性。通过立体式广场的设计可以丰富广场的空间形态，而且对广场的尺度、交通组织也有一定的影响。

广场休憩设施应符合人体工学的原理，并结合广场的布局、氛围，同时还要考虑到视线的要求，比如在观赏性的地点设置的座椅要求座椅高度较高，使用者有一定的开阔视线，而在比较封闭的空间内，广场的座椅则要求以休闲、舒适并以长椅为主。对于人流量大的广场，应该设置适量的果皮箱、公厕等，以满足市民的需要。在大型的水景、山景等旁边，尤其是在人流量大的时候，应该重视并且设置安全保护设施。广场普遍地缺乏遮阳挡雨设施，因此在广场设计时，应从使用者的角度出发设计更加人性化的广场。

夜间广场照明不仅可以满足人们的需要，同时可以起到维护治安的作用。地面铺装既可以满足市民的正常使用，又可以作为步行交通的指向标，结合绿地和座椅的数量提高广场的活力。广场基础设施的有效设置，可以改善人们对广场尺度的感觉，降低公交站点离广场的距离感。当今老年人的身体健康状况与以往的同龄人相比大为改观，尤其是低龄的老年人有很强的活动能力。老年人在宅地附近生活时间最长，为此营造老年人的居住生活环境并为之建立保障系统已显得十分必要和迫切，同时一般家长经常带领儿童在广场游憩，设置老年人和儿童游憩设施也是现代区级、小区级广场的需要。

城市广场作为城市的一部分，已经引起了人们的关注，城市广场设计也成为城市规划不可缺少的一部分。城市广场与市民的生活密切相关，因此，如何将城市广场设计得更加符合市民的需求、更能人性化地发挥其功用，已成为城市广场设计应当十分关注的问题。

[参考文献]

[1] 全国大学生城市规划社会调查获奖作品[M].北京:中国建筑工业出版社,2006.
[2] 周进.城市公共空间建设的规划控制与引导——塑造高品质城市公共空间的研究[M].北京:中国建筑工业出版社,2005.
[3] 文增.城市广场设计[M].沈阳:辽宁美术出版社,2005.
[4] 梁雪,肖连望.城市空间设计[M]. 天津:天津大学出版社,2008.
[5] 克利夫 · 芒福汀.街道与广场[M].张永刚,陈卫东译.北京:中国建筑工业出版社,2004.
[6] 蔡永洁.城市广场[M].南京:东南大学出版社,2006.
[7] 宋立民,谢明洋,王锋.视觉尺度景观设计[M].北京:中国建筑工业出版社,2007.
[8] 郭泳言.城市色彩环境规划设计[M].北京:中国建筑工业出版社,2007.
[9] 沈玉麟.外国城市建设史[M].北京:中国建筑工业出版社,2007.
[10] 李德华.城市规划原理[M].北京:中国建筑工业出版社,2006.
[11] 徐循初.城市道路与交通规划[M].北京:中国建筑工业出版社,2007.

营造可持续发展的湿地景观
——汉石桥湿地自然保护区景观的恢复与营造

王喜英

[摘　要] 本文通过对湿地生态系统的概述，总结出营造可持续发展的湿地景观势在必行，并具体地分析了可持续发展的内涵、可持续发展设计的基本原则以及进行可持续发展设计的保证措施。并以毕业设计项目“汉石桥湿地自然保护区景观的恢复与营造” 为例阐述了营造可持续发展的湿地景观的具体手法。

[关键词] 可持续发展；营造；湿地景观；生态系统

[作者简介]
王喜英　济宁市规划设计研究院　工程师

[备注] 该论文获“首届山东省城市规划协会规划设计专业委员会优秀论文评选活动”征文佳作奖

1、湿地生态系统的概述

目前国际上公认的湿地定义是《湿地公约》作出的，即湿地是指“天然或人工、长久或暂时性的沼泽地、泥炭地或水域地带，静止或流动，淡水、半咸水、咸水体，包括低潮时水深不超过6m的水域，介于陆地生态系统和水生生态系统两者之间的过渡生态系统，具有水陆双重特性，它是陆地、水系与大气互相影响、互相渗透的结果”。

湿地分布广泛，生物种类繁多，是社会价值和生态价值都比较高的一个生态系统。湿地在抵御洪水、调节径流、控制污染、调节气候、美化环境等方面起到重要作用。它既是陆地上的天然蓄水库，又是众多野生动植物资源，特别是珍稀水禽的繁殖和越冬地。湿地作为“蓄水池”不仅仅有物理上的意义，更是有着生物丰富多样性的“物种基因库”，湿地具有丰富的陆生与水生动植物资源，是世界上生物多样性最丰富的自然生态系统。湿地又是许多野生动植物的栖息地，在保护生物多样性和保护环境方面，都具有极其重要的作用。它可以给人类提供水和食物。湿地与人类息息相关，是人类拥有的宝贵资源，因此湿地有“生命的摇篮”、“地球之肾”和“鸟类的乐园”之称。也因为湿地的这些宝贵的价值，所以对湿地进行可持续性的景观保护也势在必行。

2、可持续发展的内涵

可持续发展的内涵：“既满足当代人的需求，又不损害后代人利益的一个发展观念”，对于湿地来说，湿地景观的可持续发展，其实也就是对湿地的功能性给予保护利用，使它能够回归自然，充分发挥它的作用。从古到今人类就一直向自然索取，日益恶劣的环境也给人类敲响了警钟。生态环境的可持续发展和基础设施是城市所依赖的循环系统，是人类能够获得自然服务的基础，其中湿地景观资源的保护和利用是其很重要的组成部分，相对于城市空间中的冷漠与空洞，它显得更为亲切和富有生命力。面对生态环境的日益恶化，湿地生态景观的日益退化，我们应该考虑的是怎样科学地保护这个宝贵的资源，运用科学文明的进步和更新来适应新的环境，并把这个艰巨的任务坚持到底。在湿地景观设计中，注重自然的设计，可持续发展的设计，在自然环境的基础上充分利用现有的地形地貌及生物物种。我们相信，以自然为本的设计，将对社会的可持续发展产生深远的意义；以自然为本的湿地景观设计，将会指导人类漫步于绿色的精神家园，使人性真正得以回归，让自然和人类更加和谐。

3、可持续发展的设计原则

可持续发展的设计原则是将“以人为本”提升到“以自然为本”的新的生态设计理念，着眼于环境的设计，既实现社会价值又保护自然价值，促进人与自然和谐。它灌输给人们的是，不要试图征服自然或模仿自然，而是产生一种归属感，湿地景观就是湿地景观，是一种自然形成的，而不是经过人们刻意地去加以修饰的娱乐场所。斯图尔特 · 考恩曾提出“自然不仅是可利用资源的宝库，也是解决所有设计问题的最好典范”，湿地是一种自然景观， 一个自然综合体，它对生态功能和景观都有重要贡献。应当千方百计地保护这一最优景观。保护并不阻碍我们利用和观赏它们，合理设计的目的是最好地利用景观特色的同时加强对它们的保护，在对湿地景观的整体环境设计中，应综合考虑各方面因素，以环境和谐为宗旨，以还原生态的方式发展下去，湿地景观设计就更应该“尊重自然，爱护自然，与自然和谐相处”。这个也是我们对湿地景观进行改造所必须遵循的原则。寓保护于发展，以发展求保护，坚持合理规划和适度开发，实现当地资源的永续利用。保护优先原则是以自然环境的保护和改善为目的，妥善解决开发与保护间的矛盾；环境、经济与社会协调发展的原则是实行生态效益、经济效益和社会效益的统一。

4、可持续发展的保证措施

对湿地进行科学的研究，去更好地了解湿地、认识湿地，也是可持续湿地景观资源的一个重要的前提措施，还是促进湿地保护的一个重要的保证。通过基础研究和应用研究,对湿地类型、特征、功能、价值、动态变化等有较为全面、深入、系统的了解,为湿地的保护和合理利用奠定科学基础。这是做出可持续的湿地景观的一个前提条件，科学地分析并发现问题，才能更好地去解决问题，拥有比较完备的科学检测系统是对湿地健康的硬件条件上的具备。再者就是对湿地保护人类认识的加强，人们的思想意识、观念态度和政府的重视程度是湿地保护的重要前提和基础。一些长期形成的传统观念和认识对湿地资源的保护和可持续利用极为不利，目前，社会广大公众对湿地的重要性尚认识不足，湿地保护意识仍较为淡薄，所以我们应该加大对湿地保护力度的宣传，以及湿地科普知识的普及等。加强人们对湿地保护的意识，这也是湿地可持续发展的重要保证措施之一。

5、具体应用手法，以汉石桥湿地保护区景观的恢复与营造为例

5.1 对该区的前期分析以及保护的重大意义

北京汉石桥湿地自然保护区位于京东平原地带的顺义区杨镇镇域西南，面积为1900hm^2。该保护区主要

保护对象是典型的芦苇沼泽湿地生态系统，是南北鸟类的重要停歇地，其独特的地理环境和优良的生态环境孕育了丰富的物种多样性。在京东平原地带建立自然保护区主要有以下保护价值。

（1）生态意义重大，对顺义区社会经济可持续发展有重要意义

汉石桥湿地属于城市型湿地生态系统，具有水土保持、水源涵养、调节区域小气候、美化环境、维护生物多样性的功能和作用，生态意义重大。同时，利用湿地保护区建设，带动生态旅游、房地产等相关产业的发展，对于区域社会经济可持续发展具有十分重要的意义。

（2）是典型且正在演替中的湿地生态系统，具有重要的科研价值

保护区境内降水量适中，地形条件适合，沼泽化特征明显，芦苇、香蒲、水葱等湿地植物大量生长，发育了典型的内陆湿地生态系统。同时，由于近几年的持续干旱及人类的干扰和破坏，旱生植物大量入侵，汉石桥湿地正面临着迅速退化的威胁。因此，汉石桥湿地生态系统正处于不断发育、演化中，有重要的保护和科研价值，适合作长期的科学研究与监测。

（3）是北京市唯一现存的大型芦苇沼泽湿地以及多种珍稀水禽的栖息地，具有极大的保护价值

北京地区属于湿地资源相对稀缺的经济高度发达区域，尤其是具有良好的湿地植被的湿地生态系统尤为珍贵，其中黑鹳为国家Ⅰ级保护野生动物，大天鹅、鸳鸯、白枕鹤、白琵鹭等为国家Ⅱ级保护野生动物。

（4）生物多样性丰富，具有“物种基因库”的功能

汉石桥湿地生物多样性十分丰富，通过2002年秋季开始的连续观测和研究共记录到鸟类153种，占北京市鸟类种数的1/2以上；水鸟总数为64种，占北京市水鸟总数的53.78%。植物资源也十分丰富，湿地植物有芦苇、香蒲、莲、水葱、水莎草、菖蒲等26种。

（5）居于特殊的地理位置和生态地位，对提高北京的国际形象有重大作用

汉石桥湿地位于首都北京的郊区，是北京自然保护区网络中重要的组成节点，同时又是水鸟迁徙过程的重要停歇地。保护好湿地及其生物多样性，对于树立和提高北京的良好国际形象，落实“绿色奥运、人文奥运、科技奥运”的建设目标，具有重要的现实意义。

（6）具有科普教育示范基地的功能

通过汉石桥湿地保护区建设，使之成为北京市湿地科普教育示范基地。宣传教育行动是增强人们自觉保护湿地生态系统意识的最行之有效的手段之一，通过湿地科普教育使公众充分认识到湿地及其生物多样性保护的重要性，不断提高自然保护意识。

5.2 针对前期分析以及实际调研情况作出了当地的规划措施

（1）减少对核心区域生态系统和自然资源的压力，有效保护核心区域

我们把湿地功能区域划分了三块，核心区、实验区、缓冲区，核心区是整个湿地的重点保护区域，也是整个湿地的科研区域，这块区域除科研人员外其他人员禁止入内，设有鸟类的观测站、鸟类救护和育养中心，还有为鸟类营造的栖息地，都是为整个湿地的健康作出科学的诊断的地方。这个也是我们为能营建出可持续发展的湿地景观而设想的。实验区，属于旅游开发的区域，因这块区域被缓冲区与核心区隔离开来，所以人为的参与多了一点，有科普展览馆：宣传科普教育，加强人们对湿地的科学系统的认识，从而提高自己

对湿地的保护意识。为了带动周边经济的发展我们也在实验区域营建了一部分娱乐场所，但都是在不损害湿地景观的原则上营建的。隔离核心区域和试验区的就是缓冲区，缓冲区域主要以密植林带为主要方式，目的就是为了减少核心区域水面积的蒸发量，涵养水源，防风固沙，另一个目的是为了隔离实验区人类对核心区域的干涉和破坏。

（2）完善湿地生态系统的功能，为珍稀物种提供更适应的栖息环境

通过对湿地前期的调研分析，我们对整个区域作了系统的研究，其中对水域面积进行了加大，挖了很多防火水沟，因为该区域目前水源问题是最主要的问题，因此我们在核心区域打机井，还有水泵等措施解决临时缺水的问题，长期来看，汉石桥湿地的水的来源除自然降雨以外，最主要的方式就是利用生活用水，也就是将通过中水处理的生活用水流进湿地，以解决湿地缺水问题，进一步完善湿地生态系统，营造动植物更适应的栖息环境。

（3）恢复湿地植被，保证其生态地位

由于湿地缺水严重，很多旱生植物开始入侵，从而使水生植物不断地减少，植物种类也在缩减。我们对河床进行清理，补种一些本土的水生植物，恢复当地的植物生态景观，还在水域内栽植可以净化水质的草本植物。同时，还在缓冲区域加大密植林带，种植适合该地区的树木。

5.3 管理措施

（1）禁止狩猎和经营性的生产活动

在该核心区域和缓冲区域禁止经营性的生产活动，以免带给湿地不利的影响。禁止狩猎，加强管理。

（2）采取人工促进更新的方式恢复湿地植被

对湿地植被进行科研分析，从而增加湿地植物的种类，建立和恢复湿地的生态系统。

（3）最大限度地扩大和改善物种的栖息条件

在核心区域避免人类的活动，营建鸟类等动物的栖息地，如鸟岛的营建，对部分滩涂周围密植植物，使得鸟类也有自己隐蔽的空间进行繁育，也营建了鸟类的育养和救护中心，从而保证了对鸟类的监测以及救助。尽可能保留园里的植物，并增加缓冲区的林带，对缓冲区域密植本土植物，以达到防风固沙、涵养水源的目的。同时可设计实施人工筑巢，种植可吸引昆虫的蜜源植物和吸引鸟类的浆果植物，开展放粮引鸟行动，把自然界中的鸟类引入园区。该地区本来鸟类就很多，但随着湿地面积的不断缩小，鸟群种类也在不断地减少，鸟类的介入使生态系统结构更加复杂，一方面鸟类的大量繁殖可以预防蛾类若虫的蔓延和减少对植物本身的危害，另一方面鸟类的粪便又为植物提供了有机肥料，使植物生长茂盛，也为一些昆虫提供了适宜的生活场所，有利于昆虫的生长。所以，我们对鸟类的场所进行了特殊的护理，增加了鸟类的一些栖息地和育养救护中心，最终达到人与动物和谐共处。

6、结束语

湿地景观系统的营造，其实就是以自然原有的状态进行的一种还原，“去其糟粕，取其精华”，使其能

够延续利用，造福于人类。湿地景观的恢复及营造的成功与否，是看其能否协调整个区域的生态系统，把各个生物链条紧密地扣连在一起，一环套一环，这样才能够使其遵循可持续发展的设计原则，才能做到还原生态的设计，真正意义上做到保护性的、可持续性的湿地景观。

[参考文献]

[1] 陆 虹,袁 铮,蔡文明.自然为本——以还原生态为原则的湿地景观设计[J].华中建筑,2007,25.
[2] 张路红.以生态恢复为基础的湿地景观设计[J].工程建设与档案,2005,19(3).
[3] 王晓文,曾从盛.城市湿地景观生态建设的价值取向[J].福建师范大学学报(哲学社会科学版),2006.
[4] (美)约翰・O・西蒙兹著.景观设计学——场地规划与设计手册[M].俞孔坚,王志芳,孙鹏译,2000.

浅析中国古典园林造景要素

李东杰　王艳敏　秦士凤

[摘　要] 中国古典园林里有四个必不可少的设计要素，分别是山石、水、植物、建筑。通过其自身固有的形态特点，经过巧妙的组合创造出各式各样的园林。本文主要介绍古典园林的这四个要素的造景方式、组合方式，分析它们对园林的作用。

[关键词] 空间；造景；功能性

[作者简介]

李东杰　济宁市规划设计研究院工程师

王艳敏　济宁市规划设计研究院工程师

秦士凤　济宁市规划设计研究院工程师

1、引言

中国园林有着三千年的历史，早在商周就已经开始造园活动了。园林最初的形式为“囿”，“囿”是园林的雏形，除少部分人工建造外，大部分还是天然的景色。随着历史的发展，秦汉时期的宫苑和私家园林，有了大量建筑与山水结合的布局，我国园林的传统形式就此出现。园林在唐宋时期达到了成熟阶段，官宦及文人墨客自建园林或参与造园工作，将水墨画的意境融入到了园林的布局和造景中，形成一个源于自然、高于自然的园林，将建筑的人工美与山水的自然美融合一起，所以中国的园林大多离不开山、水、植物、建筑这四个设计要素。无论园林的大小多寡，功能性质如何，都力求把这四个要素有机地融为一体，共同构成优美的景色。

2、园林山石

如果说古典园林是一幅生动的山水画，那山石就是这幅画的重要背景。园林的山石是对大自然山脉地势艺术性的浓缩与加工，故又称之为“假山”，它不仅仅来源于自然，更在于体现了造园者的艺术修养，抒发造园者的情怀。在古典园林中，没有规整的山石，为了表现自然的山峦起伏，在设计建造假山时多用叠山，有意减少人工拼接的痕迹，因此，园林的假山是真山的抽象化、艺术化的缩写，在方寸之间展现出的自然山水之美，达到“虽由人作，宛自天开”的境界。

2.1 空间功能

假山可以对园林空间进行划分和分隔，将空间布局分成大小不同、功能不同、连贯变化的形式。利用假山体量的稳固感，通过线、面方式的运用，在景区可以创造出开放空间、半闭合空间、纵深空间等各具形态特色的空间。还能以假山的体量巨大感，或以单独或以组合的方式，吸引观赏者的视线，创造出仰视的空间角度，介于这几个特点，假山有着非常明显的改造和调整空间的作用。

2.2 造景功能

因为假山本身具有朴素的自然魅力，所以不用过分人工化的修饰就能创造出和谐的美景，表现多样化的自然景色。把山石以单独的形式放置于路的尽头、空地、交叉路口、湖边，创造出各具特色的观赏小品，增添园中情趣。如上海豫园的玉玲珑巨石，上下镂空，亭亭玉立，成为园中重要的观赏点。也可以成群的组合方式，放置于林下、路边、台阶边、溪涧边、建筑拐角处，作为主景的陪衬来烘托气氛。还可以借用富有纹理变化的山石， 嵌于墙内犹如浮雕，再以流水、植物为配景，创造出一幅充满意境的立体壁画。

2.3 工程功能

利用山石的坚固性，来做驳岸、挡土墙、护坡和花台。这些山石可以阻挡和分散水流的冲击力，降低水流速度，从而减少水土流失。如北海琼华岛南山部分的山石、颐和园龙王庙土山上的山石等都有减少水流冲刷的效用；又可利用山石不规则的形状而呈现出的各种犬牙交错的形态，形成水与陆之间的过渡，体现自然曲折的山水风格，如颐和园的“圆明斋”、“写秋轩”，北海的“酶古堂”、“亩鉴室”，周围都是自然山石挡土墙的佳品。

3、园林水景

水是园林中最富有动态魅力的设计要素。无论是北方的皇家园林还是南方的私家园林，水景都是园林中最重要的组成部分，也是最大的组成部分，几乎达到“无园不水”的地步。有了水景的加入可以让园林更具生命力，增加了波光粼粼、水影摇曳的形声之美。早在三千多年前的周代我国就有了水景的记载，经过几千年来的发展与演变，水已经成为文人墨客寄托感情的重要载体，赋予了它更深的文化内容，从而形成了独具内涵的水文化。

3.1 空间功能

大面积的水体，对园林视觉空间有一定的控制作用。可以借用水能反射光线的特点，模糊园林的界限，再配上水边植物落在水中的倒影，极大地丰富和扩展景观空间，延伸视觉范围，产生深远、开阔的感觉。可以利用水灵活多变的特点，与其他设计要素相配合，将点、线、面上不同层面的水景串成一体，构成立体空间，创造出丰富的视觉层次；也可以利用水的延展性与流动性，划分园林空间的界限，同时又不会破坏景观的整体观赏性。

3.2 造景功能

水体可单独塑造出湖、池、溪、泉等多种形式的美景，也可与山石、建筑、植物相配合组成各具特色的景色。与山石相组合，可形成叠流、瀑布、水幕、水雾等美丽景色；与建筑物组合可产生江南的水乡情趣；

与垂柳、迎春、黄菖蒲等植物相组合，可增加山林野趣之美。总之水是构成园林景观、增添园林美景的重要因素。

3.3 生态作用

园林水景可起净化的作用。水可以减少空气中的含尘量，减少悬浮细菌数量，使空气清新洁净，使园林的环境愈加洁净、新颖、湿润，使游客心境酣畅、精神振奋、消弭焦躁。水还可增加空气的湿度，特别是在炎热枯燥的北方地域，其作用愈加明显。

水池有收集储存雨水、调节旱涝的功能，旱时既可以为植物提供生长的必须用水，维持园林的生态平衡；涝时又可以为整个园林排涝，保护整个园林，中国的古典园林能保存上百年而不损毁，其中水池水景起了很重要的作用。

4、园林植物

中国古典园林是人工建筑与自然植物结合的产物，是人工美与自然美的结合。只有加入植物，园林才有朝气蓬勃的生命力。“石本顽，有树则灵。”树木可以使顽石有灵气，画面才有气韵。古人曰：“山借树而为衣，树借山而为骨，树不可繁，要见山之秀丽；山不可乱，须显树之光辉。”从山与树两者的关系出发，把植物在园林景观中的作用做了很好的阐述。

4.1 空间功能

植物有组织空间的作用。因为植物可以从多个视角进行欣赏，所以植物也像其他建筑、山水一样，具有构成空间、分隔空间的功能，而且还有围合空间、组织道路、陪衬主景、丰富层次、和谐色调的功能。北方皇家园林多用古拙庄重的苍松翠柏等高大乔木来体现皇家庄严雄浑的空间形式，南方私家园林多用精致小巧的灌木表现山林野趣的空间形式。利用多种不同种类的植物，结合园林中的池水、房屋、亭廊等，组成不同的景观效果，给观赏者以不同的视觉感受。而且观看角度稍有变化，便能欣赏到多种组合方式的景色，产生“步移景异”的视觉效果，视觉空间感觉由此而得到增大，从而增加了整个园林观赏的丰富程度，达到“壶中天地”的独特效果。

4.2 造景功能

大型的单独植物和小型的植物群都可以成为主景，可以充分发挥植物的观赏性。古人常以植物为载体来抒发自己的情怀，寓情于景，创造有特色的、诗情画意的艺术景色。如文人墨客常把松、竹、梅喻为“岁寒三友”，把梅、兰、竹、菊比为“四君子”，这都是借用园林植物的姿态、气质、特性给人的不同感受而产生的比拟、联想，在有限的园林空间中创造出无限的意境，以形成具有诗情画意的景观效果。

一些参天大树、古树，以其高大的躯干遮掩了天空的一角，使园林显得幽静深远，小空间似乎也无止境，如狮子林的古银杏、留园中的银杏、颐和园中的松树，都起着扩充园林视线，提升整个园林可观赏度的作用，这都可以说是植物的造景功能。

4.3 生态作用

植物有涵养水源、保持水土、阻挡灰尘、调节小气候的作用。植物有着发达的根系，可以抓住土壤，减少水土流失，使更多的水分积蓄在土壤中，达到涵养水源、保持水土的作用。水生植物有净化水质、改善生态环境的作用，能维持整个园林水区的生态平衡。

5、园林建筑

中国古典园林建筑是中国传统文化的典型代表，它本身已经成为传承中国文化的一个重要载体，在古典园林中起着十分重要的作用。中国古典园林大都以山水植物为主体，表现自然之美，只有建筑才表现人工美。有了建筑的加入园林才具有可观赏、可游玩、可居住的实用功能。还由于中国古建筑本身具有极高的艺术观赏价值，与山水自然进行有机的融合以后，极大地提高了整个园林风景的观赏性，成为一件富有生命活力的艺术作品，有着画龙点睛的作用。

5.1 空间功能

在园林里建筑物可以围合成独立或半独立的空间，或者与山石植物相组合将园林空间划分为多个层次。更重要的是建筑还能够把多个景色空间协调起来，连续不断地把游人从一个空间引到另一个空间，起到连接空间的作用。如“廊”经常用来连接景区和景点，具有导向性和观赏性作用。

5.2 造景功能

园林建筑可以和山石、水、植物要素相结合构成园林中许多富有意境的风景。在大多数情况下，建筑借助地势往往会成为这些风景画面的重点和主景，有了建筑的加入才能使“山野”变成园林，起到点睛的作用。重要的建筑物会作为园林里一定视线内甚至整座园林的构景中心，如北京北海公园中的白塔、颐和园中的佛香阁等都是园林的构景中心，起着决定整个园林风格特点的作用。

单独的建筑也可成为美景，因为中国古建筑本身已经成为一件艺术品，具有极高的审美价值。因其自身固有的色彩、肌理、质感、造型、尺度等特点，加之布置较为合理，其本身就成为园林中比较引人注目的一景，因此说建筑对于提高园林的审美价值和艺术价值具有重要作用。

5.3 使用功能

中国古典园林建筑，南北风格差异较大。北方皇家园林建筑体量大，装饰豪华，色彩金碧辉煌，表现出皇家的恢宏气派；而江南私家园林建筑突出“小巧玲珑、活泼、通透、淡雅”，将秀丽、雅致的山水自然风格表现得淋漓尽致。但建筑在园林中的使用功能大致相同，都具有提供休息、欣赏美景的功能，如园林中的“楼”大都有鸟瞰整个园林风景的功能，“廊”具有遮阳、防雨、小憩等功能，“舫” 具有供人们游玩、设宴、观赏水景的功能。

6、结语

综上所述，无论是皇家园林还是私家园林无一例外地都有山石、水、植物、建筑这四个基本的设计要素。在遵循空间布局的基础上，通过它们多变的造型、灵活的组合方式，阐述山水自然之美、人文之美，形成具有艺术魅力兼具使用功能的中国古典园林。

[参考文献]

[1] 宁世华.浅谈假山在园林造景中的应用[J].中小企业管理与科技,2011(6).

[2] 古林.中国古典园林植物景观配置的意与匠[J].城乡建设,2006(1).

[3] 李像.中国古典园林建筑形式和风格[J].城市建设理论研究,2012(4).

[4] 张劲农.我国古典园林中水的文化意义[J].广东园林,2005(1).

特色历史街区现代商业发展对居住环境的影响——以广州市上下九商业街片区为例

石 萌 陈 蓓

[摘 要] 特色历史街区是一个城市中最能反映城市传统文化与市民生活方式的片区，是一个城市中最值得珍视的瑰宝。然而，在现代城市生活中，商业的发展呈现迅猛之势，商业与居住已经成为城市生活的两大主题，现代商业的发展对传统居住环境的冲击显而易见。

广州自古以来便是一个由商业主导而发展起来的城市，在漫长的城市发展过程中形成了自己独特的商业文化。而上下九商业街，作为一条既承载着老广州传统文化与风貌，又融合了当代商业特征的特色历史街道，是广州悠久历史的承载地，也是现存历史文化资源的集中地。本文以上下九商业街为研究对象，试着阐述特色历史街区中现代商业活动的发展对居住环境的影响，试图探寻商、住关系协调发展、和谐共存的新途径。

[关键词] 特色历史街区；现代商业；居住环境；广州上下九街区

[作者简介]

石 萌 济宁市规划设计研究院 工程师

陈 蓓 济宁市规划设计研究院 工程师

1、引言

进入21世纪以来，随着城市现代商业的快速发展，商业活动已经遍布于城市的每个角落，各类商业设施或集中或散落于居住片区周边及内部，商业与居住早已成为城市生活的两大主题。

广州自古以来便是一个商业主导而发展起来的城市，在漫长的城市发展过程中形成了自己独特的商业文化，城市中到处充满着浓厚的商业气息。广州历经数千年的发展而长盛不衰，其商业文化对城市的影响和贡献无可替代。

上下九商业街位于广州老城区西关片区，是一条既承载着老广州传统文化与风貌，又融合了当代商业特征，集旅游、观光、购物于一体的商业特色的历史街道，是广州悠久历史的承载地，是现存历史文化资源的集中地，也是古城广州文化的核心所在地之一。

本文以上下九商业街为研究对象，试着阐述特色历史街区中现代商业活动的发展对居住环境的影响，试图探寻商、住关系协调发展、和谐共存的新途径。

2、上下九片区商业、居住功能的历史演化及现状

2.1 上下九片区历史概况

上下九商业街在历史上就是广州市内颇为有名的商业区。早在隋唐时期，印度高僧达摩在此登岸传教，因而得名“西来初地”。宋代时，上下九地区商业得到进一步发展，“绣衣坊”成为当时最著名的商业聚落。明清时期，随着接待外来使者的“怀远驿”的设置以及十三行成为广州对外贸易最重要的口岸，上下九片

图1 上下九街道老照片

区的商贸活动日益兴旺。鸦片战争后，广州城的富商巨贾纷纷在此择地兴建商铺和住宅。清末民国年间，由于其对外通商的外贸经济优势和广州近代工业的发展，更成为广州最为繁华的地段，也是富商、官员、名人与华侨等上流阶层的聚居地。直到1995年，上下九才正式开放为商业步行街（图1、图2）。

图2 上下九街道现状

2.2 上下九片区的传统风貌及历史特色

上下九独特的岭南建筑文化突出表现为西关大屋、骑楼、竹筒屋等。其中，始建于清代的骑楼建筑连绵千米，是一种吸取了南欧建筑特色和中国北方满洲式装饰的特色建筑，尤其适应南方炎热多雨的气候，通透的骑楼可供商户、顾客在任何天气环境下进行商业活动。

上下九还具有浓郁的西关民俗文化特色。如下九路至今仍有文澜巷，印证着昔日十三行富商组建的文澜书院的历史。第十甫路的湛露直街至今仍有岭南画派大师昔日开办的岭南艺苑故屋。陶陶居历史上是粤剧艺人的聚所，这里群众自娱自乐地进行过粤曲演唱，也颇具特色。

3、上下九片区现代商业活动的演化对居住环境的影响

3.1 现代商业对居住环境影响的负效应

3.1.1 对建筑风貌的影响

由于现代商业遍布上下九商业街区，街区中大量充斥着现代商业的广告标语和招牌，虽然这其中部分广告刻意模仿和还原古时候的特色，但是整体上仍然造成建筑的不协调与无秩序，使得传统建筑立面风貌遭受较大破坏(图3、图4)。另外，由于游客数量增多，给街区带来较多污染与破坏，部分建筑墙面出现不干净、不整洁的现象，进一步影响了上下九居民的居住环境。

图3 琳琅满目的广告牌(一)

图4 琳琅满目的广告牌(二)

3.1.2 传统社区人口结构的破坏

长久以来，上下九片区世代居住着老广州人，人口结构相对稳定，同质性较高，本地居民形成了强烈的归属感、认同感（图5、图6）。但近些年来，越来越多的外地经商者涌入上下九，并且常住此处，因而导致本片

图6 老广州邻里文化(二)

图5 老广州邻里文化(一)

区的人口结构发生了巨大变化，一定程度上破坏了原有社会网络，印象中传统住区的那种人与人之间的融洽关系，似乎也由于居住主体的改变而变得淡漠，旧城区所特有的邻里互助和密切的社会网络不再显著。

同时，由于邻里环境的改变，不少原住户，尤其是有一定经济能力的年轻一族，纷纷搬离老城区，造成了老城区的老龄化、贫困化，这进一步加剧了传统邻里关系的断裂和缺失。

3.1.3 街巷风貌、格局的破坏

随着商业的繁盛和现代商业的需求,便捷的交通已经成为上下九地区维持商业活力的必要因素。近年来不断建成的高架桥、地铁，以及对道路的拓宽与整修，给上下九带来了大片拆迁、改造，对于上下九街道格局和景观的破坏显而易见。

图7 新旧房屋混杂(一)

图8 新旧房屋混杂(二)

此外，随着现代商业的发展，城市中出现了越来越多的高层建筑和现代建筑，这些建筑破坏了原有街巷空间的尺度和街道的轮廓线，使得原本和谐的居住环境演化为各时期建筑混杂、功能不相协调的生活片区（图7、图8）。

3.1.4 人口密集与交通拥堵的影响

由于外来经商者的急剧增加，上下九片区的居住密度显著提高，又由于原本基础设施就不完善，使得该片区的基础设施严重超负荷运行，而这些基础设施一旦出现状况，对居民的生活会造成严重的影响。

3.1.5 公共活动空间的破坏

商业的繁荣使得区位优势明显的上下九片区的用地变得稀缺，其土地可谓寸土寸金。又由于受到土地收益的驱使，大量原本供当地居民休闲、活动、交往的广场、绿地等公共空间被逐步吞噬，严重影响了当地住民原本特有的生活习俗和交往方式，也使得有经济能力的居民逐步搬离上下九，从而加剧了居住环境一步步衰落的恶性循环。

3.2 现代商业对居住环境影响的正效应

3.2.1 对商贸文化的维持

自古以来，上下九凭借其广州市核心地带的地理优势以及优越的人文环境，成为商业的集散地，因而有着丰富的文化积淀。现代商业的发展，保留了该地区独特的商业活力及文化传统，刻下了街区发展的特色印记，对于维持其独特的商贸文化发挥了较大的积极作用。该地区蕴涵的文化特色将成为未来广州提升城市竞争力的绵绵内力。

3.2.2 房屋价值的提升

商业繁华的地区必定是人气兴旺的地区，上下九地区也不例外。近年来，出现了租金疯长和一铺难求的

局面，因此，上下九老房屋的价值也水涨船高，使得原本质量破旧、年久失修的老房子身价不减反增，无形中给房屋所有者带来了可观的经济利益。

3.2.3 提供给原住民大量经商机会

上下九知名度高、游客众多，给经商者提供了无限商机，因此，许多原住居民纷纷利用自身优势，加入到经商行列。由于这些经商者有着零租金、经营便利、易于结盟等先天优势，所以其商业利润往往是外来经商者所不能比拟的。这也从客观上增加了其经济利益。

4、商住和谐共生对策探讨

随着现代商业发展在上下九这样的历史街区的加速，其居住环境必然面临着新一轮的危机，因此，基于此背景下的对商住和谐发展的探讨显得尤为必要。

4.1 商业推动下的“商一住”协调发展

外向“商”的发展给上下九等历史街区带来了大量的人口，富贾商人在此聚居，他们有大量的生活需求。为满足其需要，内向的消费型商业随之被带动起来。富贾商人大都消费层次和能力较高，因此像中高端的茶饮消费、餐饮消费、戏剧消费、书院祠堂等饮食和文化消费也随之会蓬勃发展起来。而相对应的酒楼、茶楼、戏院等大众消费方式，不仅仅是人们娱乐休闲的地方，也成为商人官宦洽谈事务的地方，对其自身文化的发展和传播，起到了重要推动作用。同时，这种大众化的娱乐方式更成了广州向外展示自身文化的重要途径。

4.2 营造优质的“商一住”建筑空间和公共空间

如果说上下九的“住”最初是作为其外向“商”的配套发展起来的，两者互补，那么上下九的内向消费型商业又应是其“住”的功能的拓展，两者也互为补充。在三者相互关系的背景下，其“商一住”协调发展。其主要表现形式为两者共享的建筑空间和街巷空间。早期“商一住”协调发展在建筑上的表现最突出的就是“竹筒屋” 。随后，“骑楼”在功能上延续了“竹筒屋”的商住功能，由于城市发展、土地集约使用，加上技术的进步——混凝土的引入，建筑向竖向发展，并形成“前铺后宅”或“下铺上居”的形式，形成彼此相接、小面宽、大进深、高密度和线性分布状态的商业建筑。骑楼的二层跨越人行道，使马路一边相互连接形成一条长廊，既便于来往行人遮阳挡雨，商店也可敞开铺面陈列多种商品，以广招顾客。

上下九的居民是内向型商业的主要消费群体，更是居住的主体。“商一住”的共同发展使得区内的街巷既是商业空间又是生活空间。人们在商店门前的街巷里进行商业交易活动，也在自家门前的巷子里和邻居交流、喝茶等。尤其是骑楼出现后，骑楼底层是柱廊，有很宽敞的空间，是居民喝茶、交流的地方。

4.3 地域文化特色与“商一住”功能的融合

“商一住”的协调发展不仅对物质空间环境的形成产生影响，对外商贸的繁盛以及居民们丰富多样的娱乐文化生活，也使得多方文化在此地汇聚、融合。

传统文化在与西方文化的冲突中逐步融合，形成了多元性的文化特点，体现出了兼容并蓄的一面，主要表现在商贸文化、建筑文化、街巷格局以及非物质文化等方面。

5、结语

上下九现代商业的蓬勃发展离不开这片有着数千年传统文化积淀的土壤，也离不开世世代代在这里创造和书写辉煌的老广州市民。现代商业的发展归根结底还是要给这座城市带来舒适与便利，而不能将自身的发展建立在损害城市市民的生活的基础上。

总之，因商而住，因住愈商，只有做到这一点，才能延续城市的历史文化，形成具有历史记忆的宜居地段。

[参考文献]

[1] 杨芸.商业背景下特色街区的存在与发展[D].广州:广州大学,2009.
[2] 吴敏,王卫红.广州西关传统风貌分析及保护性开发建议研究[J].中外建筑,2007(10).
[3] 刘琮晓,何力宇.城市更新中历史街区的保护与发展[J].中外建筑,2005(6).
[4] 易千枫,张京祥,杨介榜.对我国城市经营型旧城改建实践的思考——以浙江省温州市为例[J].规划师,2008(4).
[5] 林文棋.广州2020:城市总体发展战略咨询[J].城市环境设计,2008(6).
[6] 杜鹏.现代城市特色街区保护及空间形态绿色有机更新模式探析[D].武汉:湖北工业大学,2010.
[7] 吴敏.广州旧城更新与保护研究[D].上海:同济大学,2008.

小议城市道路绿化设计

王艳敏　秦士凤　李东杰

[摘　要] 道路绿化设计是城市绿地系统的重要组成部分。道路景观是城市的门面和标识。道路绿化设计应选择适宜的道路绿地植物，组成合理的道路绿化植物群落。道路绿地要与道路交通组织相协调。道路绿化效果应注意近期与远期相结合。

[关键词] 植物配置；因地制宜；景观效果

[作者简介]
王艳敏　济宁市规划设计研究院　工程师
秦士凤　济宁市规划设计研究院　工程师
李东杰　济宁市规划设计研究院　工程师

随着城市经济的不断发展，城市交通量的逐渐增大，城市交通飞快地发展，继而促进城市道路绿地在城市交通上发展起来，并且成为城市道路景观、城市绿地系统的一个重要组成部分。城市道路是一个城市的走廊和视窗，是反映城市的面貌和个性的重要因素，因此城市道路绿化设计在城市规划建设中占有极其重要的地位，并且广泛涉及城市设计、园林绿化设计、建筑设计、道路美学、环境心理学等跨行业性学科。

城市道路绿化是美化城市生态环境，创造人居最佳环境的重要环节。选择适宜的道路绿地植物，组成合理的道路绿化植物群落，能够美化城市道路空间，构筑自然环境和人工环境的高度协调，形成道路植物群落稳定的生态系统，创造优美的道路绿地景观。

1、目前我国城市道路绿化存在的一些主要问题

1.1 目前我国道路绿化景观存在的问题

目前我国城市道路绿地景观雷同，不能因地制宜，在道路环境绿化的整体规划和设计中，不能将各种道路要素统一起来，形成完整统一的设计风格；在设计形式上，单调且过于封闭。主次干道千篇一律,没有特色,没有创新,缺乏生机与活力。分车带两侧栏杆过高,显得道路拥挤,影响市容。道路的主题与设计特色表现无个性、缺乏说服力。

1.2 过度强调道路园林绿化带来的影响

过度地强调园林美化以及观赏效果，忽视了绿化与地下管网、架空线路的矛盾。在埋有地下管网的地段上盲目栽植大型乔灌木,结果使植株生长态势减弱,汲取不到所需养分而死亡。

在架空电线下面盲目栽植毛白杨、垂柳等大型乔木,因而产生树线矛盾不得不疏枝,影响了美化效果,更严重的是大风季节,因疏枝不及时,造成线路中断,给人民生命财产带来危害。

1.3 片面强调绿化,忽视道路的交通功能

在人行道上栽植树形不紧凑的灌木,影响步行或骑车;在较窄的分车带上密植大量的乔灌木,阻挡了行车视线。

1.4 忽略了植物的生态保护功能和道路养护的特殊要求

过于注重路界内和近期的景观效果，对整个路域范围内物种的逐步恢复和自然演替考虑较少；盲目选用外来植物品种。选用未经引种驯化的外来植物品种，只顾眼前效果,不考虑长远利益，结果因不适应当地生态环境而逐渐死亡。不但造成经济损失,而且影响绿化的整体效果。

2、城市道路绿化设计的原则

2.1 展现绿地的景观特色

道路绿化景观是城市道路绿地的重要功能及特色。城市道路包括城市主干道、城市次干道、支路、商业住宅区内的道路等。这些道路的设计要求各有不同，又各具特色。因此，在设计上要根据要求各有表现，展现各自不同的特色。

2.2 起到防护功能的作用

采用疏林式、密林式、地被式、群落式以及道路行道树式等多种种植手法。改善道路的景观及小气候的生态条件，防尘降噪、防风防火、防灾遮阴等是道路绿地特有的生态防护功能。

2.3 道路绿地要与道路的交通组织相协调

道路绿化设计要符合道路行车视线的要求。在道路交叉口视距三角形范围和转弯处的树木不能影响驾驶员视线，在弯道外侧的树木应沿边缘整齐连续栽植，预告道路线形变化，引导行车视线。

2.4 道路绿地树种的种类规划原则

道路绿地的植物组成要根据不同的绿带功能选择树种，要本着适地适树的原则。宏观上既要采用当地乡土树种，也要根据本地区气候、土壤和地上地下条件选择适合该地生长的外来树种；另外还要选抗污染、耐修剪、树冠圆整、树荫浓密的树种；再有，道路植物绿化应以乔木为主，乔木、灌木和地被植物相结合，广泛进行人工植物群落配置，形成层次丰富的绿化景观。

2.5 道路绿化建设应注意近远期结合的效果

道路树木从栽植到形成好的景观效果一般需要十多年的时间，所以道路绿化设计应有长远的观点，栽种的树木避免经常更换、移植。在远期没有形成良好的景观效果的同时应结合近期，栽种一些易生长、绿化效果明显的树种，将近期和远期有计划、合理地安排好，使近期和远期更好地结合起来。

3、城市道路的景观绿化设计

3.1 城市道路绿地空间设计

城市道路空间可分为休憩空间和行走空间等。

3.1.1 休憩空间

在城市道路绿地设计中，应有为人们准备的休憩空间。良好的外部环境，才能使人们更好地休息。同时也是人们能在室外从事富有吸引力的社会性活动的前提。

3.1.2 行走空间

行走空间是人们最主要的活动空间。在城市道路绿化设计中行走空间是一种线性空间，人们在其间行走，或快或慢，对空间都有一定的需求，这就要求设计者有美学素养，要分析构成要素，使空间丰富和连续。

3.2 城市道路空间景观的对立统一性

道路空间就如流动的音乐，首先应具有整体性，其次应具有丰富性，整体性主要表现在道路空间的节奏韵律和序列性上，丰富性主要表现在景观要素应随周围环境适当地变化。只有将道路与空间景观关联起来进行统筹设计，才能创造出整体而有机的城市道路设计作品。

3.3 城市道路绿地中树种及其他植物的选择

3.3.1 树种选择的基本原则

以本地树种为主，选择适应道路环境条件，抗尘，生长健壮，绿化效果稳定，观赏价值高及环境效益好的植物。

3.3.2 植物配置原则

植物配置符合自然发展规律，包括根据季相变化的各种植物群落，做到搭配合理，采用乔、灌、草相结合的手法，充分利用植物本身的特征，并配合路段的文化特点，形成一定的环境景观效果。

3.4 分车绿带

分车绿带指车行道之间可以绿化的分隔带，其包括位于上下机动车道之间的中间分车带；位于机动车道与非机动车道之间或同方向机动车之间的两侧分车绿带。绿带的宽度根据道路的不同决定。窄者仅为1m，宽者可为10m，在分隔绿带上的植物配植除考虑到增添街景外，还要满足交通安全的要求，不能妨碍司机和行人的视线。一般窄的分隔带上仅仅种植低矮的灌木和草坪，如低矮的、修剪整齐的花篱，随着宽度的增加，分隔带上的植物配植形式也变得多样化，可规则式，也可自然式。最简单的规则式配植为等距离的乔木，也可在乔木下种植低矮的灌木和草坪。自然式的植物配植则极为丰富，利用植物不同的形态、色彩、线条将常绿、落叶的乔、灌、花卉和草坪配植成高低错落、层次丰富的树丛，以达到四季有景、富于变化的效果。无论何种植物配置形式，都需要处理好交通和植物景观的关系。如在道路尽头或人行横道、车辆的拐弯处不宜配植妨碍视线的乔灌木，只能够种植草坪、花卉和一些低矮的灌木。

3.5 行道树绿带

行道树绿带是指车行道与人行道之间种植树的绿带。其主要功能是为行人遮阴，同时美化街景。行道树以冠大荫浓的乔木为主，主要树冠整齐，分枝点足够高，主枝伸张，以常绿类为主。行道树常采用冠大荫浓的悬铃木、栾树等。目前，行道树的配置已逐渐向乔、灌、草复层混交发展，构成多层次的复合结构，大大提高了环境效益。

3.6 路侧绿带设计

路侧绿带是指道路的侧方，布设在人行道边缘至道路红线之间的绿带。是构成道路优美景观的可贵地段。由于绿带宽度不一，因此，植物配置各异。路侧绿带与沿路的用地性质或建筑物的关系密切，有的建筑物要求绿化衬托，有的建筑物要求绿化保护，因此路侧绿带应用乔木、灌木、花卉、草坪等结合建筑群的平、立面组合关系以及造型、色彩等因素，根据相邻用地性质、防护和景观要求进行设计，并在整体上保持绿带连续、完整和景观效果的统一。

4、结语

随着人们物质生活水平的日益提高，对精神生活的需求也越来越高。城市道路也一样，是城市的门面和标识，不仅仅是只满足交通的需求，还要考虑道路的人文、环境景观，将道路景观提升到精神文化的高度，为广大人民群众提供高标准的城市道路空间景观，因此城市道路的景观设计具有广阔的发展前景。

[参考文献]

[1] 李焕忠.浅谈中国园林植物造景特点[J].山西林业,2002.

[2] 李文.园林植物在景观设计中的应用[J].林业科技,2003.

[3] 胡长龙.园林规划设计[M].北京:中国农业出版社:267-270.

[4] 王浩,谷康,孙新旺.道路景观绿地规划设计[M].南京：东南大学出版社,2002.

[5] 刘滨谊.城市道路景观设计规划[M].南京：东南大学出版社,2002.

[6] 苏雪痕.植物造景[M].北京:中国林业出版社,2007.

浅谈低碳城市规划

王 灿

[摘　要] 对国内外低碳城市的理论进行了总结，阐述低碳城市与低碳经济之间的关系，提出低碳城市规划在不同层次规划编制方面的应用，并对低碳城市规划指标体系进行了初步的探讨，提出低碳城市未来的发展方向。

[关键词] 低碳城市；低碳经济；低碳城市规划

[作者简介]

王　灿　济宁市规划设计研究院　工程师

近年来，气候变化已成为国家各级政府越来越关注的科学问题，碳排放成为影响全球气候增温的主要因素，国内外研究发现，碳排放与城市化过程相交织，低碳城市遂成为遏制全球增温的首要选择。

我国正处在经济快速增长、城市化加速、碳排放日益增加和向社会主义市场经济转型的时期，然而不断膨胀的制造能力，在不断推高着石油、铁矿石、土地等资源价格，同时也在加重着环境的污染。显然，这种高能耗发展模式与低碳经济发展的理念背道而驰，向低碳转型成为中国最现实和必然的选择。

1、低碳城市内涵

低碳的概念是由英国于2003年正式提出的。2003年2月24日，英国首相布莱尔发表了题为《我们未来的能源——创建低碳经济》的白皮书，旨在到2050年时把英国变成一个低碳经济的国家，即到2050年时英国的二氧化碳排放量减少到1990年的60%。根据其他研究，低碳城市的特征主要有以下几点。

1.1 低碳化产业结构

不同的产业结构对碳排放强度有重要影响，不同城市的产业结构也差别很大，总体而言，应不断提高服务业比重，提高制造业技术水平，优化产业结构，降低碳排放强度。

1.2 高比重的节能建筑

建筑能耗是城市能耗的重要环节。从建筑设计到运行使用，全程引入低碳理念，充分利用先进技术，是建设低碳城市的重要环节。

1.3 低碳化公共交通系统

一是以步行和自行车为主的慢速交通系统，二是公共交通系统和快速轨道交通系统，三是限制城市私家车作为城市交通工具。此外，城市交通应倡导发展低碳排放交通工具，以实现低碳化目标。

1.4 低碳化能源体系和节能技术

发展低碳城市需要有一个持续优化的能源结构，以不断提高可再生能源和低碳能源的比重，另外在经济发展过程中，还应大力鼓励绿色能源技术和节能技术的创新和应用，促进节能减排工作。

1.5 良好的绿化

提高绿化面积比重既是提高居民生活质量、改善城市环境的重要要求，也是建设低碳城市的重要内容，因为森林和绿地是重要的“碳汇”，从而降低城市的碳排放总量。

2、低碳城市与低碳经济

“低碳经济”是一种新的经济发展模式，主要特征是低能耗、低排放、低污染，核心内容是对低碳产品、低碳技术和低碳能源的开发与利用。低碳技术包括在可再生能源及新能源、煤的清洁高效利用、油气资源和煤层气的勘探开发、二氧化碳捕获与埋存等领域开发能有效控制温室气体排放的新技术。低碳经济的实质是提高能源效率和清洁能源结构问题，核心是能源技术创新和制度创新。

低碳经济的核心是低碳城市的发展。经济发展的重心在城市，碳排放的最主要地点也在城市。低碳经济主要体现在以下四个方面。

2.1 生产的低碳化

生产的低碳化主要包括物质资料生产的低碳化和人口生产的低碳化。在物质资料生产过程中注重科学统筹的生产规模、注重引进新技术、注重循环再利用废旧资源。人口生产方面则要控制人口增长速度，提高国民素质，使之与整个社会经济发展水平和环境承载力相适应，逐渐由人口大国向人口强国转变。

2.2 流通的低碳化

一是硬件设施的低碳化，完善立体交通体系，综合利用水陆空和地下轨道，发展现代物流。二是软件设施的低碳化，发展现代金融服务业，政府职能逐步由社会管治向服务生产生活转变，实现高效化配置生产要素。

2.3 分配的低碳化

主要指政府对要素收入进行再分配时，通过法律、税收、转移支付等手段对环境友好产业进行倾斜和实行优惠，而对传统高污染和低附加值的产业给予限制，从而实现产业低碳化。

2.4 消费的低碳化

主要指在消费的过程中形成文明消费、适度消费、绿色消费，坚决抵制铺张浪费；在消费结构上更加注重精神消费、文化消费，加大投入人力资本。

3、低碳城市规划探索

城市规划作为政府引导城市发展的重要规制手段，是一种土地和空间资源的配置机制，对于正处在经济快速增长、城市化加速、碳排放日益增加、生态环境不断恶化和经济加剧转型的中国，低碳生态城市规划尤其重要。低碳城市规划是我国低碳城市发展的关键技术之一。

3.1 总体规划层面

在我国的规划体系中，城市总体规划是引导城市总体发展的最重要的规划工作。由于传统的部门分工的原因，我国的城市总体规划更加着重于从城市空间建设方面入手来实现规划的各类目标。现在，我们要建设低碳城市，就要在规划阶段引入“低碳”的理念，注重节能减排，可以具有前瞻性和战略性地有效控制碳的使用和排放。为了将传统城市总体规划与可持续发展及低碳低能耗的未来发展目标相适应，需要从以下几个方面来关注。

3.1.1 控制城市密度，防止城市无序蔓延

城市的密度与城市低碳目标实现的关系主要体现在通过密度控制实现城市的紧凑发展，从而减少出行。以绿楔间隔的公共交通走廊引导的城市增长方式有利于新的开发集中于公共交通枢纽，有利于组织公共交通及紧凑型发展，节约能源。

3.1.2 城市形态结构与交通体系的结合

形态上合理的城市结构需要得到同样合理的交通结构体系的支持才能真正实现低碳低能耗的目标。因此可持续发展交通土地利用规划的一般法则是：减少出行的需求和出行距离，支持步行、骑自行车、公共交通，限制小汽车。

3.1.3 低碳城市的土地使用规划的原则

首先是以短路径出行为目标的土地混合使用，其次是适合行人与自行车使用的地块尺度，再次是以公共交通可达性水平来确定开发强度，最后是以上所有的原则都需要与坚决地限制小汽车使用的策略一同存在。

3.1.4 绿色能源技术的应用

涉及城市能源开源节流和生态分布。研究开发新能源，优化能源结构；节约现存能源，提高能源利用率；建设与绿色建筑相结合的生态式能源分布系统。发展绿色能源，挖掘太阳能、生物质能源、风电、地热、氢能等“绿色能源”的巨大潜力，形成多样化的能源结构，保障能源安全。

3.1.5 绿色基础设施的完善

主要包括城市垃圾废弃物处理设施，大气净化设施，污水处理设施和噪声弱化设施等。绿色基础设施的规划不仅局限于城市内部的设施完善及自然绿化带、城市绿洲建设，还要综合考虑城市内外两个系统的相互

作用，大力推动城市近郊和远郊的绿化建设和生态环境保护。

3.2 详细规划层面

详细规划依据规划区域的不同，可分为各种类型，如居住区详细规划、工业区详细规划、商业区详细规划等。在城市规划建设用地结构中居住用地占有最大的比重，对城市结构、形态及城市的可持续发展各方面将产生深远影响。因此，在详细规划层面研究低碳节能城市，居住区规划和建设就成为主要研究对象。

3.2.1 居住区规模

近年来，中国城市居住区建设中出现了“巨型居住社区”，它的出现带来的最大问题在于用地的单一。其内部的主要功能为居住，较少考虑用地的混合和在一定区域内提供足够的就业岗位，导致城市中大量的钟摆交通与长距离通勤，进一步导致城市交通的拥堵，增加了交通能源的消耗。

解决这个问题的关键在于减少长距离的出行，就需要在居住区布局时，考虑在一定半径范围内提供一定数量的工作岗位。为减少机动交通，此范围内应以步行、自行车和公交出行尺度为主。

3.2.2 居住用地开发强度

居住区的开发强度在城市中心区和郊区也有较大的区别。城市中心区由于市场原因，一般开发强度较高。在郊区，由于地价相对较低，开发强度也较中心区低，甚至出现低层低密度的别墅型住宅区。低密度的住宅开发和较疏的公共交通网络必然会导致大地块、公共交通出行比例较低、私人小汽车使用比例高等问题。

解决这个问题的关键在于，在居住区的开发特别是郊区的居住区开发中，应保持一定的开发强度，以保证土地的集约使用和建筑能耗的节约。

4、低碳城市规划的指标体系

指标体系作为规划实施的主要控制手段，是实行低碳城市由概念到可操作的关键所在。指标体系的构建需要注意以下几个方面的问题：一是指标范围的界定，主要看是否促进了减碳和固碳这一目标，尽量使指标体系简化；二是指标体系的可操作性，低碳城市规划的相关指标必须能够在城市规划管理中进行控制和操作；三是指标体系的可考评性，即通过常规的方法可进行定量分析和评价，对规划的实施与成果检验可进行有效指导；四是指标值的适应性，由于不同地区的经济社会发展水平和资源环境条件存在着较大差异，对于不同发展水平的地区应有不同的指标值，从而更有利于实施和推广。

5、结论

低碳理念如何在城市规划和建设中进行有效落实，必须通过深入研究和建设实践探索，尤其突出低碳城市空间规划。无论是在总体规划层面还是详细规划层面都应注重城市形态结构的构建。在土地开发时鼓励适度的用地混合，考虑建立在绿色交通体系上的居住与就业的动态平衡，避免巨型或单一化的功能分区。可持续低碳城市的结构应该是建立在骨干公交联络的基础上，坚持实行公交优先的城市发展政策，努力促进“绿色交通”的发展。

[参考文献]

[1] 中国城市科学研究会.中国低碳生态城市发展战略[M].北京:中国城市出版社,2009.

[2] 张泉,叶兴平,陈国伟.低碳城市规划[J].城市规划,2010(2).

[3] 陈飞,诸大建.低碳城市研究的内涵、模型与目标策略确定[J].城市规划学刊,2009(4).

[4] 顾朝林,谭纵波,刘宛,于涛方等.气候变化、碳排放与低碳城市规划研究进展[J].城市规划学刊,2009(4).

[5] 周璐,吴梦宸.低碳经济：内涵、发展必然性与可行路径[J].现代商贸工业,2010(5).

7

小城镇与村庄规划篇

基于应急因素下乡镇灾后重建规划编制方法的思考——以北川县马槽乡灾后重建规划为例

史衍智　郭庭良　卢方欣

[摘　要] 灾后重建，规划先行。鉴于灾后重建规划独有的特性、受灾地区的特殊地理环境，在乡镇灾后重建规划中如何协调上位规划、总体规划与重建规划（修建性详细规划）的关系，如何处理乡镇（场镇）与山地环境、民族特色等的关系显得尤为重要。随着援川工作的结束，本文将以马槽乡灾后重建规划为例，对偏远受灾山区乡镇总体规划，编制的理念、组织方式、规划重点进行探讨，以期为灾后重建规划的编制提供借鉴。

[关键词] 马槽乡；灾后重建

[作者简介]

史衍智　济宁市规划设计研究院院长、党总支书记，教授级高级工程师

郭庭良　济宁市规划设计研究院副院长、党总支副书记、总规划师，教授级高级工程师

卢方欣　济宁市规划设计研究院工程师

引言

2008年5月12日14时28分，汶川大地经历生死阵痛,遭遇8.0级地震。顷刻间，许多城镇、村庄被夷为平地，灾情严重。这次地震，震动了半个中国，数百万家庭失去了世代生活的家园。尽快恢复灾区群众的生产生活，加快灾后恢复重建，是党中央、国务院赋予的一项重要任务。“鲁川同心，重建家园”，齐鲁规划工作者责无旁贷地担负起北川灾后恢复重建的重任。

灾后重建，规划先行，要在三年内全面完成灾后重建的任务，首当其冲的是重建规划的编制。党中央、国务院部署了全面的灾后重建的任务，从战略层面上对区域研究、城镇体系、城市总体规划等进行统筹规划，对灾区具体重建实施确定先决条件。在上位规划的指导下，乡镇灾后重建规划起到“承上启下”的作用，将对乡镇（场镇）、居民点等重建的落位给予指导。

1、规划背景

1.1 马槽乡概况

马槽乡位于北川羌族自治县西部，地处龙门山系，幅员面积116.2km^2，海拔1000m以上，属典型的川西北高海拔大山区农业乡。全乡

图1　青片河

图2　马槽乡植被

辖7个村、34个社、594户、2502人，羌族人口占91.2%。青片河（图1）穿境而过，山上沟壑众多，有黑水、明水、花桥、坪地4大风景沟，乡内

有县级文物保护单位——红四方面军总医院遗址1处，生态度假、红色旅游发展潜力巨大（图2）。罕见的5·12地震灾害，给马槽乡造成了惨重损失，直接经济损失5.1亿元，房屋倒塌252户、新增地质灾害户58户。政府、学校、卫生院等设施被严重损毁。山体大面积滑坡，水、电、路、通信等基础设施全面瘫痪，处于被隔绝状态。

1.2 灾后重建规划的特点认识

国家提出的支援灾区建设的灾后重建规划是引导三年重建全面实施及五年恢复发展的纲领性技术成果，直接关系到灾后援建工作的安排。马槽乡灾后重建规划不同于平原地区乡镇总体规划的编制思路，灾后重建规划必须保持与国家灾后建设的发展战略相结合，其编制的工作思路要适应灾后地区的特征以及规划内容的“刚性”需求，从而保证灾后重建规划的有效实施。

马槽乡人口规模、建设用地相对较小，但作为一个完整独立的体系单元，规划编制既需要系统、全面的研究，又要落实到实施操作中。认为灾后重建规划具有明显的“应急性、指导性、特殊性”的特点。

应急性：是震后重建规划的一大特性。地震灾害的突发性导致了整个城市体系的崩溃，震后重建刻不容缓。在此背景下编制重建规划更要求高效快速。应急性还表现在规划人员的早期进入。

指导性：灾后重建规划目标非常明确，重建规划所确定的用地、空间等与实际、马上操作的项目结合紧密，而常态下的总体规划是对一定时期内发展的判断，具有很大的差异，这更加要求设计人员具备较高的分析判断能力。

特殊性：地理位置偏僻，高山峡谷地区，经济基础薄弱，发展空间狭小，灾害隐患点多，用地极其紧张，而且是少数民族聚居区。

2、马槽乡灾后重建规划的编制

2.1 明确灾后重建规划的指导思想

图3　鲁宁小学

图4　卫生院

从北川县、马槽乡社会经济发展战略以及灾后规划重建出发，充分发挥马槽乡优越的自然资源优势，合理安排场镇、居民点的建设，处理好城镇发展与经济发展、社会发展、生态环境保护的关系，以科学发展观的规划理念，立足尊重自然、尊重少数民族的传统文化、尊重群众意见、注重公共利益空间重构，充分抓住灾后重建的契机，立足为重建创造有利条件，重点处理好三年灾后重建期与长远发展规划的关系（图3、图4）。

2.2 马槽乡灾后重建的原则

2.2.1 防灾减灾、保障安全

地震受灾地区人口分散，且以山区为主，相关的地质情况、水文情况成了灾后重建中需要着重考虑的问题。在规划制定的过程中，首先需要进行的是地震烈度分区、工程地质情况分析，结合地质灾害危险性情况，提出重建还是迁建的基本原则。依据地质灾害危险性分级标准、现状评估和预测评估的情况，以环境承载力为依据，结合建设场地，明确了场镇原址恢复重建的思路，同时提出了各建设点的防治措施。针对防洪，为全面恢复并确保主河道青片河的泄洪防洪能力，提出了以堤防为主、工程措施和非工程措施相结合的规划策略；同时，在靠近山体的居民点，设置截洪沟，防治山洪、泥石流的危害（图5）。

图5　防洪堤

2.2.2 民生优化、村（社）重构

即将住房建设作为重建规划最主要的规划内容之一。因为，只有灾区群众及时得到安置，才能安定民心，进而迅速恢复生产、重建家园。将“民用住宅用地”作为首先确定的规划用地类型，将居住区规划作为“首要编制的规划”。根据马槽乡的现状特征，马槽乡人口稀少、居住分散，2502人分散在34个社。在有效避开自然灾害的前提下，充分尊重当地居民的意愿，提高土地的使用效率，减少基础设施的投资，对居民点采取“集中为主、分散为辅、散中有聚”的原则。在规划明确了适宜重建区、适度重建区、不宜重建区的恢复重建目标与策略后，提出居民点异地新建的要求和标准。本次规划按照不同村庄的规模等级及不同的地域特征，提出了不同的公共服务设施和基础设施配套标准（图6）。

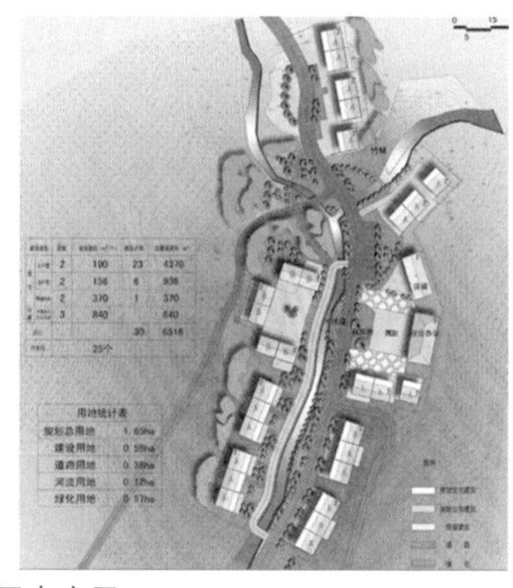

图6　居民点安置

2.2.3 立足现状、着眼未来

灾后重建规划首先解决受灾地区民众的安置、生产的恢复、生活的安排，更要关注灾区的未来发展。充分结合马槽乡丰富的旅游资源（花桥沟、坪地沟、明水沟、黑水沟、红四方面军总医院旧址等），提出结合遗址开展红色旅游和文化旅游。场镇、坪地等居住点的建筑充分挖掘羌族的文化内涵，强化羌族传统风格，规划建设体现羌文化元素的羌寨、碉楼、篝火广场、牌坊等，这些以居民家庭接待为主的羌寨建筑，使

商业与居住有机结合，方便游客餐饮、住宿，形成了马槽乡旅游线路上的新景点。结合马槽乡丰富的原生态“林作物”、高山蔬菜、腊肉、马槽酒传统加工工业规划一处食品加工园，形成马槽乡新的经济增长点，保证灾后重建后的乡镇经济的可持续发展（图7）。

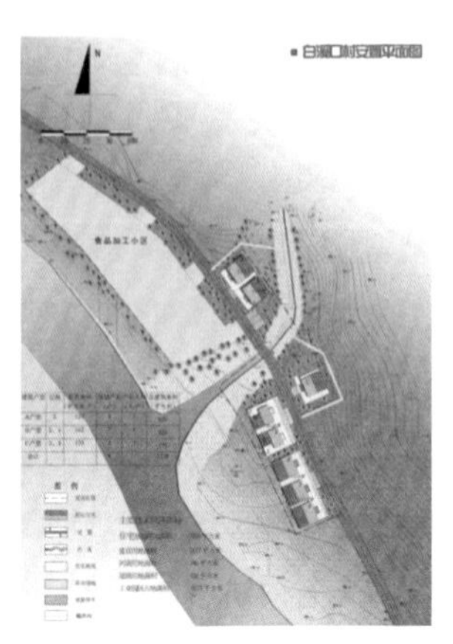

图7　乡域空间发展结构

2.2.4 传承文化、凸显特色

马槽乡地处北川县西北偏远山区，地域文化鲜明，有较多的名胜古迹，“云朵中的民族”的特征在此体现得非常突出。重建规划体现出羌族文化、地域风貌和时代特征的内涵。规划中制定了红四方面军总医院旧址、邱家大院、马槽老酒厂的保护、维护策略，提升马槽酒厂等建筑的旅游功能、观光价值。同时，对新建建筑要在保证安全性能的基础上，突出羌族文化的特色，与场镇、村（社）的传统建筑风貌相协调（图8、图9）。

图8　鲁宁小学学生宿舍楼

图9　鲁宁小学教学楼

2.2.5 因地制宜、因势利导

不同的地形、场地有着不同的空间布局。重建规划必须充分考虑人文、环境、自然等因素，因地制宜，因势利导，提出合理的重建布局方式。

依照地形和建设发展，马槽场镇总体用地布局结构为“一轴两区”（图10）。

“一轴”是指沿墩青公路走向的场镇发展轴。

场镇发展轴联系老场镇片区和马槽小学片区，是场镇发展的主要轴线。该轴线以青片河为背景，通过新建设的乡域公路将两区联系在一起。

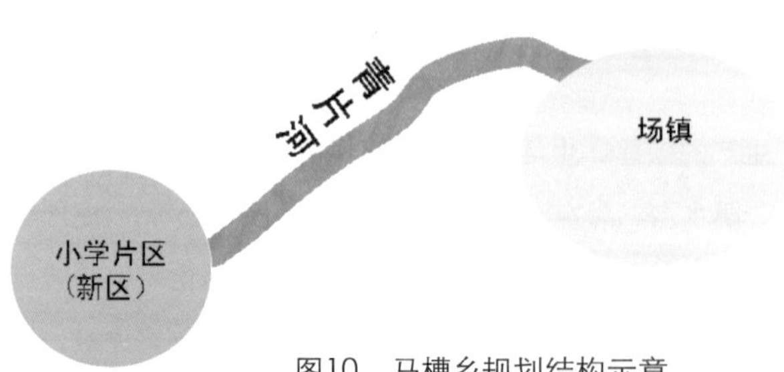

图10　马槽乡规划结构示意

“两区”是指场镇片区和小学片区。

场镇片区：结合红四方面军遗址，将场镇建设成为政治、红色文化中心及以居住为重点的旅游街道。场镇现状震后道路受损严重，通达性较差，规划中，适当增加了道路宽度、回

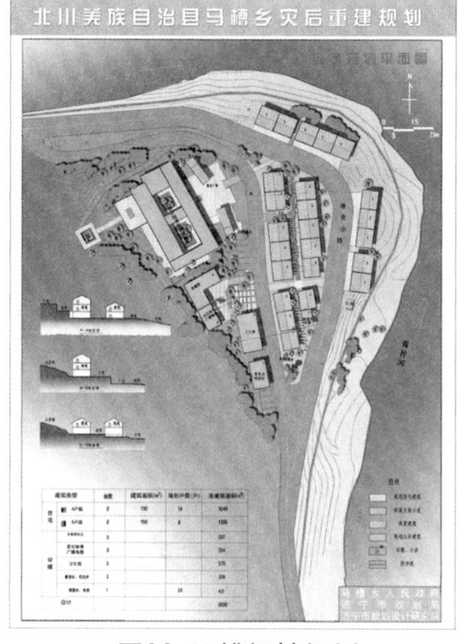

图11 马槽场镇规划

车场地，并在外围新规划一条道路，保证两条道路通过场镇，提高了场镇的“生命线”通道的选择性（图11）。

小学片区：主要是集教育、休闲度假中心于一体的片区。把一部分功能从老场镇释放出来，使两者相互独立，又相互联系（图12）。

图12 马槽小学规划

3、灾后重建规划编制的组织方式探索

3.1 争取时间，提前谋划

地震发生后，济宁规划主管部门积极响应国家号召，第一时间组织相关部门人员亲赴灾区，了解灾情及援建任务。规划组接到援建编制任务后，在最短的时间内了解北川县、马槽乡灾后的基本情况。规划组克服因地震导致的山体、道路滑坡、泥石流、坍方等困难，历时两天抵达马槽乡开展基础资料收集和现状调研。在最短的时间内了解马槽乡的基本情况，为下一步规划的编制提供基础。

3.2 走访调研、资料收集

受灾严重地区，尤其是偏远乡镇，基础资料收集保存、掌握都比较困难。规划编制中调整以往前期工作的思路做法，针对重建规划所需资料，进行现场测量、走访座谈、交通线路调研，同时主动联系相关部门，寻找所需资料，由“被动接受”向“主动收集”的方式转变。

3.3“考察学习”、“拜访交流”相结合

基于地区差异，规划编制在工作方法、地方特色、地形地貌、文化差异、地方法规、新颁条文等方面的掌握上存在着比较大的差异。同时，灾后规划又是在特殊背景环境下的工作，如何在短时间期内了解、掌握地方特色，是更好地开展规划编制工作的有效途径。在马槽乡灾后重建规划中，注重对汶川地震后保留较完整、羌族特色明显的建筑（群）的现场踏勘，同时专门请教对羌族文化保护有造诣的专家、拜访绵阳市规划设计单位等，通过有效的学习去领会和认识地方特色及规划编制中应注意的问题。

3.4“现场规划”与“后方联动”相结合

综合考虑编制时间、交通、任务量等因素，灾后援建规划组成员进驻马槽乡现场的毕竟有限，规划编制工作采取现场踏勘、基础资料整理、走访座谈等措施后，制订规划编制方案，反馈到“后方”，使“前后方”协调工作，互相联动，共同推进灾后恢复重建规划工作的如期完成，在“时间”、“精力”、“经济”

上能够得到充足的保证。

3.5 “总体规划”与“实施规划”相结合

为了更好地在短时间内完成灾后重建规划建设任务，必须将总体规划与修建性详细规划的内容有机结合并融入灾后重建规划中，以指导重建规划的实施。在马槽乡总体规划编制过程中，对马槽乡场镇、小学、白溪口、坪地、花桥等居民点进行了修建性详细规划，提供建筑设计方案，提出明确的设计要求。

4、规划实施的成效

4.1 灾后重建规划编制的成果

至2008年8月，北川县马槽乡灾后重建规划通过专家评审，并于9月获得审批，为马槽乡灾后重建提供了科学的空间载体。其中，马槽乡是北川县第一个通过审批的灾后重建规划的乡镇。重建规划不仅获得了2009年山东省城乡规划设计优秀规划设计二等奖、“建国60周年山东省城市规划设计成就奖”，还得到援川指挥部、当地政府的认可，在援建过程中得到了较好的实施。

4.2 有效地指导了援建项目的开展

规划实施中注重规划布局与项目安排相结合，以规划布局项目、以项目落实规划，取得了较好的成效。由山东省济宁市援建的北川县马槽乡灾后重建工程自2009年3月开工以来，通过当地党委、政府的积极配合和援建单位的日夜奋战，总投资约2131万元的马槽乡中心小学、乡卫生院、广播文化站以及场镇街道、市政给水、排水等重建工程已全部完工并顺利通过验收。

4.2.1 住房条件得到较大改善

城乡居民住房建设是恢复重建的根本，从满足灾民需求出发，规划采取新建和改建两种方式，对场镇、坪地、白溪口、黑水等居民点进行规划安置，满足了灾民的住房需求（图13、图14）。全乡321户加固户已全部完工，282户新建户有218户搬进了新房。

图13　新建羌寨

图14　新建场镇

4.2.2医疗、教育设施得到了提升

在“5•12”特大地震中，马槽小学在震中严重损毁。规划把学校选址、规模作为核心内容进行考虑。经过近一年的重新建设，援建的马槽乡鲁宁小学建成，确保了全乡孩子在当年秋季入学时能在宽敞、明亮、舒

适、安全的永久性校舍上课。马槽乡鲁宁小学总建筑面积3478.6m^2，运动场地2400m^2（采用工程措施平整出来），配套校区水、电、道路围墙、绿化、安全防护设施，配备教学仪器设备、图书资料等，在抗震设计标准上采用了9度设防，具有良好的抗震性能。马槽乡唯一一所卫生院在地震中损坏，规划对卫生院进行可选址重建，保证了灾区居民能享有较高的医疗服务水平。

4.2.3 基础设施供应得到了保证

对乡域及场镇道路硬化、大桥索道、地下管网给水排水（雨污水分离）、消防管道、饮水管沟、垃圾处理场、场镇公共厕所、路灯、场镇公共绿化等进行了综合的完善或者修建，保证了马槽乡居民的正常稳定的生活。

4.2.4 地方特色与民族文化得到了传承

马槽乡灾后重建以突出羌族民风、民俗文化为主要建设要求，充分尊重羌族的历史性风貌、建筑风格、地方习俗。全乡农房建设既体现羌族民居特色、又不失现代建筑风格特点，既有利于打造旅游景区，推动旅游业快速发展，又有利于重建户从事旅游相关产业经营，进一步拓宽灾民的增收渠道。

图15　红四方面军遗址改造

5·12地震发生后，坐落在北川马槽乡大山腹地的红四方面军总医院遗址遭到严重损坏，目前总医院遗址已完成加固维修，建筑面积超过1000m^2，雕龙画凤，气势宏伟，马槽乡场镇上将会呈现一个新的旅游景点，作为爱国主义红色教育资源的遗址。

5、灾后重建规划的几点思考

5.1 充分发挥城市规划专业在灾后规划中的作用

灾后重建千头万绪，所有工作不可能一瞬间全面进行，所以必须在前期进行预判并确定工作的重点与思路。一是总体把握灾后重建地区的宏观要求，二是选择具体的援建项目，以便尽快推动灾后建设的实质性工作。这些系统的工作恰恰需要综合性强的城市规划专业进行统筹安排。

5.2 加强与相关专业的协调沟通

规划编制的初期，各乡镇规划的编制必须结合专业部门提供的地震、地质灾害评估结果，并以之为依据进行资源环境承载力评估，保证重建规划的安全性。同时，注重与市政、道路桥梁、文化保护等专业沟通，才能更好、更快地编制完成重建规划。

5.3 重视灾后重建区的“活力”的创造

只有产业重建了才会有充分的就业。灾后的临时住房和生活设施并不能保证区域内民众的长久生存，受灾群众的真正直接得益是在本地能有及时就业。产业的科学布局、全面重建是每一个灾后地区可持续发展的关键。后续发展中必然要考虑的财政收入、经济结构、社会稳定和长治久安等各类因素，都不可能脱离原有产业的正确评估和调整、新兴产业的发展壮大。

6、结束语

灾后重建规划是一个系统工程，涉及灾民的永久安置、灾区的生态修复、历史文化、防灾减灾、城镇特色等，因此分析灾区特点，总结经验，因地制宜，提出适合于灾区近期建设与远期发展相协调的规划策略是一项重要的课题，也是规划行业责无旁贷的使命。

国外农村发展对我国新农村建设的启示

郭成利　陈 强

[摘　要] 党的十六届五中全会作出了建设社会主义新农村的重大决策，这为我国农村发展带来了新的契机。西方发达国家在工业化和城市化达到一定阶段时，都曾面临过农村进一步发展的问题，也在发展过程中积累了很多成功经验。总结发达国家在该阶段发展农村的成功经验，对推动我国新农村建设具有重要意义。

[关键词] 国外；新农村；启示；对策建议

[作者简介]

郭成利　济宁市规划设计研究院　工程师

陈　强　济宁市规划设计研究院　工程师

[备注] 该论文获“首届山东省城市规划协会规划设计专业委员会优秀论文评选活动”征文三等奖

我国社会主义新农村建设的提法早在新中国成立初就已出现，1980年代刚刚提出小康社会的概念时，中央的文件里就曾多次提到建设社会主义新农村，只是当时中国建设社会主义新农村的时机尚未成熟，新农村建设构想并未引起更多的重视。[1]但随着我国工业化与城市化的快速推进，城乡矛盾日渐凸显，统筹城乡一体化、缩小城乡差距成为我国新时期和谐发展亟需解决的问题。2005年10月，党的十六届五中全作出了建设社会主义新农村的重大决策，这为我国农村发展带来了新的契机。

从发达国家的发展历程来看，工业反哺农业，城市带动乡村是国家经济发展过程中的必然阶段。西方发达国家在工业化与城市化达到一定阶段时，都曾面临过农村进一步发展的问题，也积累了很多成功经验。总结发达国家在该阶段的农村发展类型，可以分为两大类:一类是以美国、欧盟等西方发达国家为代表的农场化发展模式；另一类是以日本、韩国等东亚国家为代表的小农化发展模式。积极借鉴他们发展农村的成功经验，对推动我国新农村建设具有重要意义。

1、国外农村建设实践

1.1 美国的“农场化”农村

美国农村发展是伴随着移民为获取利润而不断涌向北美大陆进行的，这使得美国农村始终摆脱不了殖民地的色彩，美国农村的几次大发展都是伴随着大的历史转折进行的。首先，南北战争胜利后，美国通过立法形式相继创造了一套和谐共生的促进农业良性发展的机制，这为农业和农村发展创立了良好的发展基础。之后至美国经济大危机，罗斯福政府在农业方面实施了“农业调整法”，通过政府干预，减少剩余农产品，促使农产品价格回升，提高了农民收入，带动了农村的发展。

整体来看，由于地广人稀，美国的农村发展主要走的是机械化、大农场化的道路。其内容主要包括：①制定较完整的指导农业和农村发展的法律体系，保障农村建设与发展。②始终把农业教育、研究技术推广作为政府的重要职责，提高农业技术在农业发展中的作用。[3]通过区域合理分工，实现农业产业向专业化、集约化、企业化发展。[4]健全农业社会化服务体系，推动农业生产与经营不断向更高层次发展。[2]

1.2 韩国的“新村运动”

1960年代，由于政府扶持偏重，使得韩国产业结构发展严重失衡，造成了工业过快发展，而农业发展非常缓慢，城乡居民收入差距不断拉大，贫富矛盾加剧。另外，农村劳动力老龄化、弱质化严重，部分地区农业濒临崩溃，原有传统文化遭受到了新思潮观念的严重冲击。与此同时，随着韩国经济依靠出口导向型发展模式取得了成功，国家财政收入增多，政府已有财力支援农业，以缩小城乡、工农之间的差距。在此背景下，韩国开始了一场“以工哺农，以工建农”模式的新村建设运动。

韩国的“新村运动”至今已开展了40多年，且取得了超出预期的目标与效果。其发展历程可分为五个阶段，即基础建设阶段、扩散阶段、充实提高阶段、自发运动阶段和自我发展阶段。[3]主要内容包括：①政府无偿提供一些物资，全国范围内改善和提高农民的居住条件，加强农村公共设施建设，直接调动起了农民参与建设的积极性。②鼓励发展畜牧业、农产品加工业和特产农业，积极推动农村保险业、城乡流通业的发展。③推动乡村文化的建设与发展，为广大农村提供各种建材，支援农村文化住宅和农工开发区建设。④倡导全体公民自觉抵制各种社会不良现象，并致力于国民伦理道德建设、共同体意识教育和民主与法制教育。

1.3 日本的“造村运动”

第二次世界大战后，日本经济遭受了沉重打击，为致力于重建城市，政府把主要资本集中在东京、大阪、神户等大都市上，而导致城乡差距拉大。当时，日本农业经营基本上属于小农经济，生产单位以分散的个体农户为主，这不仅不能充分发挥农业现代化的效能，反而降低了农业生产率，使得农业生产力大幅下降，农村面临瓦解的危机。1970年代的石油危机给日本经济以重创，在能源问题成为经济发展瓶颈的情况下，一场可以在不消耗大量能源和财政支持的前提下即可实现的造村运动便顺利展开。

日本造村运动主要分为两个阶段，分别为造村运动发展阶段和造村运动并行发展阶段。[4]措施内容主要包括：①政府颁布和修订一系列法律，以促进农业现代化，提高农业生产率，扩大农户经营规模，增加农民收入，缩小工农产业和城乡收入差距。②政府继续出台一些配套法律，制订具体实施计划，鼓励农村地区发展非农产业，吸引城市工商产业向农村延伸，促进小城镇产业发展。③建立城市与农村共存及双向交流的机制，如通过创建绿色观光事业及体验农村生活等活动，增强城乡间的双向交流。

1.4 经验总结

通过对以上国外农村建设实践的分析，可以看出他们的共同点：①均为自上而下的政府主导型农村建设，且都有配套的相关法律法规作为保障。②重视民生，建设重点都从解决与农民生活最密切、农民最关注的问题入手，极大地调动了农民参与的积极性。③农村建设过程中，均特别注重农村的基础设施和公共服务设施建设。④村庄建设中，均把发展农村产业作为关键，在改变农村面貌的同时，真正解决农民的增收和富裕问题。

由于欧美国家人均土地规模大，农村发展主要依托大农场经济模式，与我国几千年的人多地少的小农经济模式差距较大，其经验对我国农村发展的可借鉴性不大。日本与韩国的农村改革运动均取得了人们一致认可的成就，且两国与我国历史和文化传统相似，在城市化和现代化进程中，遇到的诸多问题也与我国目前遇到的问题极为相似，其农村发展的经验教训，对我国新农村建设具有很有益的启示和借鉴。

2、我国当前农村发展现状

2.1 二元结构突出，一体化发展缓慢

城乡二元结构是工业化过程中普遍存在的现象，有其体制、政策等多方面原因。长期的历史制度及计划经济体制，造成了我国当前较为突出的城乡二元经济结构。主要表现为整体城市化水平较低；农村发展长期落后；城乡发展极不平衡，城乡居民收入差距不断拉大。

另外，城乡二元结构也造成了大量农村剩余劳动力无法转移。农业人口不断增加，而耕地资源却因各种原因不断减少，很多失去土地的农民进城务工又受到了现行户籍管理制度和城市管理制度，以及工业发展缓慢吸纳农村劳动能力的限制，大量农村剩余劳动力无法转移，从而带来了一些社会问题，制约了统筹城乡经济社会一体化发展。

2.2 农业发展形势严峻，影响因素较多

新农村的建设很大程度上还要依赖农业产业自身发展去带动，但当前我国农业整体发展水平不高，明显落后于发达国家和其他产业发展。另外，人口迅速增加对农业需求数量越来越多、质量越来越高，而农业自身的供给能力由于种种原因而徘徊不前，供需矛盾越来越突出。此外，生态环境恶化、水土流失、农民积极性不高、农业科技水平低、设备落后等也都加重了农业产业发展负担。

2.3 基础和公共服务设施长期落后

过去我国发展的重点一直倾向城市，而忽略了农村的协调发展，致使大量资金投入到了城市基础建设上，而农村投入明显不足，造成了城乡之间基础设施差距较大。主要表现为农村基础设施总量不足，设施结构失衡，部分设施老化严重，如农村道路质量差，交通方式落后，农村邮电、通信、科教文卫等的设施很简陋。

近年来，虽然国家对农村公共基础设施进行了投资，但主要是用于农村电网、水利、道路和退耕还林等生产和生态建设项目上，而与农民生活密切相关的基础设施和公共服务设施投资并不多。基础设施和公共服务设施的长期缺乏与落后严重制约了农村经济发展，造成农村“贫者愈贫”的恶性循环。

2.4 劳动力结构失衡，农业发展动力不足

长期以来，农村经济社会发展缓慢，农业比较效益低，造成大量农村劳动力流失。很多青壮年劳动力纷纷进城务工或从事非农产业，使得农业面临着劳动力年龄老化、文化素质降低等结构失衡的危险，这对推动

现代农业发展和新农村建设造成很大的不利影响。主要表现为大量青壮年外出务工，农村留守人员出现了以老人、妇女、儿童为主的劳动力结构。由于留守农村靠土地为生的农民文化层次不高，对新技术认知认同程度差，影响了农业科学技术的推广，导致农业生产条件得不到改善，农业生产环境进一步恶化，同时一定程度上也影响了和谐农村的快速建设。

2.5 乡镇企业发展水平不高，带动作用弱

近些年，我国乡镇企业虽得到了快速发展，对转移农村剩余劳动力作出了很大贡献，但同时也暴露出了一些问题。首先，企业布局不合理、企业规模较小。多数乡镇企业分布在乡镇驻地或自然村落，布局分散，使乡镇企业不仅会失去规模经济效益，而且带来了规模不经济、增加投资成本。随着国有大中型企业走向市场，竞争日趋加剧，乡镇企业原有的“船小好调头”的优势已不复存在，规模过小将使乡镇企业在激烈竞争中难以抗击风浪。其次，资金缺乏、技术含量低、劳动力素质不高、经营理念落后等都对我国农村乡镇企业发展提出了挑战。

3、我国新农村建设对策与建议

3.1 统筹城乡一体化发展

同其他发达国家一样，日韩两国都经历了从工业化、城市化推动农村现代化到城乡一体化的过程。在开展新农村建设初期，日韩两国均转变发展策略，从重点发展城市转向城乡一体化发展，建立城市支持农村的机制，促进了农村发展，增加了国家的整体实力。

我国十七大报告已明确提出，要建立以工促农、以城带乡长效机制，形成城乡经济社会发展一体化新格局。这是对统筹城乡发展提出的新方针和新要求，是打破城乡二元结构、加快农业和农村发展、促进农民富裕的根本途径，为下一步推进新农村建设指明了方向。在今后推进新农村建设时，要积极落实一体化发展理念，消除城乡之间的对立，逐步实现城市与乡村间的空间布局一体化、基础设施一体化、产业发展一体化、市场一体化、社会事业一体化、生态环境建设一体化和就业一体化，进而推动城市与乡村的区域经济一体化发展。

3.2 积极探索因地而宜的新农村发展模式

由于所处自然环境和自身发展状况等原因，我国农村发展差异性较大，因此在推进新农村建设时不能按照统一标准在全国范围内普遍开展，必须有步骤、有重点地逐步推进。根据我国农村发展现状，笔者认为，我国农村大致可以分为四种类型，即发达型、发展中型、相对落后型和偏远落后型，根据各自的发展情况指引一些发展模式：

(1)发达型农村一般靠近城市，自身发展条件优越，依靠临近城市的优势向城市郊区、小城镇发展，着力发展以都市农业为主的新型农业产业。

(2)发展中型农村经济发展水平相对不高，城乡差距明显，乡镇企业有所发展但还不发育，此类型农村在

我国现阶段居多，是早期推进新农村的重点，可优先选择一些示范点的建设来带动其他农村共同发展，通过制定一些优惠政策，吸引中小企业在当地发展，带动相关产业快速发展。

(3)相对落后型及偏远落后型农村整体发展水体较低，可以通过劳务输出带动新农村建设，并结合自身发展优势，积极发展特色生态产业、畜牧养殖业、观光农业或具有地域特色的旅游业，带动新农村建设。

3.3 推进农业向产业化、高质量化发展

随着技术的不断进步，过去传统的农业生产方式已不适合发展需要，而以产业化为特点的现代化农业生产模式成为发展农业、增加农民收入的根本途径。因此，必须积极推进农业和农村经济结构的战略性调整，大力发展特色农业、绿色农业和生态农业，加快农业向科技化、产业化转变。

同时，抓住国家加大农业产业化投入的机遇，大力扶持发展成长性好、竞争力强的龙头企业，延伸产业链，扩大农业生产范围。加快发展农村专业合作经济组织，提高农民的组织化程度，引导农民主动融入大市场。通过选择优势项目，制定优惠政策，营造宽松的发展环境，招商引资兴办农副产品加工业，加快发展农产品精深加工业，提高农业附加值，实现农业从数量要效益向质量要效益的转变。

3.4 加快基础设施建设，提高农民建设积极性

日本与韩国新农村建设的一个突破口就是政府大力支持农村基础设施建设，积极改善农民的居住环境，从而激发农民参与新农村建设的热情和积极性。这既奠定了农村社会发展的基础，又赢得了民心，还开拓了工业产品市场，一举多得，成为他们新农村运动成功的亮点。

在我国，农村基础设施长期没有得到重视，使之成为我国“三农”问题的薄弱环节，也是发展的较大瓶颈。但这同时也是开展新农村建设，推进惠农政策作用空间最大的领域。因此，我们可以以此为突破口，加大农村基础设施的投资力度，切实加快推进农村道路硬化、饮水、电网、通信等基础设施建设，全力以赴地打造布局合理、设施配套、功能齐全的新农村，从根本上改变农村长期落后的面貌，以调动农民参与新农村建设的积极性。

3.5 重视技能培训，多渠道转移劳动力

制约我国新农村建设的一个很大的障碍是农民知识水平低，生产技能不高，多数仍停留在从事一些简单低技术的劳动层次，这对在农村传播新理念、推广新技术带来了很大障碍。而当初日韩新农村建设时，都十分重视对农民的技能培训。如日本大阪府农业综合研究所内设了农民大学校，对高中毕业后想从事农业生产的学生进行两年的专门培训，为大阪府培养高素质的农业劳动者。韩国农业科研机构也不断对农户进行新型农业生产技术和农业新品种种养殖技术培训，提高农民的职业技能，加快农业新品种和新技术的推广。

我国今后要重视加强对农业劳动力的技能培训，提高城市务工人员的劳动技能，拓宽其就业渠道，提高就业技能和就业率。同时，做好对留守劳动力的技能培训，结合劳动力的实际，因地制宜，有针对性地举办农业科技培训班，培育有技术、会经营、懂管理的新型农民，实现农村留守劳动力由体力型向技能型、知识型转变。

3.6 加强农村社会服务体系建设，重视民生问题

韩国和日本新农村建设初期，均对农村建设投入了大量财力，这不单涉及农民的居住环境方面，同时还包括了农村医疗、卫生、教育等多个方面。而现阶段，我国农村社会服务体系还很落后，表现为区域发展不够平衡，制度机制不够健全，法制化水平不高，政策配套、信息共享不够，管理较薄弱等。[5]借鉴日韩经验，针对当前我国农村社会服务体系存在的问题，我们在进行新农村建设时，要以政府公共财政为主导，建立多渠道社会资金投入机制，尽可能地加大对涉及民生的农村社会服务体系建设的财力支持。建立新型的农村基本养老保险制度、农村合作医疗制度和农村最低生活保障制度，健全多元化新型社会救助体系，重点扶持农村卫生事业、农村文化和计生事业，扩大农村社会服务覆盖范围。

4、结 论

我国当前新农村建设面临的问题与日本韩国当初推进新农村时很相似，这对我们具有很好的借鉴意义。但同时我们也应看到，由于我国与日本、韩国的政治制度、城市化动力机制及发展进程等都存在较大差异，因此，在我国新农村建设的具体实践中,应在立足我国农村发展实际状况的基础上,对国外新农村建设的先进理念有甄别性地借鉴。另外，新农村建设也是一项涉及面广、投资量大、持续期长的工程，在实际实施时，我们需要明确思路，科学规划，精心组织，扎实推进，注重长效，才能取得预期的成效。

[参考文献]

[1] 贺聪志, 李玉勤.社会主义新农村建设研究综述[J].农业经济问题,2006(10):67-73.
[2] 肖东平,李娅.管窥美国的新农村建设[J].城市发展研究,2006(3).
[3] 王治福,张培刚.韩国新村运动及对我国新农村建设的启迪[J].安徽农业科学,2007(29).
[4] 刘志仁.日本新农村建设的启示[J].北京观察,2006(7).
[5] http://www.chinanews.com.cn/cj/kong/news/2009/04-22/1658718.shtml.

新农村社区改造初探

杨晓春

[摘　要] 新农村改造以“农村社区”的形式进行，是我党和人民经过千百次的选择而得出来的，是适合我国发展现状的改造形式。但是，由于改造活动正处于初期阶段，改造手法较为单一，经验不足，造成了对我国乡村文化生活等方面的破坏，本文着重对现状农村社区改造成果进行总结，对国外成功案例进行分析，希望能对未来新农村改造提供有益的对策建议。

[关键词] 新农村社区；文化破坏；对策建议

建设社会主义新农村，是我党在新的历史条件下解决“三农”问题，统筹城乡发展的重大战略决策，也是现代化进程的重要历史使命。党中央为今后我国农村发展勾画出了“生产发展、生活宽裕、乡风文明、村容整洁、管理民主”的新蓝图，为各地新农村建设明确了方向。可以看到，社会主义新农村建设已在国内掀起了一阵建设的热潮。“农村社区”这种新的农村组合方式应运而生，成为社会主义新农村建设的有效途径和载体。

社区，指地域内人们相互间的一种亲密的社会关系（即人际关系）。德国社会学家滕尼斯提出了形成社区的四个条件：有一定的社会关系，在一定的地域内相对独立，有比较完善的公共服务设施，有相近的文化、价值认同感。在我国，新农村社区是指居住于某一个特定区域、具有共同利益关系、社会互动并拥有相应的服务体系的一个社会群体,是根据血缘和地缘关系聚集起来的人类生活共同体,是农村中的一个人文和空间复合单元。其显著特征是,人口规模和密度小,社会关系封闭且结构简单,居民以农业生产为主要经济活动。我国新农村社区改造的基本原则是：树立以人为本的规划理念，保护农民的根本利益，改善农民的居住环境；重视对农村整体形态的规划，突出新农村社区的空间环境特色，尊重传统村庄布局,体现其地域文化特色，合理规划服务设施，创造尺度宜人的社区空间。这是检测新农村改造工作进行得是否达标的重要指标。

1、我国现阶段新农村社区改造的基本形式

1.1 异地建新房，整体搬迁至新区的模式

在村庄以外的某个新的区域选址，规划建设完毕后，将几个相邻的自然村落迁移合并，整合为一个较为完整的基本单元社区，整体迁移到新建的社区中去。这种情况，既保证了在新区建设时，不影响村民的居住环境，同时也方便了新区建设完成后，统一搬迁管理。在这里，每个自然村落在新农村社区中仍保留独立的形式，但又与其他自然村落相联系，一同组成一个大的生活社区。

[作者简介]
杨晓春　济宁市规划设计研究院工程师

[备　注] 该论文发表在《山东新型城镇化的规划思考》（山东科学技术出版社）

在这种模式中，各村仍然保持着原有的人员组成和结构特征，相对独立布局;独立设计各村出入口、产业用房、村委会、村级活动场所等;但市政基础设施和社区公共服务设施统一规划,完善配套。这样,搬入新村社区的村民,在提高生活质量的同时,又尽可能多地体会到了原有熟悉的生活氛围,从心理上产生满足感，避免了迁村并点可能带来的社会问题,延续了自然村中农民传统的社会伦理观念,满足了农民的这种归属感,对新村社区安定很有利,同时也是构建和谐农村社会的重要组成部分。在这种模式中，新村空间布局模式选择时大多汲取北方村庄成团片状布局,边界较为自由,空间形态较为独立这一典型特征,在各自然村形成的各个组团之间有成簇的树木分隔包绕,同时在树丛之间布置有村民活动场地、体育建设设施、休闲步道等场所,使新村社区建设获得了良好的具有村庄空间特征的空间层次和景观效果。并且，待周围村庄搬迁完毕后，可以将原有的住宅基地归还为农田，扩大了农田用地面积。

1.2 原地生长为新区的模式

与另择新区建设的形式相反，这种模式是指在旧的村庄的基础上进行改造。这种形式的优点体现在，可以相对完整地保留原有村庄的布局，减少工程动工量，梳理改造再利用村庄内原有的空宅，解决村庄建设用地占而未用、农村住宅闲而未用，村庄空间布局分散、空心化、烂心化的问题，充分挖掘村庄内部的土地使用潜力，提高了现有的建设用地的使用率，同时各个村庄仍可以在原来的居住点继续居住，形成一个个小的居住组团，消除了传统居民不愿离开故土的思想。组团之间有道路相联系，绿化带进行分割，保持了村庄之间的联系性，更重要的是保持了原有村庄的独立性、完整性，并且每个村庄组团内都配有小型居民式的商业网点，方便该部分居民的使用。

这种形式适用于土地使用较为紧张，不宜在其余地区开设新区的地区，以及由于地形地貌的限制，出于节约用地和成本，保护生态环境的考虑，在规划中不适合进行集中布局建设的地区。

目前在我国，新农村社区快速建设发展的阶段，采用较多的是第一种形式，即异地建新房，整体搬入新区的模式。究其原因，改造老宅是一项繁重的工程，而且成本较高，在改造的过程中还会影响居民的日常生活。原地翻建与旧宅改造一样，规划建设成本都比重新建设要高，同时，重新选择规划建设区域，可以为社区选择更好的发展区域。最重要的是，另择新区的方式，成本少，见效快，作用时间长。因此，越来越多的地方采用另择新区的建设方式。这种方式的弊端也就越来越明显。

2、新农村社区建设中的弊端

2.1 新农村社区中出现了简单快速更新的现象

新农村建设使广大农村发生了翻天覆地的变化，但是由于面广点多短时间内要进行大批的新农村社区建设，任务非常繁重，技术力量投入和对当地村民的技术培训任务也相当繁重。因此，一些地区采用了由技术人员快速设计和统一菜单式建设选型进行规划设计的应对方式，由村民组织建设实施，在短时间内完成道路等基础设施的建设、大小型公共服务设施的建设等，但是，由于村民技术力量不够，知识层面也达不到标准，对规划理论知识更是一知半解，造成在实施过程中出现了以下几种情况。首先，是目光短浅，简单依附现状，建设的标准偏低，不合乎使用要求，很多项目属于半成品，与未来发展要求不相适应；其次，盲目开工，过于大拆大建，快速更新建设，造成了对村庄原有肌理结构的破坏。在漫长的历史发展过程中，我国村庄肌理变化缓慢，并呈现出良性和谐的发展过程。但是，面对新农村社区建设的大规模推进，简单快速的更新，忽略了村庄原有丰富的环境、文化、历史资源的延续，而造成了村庄肌理演进中的历史割裂和断层，乡村特色正一点一点地消失。

2.2 新农村社区建设中出现重新轻旧的现象

随着经济的发展，村庄产业结构的转换，村庄社会结构的变化，农村家庭结构、生活生产方式和生活水平都有了很大的变化。村庄作为人类生活的重要聚居地，必然要与时代的发展相适应。

我国村庄住宅形式多样，资源丰富，是丰富的文化遗产。但是，由于传统村庄的布局方式难以满足现代生活方式的一些问题。如街巷窄小，村宅内部布局不适应现代生活要求，土地资源浪费严重，需要配套现代村庄基础设施与公共设施等。面临这种种的问题，我们常用的处理方式是弃旧建新，拆旧建新，拆楼拓路，古老的村庄或者日益衰败，或者逐渐被新村所取代。

在这个弃旧建新的过程中，尊重地域特色的原则没有实行，传统特色一点点消失。地方材料不被重视，转而过于追求新型建筑材料，传统建筑样式由于给人太过于乡土的感觉，转而追求现代的西洋化的建筑风格。因此，一些保存完好的砖瓦屋、石大街、石头房，本来可以以维修改造的方式进行改造，却被忽视了其存在的重要价值，被拆除或者采用现有的新材料进行新建。一些村庄原有的自然弯曲、尺度宜人的道路小巷，错落有致的建筑群体，完全可以保留更新，另外再开辟新的道路以适应未来发展的需要，但往往都被采取拓宽取直的方法破坏掉了，老街换新颜，一片整齐有序的景象，但是，具有多年历史的村庄的风貌被快速抹去了，留下的只是毫无特色可言的，在城市中随处可见的居住区的景象。造成这种后果的原因，一方面是设计者和建设人员对传统特色的村庄肌理与乡土建筑不够重视，二是政府管理部门追求形象工程的快速效果导致，三是致富后的村民思想观念上渴望用现代新建筑来表达对现代生活的追求。

2.3 新农村社区建设中出现了单一大同的现象

村庄传统的形态是自然而丰富的，不同的地域孕育出不同的生活方式，孕育出不同的建筑类型，从而产生了丰富多彩的村庄形态。现阶段新农村社区改造中，简单地复制其他地区新农村改造的形式，而忽略了本地农村所处的实际情况。为了加快建设的速度，简单地采取行列式的、整齐的、单一的布局方式，这样虽然节约了土地，施工方便，但是空间较为单调。传统的村庄弯曲有序的街巷，错落有致的房屋，自然有趣的池塘，多种变化的丰富空间，被破坏得一干二净，取而代之的，只是简单单调的线性空间，街头房前原有的各种大小不同的公共、半公共空间被统一为集中的公共活动场地，传统村庄的邻里网络结构也随之变得松散。构成村庄的主要元素——建筑与住宅，也被采用统一的建筑样式，统一的建筑尺度，南方的建筑样式可能出现在北方，北方的建筑样式也能在南方应用，建筑不再是地域特色的标识，全国上下出现一派大同的景象。长此以往，我国丰富的民居住宅资源将荡然无存。

通过以上分析，我们可以看出，快速的新农村社区建设惠泽广大农村，但是同时也带来了一些负面影响，而这些负面影响最终有可能阻断我国5000多年来积攒下的文化的延续，如何在进行新农村社区建设的同时，更好地保护好农村现有的文化、环境资源，是值得我们深思的问题。国外各国在进行新农村改造上的经验也值得我们借鉴。

3、国外农村建设实践

韩国的“新村运动”。 韩国20世纪六七十年代起实现经济腾飞，创造了“汉城奇迹”，但地区发展不平衡，贫富差距拉大，社会矛盾加剧。为了缓解经济矛盾，1970年代末，韩国政府行政领导推出“新村运动”。

韩国的“新村运动”至今已开展了30多年，且取得了超出预期的目标与效果。其发展历程可分为三个阶段，即基础建设阶段、过渡阶段、丰富完善阶段。在这期间，韩国为“新村运动”立了法，对“新村运动”的性质、组织关系和资金来源等作了详细规定，还成立了全国性的领导机构“新村运动本部”，并在各直辖市和道（相当于省）成立“新村运动指导部”，在各市和郡（相当于县）成立救持会，健全了“新村运动”指导网络。

4、经验总结

通过对国内外新农村社区建设的对比，我们可以得到新农村社区改造的一些经验。

4.1 坚持在新农村社区建设中贯彻以人为本的原则

一切从人民的根本利益出发，因地制宜地选择适合村庄改造的发展模式。由于所处自然环境和自身发展状况不同，我国农村发展差异性较大，因此在推进新农村建设时不能按照统一标准在全国范围内普遍开展，必须有步骤、有重点地逐步推进。新农村社区的建设必须依人民的意愿进行，管理者和设计者要深入群众，了解民生，通过对当地人民意愿的调查了解，和当地人民文化风俗相整合，制定出最适合当地新农村社区建设发展的模式，为广大农民创造良好的生活环境。

4.2 坚持在新农村社区建设中突出农村的历史传统、地域特色和乡土特色，传递地方生活方式的特色

村庄的文化和乡土风貌以及生活方式都具有其独特的社会文化价值，是人类聚居的重要物质家园和精神家园。村庄是最接近自然和生态的居住场所。村庄的乡土性，正是村庄的价值所在，它形成了村庄的特色资源，使村庄变得易于识别。千百年来，经过地域自然的选择，它展示给我们的，是人与自然、建筑与风貌、物质与非物质的统一与和谐，形态自然生动，是民俗文化最丰富的区域，传统村庄的历史延续性、地域性、乡土特色都具有不可取代的价值，它传递的是一个村庄发展的整个过程，蕴涵了村庄发展的点滴信息，它是一部巨大而又真实的建筑历史教科书。因此，新农村建设中应严格保护文物古迹，保护更新具有历史传统特

色的街巷系统、水网系统，改善传统宅院建筑的布局模式，大力运用地方建筑材料，保持和发展传统风貌，精心营造村庄丰富的公共空间体系，尊重民俗、宗教与文化。

4.3 坚持在新农村社区建设中突出村庄改造保护和利用的重点，保持村庄文化的完整性和延续性

这要求我们从宏观上把握村庄文化的延续过程，把握其发展的历史。要求我们对村庄在布局形态、功能构成、建筑风格、景观系统等各个方面进行分析，在大的格局和整体特色得到保护的情况下进行改造更新和配套设施的完善，将保护村庄的传统风貌作为工作的要求之一，也是工作的重点之一。新建建筑风格要与原来村庄的整体风貌相协调统一，并且尽量运用当地的建筑材料，采用当地的建筑方式，在外观上与传统建筑相呼应，保持地方特色。使村庄在整体形态上具有一定的特色和层次，在新农村建设中，慎重选择更新方案，采用小而灵活的更新方式进行建设。在重要的村庄节点处，如村庄的主要出入口、公共活动场所等，应强化对其的保护和更新，运用多种手法丰富其文化内涵，突出地方特色。通过对节点的改造充分展现新农村浓郁的乡土文化氛围。在对住宅建筑进行改造时，新的建筑设计方案，应注意体现当地的建筑风格，使地方特色延续下去，而不是简单地复制现代风格，将农村打造成城市的格局。另外，建筑群体的空间组合应自然活泼，避免简单地采用行列式的布置方式，破坏了村庄的整体肌理感。在景观设计上要注意维护乡村的山水田园景观特色。要利用自然地理优势，灵活布置各类设施，尽量保护现有河道及池塘水系，并加以整治沟通，以满足防洪和排水的要求。在地势上，尽量保持原有山体的自然形态，不随便挖山填海，保护生态环境，保持地方特色。重视对庭院绿化的设计，因地制宜地营造乡村风景。

5、结 语

新农村改造以“农村社区”的形式进行，是我党和人民经过千百次的选择而得出来的，是适合我国发展现状的改造形式。但是，由于改造活动正处于初级阶段，改造手法较为单一，经验不足，造成了对我国乡村文化生活等方面的破坏，通过对现状农村社区改造成果的总结，以及对国外成功案例的分析，可以清楚地看到现在农村社区改造村庄的问题，而这些问题通常是可以避免的。相信随着社会主义新农村社区建设的继续进行，我们能够积累更多的经验，能够探索出更加合理的适合我国现状的农村改造形式。

[参考文献]

[1] 周俭.城市住宅区规划原理[M].同济大学出版社,2009.

[2] 杨雯雯,李斌,鲍继峰.新农村社区空间布局研究[Z].沈阳建筑大学学报,2008,(1): :42-45.

[3] 佚名.新农村建设中的村庄肌理保护与更新研究[Z].甘肃人民出版社,2012.

[4] http://news.xinhuanet.com/world/2006-02/16/content_4189182.htm.

8

规划理论及应用建设篇

“破解农民进城制约 加速中心城市扩张”的探讨——以济宁市为例

郭成利 史衍智 李士国

[摘 要] 城镇化的发展离不开更多的进城务工者的奉献，新生代农民工融入城市是推进城镇化的重点。农村人口向城市集聚，为城市提供大量的劳动力资源，增强城市发展活力，促进城市规模扩张，提高城市化水平，增强城市吸纳能力。我国正处于经济结构调整的关键时期，如何破解农民进城难题，解决农民“回不了家乡，安定不下的城市，决定不了的未来”的困惑，让农村富余劳动力平稳转化，不仅是社会稳定的长久大计，也是有效推进城镇化进程，推进社会主义市场经济，保持和谐社会的必由之路。

[关键词] 农民进城；城市化进程；农村劳动力转移；中心城市；城市规模

[作者简介]

郭成利 济宁市规划设计研究院工程师

史衍智 济宁市规划设计研究院院长、党总支书记，教授级高级工程师

李士国 济宁市规划设计研究院研究室主任、高级工程师

时任省委副书记、省长姜大明在省十一届人大五次会议上的政府工作报告中，把“加大统筹城乡力度，推进区域协调发展”作为2012年工作的重点之一。济宁市委书记、市人大主任马平昌在市十二次党代会上的报告中，明确提出“以加速城市化带动城乡一体发展”的战略目标，提出快速提升城市化水平，坚持“中心突破、组群发展、城乡统筹、梯次推进”的战略取向，加快构筑以中心城区为核心、都市区为主体、县城和小城镇为支撑的新型城镇体系。并对济宁中心城市提出新的发展目标：拉框架、扩规模、优布局、提功能，把中心城区做大做强做美，五年内建成区面积达到150km^2、人口达到150万。

提高城市化水平、壮大中心城市规模，是实现济宁市“十二五”发展战略目标的迫切需要，也是推动经济社会又好又快、更好更快发展的迫切需要，更是把县域经济做大做强的迫切需要。

1、济宁市中心城市的基本情况

截至2011年年底，济宁市中心城区建成面积由2007年的60km^{2}增加到117.5km^2，人口由60万人增加到102.4万人，城市发展取得了巨大的成就。但是，目前的城市化水平依然很低，仅为43%，低于全国51.27%、全省50.95%的平均水平8个百分点，与淄博的64.01%、东营的60.97%、威海的58.51%、烟台的56.07%相差更远，未来济宁推进城市化进程的工作依然严峻。

由于济宁中心城市长期以来受发展腹地偏小（市辖区面积仅为1026km^2，为徐州的1/3，临沂的1/2）及周边压覆煤田等因素影响，造成城市规模长期偏小，区域辐射带动力较弱，与周边紧邻的城市（如徐州、临沂）差距不断拉大。济宁市中心城市的辖区腹地总人口仅有140万人左右，远低于临沂246万、徐州312万的人口规模，限制了城市化步伐的加快。因此，积极加快农民向中心城市的集聚转移，不断壮大中心城市规模，对提升中心城市辐射带动力，提高区域竞争力具有重要意义。

2、积极推动济宁市农民进城转移的意义

1982年以后，党中央、国务院明确提出了“允许农民进城开店、设坊、兴办服务业、提供各种劳务”的经济政策，农民工从此出现，“民工潮”开始涌动。

在中国新一轮的改革中，提高农民工的地位，使他们享有与城市人相同的待遇，是一个大趋势，进城农民工将逐渐从“边缘”走向“中心”，解决农民“回不了家乡，安定不下的城市，决定不了的未来”的困惑，让进城农民工逐步成为城市主人的一部分。甘肃省社会科学院社会科学研究所副研究员、社会学家包晓霞指出：城市需要进城农民，就应该给他们提供应有的机会。进城农民工开始享有越来越多城里人的待遇，也是中国缩小城乡差距目标一个质的突破。

2.1 农民进城集聚顺应城市化发展趋势

城市化的发展离不开更多的进城务工者的奉献。农村人口向城市集聚，为城市提供大量的劳动力资源，增强城市发展活力，促进城市规模扩张，提高城市化水平，增强城市吸纳能力。正是数以万计的农民工的辛勤劳作，才换来今天城市的高度文明和繁荣。

2.2有助于解决“三农问题”，推进农村面貌改善

农民工进城，可以接触到一些在家乡所不能接触到的新信息、新知识，城市里的约束规则也促使农民工不断提高自身的修养。同时，农民工会利用手中积攒的原始资本，利用在外面获得的见识和经验或学到的一技之长创业，他们中的一部分已经成为当地经济发展的带头人、大家学习和模仿的对象。进城后他们的土地可以整合并承包，有利于集约土地，使有限的土地得到进一步的释放，同时推进建立健全新型农村社区化管理体制，推动农村各项改革的深入实施。

2.3 促进社会和谐与稳定

济宁市是煤炭大市，全市1/3以上的土地都压覆着煤炭资源，为国家和当地发展提供大量能源支持的同时，也带来了土地塌陷、耕地减少、农民失地失业等一系列问题。目前，全市已形成采煤塌陷地近40万亩，塌陷范围涉及10个县（市、区）的30多个乡镇400多个村庄，并且正在以每年4万亩的速度递增。随着土地的减少，农村的劳力逐步释放出来，进城后有长期稳定工作，对促进社会的长治久安有深远意义。

3、自发的城市化——东莞市高速城市化进程借鉴

长三角地区和珠三角地区，成为外向型经济迅速发展的地区，农民工大量涌入。很多县级市、小城市，在实际人口数量上，迅速膨胀为大城市，东莞是一个典型实例。东莞市六普人口为822万，户籍人口与外来人口比例达到1:3.5，其中户籍人口180万，非户籍人口630万，是广东省居广州、深圳之后的第三大人口大市，东莞市目前正在积极申请“较大的市”，取得立法权，以解决特殊的人口结构和经济模式。东莞提出在

2020年人口规模达到1200万，向国际性城市迈进。

4、制约济宁市农民进城转移的因素分析

4.1 农耕社会的思想和意识积淀根深蒂固，难以树立社会变革时期应有的开拓进取精神

由于农耕文化长期的熏陶和制约，其潜移默化的作用，使得进城务工农民形成一种根深蒂固的农耕意识和风格，囿于已经到手的利益，害怕在进一步的变革中失去已经拥有的甜头，因而在新的生存环境中趋于萎缩和保守。这种农耕意识和风格的表现，如温饱则安的思想。较多农民仍摆脱不了小农意识的束缚，有不少人仍习惯日出而作、日落而息的传统生活，仅凭对困难的想象就放弃外出计划等。

4.2 城乡劳动力市场分割依然严重，农民进城就业的信息化和有序化程度低

目前，城乡劳动力市场仍然存在着体制分割、政策分割等现象，造成城乡劳动力供求信息严重偏差。由于发布就业信息还采用电视、报纸、发布公告等传统渠道，尚未建成优质快捷、全面覆盖的就业信息发布平台，信息渠道不畅，部分农村剩余劳动力愿重新外出务工，因不能及时掌握招工信息，错失招工机会。

4.3 农民工技能水平低，进城农民能力偏低

济宁市农民工文化程度普遍不高，多数为初中以下文化，对新技能、新知识的接受能力不强，在外打工多数在劳动密集型行业从事体力劳动或在服务业从事简单的劳动，技能水平普遍不高，择业竞争力不强，影响了农民工的就业能力。

4.4 城市第三产业不发达，劳动力吸纳能力不足

由于济宁市的产业结构以第二产业为主，第三产业发展相对不足，特别是具有较大劳动吸纳能力的服务业发展不强，造成第三产业就业岗位不足，直接限制了农民劳动力的进城转移力度。

4.5 城市生活门槛偏高，居住、教育、医疗等问题制约较强

就居住来说，由于近年房地产市场发展过热，房价偏高，加之经济适用房申请的程序复杂、条件要求较高，而廉租房的数量又偏少，使得农民进城面临的居住问题突出，生活门槛偏高。另外，城市在农民工子女的教育、医疗等方面也存在着较多障碍，一定程度上也制约了农民工的进城快速转移。

5、加快推进农民进城转移的对策建议

5.1 健全激励机制，提高政策吸引力

农民进城与否，归根到底是一种利益导向问题。要把健全激励机制作为吸引农民进城的着力点，用最优惠的政策引导农民进城，让农民“想进来”。一是加强住房保障。抓住国家实施保障性安居工程的机遇，在农民安置新村配建经济适用房、廉租房，使符合政策的进城农民享受保障性住房待遇。二是加强就业保障。建立政府引导就业机制，将进城农民统一纳入城镇居民就业范畴，享受同等的就业和创业优惠政策。三是加

强社会保障。对进城农民提供同等的城市社保、教育、卫生、文化等公共服务待遇，真正实现农民市民化，保障进城农民子女接受正常教育。

5.2 探索土地流转制度创新，加快农村土地向城市流转

加快农村地区产业化、规模化发展。要依托现有的优势农业基础，按照产权明晰和利益共享的原则，引导农民向农业产业化龙头企业、农民专业合作社和种养大户有偿转让土地经营权，让农民参股加入土地流转经营，保障农民既得利益，引导农民离开土地，进入城市二次创业。其中，土地流转制度可借鉴重庆的“地票”制度。“地票”交易制度设计突破了农村闲置土地向城镇建设用地流转的限制，以市场化方式对耕地指标实行跨县区占补平衡。使农村固化的土地资源转化为可以流动的资本，意味着农民个体也有权“携地”入市。

5.3 加快产业结构调整，拓宽农民就业渠道

引导农民进城定居，必须保障农民进城“有活干”。加快产业结构调整，积极壮大第三产业，特别是发展具有较大劳动吸纳力的社会服务业，是增加农民就业总量的重要途径。要抓住全市经济跨越大发展的机遇，加快各产业园区建设的同时，不断拉动第三产业发展，创造更多的就业岗位。

5.4 搞好农民培训，提高农民就业能力

依托现有的各类劳动技能培训机构，不断提高农民进城就业的能力，强化农民培训，提高农民素质，使进城农民“有技能”。一是制订培训计划。建立面向进城农民的职业培训体系，为进城农民提升职业技能提供有效服务。二是出台扶持政策。财政拿出一定资金专门用于农民培训工作奖励，参与农民培训的部门按照政策规定申请培训基金，免费为农民提供更多培训机会。三是多渠道组织培训。以各类劳动技校为依托，充分发挥职业中专、农民技校等培训机构作用，围绕市场需求，开展订单培训和校企联合培训，提高农民择业就业能力。

5.5 强化宣传引导，提高农民进城的积极性

加快农民进城定居，要从提高农民群众思想认识着手，深入开展形式多样的宣传活动，提高农民对优惠政策的知晓率，循序渐进地推进农民进城定居。一是搞好宣传发动，宣传发动是加快农民进城定居的基础，采取灵活多样的形式，充分利用广播、电视、报刊、网络等多种媒体，大力宣传农民进城的重要意义、方法步骤、优惠政策、保障措施等，营造浓厚氛围，夯实群众基础。二是建立咨询平台，在城乡一体化促进局开通农民进城热线电话，随时接受群众咨询，为群众解疑释惑，排忧解难，指导农民按程序申请两放弃、享受优惠政策。三是抓好示范带动。选取部分村进行异地进城安置示范，积极培育农民进城工作的新亮点。

5.6 注重突出规划的积极引导作用

为保障中心城市规模合理、快速提升，要不断强化规划的统筹引导作用，实现中心城市建设、人口增

长、产业布局、资源配置等方面的全面、协调发展。一是要科学定位，合理布局。要按照各区不同的地域、产业和资源等特点，在职能定位、功能分区等方面进行系统规划，引导人口与产业的合理布局。二是加快完善城市各专项规划的编制与实施，保障城市在公共服务设施布局与建设、城市市政基础设施完善与建设等方面提前谋划，以满足城市人口规模迅速增长的需求。三是完善城镇体系规划，在全市形成组合有序、优势互补、整体协调的城镇体系结构。一方面要继续做优做大中心城市，强化中心城市的规模集聚力和辐射带动力；另一方面要优化中心城市同县城、中小城镇间的规模等级性，推动促进中小城镇的适度、协调、有序发展。

5.7 积极探索进行区划调整，扩大行政辖区面积

中心城市发展腹地很小，现有市辖区空间仅有1026km^2，且包含很多的水域面积，可开发建设的土地空间非常有限，在空间发展受限的情况下，很难较快地打造培育出一个特大规模的区域中心城市，较难形成对农村劳动力具有较大吸引力的极核。另外，由于济宁都市区是一个城市群概念，虽然已经纳入总体规划的规划范围，但因受行政区划的约束，造成目前仍呈各自发展、各自为政的状态，缺乏整体性，规模优势远未发挥出来。从长远发展看，建议适时尽快加快都市区范围内的区划调整工作，以突破行政的制约，尽快使都市区具有实质性进展，尽早建设一个真正意义上的“多中心、组群式”的区域大城市。

5.8 切实加大工作力度，强力推进农民进城

高度重视农民进城定居工作，要进一步健全组织体系，加大行政推动力度，实施目标业绩考核。一是建立健全组织机构。建议结合当前的省、市政府机构改革，成立相应机构，具体负责城乡一体化发展的组织、协调、管理和监督等工作，具体负责加快农民进城定居工作。二是强化督促检查。切实把加快农民进城工作纳入各级政府的重要议程，定期研究加快农民进城工作，逐月逐季加强督促检查。强化对各县（区）农民进城定居工作的管理，坚持跟踪问效，努力加快农民进城定居步伐，开创城乡一体化发展新局面。

[参考文献]

[1] 李进秋. 破解城市化进程中农民进城就业瓶颈问题的建议[J].农村财政与财务,2007(8):24.
[2] 魏后凯,陈雪原.带资进城与破解农民市民化难题[J].中国经贸导刊,2012(6):26-27.
[3] 尹少勋,吴江.对用城市化解决"三农"问题的思考[J].经济界,2009(3):81-87.
[4] 李家祥.进城农民逆向回流及对中国城市进程的影响——兼与拉美城市化相比较[J].求实,2007(1):90-91.
[5] 高 君.推进我国农民社会保障与市民化制度创新问题研究[J].城市发展研究,2009(1):37-40.
[6] 重庆创新模式 多项政策扶持让农民进城就业安家[N].重庆商报,2010-11-18.

城市空间快速变换下的工业遗产定位与再利用

韩璐 刘芬 陈蓓

[摘 要] 随着信息时代的来临，城市经济的发展方式正在由工业时代向后工业时代转变，城市空间结构也随着经济发展方式的转变而快速变换，许多城市正处于“退二进三”的进程，一大批位于老城区的城市工业遗产何去何从，成为城市规划不得不面对的课题。但是作为城市经济与社会发展历程的一部分，为避免整个城市历史记忆的断层，也为了避免一拆了之的命运，工业遗产需要新的功能定位与形象定位，以便在城市空间结构变换中得以保留并发挥新的作用。

本文在明确工业遗产内涵和对城市空间变化影响的基础上，分析了城市空间快速变换背景下工业遗产保护与利用存在的问题，借鉴国内外成功的范例，探讨了工业遗产功能定位的方式和形象更新的手法。

[关键词] 工业遗产；城市空间；功能定位；形象更新

[作者简介]
韩 璐 济宁市规划设计研究院 工程师
刘 芬 济宁市规划设计研究院 工程师
陈 蓓 济宁市规划设计研究院 工程师

[备 注] 该论文获“山东省第四届城市规划论文竞赛”一等奖

1、引言

城市工业遗产在完成其城市产业发展的功能性使命后，淡出产业经济舞台，与传统的文化遗产不同，工业遗产出现在工业时代发展背景之下，作为工业生产的功能而出现，见证了城市产业经济发展的历程。工业时代的特征就是生产流水化和产业化，由此决定了工业遗产在分布、功能、形态上具有一定的普遍性，从而区别于具有强烈文化属性和历史价值的传统文化遗产，工业遗产需要“活化”保护，再利用才是对其保护的最有效方式。[1]

2、工业遗产的定义

根据《下塔吉尔宪章 · 工业遗产定义》的阐述：工业遗产概念是指具有历史的、技术的、 社会的、 建筑的或科学价值的工业文化遗存。[2]

3、工业遗产对城市空间的影响

3.1 空间结构不适合现有城市格局

随着城市发展的不断转型，我国多数城市的产业结构正由第二产业主导型向第三产业主导型过渡。城市产业结构的调整，势必引导城市空间结构作出相应的调整，由于极差地租的存在，必然吸引各类空间经济要素向城市中心集聚，并带动中心区段地价上升，将附加值低的产业依次向外围排斥，保持积聚结构始终处于高效益的运行状态。[3]新的城市格局将向着金融、商务、办公、旅游、居住等第三产业的发展方向变化，而第二产业由于其对城市环境的影响及自身的效益已不适应城市发展的格局。

3.2 阻碍城市新的功能分区

随着工业园区的建设，并将工矿企业集中迁入园区已成为城市工业发展的主流方式，城市空间在需求类型和分布区位上也在发生着积极的变化，城市分区将向着金融、商务、办公等集约化和高效化的方向布局，原有的工业建筑占据着庞大的土地和优越的资源，而成为低效益的产业，城区之中的工业遗产也被看成城市的负担和建筑垃圾，并阻碍城市的功能分区。

3.3 阻碍城市空间的融合和城市环境的改善

由于历史原因和原有体制，城市工业遗产往往占据良好的区位，比如相当数量的城市工业遗产位于城市中心和城市滨水地区，这些区域往往是城市中的焦点区域，对于城市环境的改善和提高具有关键性作用，工业遗产占据的这些区域如果得不到有效的改变，则势必被一拆了之。

4、工业遗产保护与再利用存在的问题

4.1 被忽视历史与文化价值

作为城市发展和工业文明的“参照物”，工业遗产见证了中国近代民族工业的兴起，记录了一个时代经济、技术的发展水平。因此，尽管工业遗产只有近百年或几十年的历史，但它们同样是社会发展不可或缺的物证，其所承载的关于社会发展的历史价值、科技价值、文化价值和审美价值都极为重要。

4.2 现实利益的博弈

随着城市发展的不断转型，城区之内工业生产功能在逐步弱化，居住、服务功能在日益凸显，原有的工业厂区被金融、商贸、旅游和文化创意产业等替代，拆迁成为普遍的模式，工厂的土地资源转变为土地资本，短时间之内可获取更为客观的收益，在这种现实的利益推动下，工业遗产的历史和文化价值被刻意地忽略，取而代之的是工厂土地资本带来的经济收益。

5、国外工业遗产保护走过的历程与经验借鉴

工业遗产研究起源于1950年代的英国，早期的工业遗产是以“工业考古”为名的。作为工业革命的发源地，近30年英国涌现出了大量工业遗产再生的案例。在工业重镇曼彻斯特的城市更新中，政府选择了Castlefield作为集中展示工业文明的基地，在这个大型的工业遗产公园当中，对公众免费的博物馆类型各异，另外由工业建筑改造的公寓、办公楼、活动中心也随处可见，整个城市就像一个大的工业遗产博物馆。[4]

发达国家在工业遗产保护上所走过的历程正是我国许多城市正在面对和即将面对的，如何保护工业遗产需要考虑文化、经济、城市发展等综合因素。国内城市需要建立有效的制度和长远的战略，借鉴先进的经验，避免短期经济效益冲动而造成的遗憾，同时也要有创新的利用模式，并借鉴国内外成功的经验，给工业遗产赋予新的功能和价值。

6、工业遗产再利用经验借鉴与模式探讨

6.1 工业遗产再利用的模式案例

6.1.1 区域性群体保护

由北京大学景观设计研究学院做的大运河工业遗产研究提出了以“工业遗产廊道”为理论的沿大运河的区域性工业遗产保护（图1、图2）。作为联系南北的交通要道，大运河不仅在农业时代促进我国南北经济、文化的交流，在近代工业史上的作用也非常突出。大运河沿线是中国近代以面粉、棉纺织、缫丝、丝织为核心的民族轻纺工业分布的中心地带，是中国近代民族工业的重要发源地。运河工业遗产廊道保护遵循整体性、真实性、风貌完整性、高效性和动态性的原则，规划认为任何局部的破坏都会影响整体的价值，不随意加建和改建，不破坏整体外观，不同价值的遗产保护的方法不同，迫切性也不同，应在遗产保护内容、方法、深度上留有一定的余地。规划从地区工业的发展历史入手对各个城镇的节点构成、产业分布进行分析和评价，确定各个节点的主题，保护涉及7个重点城市及5个镇，184个有遗存的与工业相关的企业和339个遗产构建筑物。

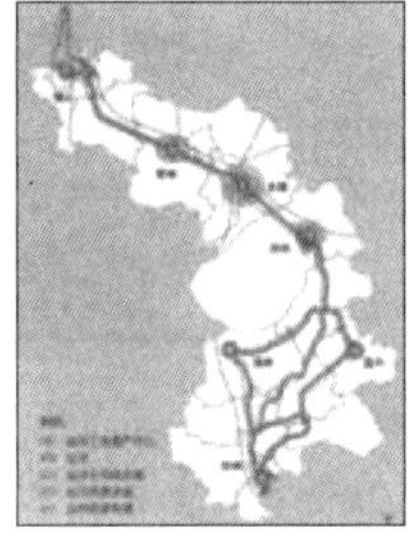

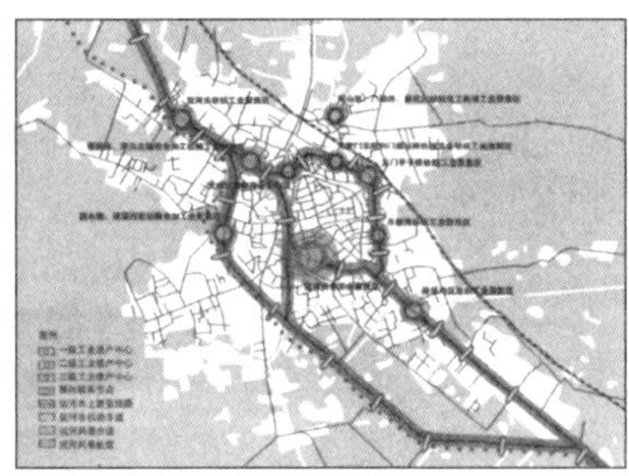

图1 江南运河段工业遗产廊道构建概念图

图2 江南运河段工业遗产廊道无锡段概念图

6.1.2 主题性群体保护

无锡作为中国近代民族工业的发祥地，各类工业遗产保存状况完好，其工业遗产在总体数量、类型以及覆盖的历史时段上都较为丰富，是江南地区城市工业发展繁荣的最佳见证。2004年，无锡在大运河南岸的蓉湖旧址进行了场所改造的尝试，蓉湖旧址内有荣宗敬、荣德生兄弟开创的茂新面粉厂（图3）、薛明剑创办的允利碾米厂以及新中国成立后粮食二库的巨型粮仓（图4），1930年建成的无锡储栈业公所旧址。根据这一特点无锡市政府结合河道疏浚，建设以“无锡米市”为主题的蓉湖公园，并在公园内利用原塑料公司仓库建成了“何振梁与奥林匹克陈列馆”（图5）。[5]

图3 西水墩茂新面粉厂改造后

图4 第二粮仓改造后

图5 何振梁与奥林匹克陈列馆

宁波市甬江东岸滨江项目为宁波市旧工业区，是宁波近代商帮的起源地。宁波甬江东岸的工业遗产保护中，充分结合了“书藏古今，港通天下”的城市口号，结合以天一阁为代表的藏书文化和港口文化，将其作为城市主题文化，在工业遗产保护和改造的过程中进行充分的文化融合。[1]

图6 改造后的宁波书城

图7 宁波太丰面粉厂改造前

宁波书城（图6）由宁波面粉厂（图7）改造，规划在基本保留面粉厂的车间和附属设施的基础上，对建筑的外墙、内部空间、室外环境进行综合改造，根据新的功能需要建造新的建筑，同时新旧建筑风格保持一致，这一成功的改造项目也为城市的文化增添了浓重的一笔。

在对甬江渔轮厂区段（图8、图9）的改造规划中，围绕该区段的主题特征，规划了以“海上丝绸之路”为主题的海洋文化广场，并以广场为中心串联该区段的所有工业遗产，广场东侧以过街式景观连接该区段的标志建筑群，广场南侧为渔轮厂厂房改建的文化展示区，西侧为由工业码头、船排改造的游船码头，北侧为船坞改造区（图10）。

图8 改造前渔轮厂厂房

图12 中山岐江公园

图9 改造后渔轮厂效果图

图10 改造后船坞效果图

图13 中山岐江公司

图11 西雅图煤气厂改造景观

6.1.3 开放性单体保护

对于处于城市中心、占地面积大、不允许有高强度开发的区域，其厂房和设备具有重要保留价值的工业遗产，可以进行开放式单体保护，将其改造为景观公园，既可以对其文化价值进行展示又可以融入新的城市空间当中。这方面较为成功的案例有英国斯伯尼斯顿的发现者公园，美国西雅图煤气厂改造的工业景观公园（图11）和德国鲁尔区的北杜伊斯堡旧钢铁厂公园及国内的中山岐江公园（图12、图13）。

6.1.4 博览与展示功能

鲁尔工业区西北部城市埃森的矿业同盟工业景观（图14）是其中最具代表性的例子。老煤矿不仅是一个时代的象征，见证了德国150年来煤矿业的兴起和衰落，也包含了一代人的黑金梦和血泪史。煤矿倒闭后，北威州政府没有拆除占地广阔的厂房和煤矿设备，而是买下全部的工矿设备，使煤矿工业区的结构得以完整地保留下来。当地政府的努力受到国际的肯定，2001年，埃森煤矿被联合国教科文组织列为世界文化遗产之一。

成都东郊工业文明博览馆（图15）位于东郊建设南路，占地74亩，面积8700m²，是西南首座集工业文明历史展示和文化产业为一体的利用旧厂房改造的主题公园式新型博物馆。博物馆展示了成都古代、近代的手工业、工业文明史，重点展示1950～1980年代以电子工业为代表的东郊工业辉煌。

图14 埃森矿业同盟12号矿改造后

图15 成都东郊工业文明博览馆

6.1.5 多功能活动中心

汉堡易北河音乐厅（图16）是汉堡在建的大型文化设施之一，位于汉堡的HafenCity海港区。这个巨型音乐厅由一栋旧仓库改建而成。将新颖构思结合具有历史意义的旧仓库，打造一个新旧共构的建筑，是设计师设计的重点。音乐厅外墙以不规则的玻璃拼成波浪起伏的形状，就像一个大浪一样漂浮在废弃的海港仓库上面，与身处的海港呼应。

图16 汉堡易北河音乐厅

6.1.6 创意产业园区

“8 号桥”（图17、图18）原为上海汽车制动器厂，从动工至今已如磁石般吸引了众多创意类、艺术类及时尚类的企业入驻，包括海内外的知名建筑设计、服装设计、影视制作、画廊、广告、公关、媒体、顶级餐饮等公司。 其中，80% 用于各类创意工作室的办公用途，其他20% 用于公共活动消费空间。目前，已有40 余户设计类企业入驻， 被认为是“上海时尚创意中心”。 从建筑上看，“8 号桥”保留了上海汽车制动器厂原有的建筑架构， 并融入了新的建筑概念。厂房原来的柱子和钢结构、那些厚重的砖墙、林立的管道、斑驳的地面被保留了下来， 使整个空间充满了工业文明时代的沧桑韵味；但它们都已穿上了时尚的“外衣”。原本厂房的内部空间非常大，层高达十几米，因此改造时还应用了多层次的空间设计理念。

图17 上海“8号桥”(一)

图18 上海“8号桥”(二)

6.2 工业遗产再利用的模式借鉴

工业遗产的功能必须依据其自身内涵、外部环境和城市需求而定位。其自身的内涵包括历史价值、文化价值、科技价值、使用价值，外部环境包括自然环境和人文环境，城市需求包括展示需求、文化需求和功能

需求。不同类型的工业遗产，要依据其内涵、外部需求和功能定位的不同，最大限度地发掘其价值，以弘扬场地原有特色和发掘场所记忆为主要原则，带动整个区域的面貌更新。

7、工业遗产再利用的形象更新

7.1 更新

保留建筑物的主体，运用新的材料、先进的工程技术，对建筑空间进行适量的增加、扩展和衍生，并最终符合新的功能、空间、美学的要求。宁波书城和上海“8号桥”均是这种设计手法的成功案例，对建筑的外墙、内部空间、室外环境进行综合改造，根据新的功能建造新的建筑并保持新旧建筑的统一与和谐。

7.2 再生

组成工业遗产的物质性元素多种多样，除工业建筑外，还包括工业构筑物、生产及传输设备，交通设施及工业原料等，对这些物质元素进行景观化的再造，使得景观学与新的空间吻合也是对于工业遗产的一种“活化”的保护方式。[6]中山岐江公园，就是大量使用了再生的工业元素作为景观创造的主要元素。

7.3 叠加

汉堡的易北河音乐厅和上海“8号桥”即以新旧两种材料和两种建筑风格叠加，形成强烈对比，从而达到新旧建筑相得益彰，创造出更有冲击力的视觉效果和空间艺术。

8、结语

综上所述，城市工业遗产的定位与开发应该通过对当地工业发展历程的梳理、场地环境的研究和城市空间变化的影响评价，借鉴成功的模式和方法来完成，从而达到对城市工业遗产的保护与再利用。

[参考文献]

[1] 徐蓉.城市主题文化视野下的工业遗产保护与再利用——以宁波市为例[C]// 规划创新——2010中国城市规划年会论文集,2010.
[2] 阙维民.国际工业遗产的保护与管理[J]. 北京大学学报(自然科学版),2007,43(4):525.
[3] 张毅杉,夏健.塑造再生的城市细胞[J].城市规划,2008(2).
[4] 田燕,林志宏,黄焕.工业遗产研究走向何方——从世界遗产中心收录之近代工业遗产谈起[J].国际城市规划,2008(2):51.
[5] 张希晨,郝靖欣.从无锡工业遗产再利用看城市文化的复兴[J].工业建筑,2010,(1).
[6] 朱强,俞孔坚,李迪华,彭文洁.大运河工业遗产廊道的保护层次[J].城市环境设计,2007(5).

济宁市北湖生态新城指标体系构建研究

李士国

[摘　要] 文章对国内外生态城市理论与实践进行了梳理，围绕着反映生态新城建设内涵和特征建立了一套科学的指标体系，以客观全面地反映济宁市北湖生态新城未来面貌，包括了基础设施、生态产业、环境质量、民生改善、文化、政府责任等指标内容。此指标系统充分体现了生态环境良好、生态产业发达、文化特色鲜明、生态观念浓厚、市民和谐幸福、政府廉洁高效的生态城市指标体系，全面反映北湖生态新城的建设和发展，为北湖生态新城建设规划编制提供了依据，并为相关决策提供参考。这对于推进北湖生态新城建设发展具有重要的现实意义。

[关键词] 生态城市；指标体系；构建；北湖；济宁市

[作者简介]
李士国　济宁市规划设计研究院研究室主任、高级工程师

[备 注] 该论文获“山东省第三届城市规划论文竞赛”鼓励奖

随着城市化的加快，人口膨胀、资源短缺、环境恶化等问题严重危及人类自身安全，人们逐渐认识到城市生态系统和谐、完整的重要性。1970年代以来，以城市可持续发展为目标，以现代生态学的观点和方法来研究城市，逐步形成了现代意义上的生态城市理论体系。1971年，联合国教科文组织在第16届会议上，提出了“关于人类居住地的生态综合研究”，生态城市的概念应运而生。20世纪后期，生态城市已被公认为21世纪的城市建设模式。

目前，国内外许多城市把生态城市作为城市发展的目标，如国外的法兰克福市、罗马市、莫斯科市、华盛顿市、悉尼市等，国内的大连、厦门、杭州、苏州、威海、扬州等。各城市由于具有不同的自然环境与发展背景，采取的措施既有相似之处，也各有侧重，各具特点。构建适合自身发展的生态城市指标系统也成为各城市打造生态城市的首要工作。

1、生态城市理论进展

1.1 国外生态城市思想渊源

生态城市理论是伴随着城市生态学理论研究的发展而产生发展的。大体来说，国外生态城市的思想形成和发展主要经历了以下三个阶段（表1）。

国外生态城市思想和发展的阶段划分　表1

阶段划分	时间	主要代表性思想成果
萌芽阶段	20世纪以前	托马斯·摩尔的理想城市、康柏内拉太阳城模式、霍华德的田园城市。其中，霍华德建立的“田园城市”理论被认为是现代生态城市思想的起源
形成阶段	1980年代以前	生态思想运用到城市问题解决上，出现了城市生态学；1977年，Berry发表了《当代城市生态学》，奠定了城市因子生态学研究的基础。到1977年生态城市学理论的框架已基本形成
发展阶段	1980年代至今	生态城市的设计与实施阶段，各种形式的生态城市实践开始进行

1.2 我国城市生态思想发展

1.2.1 古代朴素的生态思想

从上古时代起，中国就有保护生态环境、规范生产行为的传统，这一

传统在有关的法令法规以及相关的政治思想中得以承载。“天人合一”的思想对我国古代城市选址具有很大的影响。中国古代的朴素生态意识大都源于实践，具有朴素的生态哲学思想。而这些方面的哲学思想对于我国当今的生态城市研究有着很深的影响。

1.2.2 现代城市生态的研究

我国关于城市生态的研究起步于1970年代。1984年12月，首届全国生态科学研讨会在上海举行，标志着中国城市生态研究工作的开始。1987年10月在北京召开了城市及城郊生态研究及其在城市规划发展中的应用国际学术讨论会，标志着我国城市生态学研究进入蓬勃发展时期。

1984年我国著名生态环境学家马世骏教授提出以人类与环境关系为主导的社会—经济—自然复合的生态系统理论。这一理论为城市生态环境问题研究奠定了理论和方法基础。此后，很多学者对生态城市进行了很深入的论述，极大地促进了我国城市生态学的发展。

1.3 生态城市的系统特征及其含义

综上可看出，理想性的生态城市是不依靠系统外部资源，完全独立的、自维持的、可持续发展的城市，其系统特征包含以下五点：

和谐性——不仅反映在人与自然的关系，更重要的是反映在人与人的关系上。

高效性——生态城市能提高一切资源的利用效率，物尽其用、地尽其利、人尽其才、各施其能、各得其所，使物质、能量得到多层次分级利用，废弃物循环再生，使各行业、各部门之间的共生关系得以协调。

可持续性——以可持续发展思想为指导，同时兼顾不同时间、空间，合理配置资源，既满足当代人的需要，又不对后代人满足其需要的能力构成危害，保证其健康、持续、协调的发展。

整体性——生态城市不是单纯追求环境的优美或自身的繁荣，而是兼顾社会、经济和环境三者的整体效益，不仅重视经济发展与生态环境的协调，更注重对人类生活质量的提高，是于整体协调的秩序下寻求发展。

区域性——生态城市作为城乡统一体，其本身即为一区域概念，是建立于区域平衡基础之上的。而城市之间是相互联系、相互制约的，只有平衡协调的区域才有平衡协调的生态城市。

2、国内外对生态城市指标体系的研究

目前，国内外对生态城市建设城市指标体系的研究不多，且主要集中在对生态市、生态市指标体系、可持续发展指标体系的研究上。1990年代初以来，各国际组织、国家、地区从不同角度、国情特点出发，相继开展了区域可持续发展指标体系研究与设计，提出了各种类型的指标体系与框架。较早的成果是加拿大政府提出的“压力—状态”体系，在此基础上，经济合作与发展组织（OECD）和联合国环境规划署又发展成为“压力—状态—响应”（PSR）框架模型。PSR概念模型中使用了“原因—效应—响应”这一思维逻辑来

构造指标，力求建立压力指标与状态指标的因果关系，以便作出有效影响的响应。即人类活动对环境施加压力，使环境状态发生变化，社会对环境变化作出响应，以恢复环境质量或防止环境退化。这种概念框架本身是一种创新的思维逻辑，随后不少国际组织对其进行扩充并提出相应的概念框架模型。如联合国可持续发展委员会（UNCSD）的可持续发展指标体系，英国、美国的可持续发展指标体系，世界银行的真实储蓄率指标，绿色核算（GNNP）等一些有影响的指标体系。

我国当前主要是从城市生态系统理论的角度进行指标体系的探讨，尝试通过指标体系描述和揭示城市生态化发展水平。主要有两类，一类是从城市的经济、社会和自然各子系统出发建立指标体系，这类指标体系的应用较广泛；另一类是从城市生态系统的结构、功能和协调度等方面开展研究。在借鉴国外研究的基础上，中国近几年对生态城市指标体系的研究十分活跃，取得了不少成果。如国家环境保护总局2003年在《中国环境报》和中国环境保护网上公示的《生态县、生态市、生态省建设指标(试行)》、张坤民等人的《生态城市评估与指标体系》、黄光宇和陈勇所著的《生态城市理论与规划设计方法》等。

3、北湖生态新城建设实践背景

3.1 政策背景分析

《济宁市城市总体规划（2008—2030年）》、《北湖生态新城总体规划（2008—2030年）》相继得到省、市政府批复，并对研究区进行了明确定位，即济宁城市主中心、行政商务中心、科教文化基地、休闲度假胜地、生态宜居新城（规划面积为97.4km^2，建设用地32km^2，居住人口为30万人）。

济宁市委十一届五次会议通过了《关于加快北湖生态新城建设的决议》，顺应了城市发展的时代潮流。明确提出了建设北湖生态新城的建设目标，一年拉框架、三年成规模、五年出新城。经过五年努力，形成合理的人口聚集规模，建成特色鲜明、环境优美、功能齐全、全国一流的生态新城。

建设生态城市是贯彻落实科学发展观的实际举措，进一步明确了今后的发展方向、发展目标和发展路径。如何根据《决议》要求，围绕反映北湖生态新城建设内涵和特征建立一套科学客观全面反映济宁市北湖生态新城进程的指标体系是当务之急，也是及早确定城市各项事业发展目标，以引导规划的编制与实施的需要。

3.2 建设目标解读

北湖生态新城的内涵及特点应体现在：一是生态环境良好，保持青山蓝天，空气清新，气候宜人。二是作为济宁城市主中心、行政商务中心、科教文化基地、休闲度假胜地、生态宜居新城，全力把北湖生态新城建设成为以旅游度假为中心、行政服务及商务办公为主线、居住生活为支撑的城市新区。三是文化特色鲜明，就是要有突出的城市个性，有良好的社会风气，有丰富多彩的文化活动，有凝聚力强的城市精神。四是生态观念浓厚，就是公众生态伦理意识普及，生态化的消费观念和生活方式形成。五是市民和谐幸福，就是居住舒适安全，出行方便快捷，公共服务质量良好。六是政府廉洁高效，就是党政责任体系完善，执行力明显加强，市民的政治参与程度明显提高。

4、北湖生态城市指标体系构建

4.1 构建的指导思想

建设生态新城指标体系的建立要以科学发展观为指导，充分体现科学发展观的要求，即坚持以人为本、走生产发展、生活富裕、生态良好的文明发展道路，建设资源节约型、环境友好型社会，实现经济社会可持续发展；要充分体现城市发展的未来方向；要充分体现人民群众的共同愿望，即着力改善民生，创造良好的居住环境、人文环境、生产环境、生态环境，适宜居住、适宜创业、适宜旅游；要充分融合城市的经济、社会、政治、文化、价值等因素，较全面地反映城市的发展水平、发展效率、发展的协调度、发展管理效率、发展平衡度等特征。

4.2 构建的原则

（1）实事求是原则。对生态新城战略目标的制定，要充分考虑济宁市国民经济发展的历史和现状，从实际情况出发，提出北湖生态新城的战略目标。

（2）与时俱进原则。时代在不断发展，社会在不断进步。生态新城战略的实施是一个动态进程，因而要以发展的眼光来确定战略目标。

（3）定性与定量相结合原则。定量方法必须与定性评价相结合，特别是在评价标准的确定上，只有依据定性分析才有可能正确把握量变转化为质变的“度”，也才能对北湖生态新城战略目标进行科学合理的把握。

（4）理论与实践相结合原则。生态新城战略目标的建立，首先要求相应的指标体系必须具有科学性和系统性，但同时又应该与现实数据采集的可操作性相结合。

（5）精简可靠原则。在具有同等代表性的前提下，尽可能保证数据来源的可靠性，不但使指标少而精，而且又能客观合理地反映北湖生态新城的战略进程。

（6）分步实施原则。在建设生态新城过程中，按照市委、市政府的战略目标，将生态新城战略目标分阶段来实施，按每个阶段完成目标情况进行监测。

4.3 构建的基本框架

参照国内生态城市建设，选择了经济发展、生态环境、社会进步等6大方面，共55项指标，构成济宁市建设生态新城指标体系的总体框架。即经济发展，主要从经济增长、产业结构、资源利用效率、科研经费等方面反映经济发展和可持续发展状况。生态环境，主要从生态建设、循环经济、环境质量、城市公用设施等方面反映城市生态环境及环境保护状况。社会进步，主要从人民生活、社会保障、社会发展、社会安全、生态文明宣传教育、文化产业发展、文化消费、市民生态文明素养、文化产业及公共文化服务等方面反映市民生活质量、社会和谐及法制状况。

4.4 指标体系的综合评价

北湖生态新城的建设过程是一个动态、综合的过程，涵盖了经济、社会、环境等方方面面。因此，对生态文明进程进行监测实际上是一个多指标综合评价的过程。

目标制定要充分体现《决议》精神，到2012和2015年，通过生态新城建设，北湖要在经济发展、生态环境、社会进步等方面有较大提升，使经济实力进一步增强、结构更趋合理、生态效应更加显现、民生改善更加扎实，生态宜居，政府更加廉洁高效。根据北湖生态新城建设三年和五年奋斗目标，制定2012和2015年各个分项目标（详见表2），用以指导北湖生态城市的建设，并实时对其进展进行监测。

生态新城的内涵深刻、内容丰富，涉及政治、经济、文化、社会等方方面面，把市委关于加快北湖生态新城建设决议中的各项任务进行主体指标化，使主体指标明确，才能使党政领导及相关部门各负其责，结合

北湖生态城市建设指标体系表

表2

生态城市建设指标体系				济宁市现状值	北湖生态新城建设指标体系	
类别	序号	名称	单位	全市2008年	近期2012年	中期2015年
经济发展指标	1	人均国内生产总值	元/人	26721	≥36000	≥48000
	2	年人均财政收入	元/人	14531	≥25000	≥38000
	3	农民年人均纯收入	元/人	5965	≥8000	≥10000
	4	城镇居民年人均纯收入	元/人	16873	≥23000	≥29000
	5	第三产业占GDP比例	%	32.1	≥50	≥75
	6	单位GDP能耗	t标煤/万元	1.38	≤1.0	≤0.8
	7	单位GDP水耗	m^3/万元			
	8	科技投入占GDP比例	%			
	9	环境治理投资占GDP比例	%	1.77	2.2	3
	10	绿色产业比重	%			
	11	高新技术产业比重	%	30.8	50	80
	12	国内生产总值平均增长率	%	13.1	10	8
	13	城乡收入比	%	2.44	1.8	1.3
	14	生态农业（绿色产品基地）开发率	%			
生态环境指标	15	森林覆盖率	%	26	≥30	≥40
	16	受保护地区占国土面积比例	%	15	≥20	≥25
	17	城市空气质量	好于或等于2级标准的天数/a	336	≥336	≥336
	18	城市水功能区水质达标率	%			100
	19	主要污染物排放强度二氧化硫COD	kg/万元（GDP）	2.04		
	20	城市集中式饮用水源水质达标率	%	92.11	95	100
	21	农村集中式饮用水源水质达标率	%	90.04	95	100
	22	城镇生活污水集中处理率	%	82.94	90	100
	23	工业用水重复率	%		＞30	＞50
	24	噪声达标区覆盖率	%			95

续表

生态城市建设指标体系				济宁市现状值	北湖生态新城建设指标体系	
类别	序号	名称	单位	全市2008年	近期2012年	中期2015年
生态环境指标	25	城镇生活垃圾无害化处理率	%	99.60	100	100
	26	工业固体废弃物处置利用率	%	89.8	90	100
	27	城镇人均公共绿地面积	m^2/人	9.85	>10	>15
	28	旅游区环境达标率	%			100
	29	湿地保护率	%			100
	30	城市绿化覆盖率	%	37.35	>42	>50
	31	工业废水处理率	%	93.66	100	100
	32	清洁能源普及率	%			
	33	机动车尾气达标率	%			>90
	34	城市生命线系统完好率	%			>80
	35	城市化水平	%			>90
	36	城市燃气普及率	%	81.78		100
	37	采暖地区集中供热普及率	%			>80
社会进步指标	38	恩格尔系数	%	37.9		< 40
	39	基尼系数	%			0.3～0.4
	40	高等教育入学率	%			>30
	41	环境保护宣传教育普及率	%			>85
	42	公众对环境的满意率	%			>90
	43	城镇人口密度	人/km^2	1966	2000	3000
	44	城镇居民住房人均建筑面积	m^2/人	22.7	>28	>30
	45	人均道路面积	m^2/人			>28
	46	城镇人均生活用水	L/d	339	400	450
	47	城镇人均生活用电	kW·h/d	0.6	1	2
	48	万人大学生数	人/万人			
	49	刑事案件发生率	件/万人			
	50	人均保险费	元			
	51	劳保福利占工资比重	%			30
	52	万人拥有病床数	张	30.86		90
	53	信息化指数（2008年为100%）				
	54	万人拥有藏书量	万册/万人			
	55	旅游资源保护率	%			

各自职能职责，做到个体责任明确。在具体的实践中，生态新城建设必须具备一个科学的评价标准体系。可以把生态新城建设摆在更加突出的地位，同时也为组织和领导生态新城建设以及考核各级党政领导班子绩效状况提供客观真实的评价依据，并着力实现生态新城建设的指标化、制度化、自觉化、长效化。

5、结论

全球范围内不同国家和地区对生态型城市建设的积极探索，为我们提供了可资借鉴的经验；中央一系列扩内需保增长的政策措施，为大规模进行城市基础设施建设提供了难得的历史机遇；我市正处在城市化和工业化加速期，积蓄了强大的城市发展内在需求和动力。

与周边地区相比较而言，济宁市最大的优势在于南四湖生态优势。生态优势从另一个角度来说是济宁市发展的潜在优势，将潜在优势转化为现实的经济优势，需要构建有效载体，加以正确地把握、运用和发挥。建生态新城是济宁市落实科学发展观的必然要求，是顺应世界城市发展潮流的必由之路，是济宁发挥比较优势的理性选择。

新一轮《济宁城市总体规划(2008—2030年)》获省政府批复，使北湖生态新城建设有了科学的发展蓝图；土地、压煤、滞洪等制约因素逐步得到解决，为城市开发建设创造了有利条件；全市广大干部群众的期待和支持，奠定了坚实的社会基础。北湖生态新城建设的机遇难得，条件具备，时机成熟。只要我们举全市之力、聚万众之心，一座独具魅力的现代化生态新城必将迅速崛起。

[参考文献]

[1] 马交国,杨永春.生态城市理论研究综述[J].兰州大学学报(社会科学版),2004,9,32(5):108－117.
[2] 马世骏,王如松.社会－经济－自然生态系统[J].生态学报,1984,4 (1):1－9
[3] 彭晓春,李明光,陈新庚等.生态城市的内涵[J].现代城市研究,2001(6):30－32.
[4] 陈勇.生态城市理念解析[J].城市发展研究,2002,8(1):15－19.
[5] 郭秀锐,杨居荣,毛显强等.生态城市建设及指标体系[J].城市发展研究(B卷).
[6] 济宁市人民政府.济宁市城市总体规划(2008—2030年)[z].
[7] 济宁市人民政府.北湖生态新城总体规划(2008—2030年)[z].

济宁市城市人口规模增长变动机制探析

李士国

[摘　要] 城市人口规模是城市规模的主要体现，是城镇化进程推进的有力展示与体现，它既影响着未来城市性质、城市职能、城市目标等的确定，又决定着城市近期各项建设的实施以及各项设施的配置。因此，分析城市人口规模增长机制，把握城市人口变动特征，明确未来城市人口规模，对城市发展具有重要意义。文章按照人地对应的原则对济宁市城市人口规模进行了校准核实，并对近年中心城区人口迅速增长的驱动机制进行了详细分析，以揭示未来济宁市城市人口规模的变动趋势。同时对比省内、外同等级城市的规模变动情况，以分析济宁市与其他城市之间的差别，并对今后推进济宁市城市人口规模提出对策与建议。

[关键词] 城市规模；人口规模；增长；变动机制；济宁市

[作者简介]
李士国　济宁市规划设计研究院研究室主任、高级工程师

[备 注] 该论文获“山东省第三届城市规划论文竞赛”鼓励奖

城市人口规模是城市规模的主要体现，是城镇化进程推进的有力展示与体现，它既影响着未来城市性质、城市职能、城市目标等的确定，又决定着城市近期各项建设的实施以及各项设施的配置。因此，分析城市人口规模增长机制，把握城市人口变动特征，明确未来城市人口规模，对城市发展具有重要意义。

1、济宁市城市规模发展概况

整体来看，近几年济宁市作为鲁南区域性中心城市已取得了较大发展，但相比全国其他一些同等级发展较快城市，却仍存在一定差距。从反映城镇化发展水平的城镇化率指标对比来看，2008年济宁市的城镇化率为42.5%，明显低于全国和山东省的城镇化率平均水平，且与2007年相比，其增长幅度也落后于全国和山东省的平均水平（详见表1）。

2007、2008年济宁市城镇化增长对比　　表1

名称	全国		山东省		济宁市	
年份	2007年	2008年	2007年	2008年	2007年	2008年
城镇化率（%）	44.9	45.68	46.75	47.6	41.8	42.5

随着城市建设步伐的不断加快，城市规模不断增大。2008年年底，济宁市建成区人口达到88.33万人口（详见表2），即将跨入到特大城市的行列。同时，城市建成区面积持续扩张，由1998年的35.2km^2（人口规模为36.9万人）扩大到2008年的92km^2，10年扩大了2.6倍。尤其是2007年增幅明显（详见图1）。

2、人口规模增长的驱动因素分析

济宁市城区人口规模迅速增加，归结其原因主要包括以下方面。

2009年济宁市中心城区现状人口汇总表

表2

分区名称	街办（镇）	计入城区人数（人）	未计入城区人数（人）	辖区总人数（人）
市中区	东门派出所	34553	0	34553
	鱼台派出所	31506	0	31506
	运河派出所	15371	0	15371
	阜桥派出所	28663	0	28663
	解放路派出所	26914	0	26914
	越河派出所	28295	0	28295
	南辛庄派出所	22375	0	22375
	济阳派出所	39566	0	39566
	红东派出所	37592	0	37592
	红星新村派出所	18472	0	18472
	太东派出所	26507	0	26507
	观音阁派出所	15721	0	15721
	舜泰园派出所	5324	0	5324
	唐口镇	37410	49810	87220
	安居镇	32415	40724	73139
	喻屯镇	0	82511	82511
	小计	400684	173045	573729
任城区	金城街道办	51501	0	51501
	仙营街道办	27940	0	27940
	李营镇	7844	56399	64243
	南张镇	18016	32197	50213
	石桥镇	19763	30046	49809
	接庄镇（含三贾办）	45796	40067	85863
	二十里铺镇	0	48718	48718
	长沟镇	0	61041	61041
	小计	170860	268468	439328
高新区	柳行办	36137	0	36137
	黄屯镇	10201	15175	25376
	王因镇	25154	34963	60117
	洸河办	21373	0	21373
	小计	92865	50138	143003
北湖度假区	许庄办	33351	0	33351
暂住人口		135500	—	—
矿区人口		50000	—	—
合计		883260	491651	1189411

注：各区人口统计数，均由各相关派出所提供。

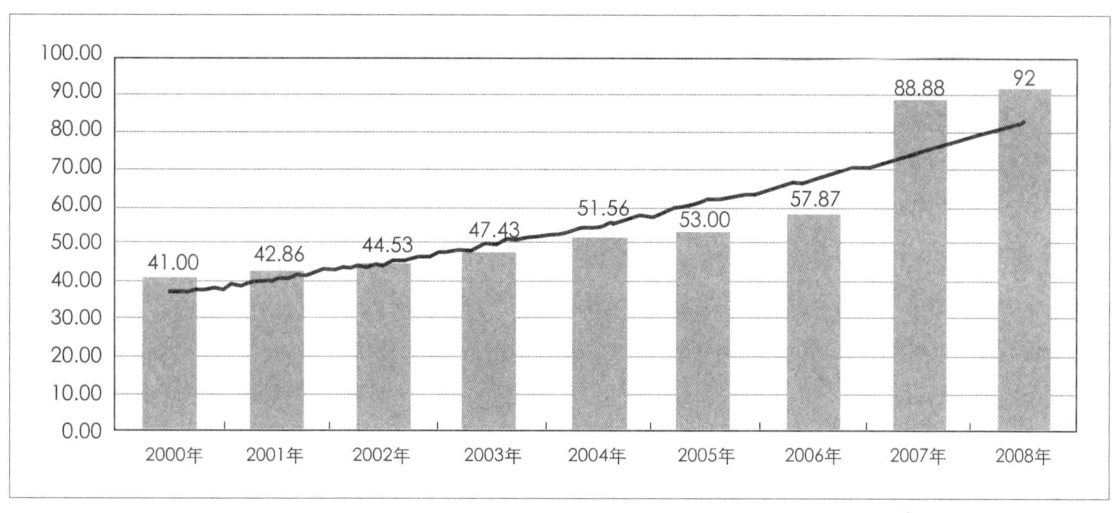

图1 济宁市建成区面积变化柱状图（2000～2008年）（单位：km^2）

2.1 “人口红利期”延续，保证人口稳定增长

从人口年龄结构上来看，济宁市仍处于青壮年时期，较为稳定的人口基数及人口出生率将会保证近20年人口持续增加。2007年济宁全市人口当中18岁以下和60岁以上的人口分别占17%与14%左右，18～35岁和35～60岁之间的人口分别占28%和38%。在这种“橄榄形”的总人口结构特征下，济宁未来的青壮年劳动力将在很长时间内保持供应充足，而这个“人口红利期”大概延续到2020年，在此期间，是济宁市经济发展的黄金时期，济宁社会将持续“劳动力丰厚、社会抚养比较低、储蓄率较高”的状态。因此，该阶段伴随济宁市城镇化进程加快的一个明显特征即为人口持续稳定增长。

2.2 人口政策、户籍制度改革等因素的促进

随着城乡二元分割的户籍、财税、土地流转、行政管理及社会保障的体制束缚的逐步被打破，城乡间人口流动的自由度将越来越大，农村剩余劳动力将逐步转移到城市中来，这些人口既包括济宁市郊区、市辖区县人口，同时也有更大区域尺度的外省、市人口。未来济宁市城市人口机械增长将取代自然增长成为城市人口增长变动的主要因素。

2005、2006、2007年济宁的机械迁移率分别为-1.7、0.6、0.1，综合增长率保持在0.8%左右，近期人口的自然增长仍将是济宁人口增长的主要因素。但在山东省振兴鲁南的战略下大概2015年之后，随着济宁经济实力的极大提升，人口的迁入将成为远期济宁市域人口变动的主要因素。从现状统计来看，济宁市务工的外来劳动人口主要来自山东省内各地、市，其中以临沂、菏泽、枣庄、泰安等地最多。省外主要来自于黑龙江、吉林、河南、河北、江苏等地。年龄结构上18～34岁的青壮年占85%。

济宁市域内各县市的人口流动更为显著，特别是都市区核心城市对外围地区的剩余劳动力具有很大的吸引力。2006年市中区和任城区的机械迁移率分别高达3.8%和7.4%，遥遥领先其他县市，未来十年这一趋势将会进一步加强。从人口迁移方向看，市内流动是主要方式，表明中心城区影响力主要是在市内，主要原因是西部

人口稠密但经济发展相对落后地区从事非农产业的农村人口迅速析出，大量聚集在中心城市的城郊地带。

从暂住人口的从业结构看，绝大部分暂住人口从事工业生产，济宁高速增长的工业经济对劳动力的需求带来了暂住人口的高速增长。从暂住人口的空间分布看，济宁的暂住人口主要集中在几个区域：市区繁华地段（例如老运河沿岸）、市区内部和边缘的城中村、高新技术开发区、中心城区边缘的工业园和工矿点。

2.3 近郊村庄人口密度大，且逐步被吸纳到城区中

济宁市人口密度大大高于省内其他地区，人口增长速度超过全省平均速度。1978～2007年间济宁市人口密度自522人/km^{2}发展到731人/km^2，而同一时期山东省平均人口密度的增长跨度仅是457～592人/km^2，作为鲁西南传统的高密度人口聚居地区，近年来这一趋势更为明显。并随着经济结构的调整，这些周边庞大人口将会有很多被吸引到城区中来。

随着新版《济宁市城市总体规划（2008—2030年）》的批复，城市发展格局得到确立，城市将向外围方向适度扩展。结合社区改造等规划的推进，城市周边近郊区的农业人口将会逐步转为城镇人口。据初步预测，至2015年年底将有10万人左右转入，2030年年底将有8万人左右转入。

2.4 农村的巨大推力

随着农村人口数量的不断增加，人均耕地面积的减少和农业机械化程度的提高，将会有更多的劳动力从农村释放出来，剩余劳动力转移及相关的人口转移加快。在农村剩余劳动力转移中，由于家庭主要经济收入来源的变化而引起的家庭成员如配偶、子女、父母等一同转移的现象有些突出。

传统农业生产效益低下，缺乏规模经营，生产效率低，农业发展滞后于工业化进程，农民依靠农业生产所获得的收益不高，再加上一些政策性引导，导致农村人口与城市人口收入水平差别较大，促使大量的农村劳动力流向城市务工。此外，农村基础设施建设不足，生活条件相对落后，文化生活贫乏；城市较高的工资和生活水准、完善的娱乐和文化设施及较好的发展前景吸引着农民，尤其是新一代的农民，其外出务工愿望更加强烈。

2.5 城市强烈的吸引力

近年来，我国农民的收入水平和生活状况得到了很大提高。但农村人口收入的增长幅度远落后于城市人口收入的增长幅度，二者之间差距越来越大。这种巨大的差距成为我国劳动力从农村流向城市的持续动力。以基础建设为例，基本建设投资的额度一定意义上反映了地方经济的繁荣程度，基本建设投资数量的增加，将会激发国民经济活力和GDP的快速增长。相应地，基本建设投资额高的城市人均所获得的经济资源和机会就大大增加。因此，城乡间现实存在的基本建设投资额的巨大差距，对农业人口构成强烈的吸引力。

2.6 地方发展政策的促进

随着济宁市“城镇化追赶战略”的实施，城市功能、经济结构、空间布局等将逐步提升与优化。伴随着各项人口政策的推进，未来15年济宁市将进入快速城镇化期，此期间的城市人口规模将会迅速增长。

综上所述，未来济宁市将进入城市人口快速增长时期。从近年城市人口增长规律来看，城市人口自然增长保持在0.6万人/年左右，而机械增长稳定在3.5万人/年左右。初步预测，至2015年中心城区的人口将达到110万以上，2020年将突破145万。

3、与其他同级城市的规模发展对比

3.1 与省内城市对比

山东省部分城市发展情况对比 表3

名称	1990年		2000年		2005年		2008年	
	城市人口（万人）	建成区面积（km^2）	城市人口（万人）	建成区面积（km^2）	城市人口（万人）	建成区面积（km^2）	城市人口（万人）	建成区面积（km^2）
枣庄	38.08	35	71.08	71	76.29	114	76	114
潍坊	42.85	35	67.97	70	97.53	118	100	132
泰安	35.07	20	58.95	41	69.82	93.41	73	97.4
临沂	32.41	17	57.30	55	138.92	140	145.77	142.56
菏泽	18.93	15	32.13	36	67.89	51	53	60.4
济宁	26.52	21	48.77	36	54.24	53	88.3	92

注：数据参考《中国城市统计年鉴》、《山东省统计年鉴2009》。

2000年，济宁市城市人口规模为48.77万人，在山东省地级城市中排名第10名；建成区面积为41km^2，全省排名为11名。2005年，济宁市城市人口规模为54万人，全省排名第13名；建成区面积为53km^2，全省排名第14名。2008年，济宁市城市人口达到88.32万人，全省排在第5位；建成区面积为92km^2，全省排在第9位。

与省内同等级城市对比来看(表3)，1990年，临沂市城市建设规模不足20km^2，明显低于济宁市的用地规模，而2000～2005年间，其用地规模明显翻倍上升，远超过济宁市的城市规模发展。1990年代初，济宁与潍坊的差距不是太大，而目前其发展规模也远超济宁市。

可以看出，虽然近几年济宁市的城市建设发展很快，但与省内的同级城市发展进程相比，其发展速度仍较落后。

3.2 与外省周边城市对比

济宁市周边部分城市（外省）发展情况对比 表4

名称		1990年		2000年		2008年	
		城市人口（万人）	建成区面积（km^2）	城市人口（万人）	建成区面积（km^2）	城市人口（万人）	建成区面积（km^2）
山东省	济宁	26.52	21	48.77	36	88.32	92
江苏省	徐州市	80.57	62	109.1	71	180	180
	淮安市	13.11	14	35.19	40	107.9	132.5
	宿迁市	10.5	11	19.39	22	57	72
安徽省	淮北市	36.65	23	59.6	38	60	64.2
	宿州市	15.19	18	34.86	31	45	45
河南省	开封市	50.78	43	58.14	67	100.3	86.2
	商丘市	16.5	16	50.92	36	93	93.2
	濮阳市	17.6	22	30.01	27	41	49.3

注：数据参考《中国城市统计年鉴》、其中城市人口采用市辖区内非农业人口。

同选取的周边部分城市对比来看（表4），1990年济宁市城市建设规模在这些城市之中排名第5，除了与徐州市和开封市具有明显差距外，与第3、4名的两个城市基本相差无几。至

2000年，济宁市城市建设规模只能排到第6，与这其中发展较快的城市差距开始拉开。如淮安市由原来的远落后于济宁市到直接超过济宁市。至2008年，虽然济宁市的排名回到第4，但与排名靠前的城市差距拉大，而与排名靠后的城市差距缩小。说明济宁市城市化整体发展速度相对周边城市也较落后。

综上看出，近20年的济宁市城市发展虽然取得了一定的成绩，但与周边一些发展势头较快的城市相比，表现出“相对发展，实际落后”的发展状况。因此，提升城市人口规模，加快推进城镇化进程，全力实施“城镇化追赶战略”将为未来几年济宁市发展的重中之重。

4、推进城市人口规模发展的对策建议

为推进济宁市城镇化进程，适度加快城镇化步伐，必须加快人口城镇化的进程。

4.1 制定鼓励人口向城市迁移的政策

建立健全有利于农村劳动力向城市有序流动的市场机制、市场规则。保护进城就业农民工的合法权益不受侵害，完善农民工劳动保险制度，扩大工伤保险范围，推进农民工参加基本医疗保险；建立新的城乡一体的基本社会保障制度；建立农民工的经济适用房和廉租房政策；从体制上革新流动人口和农民工子女的教育，为其子女的就学扫清制度障碍。

4.2 优化产业结构，提升城市的引力

通过进行城市经济体制改革，加强产业结构调整，促使产业不断升级；加快发展二、三产业，尤其是第三产业，增加转移人口的择业范围，提高城市对劳动力的吸纳能力。

4.3 发展社会服务业，增加就业岗位

社会服务业既是为中心城市居民直接提供各种服务的部门，又能为劳动力提供大量就业的机会，应该得到大力发展。

4.4 完善城市社会保障体系

新农村建设的社会保障措施也必须顺应城镇化的发展趋势，构建城乡一体化的社会保障体系是新农村社会保障体系建设的终极目标。

4.5 加强规划对城市发展的引导

目前，济宁进行了新的城市区划调整，拉开了城区中心框架，形成了“一城四区、竞相发展”的格局。城镇化的推进必须统筹规划，以实现全市的协调、全面发展。一是科学定位。按照各县市区不同的地域、产业和资源等特点，在新型城镇化建设竞争中注重个性发展，树立城市特色形象。二是以打造区域经济发展极核为目的，加强城镇体系规划编制工作。三是着力推进14个新型乡镇建设，把园区建设纳入城市管理体系，

让每一个园区都成为城市建设的新亮点。按照“工业进园区、农民进城镇、居住进社区”的方针，加快新农村建设进程，推进特色小城镇建设。

4.6 加大资金投入力度

加大城镇基础设施建设的投入力度，并做实做大各级城市建设投资公司平台。采取注入资本金和优质资产等方式，增强建设投资公司的造血机能，有效地整合城市公共资源，化解财政风险。

[参考文献]

[1] 周一星.城市研究的第一科学问题是基本概念的正确性[J].城市规划学刊,2006(1):1-5.
[2] 蔡防.我国人口总量增长与人口结构变化的趋势[J].中国经贸导刊,2004(13): 29.
[3] 贾鹏.大城市人口郊区化的驱动机制研究[D].武汉:华中农业大学,2006.
[4] 李丽萍,郭宝华.城市化形成及演进机制的比较[J].改革,2006(3).
[5] 吴宏安,蒋建军等.西安城市扩张及其驱动力分析[J].地理学报,2005,60(1):143-149.
[6] 何春阳,史培军等.北京地区城市化过程与机制研究[J].地理学报,2002(3).

济宁市创新型城市建设发展初探

韩　璐

[摘　要] 随着我国建设创新型国家重大战略的提出，建设创新型城市已经成为当前城市发展的首要目标之一。本文主要是针对济宁这样一个资源深度开发型城市进行研究，以期增强济宁的城市综合竞争力。首先对创新型城市的内涵进行了界定并立足济宁市城市发展现状，结合济宁市建设创新型城市的发展战略，构建济宁创新型城市的建设要素并加以分析，并对济宁市的创新型城市建设提出相应的对策和建议。

[关键词] 济宁市；创新型城市；创新要素；对策建议

[作者简介]
韩　璐　济宁市规划设计研究院 工程师

[备　注] 该论文获“首届山东省城市规划协会规划设计专业委员会优秀论文评选活动”征文三等奖

随着世界经济的发展和全球化趋势的不断加快，创新能力正日益成为社会经济发展的决定性力量，成为综合国力竞争的焦点。因此，党中央明确提出建设创新型国家的战略决策。随着这一重大战略的提出，我国城市纷纷提出建设创新型城市的设想，并开始了创新型城市建设，将提高自主创新能力作为城市发展的首要任务，建设创新型城市也即成为当前城市发展的首要目标之一。济宁市作为一个资源深度开发型的城市，提高自主创新能力，建设创新型城市意义则更为重大、任务更加迫切。

1、创新型城市的内涵

创新型城市是一种新的城市发展观,是指具有良好的创新环境与创新文化,并以此支撑创新主体充分利用现有的创新资源实现高绩效创新的复杂创新系统。创新型城市的含义丰富，具体包括：是对城市认识范式的革新,对城市实力、竞争力和发展潜力等指标需要作出全新的诠释和评价；是建立在其创新环境与创新文化基础上的,是各类创新要素集聚的特定城市；自主创新贯穿到全市的科技、经济、社会发展的各方面,增强自主创新能力成为产业结构调整、经济增长方式转变的中心环节；创新的意识、精神、力量贯穿于城市建设的各个方面。建设创新型城市的核心是提高自主创新能力,着力点是推进科技进步和产业提升。

2、济宁市创新型城市建设的现状条件分析

科学技术是第一生产力。随着科技革命的深入发展，科学技术在经济发展中的作用日益加重。济宁市作为一个深度开发的资源型城市，在有限的环境和资源承载力下高度重视自主创新能力的培养并努力营造创新环境，积极推进经济结构的战略性调整。

2.1 经济总量增长迅速，经济结构进一步优化

济宁市2008年国民经济和社会发展统计公报的数据显示，济宁市实现

地区生产总值2122.16亿元，按可比价格计算，比上年增长13.1%。其中，第二产业增加值1183.49亿元，增长14.8%；第三产业增加值681.86亿元，增长13.5%。三次产业对GDP的贡献率分别为3.1%、63.8%和33.1%。人均GDP达到26721元（按现行汇率折算为3848美元），比上年增加4729元，按可比价格计算增长12.4%。

2.2 科学技术事业取得较大进展

2008年，全市实施科技计划项目371项，其中国家级项目37项，省级124项，市级210项。技术创新成果丰硕，取得重要科研成果175项，有120项科研成果获得国家、省、市科技进步奖，其中1项获国家科技进步奖，25项获省科技进步奖，94项获市科技进步奖。全市申请专利3400项，专利授权2760项，14项专利获第三届山东省发明创业奖。

2.3 高新技术产业发展势头良好

企业是创新的主体要素。全市高新技术企业达到524家，其中国家级高新技术企业12家，省级227家，市级285家。民营科技企业达到122家。已建立45个省级工程技术研究中心和86处产学研基地，3处国家火炬计划技术产业基地，20处高标准农业科技示范园。科技企业孵化器8处，孵化面积达到40万m^2，在孵项目达到600多个。引进新技术、新成果860项，签订技术合同267项，合同金额3.7亿元。

2.4 创新人才资源不断丰富、完善

从事科技活动人员中科学家和工程师人数的比重显著增加。科技活动人员是企业开展技术创新活动中最主要、最活跃的因素，至2007年，济宁市大中型工业企业拥有科学家和工程师人员7889人，比1996年增加2505人，增长46.5%；科学家和工程师人员占全部科技活动的比重由1996年的57.4%提高到现在的67.9%，提高了10.5个百分点。在科学家和工程师人员中还有66名博士生和375名硕士研究生，为企业科技创新活动提供了良好的发展空间。2008年，济宁市开展了“千名人才引进计划”，实施各项优惠政策，开始大规模引进硕士和博士研究生充实到各类企事业单位中去，使人力资源结构进一步优化。

济宁市在以上四个方面所取得的巨大成就为济宁市建设创新型城市营造了良好的环境和氛围，奠定了坚实基础。

3、济宁市创新型城市建设的重点要素分析

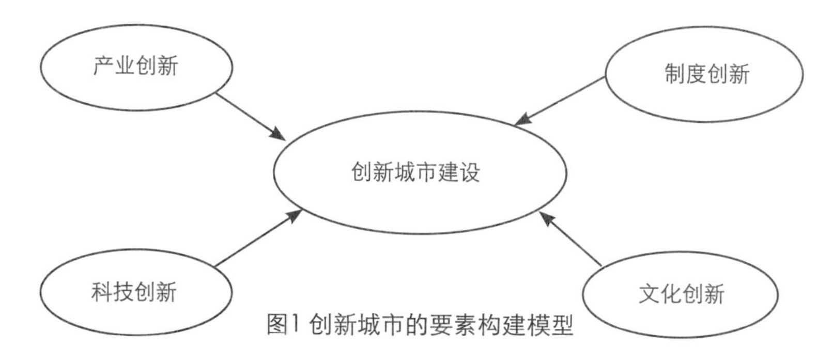

图1 创新城市的要素构建模型

从国内外城市进行的创新实践来看,创新型城市在世界范围内尚处在探索之中。尤其创新型城市是一个复杂的系统,它包含着众多因素的创新与互动。由于各城市的经济基础不同,历史文化各异,所以创新型城市的建设需要根据自身的实际情况来进行。笔者综合考虑济宁市所处的发展环境和发展条件，尝试提出创新型城市的构建要素并对其加以分析（图1）。

3.1 制度创新

制度创新是指在人们现有的生产和生活环境条件下，通过实施与创设新的、更能有效激励人们行为的管理与制度来实现社会的持续发展和变革的创新。其主要体现在摒弃和淘汰不适应甚至阻碍城市发展的相关体制与政策，并勇于尝试和制定能促进城市经济社会协调发展的系列政策及措施。在实际工作中，应突出加强政府制度建设和制度管理，完善和创新政府决策、运行和监督体系，构建行为规范、运转协调、公正透明、廉洁高效的行政管理体制。通过政府机构改革，转变政府职能，强化层次管理，完善机构设置，合理划分各级政府经济社会管理的责权。

3.2 科技创新

科技创新主要体现在知识创新、技术创新、成果转化创新等方面。鼓励原创性的科学研究，实现知识和技术的创新，更加注重成果转化的创新，提高成果转化率，使科学技术更好地应用于实践，发挥作用。济宁市应注重发挥比较优势，整合科技资源，着力构建创新平台，促进产业发展、结构调整和增长方式的转变。鼓励企业与国内外高校、大公司合作，共建博士后工作站、产学研基地和研发实验室等。知识和技术的创新又是产业创新的基础，为产业创新提供动力源泉，因此，科技创新是创新型城市建设的动力要素。

3.3 产业创新

产业创新是指在一定产业环境下，产业结构层次的优化升级。建设创新型城市的目标之一是将粗放型的经济增长方式转变为集约型，并调整产业结构，大力发展高科技含量、高附加值、低能耗和低污染的新兴产业。产业创新包括传统产业的结构调整、新兴产业的培育与成长、落后产业的淘汰及产业集群的形成。培育创新型产业是提高产业创新能力的关键，通过加强对传统产业的技术改造，大力发展以低能耗、低物耗、低污染和高附加值为特征的高新技术产业，带动各行各业经济增长方式的转变。

3.4 文化创新

创新文化是构建创新型城市的基础要素。创新文化是一种先进性的文化，能够为开展创新活动提供有利的环境氛围，是科技活动中产生的群众创新精神及其表现形式的总和。创新文化的建设需要培养和强化创新精神，良好的创新氛围有助于激发人们的创造热情，整合社会的创造力量，发掘创新资源，形成人才与成果倍出的创新潮流。最大限度地优化文化资源的配置，大力发展文化产业。鼓励和引导社会力量办文化，增加文化发展的动力和活力。特别是对于济宁这样一个具有深厚历史文化底蕴的城市来说，注重内容产业特别是创意产业的龙头作用，有助于打造济宁文化发展的核心竞争力，促进文化产业的优化和升级。

4、创新型城市建设的对策建议

创新型城市建设是一项巨大而系统的工程，不是一朝一夕就能完成的。济宁市已经为建设创新型城市打下了坚实的基础，笔者认为应从以下几个方面入手，着力推进济宁创新型城市的建设。

4.1 弘扬创新文化，形成全民创新的良好氛围

积极培育和大力弘扬创新文化。动员和组织全社会力量，形成建设创新型城市的合力。倡导勇于创新、敢于创业、鼓励竞争、宽容失败的新风尚，形成有利于创新的城市文化。弘扬创新文化应加强舆论引导，并通过学校教育、社区活动、媒体引导、各种培训等多种途径，不断提高市民的文化品位，逐步形成市民文明礼貌、环境优美整洁、交通秩序井然、服务热情规范的城市风貌。培养"诚信、务实、开放、创新"的精神，通过开展多种形式的活动，营造"勇于创新、尊重创新、激励创新"的良好氛围，使全社会充分认识创新的重大意义，为济宁创新型城市的建设提供内在推动力。

4.2 强化企业自主创新主体地位，提升企业的自主创新能力

建立以企业为主体的技术创新体系，是我国科技发展战略和政策的一个重大突破，也是构建国家创新体系的突破口。企业面对激烈的市场竞争，通过技术创新实现利润最大化的内在动力巨大。应大力鼓励和支持企业与科研院所、高校进行合作，建立产学研基地，促进企业之间、企业与高校和科研院所之间的知识流动和技术转移；鼓励有条件的企业建立自己的研发机构，开发具有自主知识产权的产品和技术，提高自主创新能力；政府应尽力满足企业的重大科技需求，并给予政策的支持，为由企业牵头承担的具有广阔市场应用前景的重大科技项目创造条件；积极鼓励企业加大科技创新的经费投入，引导企业成为科技创新投入主体；强化国有企业领导人的职责，将企业技术创新投入和创新能力建设作为国有企业负责人业绩考核的重要内容，实行奖惩制。

4.3 培养创新型人才，为创新型城市建设提供智力支持

人才是创新型城市建设的源泉。济宁市应重点培养大批职业技能型人才。结合本市发展和城市产业结构升级的需求，应大力发展各类职业教育。加快发展高等职业教育，并有针对性地建设示范性、骨干性职业技术学院。大力发展成人教育、在职培训和其他继续教育等多种方式。重点培养为济宁市现代制造技术、信息技术以及传统制造业服务的专门人才，努力建成一批高水平、示范性、技能型的人才培训基地。建设创新型城市更要重视培养和引进高层次的人才和团队。济宁市近年来十分注重人才的培养和引进，但是还应进一步发展高等教育，加快高层次人才培养，积极引进海内外高级人才，优化人才结构，以重大科技任务培养和凝聚高层次人才。

4.4 加大资金投入力度，完善支持创新的金融服务体系

资金是建设创新型城市的重要保障。应继续保持并提高研发经费占GDP的比重。逐渐提高全社会R&D

投入占GDP的比例，使科技创新的资金投入水平同建设创新型城市的要求相适应。尤其应加大财政资金对企业自主创新的支持和引导，确保财政科技投入稳定增长，并通过直接投入、补贴、贷款贴息等多种方式，引导企业加大研发投入。良好的支持创新的金融服务体系能够促进创新成果产业化的顺利进行和创新效益的实现。因此，应着力探索符合创新规律和需要的投融资机制，尤其要完善关于外资进入和科技成果转化方面的制度建设，建立以企业投入为主体，政府投入为引导，金融机构和社会各方广泛参与的科技创新投入新机制。

[参考文献]

[1] 厉无畏,王振.创新型城市建设与管理研究[M].上海:上海社会科学院出版社,2007.
[2] 于涛方.城市竞争与竞争力[M].南京:东南大学出版社,2004.
[3] 邹德慈.构建创新型城市的要素分析[J].中国科技产业,2005(10):13-15.
[4] 山东省济宁市强化科技引领支撑作用,加速创新型城市建设[EB/OL]. http://www.most.gov.cn/dfkjgznew/200905/t20090514_69183.htm .
[5] 济宁市统计局，国家统计局济宁调查队.崛起的新济宁 — 改革开放三十年发展成就[Z],2008.

从设计城市到城市设计

张 猛

[摘 要] 本文从广义的城市设计角度介绍了城市设计发展的历程，以及对未来城市设计的展望，通过对城市设计发展规律的粗浅把握，追寻了城市形成到现在的设计基本精神和一些主要原则。

[关键词] 工业革命；城市设计空间；城市规划；CIAM

从古至今，城市设计经历了三个主要发展阶段：

工业革命以前，由于城市的规模较小，功能相对来说较为单一，发展速度也很缓慢，几乎所有的城市都可以按照建筑的方式设计与建造，城市设计是建筑师的任务，历史上著名的城市几乎都是由建筑师设计建造。

工业革命给社会发展带来了巨大的变化，机器化的大生产需要大量的劳动力，而生活在农村里的人们也怀着对美好生活的憧憬纷纷涌向大城市，城市规模急剧扩大，城市的数量也大量增加，城市的性质也发生了根本的变化，使城市无法按照一个静态的建筑设计。这时期的城市设计主要是对城市环境及公共空间的设计建造，也即城市环境设计。

二战后，由于经济的发展，物质的繁荣，城市又在不知不觉中发生了变化。城市不仅是人们赖以生存的物质环境，也是人类发展的精神场所和生活摇篮。而在这之前的城市设计是以功能分区为基础的，忽视了城市固有的复杂社会文化因素，于是出现了像简·雅各布斯为代表的一批现代城市学者，并发展出了一系列的现代城市设计理论。现代的城市理论设计研究已经扩展到城市问题的各个领域，即：社会学、经济学、心理学、行为科学、生态学、地理学等，真正意义上实现了内涵的深化——以人为本。包豪斯曾经说过“设计是人，而不是产品”，城市设计最终要实现的是人对城市环境感知体验的过程。

1、早期的城市设计思想与营城制度（传统城市设计）

1.1 中国早期的城市规划设计理念

根据现有的史料和考古实物证明，我国古代最早的城市距今约有3500年的历史，几千年来，随着朝代的更替和社会制度的变迁，中国的城市规划设计理念也几经变化。

中国从西周开始便将城市规划设计作为一种严格的国家制度确定下来，这套制度两千年来没有多大变化，在很大程度上阻碍了中国传统城市设计的发展。以春秋晚期《周礼•考工记》中的《匠人•营国》为代表，中

[作者简介]
张 猛 济宁市规划设计研究院 工程师

[备注] 该论文获“山东省2004年度城市规划论文竞赛”优秀奖

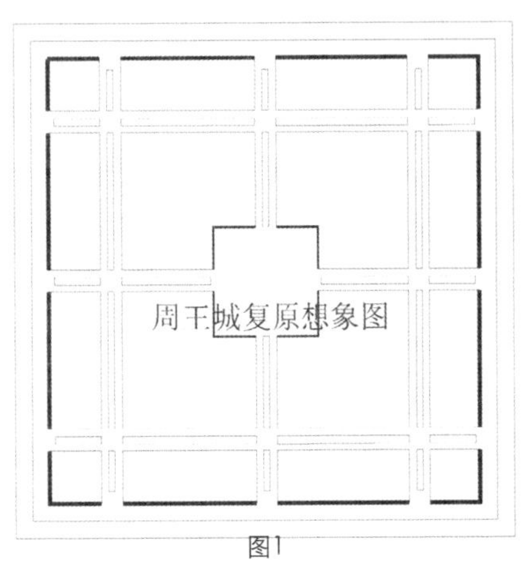

图1

国早期的城市制度涉及城市形制、规模、基本规划结构、路网乃至城市设计理念和方法等各个方面。《考工记》中记载：“匠人营国，方九里，旁三门，国中九经九纬，经涂九轨，左祖右社，前朝后市，市朝一夫”，这套较为完备的城市制度并不是源于新的城市生活的需要，而是由古代农村建邑经验以及井田制度移植过来的，甚至连城市规划的用地单位也直接采用农村井田单位“夫”，这套农村的规划思路与礼制营建制度的完美结合被用于当时的城市建设，经过实践证明是相当成功的（图1）。

与同时期的希腊希波丹姆斯的方格网式城市设计相比较，中国早期的营国制度虽然也采用棋盘式的路网系统，但其设计出发点与前者有本质的不同，前者立足于城市生活的需要、城市功能的满足以及城市空间的创造；后者更多地服从礼制营建制度的需要和人伦秩序的体现。前者的网格是由内而外，是相对灵活和开放式的；后者是由外而内，是控制性和封闭性的，当然在追求秩序与统一这一点上是不谋而合的。

中国早期全面涉及城市问题的还推《管子》的城市设计思想。《管子•乘马》篇说：“凡立国都，非于大山之下，必于广川之上，高毋近旱而水用足，下毋近水而构防省。因天材，就地利，故城郭不必中规矩，道路不必中准绳。”这里讲到选择城址应该注意的条件，强调了城市的供水、排水、防洪，要求城市布局要因地制宜，善于利用地形地势，形态不必方正，道路也不必横平竖直。当然，《管子》还涉及了城市的分布、城市的规模、城市的形制、城市的分区等各个方面，从整体上打破了当时营国制度僵硬的礼制制度，从生活的需要出发，有力地推动了城市设计实践的创新。

1.2 国外早期的一些主要城市设计思想

古希腊时期，希腊人根据自己的经验给城市下了个定义：“城市是一个为着自身美好生活而保持很小规模的社区”，这种美好生活与同时期的东方城市相比，物质上是贫乏的，但是精神文化上却是十分丰富的。这一时期典型的代表人物是苏格拉底、柏拉图和亚里士多德。

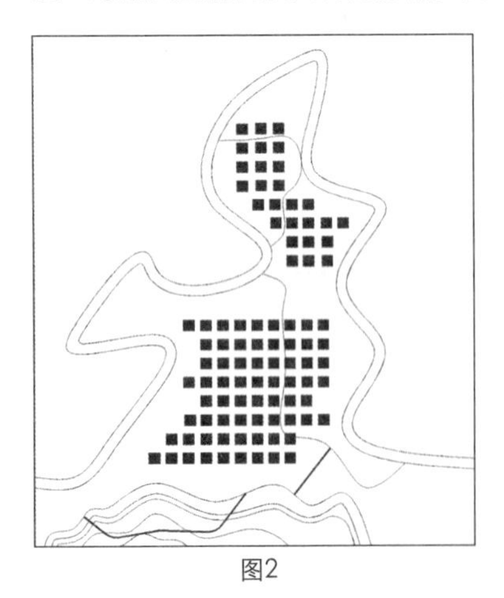
图2

作为希腊古典盛期的著名哲学家，苏格拉底本来是个采石匠，他认为“城市应该自由发展，道路系统、广场空间、街道形状不需要统一的规划，没有什么比城邦和城市生活自然发展更好了”。受社会发展的限制，苏格拉底的时代很快就结束了！

柏拉图是苏格拉底的学生，他描绘的城市是用绝对的理性和强制的秩序建立起来的，他的作品《理想国》就是很好的反映，该书中设想的城市是真正按照“社会几何学家”的理想设计出来的，城市的完整性和均衡性完全凌驾于城市自身发展之上。

作为柏拉图的学生，亚里士多德整理了柏拉图的思想，并接近了实际生活，他提出，对城市的规模和范围应该加以限制，使城市居民既有节制又能自由自在地享受轻松的生活，强调居民的阶层和地位划分，突出贵族式的同性质社区，排斥工匠和商人。

在希腊的发展中，这些思想早在希波丹姆斯的城市设计中便有所体现，以米利都城为代表的希波丹姆斯式城市设计采用了几何形状的、以方格网为骨架的城市结构形式（图2）。

2、工业革命以后至二战的城市设计（近代城市设计）

工业革命极大地改变了人类居住点的模式，城市化进程迅速推进，由于工业生产方式的改进和交通技术的发展，城市不断集中，城市人口也迅速扩张，农业生产劳动率的提高和资本主义制度的建立，迫使大量的破产农民迅速涌向城市，城市人口呈现爆发式的增长，这样就给城市带来了一系列的矛盾和弊病：人口拥挤、住房短缺、城市中贫民窟大量出现等！这样在19世纪中叶，开始了一系列有关城市未来发展的讨论……

2.1 霍华德的“田园城市”

在19世纪中期以后的种种改革和实践的影响下，霍华德出版了《明日的田园城市》一书，提出了田园城市的理论，他设想田园城市包括城市和乡村两个部分，把农村和城市的优点结合起来！并用这一系列田园城市来形成反吸引体系，把人口从大城市中吸引出来，从而解决大城市中的种种问题；霍华德对田园城市的规模、布局、空间结构、公共设施等作出了详细的规定；另外，他还以图解的形式描述了理想城市的原型（图3），而且他还为实现这一设想进行了细致的考虑，对资金的来源、土地的分配、城市财政的收支、田园城市的经营管理等都提出了具体的意见！总的说来，他使用疏散的方法以求达到公平的目标。

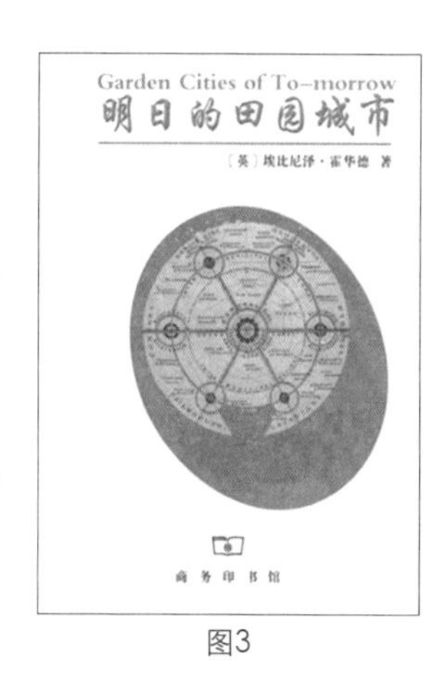

图3

2.2 赖特的“广亩城市”

“广亩城市”的概念赖特早在1924年就已经提出，他的很多观点和霍华德一致，反对大城市的专制，他追求的是土地和资本的平民化：即人人都享有资源。“每个美国人都拥有一亩土地，让他们在这块地上生活居住，并认为每个人都有自己的汽车”。从社会组织上看赖特的“广亩城市”是一个“个人”城市，每家每户占一英亩地；从城市性质上看，“广亩城市”抛弃了城市的所有结构，真正融入自然乡土之中，而正是这种思想导致了后来的欧美资产阶级郊区化运动！

2.3 柯布西耶的现代城市设想

1912年，柯布西耶发表了《明日的城市》一书，阐述了他从功能和理性角度出发的对现代城市的基本认识，从现代建筑运动的思潮中所引发的关于现代城市规划的基本构思！他的设想与霍华德完全不同，他主张通过对过去城市尤其是大城市本身的内部改造，使这些城市能够适应城市社会发展的需要。他试图将城市设计成一个大的花园，有大片的公园绿地，所有的建筑都坐落在绿树花丛之中！

2.4 嘎聂的“工业城市”

1917年，嘎聂发表了名为《工业城市》的大作，根据他的理解，工业应在城市中起决定性作用，按照工业生产规律各工业部门应该集聚在一起相互协作！他的规划方案已经摆脱了学院派的规划方案追求大气魄、大量运用对称和轴线的现象；在整个规划中他将各类用地按照功能划分得非常明确，使它们各得其所！

2.5 马塔的“带形城市”

“带形城市”是由西班牙工程师索里亚•马塔于1882年首先提出的！带形城市的主要出发点是城市交通，马塔认为这是设计城市的首要原则，因此，在他设计的城市中，各要素都紧靠城市交通轴线聚集，而且必须遵循结构对称和留有发展余地这两条原则。

3、 发诸于20世纪中叶的现代意义上的城市设计（现代城市设计）

第二次世界大战以后的城市建设，为以CIAM为代表的现代主义提供了广阔的舞台，以功能理性为主导思想，以复兴社会为己任的现代大师们抱着满腔的热情投入到城市设计的实践中。然而，1960年代，西方工业文明已经达到它的顶峰，科技的进步带来了社会的空前繁荣，但是繁荣的背后却隐藏着危机。在城市设计领域，人们开始对现代主义进行反思，以功能分区为基础的城市设计模式忽视了城市固有的复杂社会文化因素，而且，在大规模开发的过程中破坏了原有的城市结构和城市生活秩序，开始遭到人们的批判！这里我想围绕《雅典宪章》和《马丘比丘宪章》这两部在现代城市规划设计发展过程中起了重要作用的文献来加以认识！

3.1 《雅典宪章》

1933年召开的第四次CIAM会议上发表了《雅典宪章》，这次会议的主题是“功能主义”，该宪章依据理性主义的思想方法，对城市中普遍存在的问题进行了全面的分析，提出了城市规划应该处理好居住、工作、游憩和交通的功能关系，也即功能分区的思想。但是《雅典宪章》是以机械主义和物质空间决定论为思想基石的，有一定的弊端，随着时代的发展，城市发展面临着新的环境，该宪章的一些指导思想不能适应当前形势的发展变化，于是《马丘比丘宪章》应运而生！

3.2 《马丘比丘宪章》

1977年颁布的《马丘比丘宪章》首先强调了人与人之间的相互关系对于城市和城市规划设计的重要性，并将贯彻这一关系视为城市规划的基本任务;而城市也不是一系列的功能个体组合在一起的，必须努力创造一个综合的、多功能的环境；现代城市设计实质上包含着城市物质环境设计和社会系统设计双重层面。

需要说明的是，这一时期城市规划及设计领域也出现了各种学术流派，比如：培根的“城市空间运动学研究”，凯文·林奇的城市设计意向论，沙里宁的“有机疏散理论”等。他们从社会、文化、环境、生态各种视角对城市设计进行新的分析和研究，提出了现代城市设计的理论与方法，为城市的发展作出了重要的贡献。

4、未来城市设计

在近现代城市设计走向中，生态城市设计被认为是未来城市设计发展的主要方向。从广义上讲，生态城市是建立在人类对人与自然科学关系更深刻认识基础之上的新的文化观，是按照生态学原则建立起来的社会、经济、自然协调发展的新型社会关系，是有效地利用环境资源实现可持续发展的新的生产和生活方式，目的是建立一个高效、和谐、健康、可持续发展的人类聚居环境！

另外还有一种思潮就是创造建筑、园林、城市三位一体的整体城市环境，在城市设计思想的指导下，将建筑、园林、城市融合在一起，创造我国独具特色的人居环境，延续我国的传统风俗习惯。

结语：城市是人类文明的伟大产物，城市的产生和发展源于经济的发展和社会的进步，反过来城市的发展也强有力地推动着经济和社会的发展。随着社会的发展，未来的时代将是一个城市的时代，而城市设计也将是开放的设计，没有固定的、明确的主体，逐步由传统的城市设计转向社会教育、公众参与和社区实践的全面开放的城市设计，让我们翘首以待，迎接城市建设的新篇章！

[参考文献]

[1] 王建国.城市设计[M].南京:东南大学出版社,1999.
[2] 董鉴泓.城市规划历史与理论研究[M].上海:同济大学出版社,1999.
[3] 庄林德等.中国城市发展与建设史[M].东南大学出版社,2002.
[4] 刘苑.城市设计的范畴及要素[J].城市规划汇刊,2003(1).
[5] 吴良镛.人居与人居环境科学[J].城市规划,1997(3).
[6] 李德华.城市规划原理[M].第三版.北京:中国建筑工业出版社,2002.

我国城市规划现状及其思考

李文文

[摘　要] 我国新时期的城市发展正经历着质的飞跃，与此同时，城市规划必然也要面临一个从量变到质变的新跨越。而随着知识经济时代的到来，政策、科技和文化对我国城市发展的影响和推动将愈加强烈。因此，新世纪新时期的城市规划要善于抓住这一历史性的变革，加强其社会调控的功能，以保证城市的发展与社会公平、效率和生态环境保护之间的最佳平衡。

[关键词] 规划理论；现状；问题建议

[作者简介]
李文文　济宁市规划设计研究院工程师

1、城市规划理论

城市规划（Urban Planning）研究城市的未来发展、城市的合理布局和综合安排城市的各项工程建设，是一定时期内城市发展的蓝图，是城市管理的重要组成部分，是城市建设和管理的依据，也是城市规划、城市建设、城市运行三个阶段管理的龙头。要建设好城市，必须有一个统一的、科学的城市规划，并严格按照规划来进行建设。城市规划是一项政策性、科学性、区域性和综合性很强的工作。它要预见并合理地确定城市的发展方向、规模和布局，做好环境预测和评价，协调各方面在发展中的关系，统筹安排各项建设，使整个城市的建设和发展，达到技术先进、经济合理、“骨、肉”协调、环境优美的综合效果，为城市人民的居住、劳动、学习、交通、休息以及各种社会活动创造良好条件。

城市规划又叫都市计划或都市规划，是指对城市的空间和实体发展进行的预先考虑。其对象偏重于城市的物质形态部分，涉及城市中产业的区域布局、建筑物的区域布局、道路及运输设施的设置、城市工程的安排等。中国古代城市规划的知识组成的基础是古代哲学，糅合了儒、道、法等各家思想，最鲜明的一点是讲求天人合一，道法自然。

城市是人类社会经济文化发展到一定阶段的产物。城市起源的原因和时间及其作用，学术界尚无定论。一般认为，城市的出现以社会生产力除能满足人们基本生存需要外，尚有剩余产品为其基本条件。城市是一定地域范围内的社会政治、经济、文化的中心。城市的形成是人类文明史上的一个飞跃。

城市的发展是人类居住环境不断演变的过程，也是人类自觉和不自觉地对居住环境进行规划安排的过程。在中国陕西省临潼县城北的新石器时代聚落姜寨遗址上，我们的先人就在村寨选址、土地利用、建筑布局和朝向安排、公共空间的开辟以及防御设施的营建等方面运用原始的技术条件，巧妙经营，建成了适合于当时社会结构的居住环境。可以认为，这是居住环境规划的萌芽。

城市规划的根本作用是作为建设城市和管理城市的基本依据，是保证城市合理地进行建设和城市土地合理开发利用及正常经营活动的前提和基础，是实现城市社会经济发展目标的综合手段。

2、我国城市规划的现状

新中国成立以后，我国的城市规划经历了一个曲折的发展过程，在“一·五”期间，为满足大规模经济建设的需要，约有150个城市进行了初步规划，有些城市还编制了部分详细规划，一批城市按照规划初步形成了现代城市的框架，并为以后城市的进一步建设和发展奠定了基础。1958年后，城市规划的发展出现了失误，到1960年代初期，作出了暂时不搞城市规划的错误决策。“文化大革命”期间，城市规划工作几乎停滞，导致一些城市发展失控，管理混乱，造成了难以挽回的损失。1979年以来，城市规划工作重新受到重视，得到了迅速恢复和发展。1989年12月26日，我国颁布了《中华人民共和国城市规划法》，使城市规划走上了法制的轨道。特别是1996年国务院下发了《关于加强城市规划工作的通知》，它是在总结了近年来城市规划工作经验的基础上，依据“两个根本性转变”和科教兴国与可持续发展“两个战略”作出的重要决策。该文件充分肯定了城市规划作为政府宏观调控重要手段的地位和作用，要求各级政府切实维护城市规划的严肃性，切实发挥城市规划对城市土地和空间资源的调控作用，促进城市社会、经济、环境协调发展。要求在城市发展上改变以往盲目扩大规模的外延式发展模式，走优化城市结构、完善城市功能、集中统一管理的道路，提高城市的可持续发展能力。

目前，我国的城市规划大多是按照如下的步骤进行：资料的收集和研究→社会经济状态分析→确定城市性质、规模和发展方向→确定城市规划的目标→根据目标分解为具体指标→按照以上问题提出不同的规划方案→研究不同方案的利弊→确定总体规划→按照总体规划进行分区规划→详细规划→近期实施方案制订→建设规划的管理。通常情况下，规划的重点在于城市土地和空间资源的规划和管理，城市规划的着眼点是城市的社会经济的发展。虽然在有关城市规划的法规中提出了社会、经济、人口、资源、环境的协调发展，但在实际操作时由于缺乏必要的保证措施和有效的实施手段，往往忽略了资源和环境的问题，而把主要注意力放在人口和社会经济的发展上。

改革开放以来，我国的城市化进程明显加快，但与此同时，在许多大中城市不同程度地出现了诸如水资源紧张、能源短缺、废弃物污染、大气环境质量恶化、中心区人口过密、基础设施特别是道路交通设施严重滞后等现代城市通病，这些问题一方面对城市居民的生产、生活带来了现实的负面影响，同时也给城市系统的正常运转和今后的长期发展埋下了不容忽视的隐患。

3、我国城市规划存在的问题

3.1 城市规划存在随意性

城市建设，规划先行。规划在建设中的地位极其重要，规划是城市建设的蓝天，是城市建设的法律。所有的城市建设包括市政基础设施、城市广场、社区街道、景观绿化等建设都应该纳入到城市规划的行列中。

然而，在城市建设中，城市规划经常被改变，表现出了很强的随意性。究其原因有以下三个方面：第一，任何事物都是发展变化的，一成不变的事物是不存在的。第二，地方领导的更替。第三，利益驱使。首先是来自地方的利益，地方政府为了寻求财力大多热衷于土地出让，这些都牵涉到城市的规划。其次是个人利益，有些个人为了自身的经济利益操纵或诱导规划的调整，从中牟利。这一切都使现阶段部分城市的规划出现了随意性的特征。

3.2 城市发展缺少特色，照抄照搬现象盛行

一个城市其独特的历史事件和历史人物造就了其独特的历史文化古韵，在城市规划中需要突显当地的历史特色、地理特色。然而，在城市规划中照搬照抄、拿来主义、趋同化现象严重，风情各异、不同特色的城市景象已经不复存在，取而代之的是千篇一律的再造城市。因此，城市的规划建设要凸显地方特点，结合本地实际情况，打造城市发展的亮丽风景线。

3.3 城市生态污染问题日趋严重

良好的生态环境是实现城市可持续发展的基础和条件，城市居民生活质量的高低不仅仅要看城市经济的发展水平，城市设施的完善程度，还要看是否具有良好的生态环境。同时，评价一个城市是否适宜于居住，关键并不在于城市规模的大小、建筑的高低，而是要看城市的布局是否合理，是否具有健康的生态环境，城市的规划建设是否具有人性化，是否具备可持续发展的潜力。然而，我国的城市规划，为了节约支出成本，不顾城市规划中的环境问题而片面追求经济效益，为求经济效益而付出了巨大的代价——环境。于是，城市环境、生态环境的破坏频繁也成为常见现象。

3.4 城市规划缺乏前瞻性

目前，交通拥挤几乎成为每个城市的通病，这除了与中国汽车业的迅速发展分不开之外，还有一个很重要的原因就是在城市规划中缺乏前瞻性。特别是近几年来，由于私家车的普及率提高，城市中道路的数量和宽度远远不能满足需要，行路难的现象突出显现出来。在许多旧城区中，人口密度大、公共设施缺乏、户外活动空间有限，公众利益得不到有效的保障，严重影响了城市居住生活质量。这一切都与在城市规划中缺乏前瞻性有关，没有在近期或是较长一段时期内给建设留有一定的发展空间，导致了大量拆迁现象的发生。

4、解决我国城市规划问题的对策建议

4.1 强化城市规划的严肃性

加强城市规划的法制化进程，包括规划阶段和实施阶段都要注重法律在其中的重要作用，提高规划的严肃性，这与城市规划的性质分不开，法制建设是保证规划顺利实施的重要保证。1989年国家出台《城市规划法》，该项法律的实施真正将我国的城市规划纳入到法制化的轨道，但目前地方性法规仍然需要完善。因此，要避免规划失效，使城市朝着人类所期望的方向发展，必须加大执法力度，推进执法进程，完善执法措

施，强化对规划主体和客体的约束机制。

4.2 突出城市规划的特色

切莫因为需要发展城市，就大兴土木，破坏历史文化古迹，因其最终结果是得不偿失的。同时，城市快速发展带来的是城市建筑的快速建造，这时候的城市与城市之间的规划为了求快速度，难免会重复和复制。这样的结果便是城市之间规划的重复性、单一性，城市之间便失去了应有的特色。更有甚者，有些建筑沦为了城市垃圾，缺乏生机和活力。因此，城市规划应将特色放到首位，先求特色，再求速度。没有特色的规划再快也是徒劳的。

4.3 打造现代生态园林城市

生态城市一词发端于1970年代初，由于世界工业的大发展，城市化进程的加速，城市污染达到了非常严重的地步，自然环境减少了，人们赖以生存发展的自然界遭到了破坏，于是许多发达国家开始大力推进生态城市的建设，并注重环境的保护。他们提出，不能以牺牲下代人的利益来维持今天的奢侈。所以，西方发达国家对于生态城市建设有着丰富的经验，我们要注重借鉴并加以吸收，在城市建设中要节约、保护水资源，加大环保力度，建立健全与生态城市有关的法律法规和制度，加快生态城市的建设步伐。

4.4 坚持以人为本，城市规划管理科学化

现代城市大多是经济和商业的附庸，抹杀个性、牺牲市民的生活质量。随着社会的发展，明天的城市应当服务于人，以人为核心和导向，把城市环境质量视为头等大事。为此，城市规划要全面体现民意，切实关注民生，把落脚点放在人民生活质量的提高上，创建舒适的民居环境，发展多样的地方文化，培育城市的个性魅力。城市规划要在交通、娱乐、就医、教育等方面体现市民的利益，切实做到以人为本。城市规划管理是指城市政府依据相关法规对城市规划实施的管理。实质上它是对城市中各项建设项目的组织、控制、协调的过程。要与时俱进，对城市建设进行动态的管理、监测，同时规划部门要对反馈上来的信息进行综合考察论证，并根据变化了的情况对规划方案进行及时的补充和调整，这样才能实现城市建设的科学合理性。

以规划为引导，实现政府宏观调控
——探讨济宁市区商业体系发展规划

王 尧

[摘 要] 中国加入WTO对济宁流通产业产生了巨大的挑战和影响；孔子文化节、运河旅游节，对都市区经济发展将形成巨大的助推，商业服务业作为都市区国民经济的重要行业，也将面临千载难逢的历史机遇和挑战；流通的现代化也对商贸流通业的发展提出了更高的要求，特别是规划管理和编制。

[关键词] 商业规划体系；规划实施；政府管理

商业是城市发展的黏合剂和催化剂。充足的商业设施能够满足城市常住人口工作、休闲、生活等的需求，起到对城市空间活动黏合剂的作用。另外，一个好的商业能带动整个城市区域的发展和聚集，商业又起到对城市活动催化剂的作用。当前，商业活动对城市发展起到的作用越来越活跃，越来越明显。作为城市规划工作者，应认清当前形势，引导商业活动对城市发展的作用向着正方向积极前进。对商业活动采取有效的宏观调控，最好的手段就是完善商业体系发展规划，加强规划管理。

1、商业体系发展分析

加强规划研究是实现政府在新形势下对商业发展进行有效引导的客观要求。改革开放以来，商业发生了深刻的变革，特别是进入21世纪后，商业流通体制改革和发展面临着新的形势，也提出了新的发展要求，主要包括以下方面。

1.1 市场格局变化，商贸地位提升

商业的发展出现了新的形势，整个市场的总体格局由供不应求转为供大于求，出现了结构性过剩，济宁市区商业网点严重不足的问题已基本解决。商业竞争日趋激烈，整个商业的发展速度已趋于稳定，商贸流通业在国民经济中的地位逐步增强，由末端产业上升为先导产业。

1.2 机遇与挑战并存

中国加入WTO对济宁流通产业产生了巨大的挑战和影响，一方面加入世贸组织后，流通产业作为国民经济的重要链条，将获得空前的发展机会，将会更多地参与国际市场竞争与合作，构筑都市区庞大的消费市场，促进济宁市区流通产业的快速发展。另一方面也会受到巨大的挑战，济宁市的流通业面临着观念、人才、管理、技术、服务、资本等多方面的挑

[作者简介]
王 尧 济宁市规划设计研究院二所所长、高级工程师

战。

1.3 商贸业层次逐步提升

孔子文化节、运河旅游节，对都市区经济发展将形成巨大的助推作用，商业服务业作为都市圈国民经济的重要行业，也将面临千载难逢的历史机遇和挑战，在发展过程中会受到深远的影响。主要表现在投资和消费需求将保持旺盛的增长势头，吸引更多的资本投资商业服务业，人文理念将全面提升济宁市流通业在购物环境、经营管理、文明服务等方面的水准。

1.4 政府管理方式需积极跟进

推进流通现代化也对商贸流通业的发展提出了更高的要求。这几大因素，要求济宁市商贸流通业必须加快发展步伐，以适应发展的需要。同时，政府需要进一步提高管理效率，切实改变过去的管理方式、调控手段，严格履行世贸组织的各项规则。

政府应做好相应转变：由微观的具体操作转为宏观的调控和市场规则的制定；政府管理形式由审批式管理转为战略引导。要实现这些转变，达到既保证市场调节在经济运行中的主要作用，又实现政府的管理高效，保证经济的有序、健康、可持续发展，商业专项规划是保证政府当前及今后引导全社会商业具有战略性、综合性的载体，也是商业由末端产业走向先导行业进程中的有力保证。

2、政府调控商业体系发展方式

构建与流通现代化相适应的商业规划体系，纳入城市总体规划，全面推动实施。

2.1 制定专项规划，形成体系

规划制定过程是对商业现实的科学分析过程，对规划对象认识的不断深化过程。在推进济宁市商业发展规划时，主要是在对商业发展现状进行全面调查和分析的基础上，理清问题和优势，找准突破口和工作重点，逐步形成规划体系。主要分为以下几个层次。

2.1.1 济宁市区商业发展规划

这是一个总纲性质的规划，对全市的商业发展提出了总的原则和要求，对全市商业网点的总体布局和发展思路提出了要求，这是其他商业规划的基础，也是济宁市社会与经济发展规划和城市总体规划体系中的重要组成部分。

2.1.2 商业专项规划

主要是抓住当前济宁流通业发展中急需解决的问题和需要重点发展的内容，做了一些专项规划。包括物流规划、农产品流通体系规划、汽车交易市场规划、再生资源交易市场规划、商业信息化发展规划、商业利用外资规划等。

2.1.3 区域性规划

主要是重点区域和各区市县的商业发展规划，包括曲阜新区科技园区商业发展规划、商务中心区商业规划、济宁市区商业发展规划。

2.1.4 专项规划

各县市按照全市的要求，针对本区的实际情况，做了一些专项规划。这样就形成了以济宁商业发展规划为中心，专项规划为骨干，区域规划为补充的现代流通业规划体系。

2.1.5 其他管理工作

在构建与流通现代化相适应的规划体系的过程中，还应做好以下几个方面的工作:

首先，摸清底数，商业普查。主要解决规划制定过程中所需要的基础数据问题，并通过地理信息系统实现数据的动态化和相关变量的模块化。对济宁商业各区域、各业态的发展现状进行全面的定量分析，并与国外同类城市进行不同时期的对比研究，为认识济宁商业的现状及与国际先进水平的差距提供科学依据。

其次，找准关键问题，进行基础研究。如电子商务专题研究、业态发展趋势研究、特色商业与特色街研究、各区域企业效益研究、农产品批发市场研究、商业周转速度研究，个别棘手的问题委托两个独立的课题组，独立研究、提出意见，或形成专项规划，或纳入综合性规划。

再次，结合全市重点，“借势”制定规划。如市政府提出了济兖邹曲都市圈的城市布局战略构想，以此为基础，围绕"二线"(太白楼路、运河路)，通过综合整治，形成展示济宁市区市井文化的"文化旅游商业区"规划思路；围绕"两区"(市中区和曲阜新区)高质量地形成商务中心区(CBD)商业发展规划。

济宁市区商业体系规划既要具有一定的前瞻性、科学性，又要具有较强的可操作性，符合济宁市国民经济和商业发展的实际情况。同时，还要加强与计划、规划、国土、工商等部门合作，或共同研究，或联合发布，或征求意见，使各部门对商业规划达成共识，共同推进规划的实施。

2.2 采取配套措施，推进规划实施

2.2.1 发布行业发展指导目录

根据国家和济宁市产业政策，以及济宁市商业发展实际情况，目录分为鼓励、支持和限制两部分。对符合国家政策，关系国计民生和满足居民基本生活需要，适应都市圈城市功能，符合发展趋势的行业、营销方式、技术和基础设施建设项目鼓励发展；对不符合国家行业发展政策，不适应发展需要的行业和建设项目进行限制。指导目录的发布，作为规划的具体补充和调节，对引导社会投资起到了积极作用。

2.2.2 组建机构，重点推进

为加快落实规划，加快发展，我们组建了相关专项工作机构，重点就某一个方面的问题进行研究，推动全市专项工作的进展。共建立了物流、农产品批发市场体系、食品安全体系、社区建设、连锁工作等五个专

项办公室。

2.2.3 建立协调会议制度，加大服务支持力度

与市有关部门如计划、规划等单位建立了专项协调机制，对于符合济宁商业发展要求的商业项目和重点项目，通过专题会议联合审定，促进项目的建设发展。通过召开重点项目协调会，抓紧协调服务工作，为企业发展开辟“绿色通道”，确保了项目进度。同时，建立济宁市汽车交易市场联席会议，加强对济宁市汽车市场的清理整顿和规范发展。组织了由市计委、市规划局、市工商局、市公安局、市国土房管局参加的汽车交易市场建设管理联席会议，共同推进济宁市汽车交易市场的规范化、合理化发展。

2.2.4 搭建流通资源平台，加强流通信息服务

搭建商业网点资源平台，鼓励“济宁商业物业网”等专业中介网站的发展，建立商业地产供求数据库，形成房地产商与零售商之间的互动机制，组织房地产商和商业经营者通过洽谈会等多种方式进行对接，及时沟通网点资源信息，为商业设施发展提供比较全面的基础数据，解决流通业发展的选址难问题。

2.2.5 加强立法，完善法规规范体系

首先，制定标准。主要是制定零售商业业态分类规范和农产品批发市场建设规范。济宁市商业的各种新兴业态不断出现，为便于管理和服务，清晰掌握各种业态发展趋势，我们参照国家零售业态规范，制定济宁市零售业业态规范。计划在2003年完成该项工作。另外，农产品批发市场建设规范已经市商委、计委、农委、工商局联合下文发布，从选址、设施、经营、管理、交易等方面提出了要求，为今后济宁市农产品批发市场的建设发展和升级改造提供了标准。

其次，推进立法。为适应都市区向更加宽裕的小康阶段迈进的要求，加快流通产业现代化发展，构建国际大都市流通现代化的主体框架，为市民创造舒适便捷的消费环境，进一步提升都市综合服务功能，优化发展环境，促进社会资源的合理配置和商业设施的科学设置。同时，制定《济宁市商业设施设置办法》，初步思路是将所有商业设施的规划建设管理纳入其中，废除原住宅配套用房管理办法，将住宅配套用房管理的有关内容加入新的办法中，并加入商业街、大型商业设施、商业中心、便民商业设施等方面的内容。

2.2.6 加强规划确定的严控区域商业项目的管理

如对全市范围内一些不符合规划的大型项目、初级市场的盲目发展严格按规划加以限制。应采取组织专家论证，与规划局、工商局、国土房管局等部门紧密配合协调等形式，科学引导。

2.2.7 积极引进国际一流商业企业和市场急需的业态

为加快发展规划所定的新兴业态，我们加大了引进外地和国外先进商业的力度，对于能够促使提升济宁商业水平的项目，采取措施给予重点支持。

3、几点思考

（1）推进规划实施。由于商业规划的执行不应是强制性的，而应当是指导性的，指导性的大小取决于规划编制者对国际商业发展趋势和本地商业发展规律的认识程度。同时，商业规划是政府主管部门在一定时期的行动依据，因而商业规划不应是理论性的，而应当是操作性的，是商业实践、商业趋势与政府相关部门对商业相关问题认识的综合体。商业规划一般具有中长期的时效性，因而商业规划的实施不应是战术性的，而应当是战略性的，不能寄希望于通过某一专项规划解决规划实施过程中的大量技术性、战术性问题，而要全面规划，统筹考虑。

（2）济宁市区应明确把流通业从“末端产业”上升到“先导行业”的高度，促进济宁市区流通业大力发展，成为都市圈经济的支柱之一。中心工作是以落实商业规划体系为重点，加快构建全市流通现代化的基本框架，力争到2010年，基本实现“两个转变”，即由传统商业经营向现代流通方式转变，由单纯的消费品流通向统一开放的大市场、大流通转变。“四个体系”，即基本构建起集约便利的现代零售服务体系、高效畅通的现代物流配送体系、安全快捷的食用农产品流通体系和专业经营的新型批发体系。

（3）“提高两个水平”，即显著提高流通业的信息化水平和服务水平。“培育一批集团”，逐步形成现代百货业、连锁超市业、专业连锁业、物流配送业、中式快餐业和食品加工业“六大板块”，发展多家主业清晰、管理现代、具有较强竞争实力的大型流通企业集团。基于规划而形成的发展思路，加快济宁市形成业态清晰、功能完善、特色突出的流通业发展格局。

（4）适应了加入WTO后发展的初步需要。我国加入WTO后，最直接的挑战之一就是包括政府职能、市场规则的转变。WTO的重要原则就是公正、公开、透明、平等竞争，市场竞争面前，企业都是平等的。制定规则，为企业创造一种公平、透明的竞争环境，也成为政府的主要任务。政府发布的规划也是一种规则，是商业企业在济宁市区发展必须符合的商业规则。

（5）规划实施过程中，也有一定的局限性，对需要市场调节解决的问题，规划难以细化操作，对需要强制性解决的问题缺乏有效力度。特别是多年以来，我国商业法制建设相对滞后，商品市场秩序紊乱。一些地方和领域还存在很多问题，这些问题必须采取行政、法律和市场经济手段相结合的措施切实加以解决。为此，应加强商业网点规划方面的立法，加强宏观指导，推进商业设施管理创新。建议对农产品批发市场规划建设、规范标准、经营管理作出强制性规定，有了上位法，地方才能有政策依据，才能使城市的商业网点更加合理、科学、有序地发展。

[参考文献]

[1] 辛鸣.加入WTO后的中国[M].北京:中共中央党校出版社,2003.
[2] 冯雷.WTO与中国商业发展对策[M].北京:中共中央党校出版社,2000.
[3] 蔡鸿生.WTO与商业变革[M].北京:中国商业出版社,2001.
[4] 曹家为.加入WTO对中国商业的影响及应对策略[J].现代财经,2000(2).
[5] 邹时荣.WTO与贸易自由化:我国商业面临的战略抉择[J].北京商学院学报,2000(4).
[6] 樊秀峰.加入WTO:中国零售业面临的挑战与对策[J].当代经济科学,2000(5).
[7] 徐锋.市场国际化条件下优化中国流通产业组织的基本战略[J].商业经济与管理,2000(9).

9

建筑设计篇

逐渐走入我们生活的“绿色建筑”

孔宪龙　张向波　朱德周

[摘　要] 当今人类面对世界人口剧增、土地沙漠化严重、自然灾害频发、温室效应、淡水资源日渐枯竭等生存危机,终于认识到“可持续发展”的必要性。建筑作为一个古老的行业要实现“可持续发展”,必须走“绿色建筑”之路,“绿色建筑”与自然和谐共生,将实现经济与人口、资源、环境的协调发展。“绿色建筑”正逐步成为一种当代人类社会应对生态环境危机挑战、反省自身行为结果的重要修正和选择。文章从“绿色建筑”的发展背景入手,重点阐述了“绿色建筑”的设计理念及其发展现状,以期提高人们对“绿色建筑”的认知。

[关键词] 绿色建筑；设计理念；节能；生态环境

[作者简介]
孔宪龙　济宁市规划设计研究院工程师
张向波　济宁市规划设计研究院方案室主任、工程师
朱德周　济宁市规划设计研究院工程师

[备　注] 该论文获“2010年度山东省建筑专业论文竞赛”二等奖

2010年5月，第41届世博会在中国上海举行，在世博园区，给人印象最深的无疑是其精彩纷呈的建筑艺术。在历史上，历届世博会其实也都是建筑的盛会，例如1851年伦敦世博会的水晶宫、1889年巴黎世博会的埃菲尔铁塔、1992年西班牙塞维利亚世博会的阿拉米罗大桥等。这些经典的世博建筑不仅推动了建筑艺术的发展,更因为其汇聚了人类文明的智慧,折射了时代与文化的光辉,而给我们留下了永恒的记忆和宝贵的文明财富。如今,上海世博园的建筑不仅具有浓厚的艺术气息,更开辟了新的建筑风格和理念。在上海世博园区中，新技术、新创意、新能源、新材料被大量采用，入驻园区的各国建筑,共同将低碳、绿色与环保理念尽情发挥，努力营造一个“蓝天白云，水清地绿”的良好生态环境，最终体现“城市，让生活更美好”的主题。

所有这些，都代表着21世纪的建筑新思潮——节能、环保、绿色、和谐，将为21世纪的人居提供示范。“绿色建筑”将逐渐走入人们的生活，并将给我们的生活带来翻天覆地的变化。

所谓“绿色建筑”，是指在建筑的全寿命周期内，最大限度地节约资源（节能、节地、节水、节材），保护环境和减少污染，为人们提供健康、适用和高效的使用空间，与自然和谐共生的建筑[摘自《绿色建筑评价标准》(GB 50378)]。其中，“绿色建筑”的“绿色”，并不是指一般意义的立体绿化、屋顶花园，而是代表一种概念或象征，指建筑对环境无害，能充分利用环境自然资源，并且在不破坏环境基本生态平衡的条件下建造的一种建筑，又可称为可持续发展建筑、生态建筑、回归大自然建筑、节能环保建筑等。

1、“绿色建筑”的发展背景

建筑作为人工环境，是满足人类物质和精神生活需要的重要组成部分。然而，人类的建筑从最初的遮风避雨、抵御恶劣自然环境的掩蔽所到今天四季如春的智能化建筑,由于对感官享受的过度追求，以及不加节制的

开发与建设，使现代建筑不仅疏离了人与自然的天然联系和交流，也给环境和资源带来了沉重的负担。据统计，人类从自然界所获得的50%以上的物质原料用来建造各类建筑及其附属设施，这些建筑在建造与使用过程中又消耗了全球能源的50%左右；在环境总体污染中，与建筑有关的空气污染、光污染、电磁污染等就占了34%；建筑垃圾则占人类活动产生垃圾总量的40%。我国目前的状况是资源总量和人均资源量都严重不足，而且我国的消费增长速度惊人，在资源再生利用率上也远低于发达国家。同时，我国正处于工业化、城镇化加速发展时期，要在未来15年保持GDP年均增长7%以上，将面临巨大的资源约束瓶颈和环境恶化压力。严峻的事实告诉我们，中国要走可持续发展道路，发展“绿色建筑”刻不容缓。

2、“绿色建筑”的设计理念

“绿色建筑”的设计理念是以人为本，减轻建筑物对环境的负荷，即节约能源及资源再利用；提供安全、健康、舒适性以及与周围生态环境相协调与融合。

2.1 “绿色建筑”的场地选择和设计

“绿色建筑”不单纯是技术手段下的功能空间创造，同时要强调建筑与自然环境、现有资源和形式特征相适应，达到绿色与建筑水乳交融。因此，“绿色建筑”在场地选择和设计上要充分考虑气候和场地因素。如朝向、方位、建筑布局、地形地势等，尽可能利用天然热源（太阳能）、冷源来采暖与降温，充分利用自然通风来改善空气质量，降温除湿。

2.2 “绿色建筑”材料的选择

以前人们总是寻找轻巧、结实、便宜、美观的建筑材料，现在则着重选择对环境保护有利的建筑材料了。这种材料就是绿色建筑材料，它无害、可降解、可再生、可循环、无污染、无辐射。

（1）尽量减少木材。

（2）设计、施工中坚持不用含有有害物质的材料，油漆、地面胶、地毯、地面材料、墙面装饰材料等须经严格审核才可用。

（3）尽量回收建筑材料，在建筑中重新利用，这样既可以节约能源，又可以减少垃圾。

（4）选用低能耗产品。

（5）尽量使用当地材料和耐用材料，减少长途运输所浪费的能源和产生的废气污染等。

2.3 “绿色建筑”的建筑设计技术

在绿色建筑设计中节约能源的最有效办法是减少供暖（冷）热量的损失。这里，建筑的密度、单元的组合、建筑的朝向、建筑的结构和体量的安排、建筑外墙的保温隔热都是要考虑的因素。此外，材料的类型、墙体的厚度、窗户的面积、门窗节点的构造也同样不能忽视。现代主义的国际风格表现在建筑上的一大特征就是大面积的玻璃窗，这种设计是建立在便宜能源的基础上的，浪费的能源十分惊人，夏季，它须耗费大量额外的空调制冷的能量；冬季，它又大量消耗采暖的热量。因此，我们设计时不能盲目追求时尚而进行大面积开窗，而应根据实际情况开窗，在需要保温隔热的地方，建筑的门窗还要作密封设计和处理。对建筑物外围护结构的精心设计历来是建筑师十分重视的问题，但把节能放在第一位，则是绿色建筑提倡的。建筑的外围护由墙、屋顶、门窗三部分组成。据统计，美国每年有13亿美元的能源以暖气和冷气的形式从建筑不严密的外围护中散失。因此，严把外围护关，防止能量散失十分重要。

2.4 “绿色建筑”的节能设备选择

在绿色建筑设计中，能源是建筑师考虑的重点。门窗这类产品对建筑物的能耗影响很大，因为很多能量都是从门窗中散失的，所以设计时要选择保温隔热性能好的门窗。

节水装置是绿色建筑产品的另一大类，现在已经有了设计得很好的节水龙头、节水抽水马桶、节水淋浴器和其他节水设备，使用这些设备可以大大节约水资源。此外，设计时还应选择低能耗、高效率的设备。

2.5 “绿色建筑”的废物排放与处理

化肥残余、工业三废、人类生活垃圾等统统不处理地进入大自然，已经给人们带来了无穷的灾难，因此，对待建筑物的废物处理也是绿色建筑比较重要的一个方面。具体做法包括减少建筑物的污染排放;生活垃圾要进行分类处理；生活用水可实行分类多次重复使用;粪便可实行脱水灭菌处理,生产农家肥料,或发酵综合利用。同时，可以在生活小区中设中水处理系统，将洗浴洗脸水回收至社区内的中水处理系统进行处理，然后将其用于浇灌绿地、冲洗园区道路、洗车和补充人工湖蒸发掉的水分等，通过这些手段，可以节省物业浇灌绿地费用、洗车费用和人工湖水置换费用。

2.6 “绿色建筑”的费用选择

建筑造价与运行管理费用经济合理。使用合适的先进技术,使建筑运行费用较低,使建筑造价得到节省。

总之，“绿色建筑”归纳起来就是“资源有效利用的建筑”。有人把它归纳为具备4“R”的建筑,即“Reduce”，减少建筑材料、各种资源和不可再生能源的使用；“Renewable”，利用可再生能源和材料；“Recycle”，利用回收材料,设置废弃物回收系统；“Reuse”，在结构条件允许的前提下重新使用旧材料。因此，绿色建筑是资源和能源有效利用、保护环境、亲近自然、舒适、健康、安全的建筑。

3、“绿色建筑”在国外的发展现状

发达国家在1980年代就开始组织起来，共同探索实现住宅/建筑可持续发展的道路，如：“绿色建筑挑战”（Green Building Challenge）行动，采用新技术、新材料、新工艺，实行综合优化设计，使建筑在满足使用需要的基础上所消耗的资源、能源最少。日本颁布了《住宅建设计划法》，提出“重新组织大城市居住空间（环境）”的要求，满足21世纪人们对居住环境的需求，适应对住房需求的变化。德国在1990年代开始推行适应生态环境的住区政策，以切实贯彻可持续发展的战略。法国在1980年代进行了包括改善居住区环境为主要内容的大规模住区改造工作。瑞典实施了“百万套住宅计划”，在住区建设与生态环境协调方面取得了令人瞩目的成就。近几年，随着可持续发展观念的深入人心，很多国家的政府都在大力提倡发展生态住宅（或称绿色住宅），与之相关的技术协会、研发组织也如雨后春笋般发展起来，研究、制定了相应的技术评估和产品认证体系，如：美国绿色建筑理事会（USGBC）的LEED评估体系、德国的蓝色天使标识（Blue Angel）等。与此同时，各种类型的绿色生态建筑及绿色建材在世界各国大量涌现，这极大地推动了“绿色建筑”的发展。

4、“绿色建筑”在国内的发展现状

我国在“绿色建筑”方面起步较晚，但近来却很受重视，有几个主要原因：一是国家将可持续发展战略作为和科教兴国战略并列的21世纪社会发展的两大基本战略，因此各级政府对此都非常重视；二是建筑产业作为国民经济的支柱产业，在我国发展迅速，而其对能源供应和环境保护也造成巨大压力，需要解决的问题多，并且迫在眉睫；三是住房分配制度改革使得住宅最终走入市场，而新的市场机制使得“绿色住宅”可以通过市场竞争而不断扩大影响，从而促进和引导住宅产业向着可持续发展的方向前进；四是随着人们节能意识、环保意识的增强，供暖系统计量收费制度改革使得住户经济利益与能耗直接挂钩等，人们更加全面地关注居住环境，消费者对更高层次健康舒适住宅的要求与日俱增，这也促进了“绿色建筑”问题的研究与探索。正是基于以上几点原因，建筑的可持续发展问题得到了政府、房地产开发商、住宅消费者和科研机构的重视，就连国外的一些政府与科研机构也都积极参与到其中。“绿色建筑”所触及的不仅是建筑本身，还有一系列其他社会问题。准确地说，“绿色建筑”所涉及的是一个庞大复杂的社会体系。就目前而言，理想中的“绿色建筑”模式与现实社会还存在较大差距，一系列政策、法规和技术措施还有待完善。

绿色意识从无到有,从弱到强,“绿色建筑”从默默无闻到成为时尚,从理想到逐步成为现实,发展迅速,成绩显著。但也应看到,在这个过程中也存在许多不足和遗憾,我们只有不懈地努力,“绿色世界”最终才可能实现。2008年的北京奥运会,2010年的上海世博会都将成为我们发展“绿色建筑”的契机,呼吁更广泛的公众环保意识与参与精神,“保护环境,从我做起”，树立“绿色中国”的理念,让我们共同努力,建设我们美好的绿色家园。

[参考文献]

[1] 绿色建筑评价标准(GB 50378—2006)[S],2006.

[2] 中国建筑科学研究院.绿色建筑在中国的实践——评价 · 示例 · 技术[Z],2007.

[3] 冉茂宇，刘煜. 生态建筑[Z],2008.

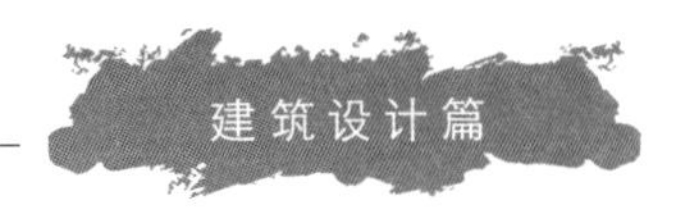

生态高层建筑设计浅探

杨 立　李东海　姜洪涛

[摘　要] 高层建筑是城市发展的标志，但是诸多弊病的存在已成为制约高层建筑发展的障碍，生态与节能设计成为高层建筑设计的重要理念。本文综述了世界先进的高层设计理念和绿色建筑技术以及可再生能源的利用，指出高层公共建筑未来的发展趋势。

[关键词] 高层建筑；生态；绿色建筑；可再生能源

[作者简介]

杨　立 济宁市规划设计研究院 工程师

李东海 济宁市规划设计研究院 工程师

姜洪涛 济宁市规划设计研究院 工程师

[备　注] 该论文获“2010年度山东省建筑专业论文竞赛”二等奖

1、概述

社会发展和人口的大量涌入，使得城市在蓬勃发展的同时，也在面临居住、交通等压力及能源消耗和资源瓶颈等问题，如何在有限的土地和空间上突破城市发展面临的困境，已经成为当前各城市迫切需要解决的问题。①高层建筑的产生是城市生长与土地资源紧张的必然结果，是解决这一问题的有效途径之一。但是高层建筑弊病很多，能耗过大、热岛效应、自然光不足、新鲜空气不足、噪声大等问题在高层建筑中普遍存在。在促进城市快速发展的同时，高层建筑也对城市生态结构和城市文化产生威胁。②生态高层建筑就是针对高层建筑中的弊病，以自然生态原则为依据，探索人、建筑、自然三者之间的关系，依据当地的自然生态环境，运用生态学、建筑技术科学的基本原理和现代科学技术手段等，合理安排并组织建筑与其他相关因素之间的关系，使建筑和环境之间成为一个有机的结合体，使人、建筑与自然生态环境之间形成一个良性循环系统。③

2、生态高层建筑设计的三种方式

在能源危机、科技高速发展的时代背景下，高层建筑的生态化设计成为大势所趋，生态设计已成为高层建筑创作的重要环节，高层建筑生态技术应用和理念创新也呈现出多元化趋势，并主要表现在以下三个方面：

第一，外墙围护材料技术创新。在高层建筑和超高层建筑中，玻璃幕墙是最常用的外部围护结构，将建筑美学、建筑功能和建筑结构等因素有机地统一。但是玻璃幕墙在提供良好照明和建筑美学的同时也带来采暖和制冷的巨大消耗。“双层皮”幕墙系统和智能遮阳系统已成为解决这一问题的重要手段，也是外墙围护结构生态化的重要体现。“双层皮”幕墙主要运用空气热压原理和烟囱效应，把新鲜空气吸入室内，同时把室内污浊空气排到室外，在高层建筑中实现自然通风，由于采用双层玻璃幕墙和中间缓冲空气层，使幕墙冬季保温、夏季隔热及隔声降噪功能更加优越。④

智能遮阳系统，则可以根据不同地区冬夏两季的太阳照射角度来进行智能调节，夏季遮蔽太阳辐射，冬季把热量带进室内，还可以采用各种材料、形式的遮阳板，以不同的方式进行分割，从而形成千姿百态、各不相同的建筑立面。

英国伦敦的瑞士再保险大厦（图1）和中国上海中心（图2）是双层幕墙应用的典型建筑，瑞士再保险大厦的外部围护结构由5500块平板三角形和钻石形玻璃构成，按照不同功能区对照明、通风的需求不同，为建筑提供了一套可呼吸的外部围护结构。内外幕墙之间是通风空道，通风空道起到气候缓冲区的作用，减少额外的制冷和制热。螺旋形上升的内庭区域幕墙则由可开启的双层玻璃板块组成，采用灰色着色玻璃和高性能镀层来有效地减少阳光照射。上海中心（在建）是目前世界在建最高的双层表皮建筑，内部由9个圆形建筑叠加构成，其间形成九个垂直空间，大厦双层表皮的内层覆盖了垂直的内部建筑，三角形外幕墙则形成第二层表皮，外立面与内立面之间的空间形成空中中庭，一方面由于内外幕墙质地透明能够从视觉上满足建筑美学，另一方面这一设计使大厦更加节能和环保。同时，大厦旋转、不对称的外部立面可使风载降低24%，减少大楼结构的风力负荷。

图1 瑞士再保险大厦

图2 上海中心

图3 阿格巴大厦

图4 广州发展中心大厦

巴塞罗那的阿格巴大厦（图3）外侧表皮采用电动玻璃百叶遮阳系统，大厦前部安装4400个混凝土外壳的方窗，60000扇玻璃百叶则构成了附加外皮，最大限度地增强了内部空间的透明性，同时提供了隔热保护。另外，安装在混凝土表层的活动铝板由25种色彩组成，根据时间不同，大厦表皮从红色到蓝色变换无穷，使建筑有一种如水一样的特性，色彩斑斓而又通透。广州发展中心大厦（图4）设计则是在外立面四周采用了竖向遮阳百叶，可根据太阳照射角度、风力、天气等因素自动调节角度，以达到最佳的遮阳和景观效果，遮阳铝板上布满了直径约5mm的圆孔，即使处于关闭状态，也可透过遮阳板看到窗外景色，并具有奇特的类似竹帘的视觉效果。

第二，绿色环境创造。将绿色环境引入高层建筑，是实现高层建筑生态设计最重要的方式，通过植物配置形成的空中花园，使得城市空气得到有效净化，热岛效应得到改善，同时有效吸收和阻挡噪声，在带来绿化和生态效益的同时也为高层建筑创造更加适宜工作和居住的环境。法兰克福商业银行（图5、图6）被认为是世界上第一座拥有环境敏感性的高层建筑，是高密度城市生活与自然生态环境融合的典范，与常规高层建筑不同，福斯特设计了13个三层高的花园环绕在大厅周围，建筑平面呈三角形，宛如三叶花瓣夹着一枝花茎，花瓣部分是办公空间，花茎部分是中空大厅，中空大厅在起着自然通风作用的同时还为建筑的内部创造

图5 法兰克福商业银行(一) 图6 法兰克福商业银行(二)

图7 新加坡热带环保大厦 图8 马岩松的“城市森林”

丰富的景观。环三角形平面依次上行的4层绿化平台给建筑内部的每一个角落带来了绿色的景象，楼内每间办公室都有可以开启的窗子以享受自然通风，并直接得到阳光，为高层建筑节约大量能源。[5]

热带环保大厦（图7），是新加坡建设的新型生态环保大厦，由国际著名生态建筑设计大师杨经文博士（TR Hamzah & Yeang）设计，大楼有26层，设置大量太阳能板搜集能源，侧面进行自然通风设计，大厦四周被有机植物包围，具有丰富的生物多样性，借此可恢复当地的生态系统，增进大楼绿化，并可以作为隔热墙之用。由于新加坡属于经常降豪雨的城市，大厦还进行了雨水与家庭废水收集的设计，用来灌溉大楼周边的绿色植物并作为马桶冲水之用，整栋大楼约有55%的用水都是使用雨水与废水，十分节省水资源。[6]

“城市森林”（图8）是马岩松为重庆设计的一座摩天大楼（刚中标），是绿色立体城市的先驱。大厦将不再是一个平庸的办公机器，而是未来高密度城市与重返绿色自然的有机结合，摒弃了传统高层办公建筑的类型特征，把城市的商业功能与自然环境混合并立体组织在建筑中，为住户提供更多外部空间的阳台和拥有双重高度的空中中庭，创造出空气、风和光线的空间流动，使得人们在现代城市生活中重新获得与自然的沟通。不同层高的城市活动平台所产生的错动，构成了一种动态的升华，为人们提供了更多的交流空间。建筑将成为自然的人造延续——城市摆脱了被效率和利益所分割管理的“工业化高密度”，更接近于自然的有机整体。

第三，能源、资源的创造与再利用。随着全球不可再生能源的不断消耗，能源危机敲响了人类的生存警钟，高层建筑的能耗是普通公共建筑能耗的6～8倍，其中50%～60%用于制冷和采暖，因此高层建筑的节能具有重要意义。利用高层建筑的优势进行可再生能源的创造，已成为高层建筑设计的重要方式，其中太阳能采集和风能利用成为代表。太阳能采集是高层建筑节能的重要手段，以其独特优势和广泛的适用性成为可再生能源的首选，而风能发电则是利用高层建筑独特优势获取可再生能源的另一种方法。风能是一种可再生、无污染且储量巨大的能源，据科学家保守估算，地球上可用来发电的风力资源约有100亿kwh，几乎是目前全世界水力发电总量的十倍，而全世界每年燃烧煤所获得的总能量，只相当于地球可利用风力能量的三分之一左右。

英国曼彻斯特保险合作协会（图9）的太阳能大楼就充分利用了天然环保的太阳能作为自给能量，采用7244面太阳能光伏板替代传统材料（如砖、玻璃等）。建成后外墙高达120m，成为欧洲最大的立式太阳能电池阵，每年将产生18万单位的可再生电力。阿特金斯(Atkins)首席建筑设计师肖恩·奇拉设计的巴林世贸中心（图10）则是首个风能摩天大楼的成功案例，是全球第一座利用风能作为电力来源的摩天大楼，这三座风能涡轮机的安装费用为100万巴林第纳尔，每年约提供1300MWh(130万kWh)的电力，相当于200万t煤或者600万桶石油的发电量，供300个普通家庭一年之用。

图10 巴林世贸中心

图9 曼彻斯特保险合作协会

“迪拜旋转塔”（图11）不但是风能利用而且是建筑智能化的代表。塔高约420m，有80层，每一层都错落开，呈螺旋上升状，整个大楼看上去就像是在不停舞动的少女，人们在房间中将可以欣赏到持续变化的外部景致。大楼中的一些豪华别墅使用的是声控电脑系统来控制旋转，其他部分的运动则被设计为持续“舞蹈”，并可以随着时间变化。大楼建成后，各个楼层之间都安装风力涡轮机，提供动力令每一层都可作360°旋转。迪拜摩天大楼总共安装79个风力涡轮。动感大楼还装有太阳能板，为自己或邻近的建筑物提供电力，整座大楼所需的能源都是自给自足的。

图11 迪拜旋转塔

3、结语

生态高层建筑拓展了生态建筑的领域，在高层建筑设计中开拓出了一条运用现代科学技术实现可持续发展的道路，使建筑设计不再局限于技术的表演，而是更专注于生态环境，并运用现代适宜技术，去解决建筑中的生态问题，构筑起更加宜人的环境。在能源危机、科技高速发展的时代背景下，高层建筑的生态化设计是大势所趋，应借鉴国内外高层建筑生态化设计的成功案例，并将其积极运用到建筑设计中去，使我国高层建筑设计走上生态化和可持续发展的道路。[7]

[参考文献]

[1] 苏勇,虞大鹏.垂直城市 — 高层住宅的过去、现在与未来[J].城市建筑,2009(1).

[2] 梅洪元,陈剑飞.新世纪高层建筑的发展趋势及其对城市的影响[J].城市建筑,2005.

[3] 冯雅,向莉.生态环境的建筑设计[J].建筑学报,1996(6).

[4] 李保峰.“双层皮”幕墙类型分析及应用展望[J].建筑学报,2001(11).

[5] 玛丽·巴普金斯基.法兰克福商业大厦——具有空中花园和自然通风外墙的摩天楼 [J].刁文怡译.华中建筑,1999(17).

[6] 吴向阳.寻找生态设计的逻辑——杨经文的设计之路[J].建筑师,2008.

[7] 刘君怡. 从“HIGH-TECH”到“ECO-TECH”——浅议高技建筑的生态趋势[J].南方建筑,2005.

浅谈中小户型住宅设计

朱德周

[摘　要] “力求在较小的空间内创造较高的生活舒适度”，也进一步指引着商品住宅中小户型的设计和实践。提高商品住宅中小户型的设计能力和户型设计细节，成为许多开发企业和设计机构关注的焦点。充分利用中小户型有限的空间，尽量做出相对较高的舒适度，其本质就是“利用小空间，创造大价值”。通过有限空间的合理设计和布局，达到使用价值最大化。把住宅本身的功能性、舒适性及审美性完美融合在一起，使以人为本的居住理念得到最好的诠释。

[关键词] 中小户型；住宅设计；设计原则

[作者简介]
朱德周　济宁市规划设计研究院　工程师

[备　注] 该论文获“2010年度山东省建筑专业论文竞赛”三等奖

我国土地资源的匮乏，人均耕地的逐年减少，住房需求的大量增长，这样的基本国情要求我们严格控制住宅建筑面积标准的提高，抑制过度消费，让有限的资源发挥最大的效用。我国的家庭日趋小型化，城市户均人口接近3人；另外，目前居民收入水平还不高，大部分居民属于中低收入的工薪阶层，住房面积过大将造成总价过高，也将超出普通居民的承受能力。“在适当的面积下，追求更好的住宅功能”成为一种趋势。利用有限的土地资源，解决城市居民的居住问题，也就是在有限的土地面积上，容纳下更多的住户，提高土地的人均利用率。就设计而言，户型的中小型化不失为在一定的建筑面积下一种最为直接、有效的解决方法。随着社会的发展，多代同堂和儿女多个的大家庭结构已渐消失，新的家庭结构基本上是3+2结构，也就是正常的三人之家加上两个老人的两人之家，这种家庭结构的变化也决定了中小户型将引领住宅时尚。

1、 我国现阶段中小户型住宅设计存在的问题

（1）住宅的开发和设计对于住宅的中小户型设计尚不够重视，缺乏对于居住需求的细致研究，对于户型空间的细节推敲不深入，使得大量的中小户型功能性空间设计不甚合理。有些缺陷在后期装修的时候得到了弥补，但是造成了资源的极大浪费；还有一些缺陷后期装修的时候根本无法弥补，造成永久的缺憾。现有的中小户型功能的严重缩水，致使消费者对于小户型的认识也存在不少偏差，认为会影响生活质量，但小户型的设计也有许多可以深入的地方，使中小户型的设计从传统的简单与粗放过渡到精细和舒适，从细节上充分考虑到住户的适用与享受，使得小面积也住出大格局来，使之更好地为消费者接受。

（2）缺乏合理详细的设计规范、标准。对于国家宏观调控房地产行业的新政策，各地缺乏相对应的设计细则，但是要在新政策下做好中小户型，与原有规范、标准有些矛盾的地方，比如说在住宅规范里对于双人卧

室、单人卧室，还有起居室的规定，为了提高舒适度，目前的设计规范都是低限要求的，各个房间的面积不得小于一定面积，在加大中小型户型设计力度的时候，一不小心就会触犯这个规范，因此，中小户型要健康发展，以推动我国房地产的产业化进程，迫切需要一系列相关的设计标准。

2、中小户型的设计原则

中小户型设计的困难是多方面的。如多层与小高层住宅一般受到了面宽的限制，高层住宅又往往是一梯多户，采光、通风、日照和户与户之间的干扰都不易处理。如何“在适当的面积下，追求更好的住宅功能”成了中小户型设计的目标。

2.1 平面布置的合理性

首先，功能分区清晰，使之动静分区、公私分离、洁污分离。这既是设计住宅功能良好、舒适、安全的基本条件，也是人们选择户型的重要着眼点。其次，平面布置紧凑，室内流线顺畅，相关房间集聚，使用方便。最后，交通路线便捷，需突破单纯的交通功能，做到交通面积的综合利用，提高室内的有效使用面积。

2.2 面积分配的均衡性

中小户型因为面积较小，所以在设计中应将总面积合理均衡地进行分配，在满足功能使用的前提下，挤去没有明确用途的泡沫面积，减少户内交通面积，使功能分区既明确又适宜。从居住的适应性而言，三室或二室半的户型在功能分区上更合理，除主人房、儿童房外，还可留有一间多功能用房，可用于待客、书房、娱乐、保姆用房等，虽然房间面积不大，但对于住户不同生活阶段的需要而言，确实能达到分得开、住得下的效果。当然，不同客户对户型有不同的要求，南方与北方等不同地域、不同气候、不同的生活习惯，也会对户型面积分配产生影响。如北方气候寒冷，衣物较多，卧室或户内储藏空间就会较南方为大，在设计中应注意调整，留有余地。

2.3 功能空间的灵活性

随着时代的进步，居住者的生活节奏、生活习惯、居住方式也在变化，在住宅设计方面表现为功能空间的多样和细化。中小套型住宅设计如何解决住宅面积的紧凑和现代居住者对功能空间细化的需求,灵活的功能空间设计是应对这种情况的一种设计途径。以轻质材料、透光材料或多用途家具等活动构件分隔不同的功能区，减少固定的墙体，使得室内空间流动开敞而不闭塞，同时也使得户型可以根据功能的变化而改变空间的形态、位置和尺寸，又便于满足不同家庭或同一家庭不同时期的需要，具有更强的适应性和实用价值。

2.4 空间设计的舒适性

中小户型住宅的面积和空间非常宝贵，因此必然要求建筑师进行精细设计，充分利用。各功能空间尺度的确定，既要符合人体工程学的原理，又要做到不浪费，利用好空间，减少空间的压抑感，创造令人满意的舒适度。一般说来可以利用以下几种方法。

2.4.1 模糊功能区域

将某些功能分区合并或者连接，不作明确的限定，如许多中小户型中都是起居与餐厅合二为一，甚至一些较小户型的厨房也设计成开敞与半开敞的形式，虽然从独立性上有欠缺，但往往可以获得更加开敞的空间感。

2.4.2 融合交通空间

交通空间包括走道、房间内部及公共区域的交通流线组织。房间内部的走道在设计中应注意其有效性和可兼用性。对强调动静分区的户型而言，应尽可能地减少专用走廊的长度。同时，在中小户型中也可尝试将其并入公共空间之中。卫生间的走道如果采取酒店式布局就可以使其面积最小，三向使用，且可共同利用走道的面积；卧室的走道也是一样，在合理开间下双面使用的走廊更加高效，可兼顾家具使用时的占用空间，这对小面积房间而言尤为重要。设计中获得了易于布置家居的三面实墙，与靠一侧墙边的开门相比，空间利用更加完整与方便。由此可见，一个开门位置的细节处理便产生了完全不同的使用效果。

2.4.3 量化厨卫空间

厨房、卫生间空间尺度需要量化处理，如今高科技的时代，多样化的小家电给我们的生活带来了极大的方便，但是在设计的过程中不注重这些家电的摆放位置和尺度大小，势必对厨卫的空间利用造成浪费，我们要将这些电器及设备的尺度熟记于心，用这些数据量化我们的空间。同时，也要尽量利用某些设备角落或空间富余处，使之成为储存与收纳的空间。

2.5 朝向通风的均好性

在中小户型住宅设计中，应根据该地区的气候条件，争取较好的朝向和通风环境。住宅主要房间都应做到直接采光。起居室、卧室应力争两间南向。特别是起居室要有一定的开窗面积，否则光线昏暗，不便使用。平面设计中应着重考虑自然对流通风，有效地改善室内空气质量和卫生状况。

2.6 单元组合的多元性

一梯两户的平面被认为是最佳的单元组合方式，因为它日照、采光、通风条件良好，室内布置合理，但缺点是每套公摊面积较多，于是出现了一梯三户、四户，甚至更多的组合，塔楼也因此而诞生。对于中小套型的单元由于要得到更大的使用系数，单元组合形式可不局限于一种。塔楼的组合套数更多，外墙较自由，开窗面相对多，对布置中小套型住宅有更多的优越性，但必须解决好日照、采光、通风问题，同时还应注意节能。单元组合的多元性还表现在弹性组合的户型平面上。由于购买人群的多样化需求，中小户型平面的弹性组合显得尤其重要。中小户型平面的弹性组合有利于住宅的可持续发展。而所谓的“弹性组合”就是两个或三个相邻的小户型通过打通隔墙可以组合成一套中户型或大户型。

2.7 科学技术的领先性

在科学技术飞速发展的今天，全面包含高技术支撑的住宅户内环境，才有可能达到真正人性化的舒适程度,中小户型靠科技提升住宅性能显得尤为重要。实际生活中，有的时候，建筑师在设计过程中对户型格局做了大量的推敲工作，精益求精。但是由于户内设计的科技含量有限，致使许多户型优良的居住单元建成入住后，达不到住户满意的程度，在某种程度上造成社会人力资源和经济资源的浪费。科技住宅的本质就是健康、舒适和节能，只有建造高舒适度的节能住宅，才能不仅给人们带来健康的室内环境，更能为人们创造健康的生存环境。现在的购房者不但要看住房户型布局是否合理，更要看装修材料是否健康环保、结构体系是否更坚固、管道铺设是否合理、采暖通风是否宜人。目前有些项目，靠增加科技含量来提高房子的品质和舒适度，反映了市场发展的需求，赢得了用户，非常可取。很多人就要找这样的房子，外表很简洁，进去后舒适度高，环保健康，节约能源。家庭生活中，电话、电视、网络，家庭智能控制及楼宇保安监控，户式温度控制系统，户式集中热水系统，楼宇饮用水系统，楼宇节能系统以及现代、完备的家用电器样样俱备。这样的房子是今后住宅的发展趋势，也应该是人们买房的首选目标。

2.8 立面造型的简洁性

中小户型住宅立面造型应避免繁琐的装饰、昂贵的建材，应善用合理的墙面与窗口的虚实比，适当地提炼传统建筑符号，达到既有传统精髓，又有现代气息的建筑风格。

中小户型设计是一个非常值得探讨的课题，合理解决中小户型的设计问题不仅要求开发商和设计师从满足人们的基本居住要求，提高居住的舒适度出发；更应该深刻理解人是居室主体的含义，在未来的户型设计中及时捕捉居住心理的微妙变化，充分挖掘潜在需求，做到“以人为本”，以科学和务实的态度考虑中小户型的居住细节，保证户型的设计成功；还应在考虑户型的可持续发展，节地、节能、节材等方面作出努力，积极探索符合社会需求，满足社会发展需要的设计。随着社会的发展，消费者的居住观念将更为理性，中小户型将充分体现生活个性化、设计人性化和居住舒适化的特点。

[参考文献]

[1] 张国娟.小户型住宅设计探讨[J].工程建设与设计,2008(3).

[2] 赵冠谦.中小户型住宅套型设计探讨[J].中国住宅设施,2008(1).

[3] 彭春荣.谈中小户型住宅的设计方向[J].建材与装饰(中旬),2007(9).

浅谈古建筑保护

梁西瑞　王爱国　扈东波

[摘　要] 中国古建筑承载着源远流长的中华文明，具有独特的艺术成就和科学文化价值。古建筑保护，目的就是要最大限度地保存其历史、艺术和科学价值，以现代科技手段与传统工艺技术相结合，在保护古建筑本体的同时，最大限度地保存古建筑原有的建筑形式、建筑结构、建筑材料以及工艺技术等，并在保护修缮过程中全面深入地认知中国古代建筑的精髓所在，传承并发扬民族传统文化。

[关键词] 古建筑；传统文化；工艺保护

[作者简介]
梁西瑞　济宁市规划设计研究院　工程师
王爱国　济宁市规划设计研究院　工程师
扈东波　济宁市规划设计研究院　工程师

[备　注] 该论文获“2010年度山东省建筑专业论文竞赛”三等奖

1、引言

中华文明源远流长，生生不息的炎黄子孙凭借勤劳的双手和无比的智慧，在神州大地上创造出无尽的光辉灿烂的文明，令后世万代为之景仰和骄傲。中国悠久的历史为我们留下了丰富珍贵的文化遗产，成为我们认识和了解历史，发扬传统文化精髓之承载，将这些宝贵财富有效地保护和继承下去，乃是我们不可推卸的责任。

古文化遗产丰富多样，古建筑成为其中不可或缺的重要部分。阅览中国古建筑，好比翻开了中国历史，通过历朝历代杰出建筑大师手下的宫廷、庙宇、墓穴、楼阁以及民宅，将中国古代举世瞩目的辉煌成就，展示于世人眼前……这些不仅是文明的载体，也是现代建筑设计的重要参考和借鉴。

与西方建筑以砖石为主的刚性结构不同，中国古建筑总体上多采用柔性的木结构，此结构方式由立柱、横梁及顺檩等主要构件组成，各构件之间的节点用榫卯相结合，构成了富有弹性的框架。无论外观上的雕梁画栋、勾心斗角，还是建筑类型上的不同，木结构一直是中国古建筑的主体，也是区别于西方建筑之最大特色。

保护古建筑，必须认真研究其损坏特点和修缮方法。木构建筑采用柔性的有机材料，损坏由腐朽所致。我国古代早就总结出了有效的保护措施和修缮方法，这就是要经常不断地进行有针对性的修缮，让古建筑永葆健康状态。

古建筑价值体现在出现于一定的历史条件之下，反映当时的社会结构、制度、生产、文化、科技、艺术以及民俗等，属不可再生之物。我国古建筑在世界建筑中独树一帜，其艺术成就和文化价值无与伦比，修缮古建筑，即是以科学的方法延长其寿命，最大限度地保护其所承载的历史、文化、科学和艺术价值，为民所用，为民服务。

2、中国古建筑保护理念

文物保护在我国已经有比较长的历史，从1930年代就已开始，经验比较丰富，法制也比较健全，但是古建筑保护却是一个新课题，所取得的成效尚待时间检验，理论也还处于探索阶段，当前亟待解决的问题是要从实际出发，建立科学的保护理念。

通过运用各学科知识对古建筑进行研究，有助于达到对古建筑保存的科学认识。还应利用一定的实用技术，包括传统技术、现代科学技术，进行古建筑修复介入。尽管这种介入经常要给古建筑的价值造成某种损失，但是为了更好地保护古建筑，也是不可或缺的。古建筑作为一定历史文化环境的艺术品，针对它们具有的美学、社会、历史、人文以及科学价值，需要拟定不同的保护管理对策。

从物质性方面来讲，修复只是古建筑的物质组成部分，而不是改变古建筑本身的文化性，也就是不改变古建筑所体现的历史性和美学性，这就是修复的界限。要尊重古建筑，尊重历史，尊重材料，了解古建筑的损坏过程，哪些需要保留，哪些需要去除。

修复应以确凿文献为依据。在查找已掌握的史料的基础上，还应发掘相关的各种历史信息，详细、全面地了解古建筑的时代、变化和发展。对古建筑修复的介入，要在力保历史真实性的基础上对所使用的建筑材料和技术工序详细建档，便于将来专业人员的后续保护工作，确保古建筑历史和文化价值的真实性。

文物应以修为主，然而实际工作中文物建筑在维修中木件更换量过大的现象屡见不鲜。年久失修的古建筑经过修缮，文物原构件及价值损失量就已很大，如果再增加一些无用的更换，就有可能使修缮后的古建筑文物价值降低很多。

古建筑修缮，外观效果固然重要，但也并非囿于宏伟博大、富丽堂皇，在文物保护原则的基础上，注重保护它的原真性，洁净、和谐，能够使人们从外观充分体会到文物所承载的文化之所在，才是最重要的。

3、古建筑保护的内容和现实意义

保护古建筑就是保护中国的民族传统文化，在古建筑修复中要充分认识到其特殊性，在修复过程中充分保护古建筑的历史与文化特征，这是至关重要的。通过详细的史料考证、社会调查以及现场勘探，开展相关的多学科合作。

首先，古建筑保护首先要保存古建筑的本体。各朝各代的建筑皆有其特点，反映了当时的社会制度、风俗文化、建筑技艺等。保护古建筑本体的关键是保护古建筑本身的历史原状。

其次，古建筑的结构反映了古代科学技术的发展。古建筑绝大多数是木结构，所使用木材的树种及其物理力学性质关系着建筑安全，也反映着古代社会的科技水平。随着社会的发展，各个时期建筑物的结构方式产生了差异，作为建筑科学发展进程的标志，修缮过程中应着力保护其原有建筑结构，保护建筑的原有价值。

最后是要保存原来的工艺技术。要真正达到保存古建筑的原状，除了保存其形制、结构与材料之外，还

需要保存原来的传统工艺技术。修缮古建筑要用原有的材料、技术、工艺和工序，这是文物修缮的原则，是搞好文物古建筑修缮的根本保证。

古建筑承载着特定历史时期丰富多彩的民族文化，此为其保护意义之要点，古建筑的价值也更多地体现在其非物质性的文化价值上。同理，现代建筑虽然在结构形式、材料工艺上已经发生天翻地覆的巨变，然而，建筑本身价值之所在一如以往，体现在其特定的历史文化价值上。因此，建筑设计仍要深深扎根于民族文化的肥沃土壤里，同时紧贴时代精神，反映社会导向，融入地域特色，丰富和陶冶民众精神。以史为鉴，可以知兴替，以古资今，可见建筑艺术之博大。2008年，中国迎来了百年奥运，奥运场馆的建筑设计更是一场建筑设计的饕餮盛宴。作为奥运场馆的典型代表，鸟巢主体育馆的建筑形式和建筑理念值得我们关注。绿色奥运的理念，是当今社会发展的大势所向，内部设施的人性化设置彰显出平等、关爱的精神主题；鸟巢的外观则体现出中华民族“有朋自远方来，不亦乐乎”的热情和好客，体现出全国人民万众一心，众志成城，共建奥运，四海如一家，五洲皆友人的精神面貌；整个场馆的设计，从宏观和微观，从整体到局部，皆体现出和谐共处、平等关爱的时代主旋律，树立起一座不倒的标志性建筑，成为我们国家和民族当今社会先进文化和价值取向的生动展映。

4、总结

中国古建筑是中华民族古代文明发展和辉煌成就的历史见证，更是一部宣扬爱国主义的教科书，在带给我们视觉享受的同时，也为人文和科学研究提供实例，为当代建筑设计提供坚实基础和有益借鉴。随着经济社会快速地全面发展和人民群众对精神文化领域要求的普遍提高，古建筑保护势必会受到全社会越来越高的重视，成为新世纪中国蓬勃发展的绚丽风景线。

[参考文献]

[1] 刘乃涛.试论中国古建筑保护理念[J/OL].文物春秋,2010-04-21,[2010-06-16]. http://www.sdmuseum.com/museum/Learn?req=showStore&id=1099.

[2] 王玉伟.浅析古建筑保护措施的合理性[J/OL].北京文博,2005-09-01,[2010-06-16]. http://www.bjww.gov.cn/2005/8-22/113315.html.